《 互联网+新编全功能实战型教材 》

中文版 Flash CS6
动画设计与制作案例教程

（含微课）

主编 郝兴高 王文慧 陈洁

北京希望电子出版社
Beijing Hope Electronic Press
www.bhp.com.cn

内 容 简 介

本书全面深入地介绍了Flash CS6动画设计与制作的使用方法和操作技巧，使读者轻松掌握Flash动画制作技能，并快速成为Flash动画制作高手。

全书共18章，内容包括卡通形象绘制、逐帧动画的绘制、文字特效、按钮特效、简单动画、遮罩特效、鼠标特效、导航栏特效、商业广告、贺卡动画、ActionScript特效、组件交互式动画、网站片头、声音与视频、多媒体课件制作、游戏动画、MV短片制作、动画短片制作。

本书内容全面、通俗易懂，操作性、趣味性和针对性都较强，适合作为各大院校和培训学校相关专业的教材，也可供相关从业人员参考。

本书附赠配套资源，包括了书中277个实例和高清语音视频教学文件，详细演示了每个实例的制作方法和过程，能够快速提高学习兴趣和效率。

图书在版编目（CIP）数据

中文版 Flash CS6 动画设计与制作案例教程 ／ 郝兴高，王文慧，陈洁主编. -- 北京：北京希望电子出版社，2020.9（2023.8 重印）

ISBN 978-7-83002-782-7

Ⅰ. ①中… Ⅱ. ①郝… ②王… ③陈… Ⅲ. ①动画制作软件－教材 Ⅳ. ①TP317.48

中国版本图书馆 CIP 数据核字(2020)第 168477 号

出版：北京希望电子出版社	封面：赵俊红
地址：北京市海淀区中关村大街22号 中科大厦A座10层	编辑：龙景楠　刘延姣
邮编：100190	校对：李　萌
网址：www.bhp.com.cn	开本：889mm×1194mm　1/16
电话：010-82626270	印张：21（全彩印刷）
传真：010-62543892	字数：498 千字
经销：各地新华书店	印刷：唐山新苑印务有限公司
	版次：2023 年 8 月 1 版 2 次印刷

定价：79.80 元

精彩实例欣赏

实例001　绘制项链

实例003　绘制西瓜

实例004　绘制蝴蝶花

实例005　绘制花草

实例008　卡通汽车

实例009　卡通动物

实例013　插画人物

实例014　绘制星空

实例016　绘制场景

实例017　彩虹天堂

实例018　卡通小屋

实例020　绘制卧室

实例023　炊烟袅袅

实例024　燃烧的火焰

实例025　水花溅起

实例026　人物行走

实例028　人物入场

实例033　茁长的树

实例034　人物惊讶表情动作

实例035　花开动画

实例037　打字效果

实例041　风飘字

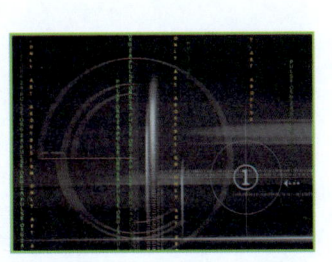

实例042　闪光文字

实例043　黑客字效

Flash CS6

中文版 Flash CS6 动画设计与制作案例教程

实例044　破碎文字

实例045　激光文字

实例046　立体文字

实例047　环绕文字

实例048　渐出文字

实例049　环绕文字

实例053　隐现文字

实例054　探照灯文字

实例056　彩色文字

实例057　模糊按钮

实例058　气泡背景按钮

实例060　按钮相册

实例061　按钮控制音乐

实例064　点击炸弹爆炸

实例065　抽签式按钮

实例068　按钮控制大小

实例069　水珠按钮

实例070　按钮控制图片

实例071　抖动按钮

实例073　发光按钮

实例074　智能待机界面

实例075　导航按钮

实例079　人物走路

实例086　雨中

精彩实例欣赏

实例087　律动的音符 
实例088　脸谱变脸 
实例089　雪绒花 
实例091　海底世界

实例094　瓶盖街舞 
实例097　流星雨 
实例100　雾里看花 
实例101　卷轴画

实例103　遮罩动画 
实例107　马赛克展示 
实例109　探宝地图 
实例117　彩色遮罩

实例119　鼠标倒雪花 
实例122　鼠标控制汽车行驶 
实例123　舞动的蝶群 
实例124　显微放大镜

实例126　查看环绕的图片 
实例128　鼠标燃放烟花 
实例129　点击看美女 
实例131　避开鼠标的文字

实例134　旋转效果
实例135　鼠标翻书效果 
实例137　抖动鼠标 
实例138　浮动图片导航 

Flash CS6 | III

中文版 Flash CS6 动画设计与制作案例教程

实例141 玻璃菜单	实例142 滑动选单	实例144 数字切换页	实例146 横向下拉菜单
实例150 伸展菜单	实例153 汽车导航	实例158 电脑宣传广告	实例159 汽车广告
实例160 信用卡大奖广告		实例162 彩妆广告	
实例163 广告公司形象动画	实例164 过渡广告	实例166 鞋业广告	实例169 房地产广告
实例172 妇女节贺卡	实例175 新年贺卡	实例176 圣诞节贺卡	实例178 母亲节贺卡
实例179 六一儿童节贺卡	实例183 情人节贺卡	实例184 元旦节贺卡	实例185 生日贺卡二

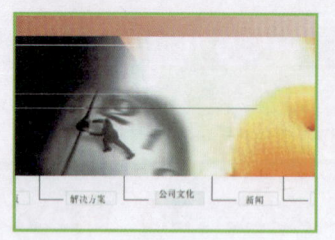

IV | Flash CS6

精彩实例欣赏

实例186　键盘控制汽车一

实例188　液晶电视机

实例189　纷飞的花瓣

实例191　星光灿烂

实例193　雪花飞扬

实例198　电风扇

实例202　三维空间

实例204　打开本地文件

实例205　滚动窗口

实例206　Flash 用户登录界面

实例207　视频播放器

实例210　看图写单词

实例212　设计公司片头

实例215　房地产网站片头

实例216　插画创意网站片头

实例220　智能手机网站片头

实例221　电影网站片头

实例226　家居公司网站片头

实例227　游戏网站片头

实例229　个人网站片头

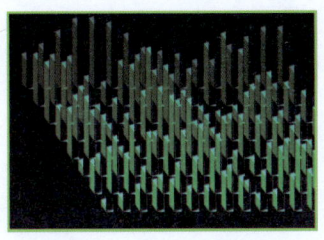

实例233　脉动音乐

实例236　声音开关按钮

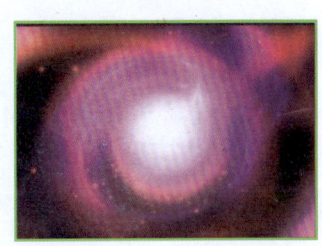

实例238　音乐随我动

Flash CS6 | V

中文版 Flash CS6 动画设计与制作案例教程

实例239 律动	 实例240 敲打乐器	 实例241 音乐和文字同步	实例242 小学课件
实例244 语文诗词	实例245 语文填空题	实例248 数学问卷	 实例252 找茬游戏
实例253 填色游戏	 实例254 拼图游戏	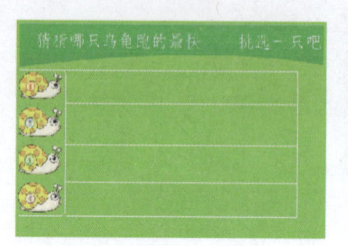 实例255 蜗牛赛跑	实例256 打地鼠
实例257 石头剪刀布	实例262 掷骰子	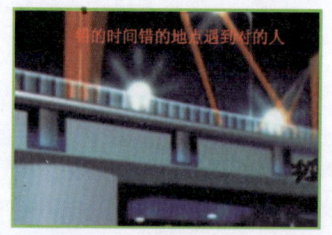 实例263 为爱你而活	 实例264 童年
 实例268 喜欢被你所爱	 实例270 附近的地方	实例272 锁定的天堂	 实例273 钻石
实例274 贪心的蜘蛛	实例275 永不满足	 实例276 三只乌龟	实例277 风与太阳

VI | Flash CS6

PREFACE 前言

关于Flash动画

Flash具有文件小、效果好、图像细腻，对网络带宽要求低以及可无损放大等诸多优点，深受广大动画设计者和网页设计者的喜爱。Flash已经被广泛应用于网页设计、网页广告、网络动画、多媒体教学软件、游戏设计、产品展示和电子相册等领域。

本书内容安排

本书全面深入地介绍了Flash CS6动画设计与制作的使用方法和操作技巧，使读者轻松掌握Flash动画制作技能，并快速成为Flash动画制作高手。

全书共18章，内容包括卡通形象绘制、逐帧动画的绘制、文字特效、按钮特效、简单动画、遮罩特效、鼠标特效、导航栏特效、商业广告、贺卡动画、ActionScript特效、组件交互式动画、网站片头、声音与视频、多媒体课件制作、游戏动画、MV短片制作、动画短片制作。

第1章通过学习Flash动画基础知识，动画角色、道具和场景绘制，帮助读者打下一定的绘画基础。

第2章~第8章通过学习逐帧动画、文字特效、按钮特效、引导动画、遮罩动画、鼠标特效、导航特效等内容，帮助读者掌握Flash动画的制作要领。

第9章~第14章通过学习广告制作、贺卡动画、ActionScript特效、组件交互式动画、网站片头、声音视频等内容，帮助读者掌握Flash交互式动画和常用动画的制作方法。

第15章~第18章通过学习多媒体课件、游戏动画、MV短片制作、动画短片制作等内容，帮助读者总结前面各章所学知识，将其化零为整，学习高级动画的制作方法。

本书内容全面、通俗易懂，操作性、趣味性和针对性都较强，适合作为各大院校和培训学校相关专业的教材，也可供相关从业人员参考。

本书编写特色

本书具有如下特色。

零点快速起步 全面掌握动画制作	本书从基本的卡通形象绘制讲起，由浅入深，结合Flash软件特点安排了277个实例，涉及Flash动画制作的方方面面，使读者能够全面掌握Flash动画制作技能
案例贴身实战 详细解说技巧原理	本书的每个案例都包含相应工具和功能的使用方法与技巧。在重点和要点处，还添加了大量的提示和技巧讲解，帮助读者理解和加深认识，从而达到举一反三、灵活运用的目的
各种动画类型 全面接触行业应用	本书包括各种Flash动画类型，如逐帧动画、文字动画、按钮特效、遮罩动画、鼠标特效、广告动画、贺卡动画、游戏动画等，读者可以从中积累经验，以快速适应灵活多变的动画行业制作要求
277个制作实例 快速提升软件技能	本书的每个案例都经过精挑细选，具有典型性和实用性，具有较高的参考价值，读者可以边做边学，从新手尽快成长为动画制作高手
高清视频讲解 快速提高学习效率	本书附赠配套资源，包括了书中277个实例和高清语音视频教学文件，读者可以享受专家课堂式的讲解，快速提高学习兴趣和效率

本书配套资源

本书附赠配套资源，包括了书中277个实例和高清语音视频教学文件，详细演示了每个实例的制作方法和过程，能够快速提高学习兴趣和效率。

本书由山东经贸职业学院的郝兴高、河北美术学院的王文慧和广东省轻工业技师学院电子商务系的陈洁担任主编。本书的相关资料和售后服务可扫本书封底二维码或登录www.bjzzwh.com下载获得。

由于作者水平有限，书中错误、疏漏之处在所难免，敬请广大读者批评指正。

编者

CONTENTS 目录

第1章　卡通形象绘制

实例001	绘制项链	2
实例002	绘制五角星	2
实例003	绘制西瓜	3
实例004	绘制蝴蝶花	5
实例005	绘制花草	5
实例006	绘制竹子	6
实例007	可爱蘑菇	8
实例008	卡通汽车	8
实例009	卡通动物	9
实例010	Q版人物	10
实例011	动漫人物	11
实例012	古代人物	12
实例013	插画人物	13
实例014	绘制星空	14
实例015	绘制郊外风景	15
实例016	绘制场景	17
实例017	彩虹天堂	17
实例018	卡通小屋	19
实例019	城市建筑	19
实例020	绘制卧室	21

第2章　逐帧动画的绘制

实例021	红旗迎风飘	23
实例022	飞翔的小鸟	23
实例023	炊烟袅袅	24
实例024	燃烧的火焰	25
实例025	水花溅起	26
实例026	人物行走	27
实例027	人物奔跑	28
实例028	人物入场	29
实例029	人物出场	30
实例030	人物转头	31
实例031	形变动画	32
实例032	动物行走	33

Flash CS6

实例033	茁长的树	34
实例034	人物惊讶表情动作	35
实例035	花开动画	35
实例036	人物转身	36

第3章　文字特效

实例037	打字效果	38
实例038	旋转文字	39
实例039	书法文字	40
实例040	闪动文字	43
实例041	风飘字	43
实例042	闪光文字	44
实例043	黑客字效	46
实例044	破碎文字	47
实例045	激光文字	48
实例046	立体文字	50
实例047	环绕文字	52
实例048	渐出文字	53
实例049	环绕文字	55
实例050	刻字文字	56
实例051	星光字效	57
实例052	螺旋文字	59
实例053	隐现文字	60
实例054	探照灯文字	60
实例055	电影文字效果	61
实例056	彩色文字	62

第4章　按钮特效

实例057	模糊按钮	64
实例058	气泡背景按钮	64
实例059	流动质感按钮	65
实例060	按钮相册	68
实例061	按钮控制音乐	68
实例062	按钮控制球摇摆	70
实例063	滑落的水珠	71
实例064	点击炸弹爆炸	72
实例065	抽签式按钮	74
实例066	按钮滚动条	75
实例067	电子杂志	76
实例068	按钮控制大小	78
实例069	水珠按钮	79
实例070	按钮控制图片	80
实例071	抖动按钮	81
实例072	按钮切换图片	81

实例073	发光按钮	83
实例074	智能待机界面	84
实例075	导航按钮	84
实例076	水晶绽放按钮	86
实例077	控制照相机按钮	87
实例078	弹簧按钮	88

第5章　简单动画

实例079	人物走路	90
实例080	篮球运动	90
实例081	树木生长	91
实例082	雨中荷花	92
实例083	三维空间	93
实例084	树叶飘落	94
实例085	Loading效果	94
实例086	雨中	96
实例087	律动的音符	97
实例088	脸谱变脸	99
实例089	雪绒花	100
实例090	蝴蝶飞舞	101
实例091	海底世界	103
实例092	影子跟随动画	106
实例093	翻书	107
实例094	瓶盖街舞	108
实例095	行驶的汽车	109
实例096	运动相册	110
实例097	流星雨	112

第6章　遮罩特效

实例098	破壳而出	114
实例099	百叶窗	114
实例100	雾里看花	115
实例101	卷轴画	116
实例102	行驶的汽车	117
实例103	遮罩动画	121
实例104	翻开的折页	123
实例105	方格相册	125
实例106	水中倒影	127
实例107	马赛克展示	128
实例108	移动的圈圈查看图像	129
实例109	探宝地图	131
实例110	烟雾迷蒙	132
实例111	拉链拉开效果	133
实例112	高山流水	134

实例113	滚动效果	135
实例114	清晰放大镜	136
实例115	倒计时	137
实例116	旋转地球	138
实例117	彩色遮罩	139
实例118	动态遮罩	140

第7章　鼠标特效

实例119	鼠标倒雪花	142
实例120	鼠标控制白马跑动	142
实例121	自由控制远近	143
实例122	鼠标控制汽车行驶	144
实例123	舞动的蝶群	144
实例124	显微放大镜	145
实例125	点击出现水波	146
实例126	查看环绕的图片	146
实例127	鼠标点火	146
实例128	鼠标燃放烟花	148
实例129	点击看美女	148
实例130	跟随鼠标移动的鱼	149
实例131	避开鼠标的文字	149
实例132	鼠标特效	150
实例133	点燃蜡烛	150
实例134	旋转效果	151
实例135	鼠标翻书效果	152
实例136	鼠标冒泡	153
实例137	抖动鼠标	153

第8章　导航栏特效

实例138	浮动图片导航	155
实例139	空间导航	155
实例140	导航旋转效果	156
实例141	玻璃菜单	157
实例142	滑动选单	158
实例143	简易导航菜单	161
实例144	数字切换页	162
实例145	文化公司导航	163
实例146	横向下拉菜单	165
实例147	下拉菜单	168
实例148	下拉线式菜单	169
实例149	科技公司导航	171
实例150	伸展菜单	174
实例151	麓山文化公司导航	175
实例152	运动菜单	179

实例153　汽车导航 …………………… 180
实例154　公司导航 …………………… 182
实例155　设计公司导航 ………………… 184
实例156　经典浮动导航 ………………… 186
实例157　个人简历导航 ………………… 187

第9章　商业广告

实例158　电脑宣传广告 ………………… 190
实例159　汽车广告 …………………… 191
实例160　信用卡大奖广告 ……………… 193
实例161　Flash大赛 …………………… 194
实例162　彩妆广告 …………………… 195
实例163　广告公司形象动画 …………… 197
实例164　过渡广告 …………………… 198
实例165　水墨广告 …………………… 199
实例166　鞋业广告 …………………… 200
实例167　液晶电视广告 ………………… 202
实例168　化妆品广告 …………………… 203
实例169　房地产广告 …………………… 204

第10章　贺卡动画

实例170　端午节贺卡 …………………… 207
实例171　中秋节贺卡 …………………… 208
实例172　妇女节贺卡 …………………… 209
实例173　春节贺卡 …………………… 210
实例174　生日贺卡一 …………………… 211
实例175　新年贺卡 …………………… 212
实例176　圣诞节贺卡 …………………… 213
实例177　清明节卡片 …………………… 214
实例178　母亲节贺卡 …………………… 215
实例179　六一儿童节贺卡 ……………… 215
实例180　教师节贺卡 …………………… 216
实例181　感恩节贺卡 …………………… 217
实例182　五一劳动节贺卡 ……………… 218
实例183　情人节贺卡 …………………… 218
实例184　元旦节贺卡 …………………… 219
实例185　生日贺卡二 …………………… 220

第11章　ActionScript特效

实例186　键盘控制汽车一 ……………… 222
实例187　键盘控制汽车二 ……………… 222
实例188　液晶电视机 …………………… 223

实例189　纷飞的花瓣 …………………… 224
实例190　行为应用 …………………… 224
实例191　星光灿烂 …………………… 225
实例192　智能计算器 …………………… 226
实例193　雪花飞扬 …………………… 226
实例194　电子日历 …………………… 227
实例195　简易绘图板 …………………… 227
实例196　旋转立方体 …………………… 228
实例197　精美时钟 …………………… 229
实例198　电风扇 ……………………… 230
实例199　调控色调效果 ………………… 231
实例200　时间控制 …………………… 231
实例201　百变服装秀 …………………… 232
实例202　三维空间 …………………… 233

第12章　组件交互式动画

实例203　判断是非 …………………… 235
实例204　打开本地文件 ………………… 235
实例205　滚动窗口 …………………… 236
实例206　Flash用户登录界面 …………… 236
实例207　视频播放器 …………………… 237
实例208　趣味知识问答 ………………… 237
实例209　网站注册窗 …………………… 239
实例210　看图写单词 …………………… 240
实例211　个人信息调查表 ……………… 241

第13章　网站片头

实例212　设计公司片头 ………………… 244
实例213　网页设计片头 ………………… 245
实例214　足球网站片头 ………………… 246
实例215　房地产网站片头 ……………… 247
实例216　插画创意网站片头 …………… 248
实例217　建筑公司网站片头 …………… 249
实例218　音乐网站片头 ………………… 250
实例219　古典风格网站片头 …………… 251
实例220　智能手机网站片头 …………… 252
实例221　电影网站片头 ………………… 253
实例222　个人相册网站片头 …………… 254
实例223　酒业网站片头 ………………… 255
实例224　体育用品网站片头 …………… 256
实例225　时装网站片头 ………………… 257
实例226　家居公司网站片头 …………… 258
实例227　旅游网站片头 ………………… 259

| 实例228 | 游戏网站片头 | 260 |
| 实例229 | 个人网站片头 | 261 |

第14章　声音与视频

实例230	声音控制	264
实例231	调节音量开关	264
实例232	音乐播放条	265
实例233	脉动音乐	265
实例234	嵌入式声音控制	265
实例235	电流	266
实例236	声音开关按钮	267
实例237	蜀山仙境	268
实例238	音乐随我动	268
实例239	律动	269
实例240	敲打乐器	270
实例241	音乐和文字同步	271

第15章　多媒体课件制作

实例242	小学课件	273
实例243	幼儿课件	274
实例244	语文诗词	275
实例245	语文填空题	276
实例246	纸艺	277
实例247	雪的形成	278
实例248	数学问卷	279
实例249	化学演示课件	280
实例250	历史课件	281
实例251	物理课件	282

第16章　游戏动画

实例252	找茬游戏	285
实例253	填色游戏	286
实例254	拼图游戏	287
实例255	蜗牛赛跑	288
实例256	打地鼠	289
实例257	石头剪刀布	290
实例258	躲避方块游戏	291
实例259	汉诺塔游戏	291
实例260	猜牌游戏	292
实例261	黄金毛毛虫	293
实例262	掷骰子	294

第17章　MV短片制作

实例263	为爱你而活	297
实例264	童年	297
实例265	令人窒息的爱	298
实例266	北京快板	299
实例267	深秋的爱	299
实例268	喜欢被你所爱	300
实例269	爱情在燃烧	301
实例270	附近的地方	302
实例271	我的爱人	303
实例272	锁定的天堂	303
实例273	钻石	304

第18章　动画短片制作

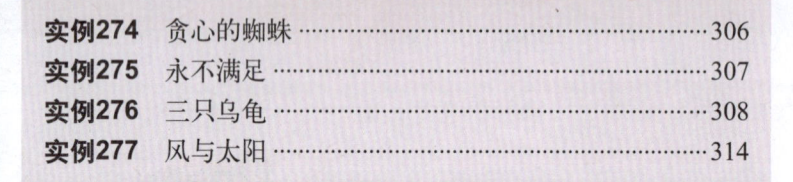

实例274	贪心的蜘蛛	306
实例275	永不满足	307
实例276	三只乌龟	308
实例277	风与太阳	314

第1章
卡通形象绘制

卡通形象的绘制是制作Flash动画的基础，不论何种动画，人物角色、场景道具都是必不可少的部分。本章主要通过对各种卡通道具、卡通人物、动漫人物、Q版人物、插画人物、写实人物及卡通植物、场景等的绘制，使读者掌握Flash软件中基本工具的操作方法。

实例001　绘制项链

本实例介绍使用"铅笔工具"和填充功能绘制项链的操作方法。

文件路径：源文件\第1章\例001　　　视频文件：视频文件\第1章\例001.mp4

01 执行"文件"|"导入"|"导入到库"命令，将背景素材导入到"库"面板中。使用"铅笔工具"在舞台中绘制一条闭合曲线。

02 在"属性"面板中设置笔触高度参数为10，在样式的下拉列表中选择点状线。

03 执行"修改"|"形状"|"将线条转换为填充"命令。

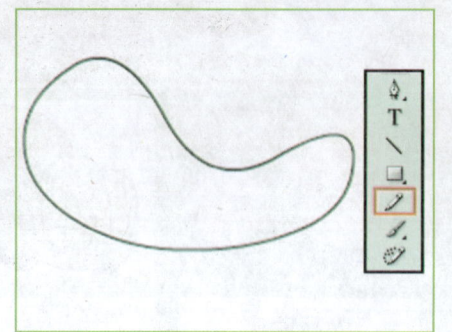

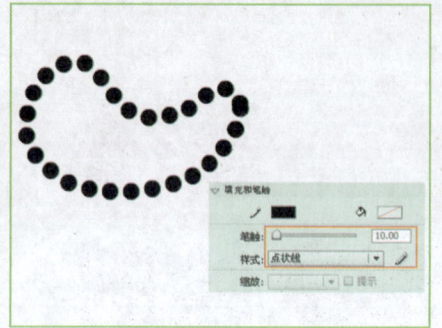

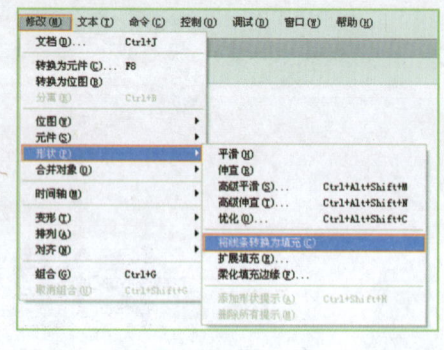

04 单击颜色按钮，打开"颜色"面板，设置颜色为白色到红色（#FFFFFF）的径向渐变。

05 在"属性"面板中单击"编辑文档属性"按钮，设置文档尺寸为400像素×350像素，然后单击"确定"按钮完成设置。

06 新建"图层2"，并将其拖动到"图层1"的下方。将背景素材拖入舞台中，并调整大小。最后保存并按Ctrl+Enter组合键测试影片即可。

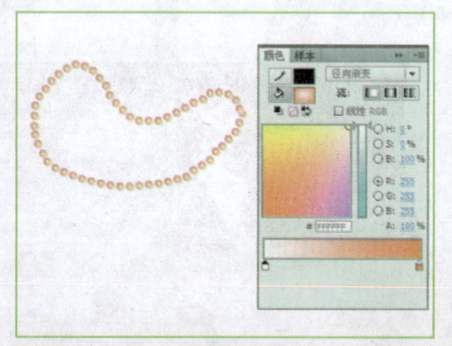

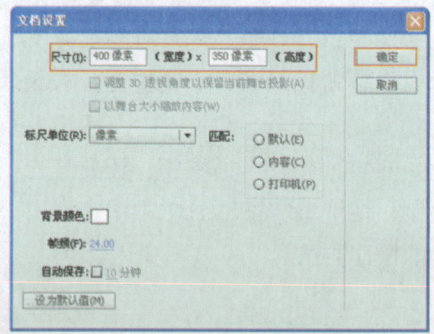

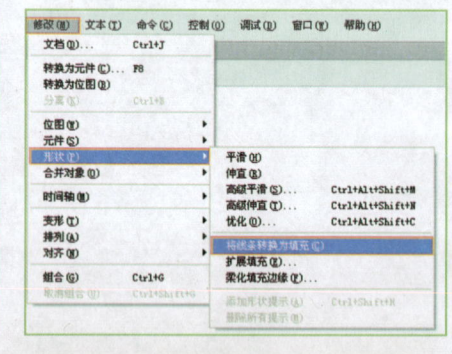

> **提示**：使用"铅笔工具"绘制曲线时，线条的棱角会有不平滑现象。此时，使用"选择工具"选中线条，执行"修改"|"形状"|"高级平滑"命令，在弹出的"高级平滑"对话框中，设置其参数即可改变线条的平滑度。

实例002　绘制五角星

本实例将介绍使用"多角星形工具""线条工具"和"颜料桶工具"绘制五角星的方法。

文件路径：源文件\第1章\例002　　　视频文件：视频文件\第1章\例002.mp4

2 | Flash CS6

第1章 卡通形象绘制

01 使用"多角星形工具",在舞台中绘制笔触颜色为黑色,填充颜色为无的五边形。

02 使用"线条工具",单击工具箱下方的贴紧至对象按钮,在五边形内绘制5根线条,将它的5个顶点连接起来。

03 将五角星四周多余的线条删除。继续绘制线条,将端点与折角连接起来,并删除多余的线条。

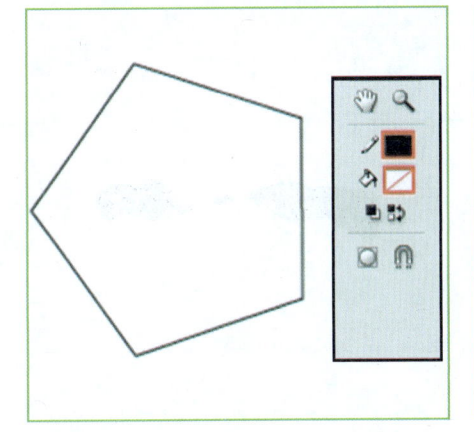

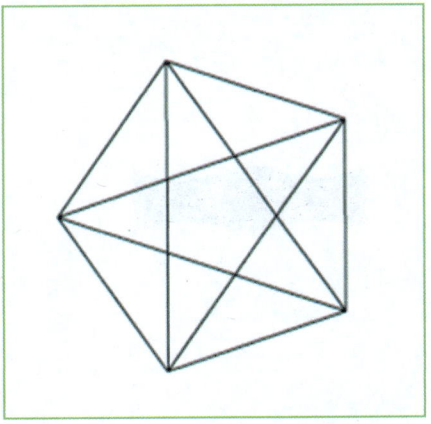

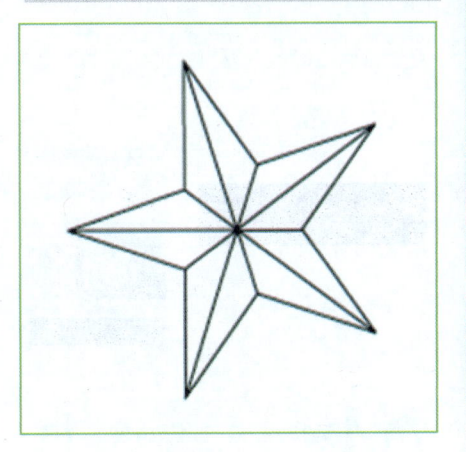

04 分别填充背面区域颜色为#DDDD00和正面区域颜色为#F0F000,然后将所有线条删除。

05 按Ctrl+G组合键将图形组合。按Ctrl+D组合键直接复制多个五角星,并将其缩小、旋转和放置在合适位置。

06 新建图层,并将其拖到最底层。选择绘图绘制背景,并使用"颜料桶工具"填充颜色。至此,"五角星"绘制完成,保存并测试影片即可。

提示 直接复制是指在舞台上再生成一个所选的图形,而且其坐标会自动向下移动5个像素。执行"编辑"|"直接复制"命令也可以复制图形。

实例003 绘制西瓜

本实例介绍使用"矩形工具""选择工具""椭圆工具""任意变形工具""颜料桶工具"和"渐变变形工具"绘制西瓜的方法。

文件路径:源文件\第1章\例003

视频文件:视频文件\第1章\例003.mp4

中文版 **Flash CS6** 动画设计与制作案例教程

01 新建一个尺寸大小为671像素×652像素的空白文档。使用"矩形工具",绘制笔触颜色为无,填充颜色为深绿色(#153900)的矩形。

02 使用"任意变形工具"选择矩形,单击工具栏中的"套索工具",对其进行变形。

03 使用"选择工具"将光标放置在形状周围,拖动鼠标进行适当调整。按住Ctrl键的同时在形状周围拖动鼠标。

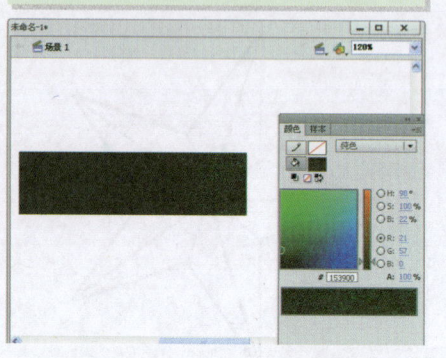

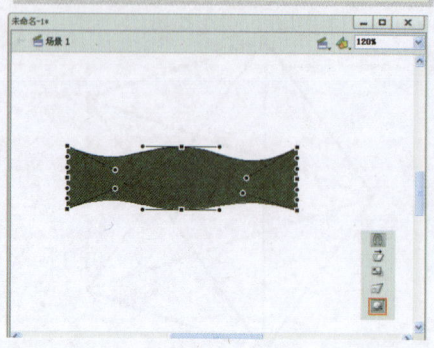

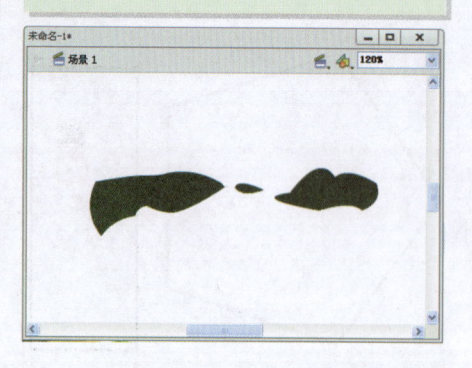

04 选择矩形,按住Alt键的同时拖动矩形条,将其复制。使用"椭圆工具",单击工具箱下方的"对象绘制"按钮,绘制一个笔触颜色为蓝色的椭圆。

05 使用"任意变形工具"选择所有矩形条,单击封套按钮,对其进行变形。

06 选择所有图形,按Ctrl+B组合键将图形分离。选择多余的部分,按Delete键将其删除。

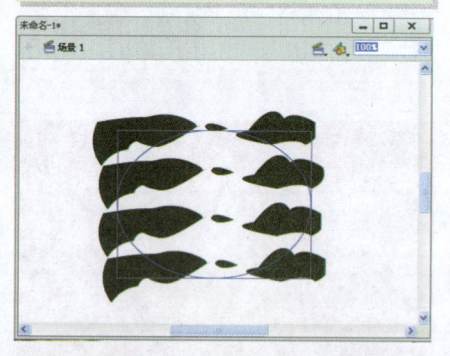

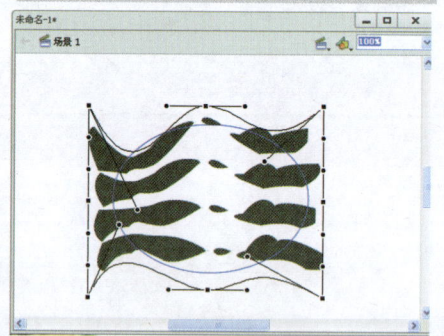

07 使用"颜色桶工具",设置填充颜色为浅绿色(#1DAC01),对西瓜的空白处进行填充。

08 使用"选择工具"选取西瓜的蓝色外轮廓线,设置笔触颜色为绿色(#153900)。使用"铅笔工具"绘制茎干部分。

09 新建图层,并将其放置在最底层。导入并添加背景素材,然后调整图像的大小及位置。至此,"西瓜"绘制完成,保存并按Ctrl+Enter组合键测试影片即可。

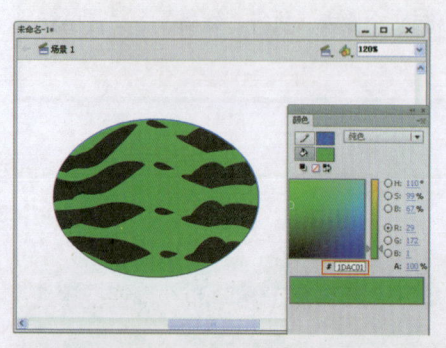

> **提示** 使用"选择工具"选择一条线段,将光标放置在线段上就可对线段进行变形。按住Ctrl键的同时拖动线段可以拖出一条新的折线。

4 | Flash CS6

第1章 卡通形象绘制

实例004　绘制蝴蝶花

本实例主要针对"椭圆工具"和变形功能进行练习。通过本实例的学习，可以掌握"椭圆工具"和变形功能之间的配合思路及方法。

文件路径：源文件\第1章\例004　　　视频文件：视频文件\第1章\例004.mp4

01 将背景素材导入到"库"面板中。使用"椭圆工具"，在舞台中绘制一个红色（#E90B12）到白色线性渐变的椭圆。

02 使用"渐变变形工具"，调整椭圆的渐变效果。选择圆形的轮廓线条，设置笔触颜色为橙色（#FF5F09）。

03 执行"视图"|"标尺"命令，添加十字辅助线。组合图形，选择"任意变形工具"将花瓣的旋转中心点放置在十字辅助线的交叉处。

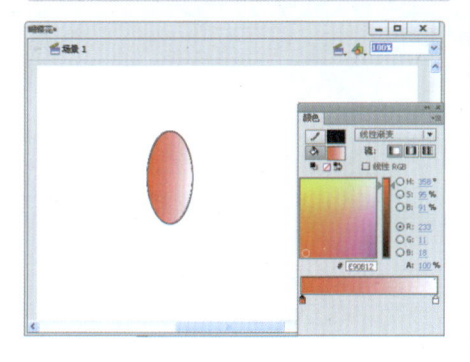

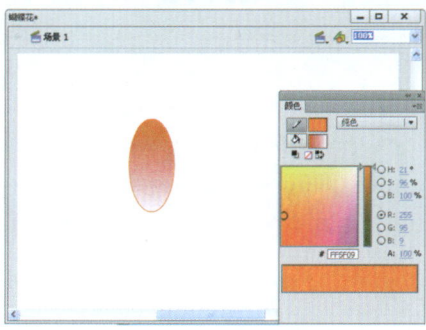

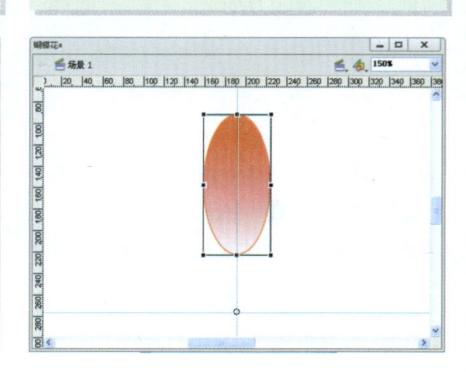

04 单击"变形"按钮，弹出"变形"面板，设置旋转角度为20°，再连续单击45次"重制选区和变形"按钮。

05 选择所有花瓣，按Ctrl+G组合键将其组合。按Ctrl+D组合键复制花朵，使用"任意变形工具"将复制的花朵缩小并调整至合适位置。

06 将"库"面板中的背景素材添加至舞台中，调整其大小及位置。至此，"蝴蝶花"制作完成，保存并按Ctrl+Enter组合键测试影片即可。

> **提示**：在Flash中，使用标尺功能添加辅助线是一种非常实用的技巧。

实例005　绘制花草

本实例主要针对"椭圆工具""钢笔工具"和"颜料桶工具"进行练习。通过本实例的学习，可以掌握"椭圆工具"和"颜料桶工具"的配合思路与方法。

文件路径：源文件\第1章\例005　　　视频文件：视频文件\第1章\例005.mp4

Flash CS6 | 5

01 执行"插入"|"新建元件"命令，新建草1图形元件，使用"铅笔工具"绘制出草的轮廓。

02 使用"颜料桶工具"，为草填充颜色。使用"线条工具"绘制明暗交界线，填充暗部颜色，将线条删除。

03 新建花1图形元件，使用"椭圆工具"绘制两个椭圆。使用"线条工具"绘制线条，将多余的线条删除。使用"选择工具"对图形进行调整。

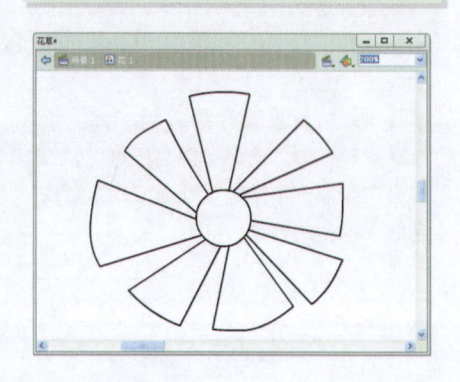

04 为花朵填充颜色，使用"画笔工具"绘制不规则的点，双击笔触线条，将笔触颜色修改为灰色。按Ctrl+G组合键将图形组合。

05 将草1图形元件拖入舞台中，复制多个元件并调整大小，将花朵复制出两个调整到合适大小。

06 使用同样的方法绘制其他花朵。返回"场景1"，将背景和花朵元件拖入舞台中。至此，"花草"绘制完成，保存并按Ctrl+Enter组合键测试影片即可。

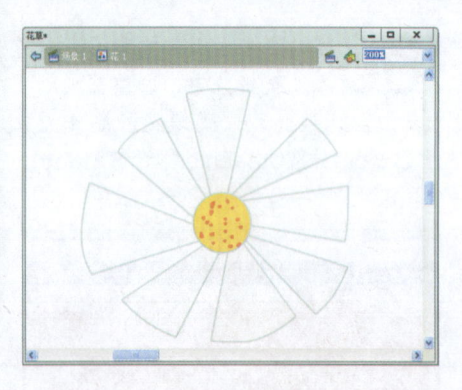

提示 在Flash中为图形填充颜色，需要注意的是图形必须是闭合状态。若不是，可使用"颜料桶工具"，在其附属工具中设置空隙大小，然后填充图形即可。

实例006　绘制竹子

本实例主要针对"椭圆工具""矩形工具"和"渐变变形工具"进行练习。通过本实例的学习，可以更好地掌握"椭圆工具""矩形工具"和"渐变变形工具"的使用方法。

文件路径：源文件\第1章\例006　　　视频文件：视频文件\第1章\例006.mp4

第1章　卡通形象绘制

01 新建一个背景颜色为绿色（#18521F）的空白文档。使用"椭圆工具"，设置笔触颜色为无，填充颜色为50%透明度的绿到绿色的径向渐变。使用"渐变变形工具"调整渐变效果。在舞台中绘制一个正圆。

02 使用"椭圆工具"绘制一个无笔触颜色，白色填充色的正圆，并放置在合适位置。

03 新建图层，使用"矩形工具"绘制一个笔触颜色为无，填充颜色为黄色（#D5DD76）到深绿色（#376922）再到黄色线性渐变的矩形，然后使用"渐变变形工具"对渐变效果进行调整。

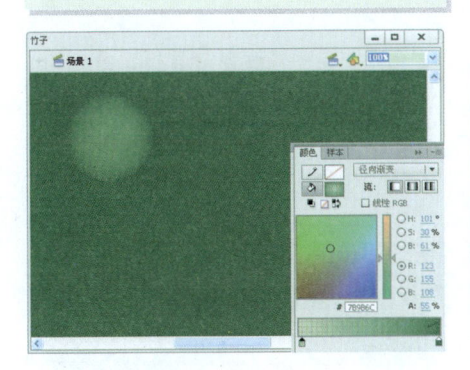

04 使用"线条工具"在矩形上绘制线条，将矩形分为三段。使用"选择工具"调整每段的接口位置，并将多余的线条删除。

05 使用"铅笔工具"，设置笔触颜色为黑色，绘制出竹子的分枝及竹叶。

06 为竹枝及竹叶填充颜色为黄色到绿色的线性渐变，然后使用"渐变变形工具"调整渐变效果。

07 新建图层，使用"矩形工具"，设置笔触颜色为黑色，填充颜色为无，绘制一个矩形长条。使用"任意变形工具"旋转矩形，并调整矩形形状。

08 使用上述的操作方法，为矩形填充颜色为浅绿（#A7CA52）到深绿（#245424）的渐变，并将竹干分为多段，将多余的线条删除。

09 使用同样的方法绘制其他部分。至此，"竹子"绘制完成，保存并按Ctrl+Enter组合键测试影片即可。

Flash CS6 | 7

实例007　可爱蘑菇

本实例针对"铅笔工具"和"颜料桶工具"功能进行练习，灵活运用"选择工具"调整线条绘制出可爱的蘑菇图形。

文件路径：源文件\第1章\例007　　　　视频文件：视频文件\第1章\例007.mp4

01 使用"矩形工具"，绘制一个笔触颜色为无，填充颜色为绿色的矩形。使用"椭圆工具"在舞台绘制大小不等的椭圆。

02 将"图层1"锁定。新建图层，使用"铅笔工具"和"选择工具"绘制出蘑菇的外轮廓。

03 展开"颜色"面板，分别为蘑菇的3个部分填充渐变色，并填充眼睛为黑色。

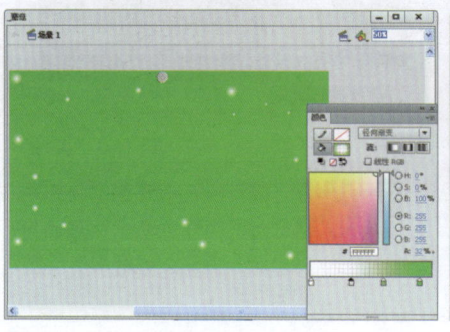

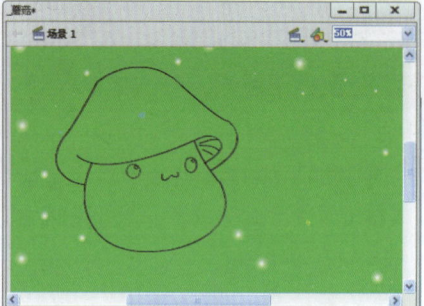

04 使用"椭圆工具"，绘制笔触颜色为无的椭圆。使用"选择工具"调整椭圆的形状。

05 选择所有图形，按住Ctrl键的同时拖动图形，复制图形素材。使用"任意变形工具"调整图形的大小及角度。使用"颜料桶工具"修改图形颜色。

06 新建一个图层，为蘑菇添加阴影。至此，"可爱蘑菇"绘制完成，保存并按Ctrl+Enter组合键测试影片即可。

> **提示**：将图形复制后，为其添加模糊滤镜即可制作成阴影效果。需要注意的是只有影片剪辑元件才能添加滤镜，因此，这里可选择图形将其转换为影片剪辑元件。

实例008　卡通汽车

本实例介绍使用"铅笔工具""椭圆工具""填充工具"和"渐变变形工具"绘制一个拟人化的卡通汽车。

文件路径：源文件\第1章\例008　　　　视频文件：视频文件\第1章\例008.mp4

8 | Flash CS6

第1章　卡通形象绘制

01 新建空白文档，使用"椭圆工具"绘制6个无填充色的椭圆。使用"选择工具"结合Alt键，调整椭圆边框将多余的线条删除。

02 使用"铅笔工具""椭圆工具"和"选择工具"绘制汽车的细致结构。

03 新建图层，将"图层1"中的图形复制到"图层2"中，并为车身填充颜色为黄色（#FDF900）到绿色（35A02C）的径向渐变。

04 为后视镜填充颜色为黄色（#FDF900）到绿色（35A02C）的线性渐变。使用"渐变变形工具"对填充色进行调整。

05 使用同样的方法为汽车空白区域填充颜色，并使用"渐变变形工具"进行整体调整。

06 使用"画笔工具"，设置填充色为白色，在车身上绘制高光点。至此，"卡通汽车"绘制完成，保存并按Ctrl+Enter组合键测试影片即可。

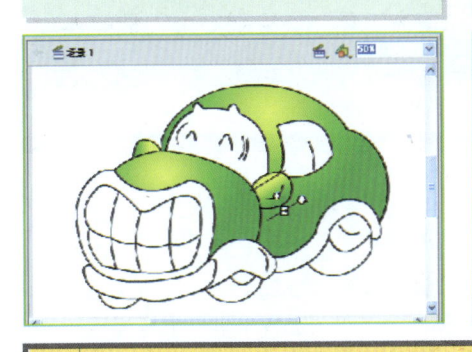

> 提示：一般情况下，使用白色画笔绘制高光点，可以更好地体现光线及立体感。因此，不同位置的高光点绘制也需要根据实际情况来定。

实例009　卡通动物

本实例使用"铅笔工具""椭圆工具"和"填充工具"绘制一头可爱的小牛。

文件路径：源文件\第1章\例009　　　视频文件：视频文件\第1章\例009.mp4

01 设置笔触颜色为黑色，填充颜色为无。使用"矩形工具"绘制一个矩形。使用"椭圆工具"绘制两个椭圆。

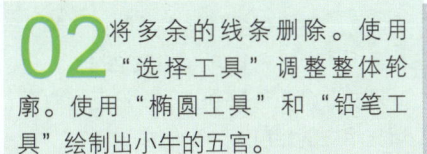

02 将多余的线条删除。使用"选择工具"调整整体轮廓。使用"椭圆工具"和"铅笔工具"绘制出小牛的五官。

03 同样使用"铅笔工具""线条工具"和"选择工具"绘制出小牛的身体躯干。

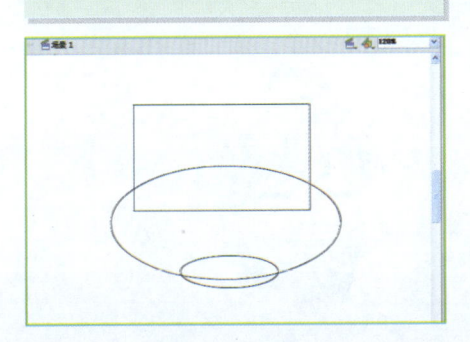

Flash CS6 | 9

04 使用"颜料桶工具"为小牛头部填充颜色,为耳朵增加阴影。使用"画笔工具"绘制眼睛高光。

05 使用"颜料桶工具"为小牛的身体填充颜色。

06 使用"线条工具"绘制脸部阴影区域,并使用"颜料桶工具"进行上色。最后将多余的线条删除。至此,"卡通动物"绘制完成,保存并按Ctrl+Enter组合键测试影片即可。

实例010 Q版人物

本实例使用"矩形工具""线条工具""椭圆工具""铅笔工具"和"填充工具",绘制一个Q版人物。

文件路径:源文件\第1章\例010

视频文件:视频文件\第1章\例010.mp4

01 使用"基本矩形工具"绘制一个笔触高度为3的圆角矩形。在"属性"面板中设置边角半径为63。

02 按Ctrl+B组合键打散图形。使用"选择工具"将矩形的上半部分删除,并对矩形进行调整;使用"钢笔工具",设置笔触高度为3,绘制出人物头发。

03 使用"线条工具",设置笔触高度为7,绘制人物的眼睛;设置笔触高度为3,绘制眉毛及嘴巴。使用"选择工具"调整嘴巴和眉毛弧度。

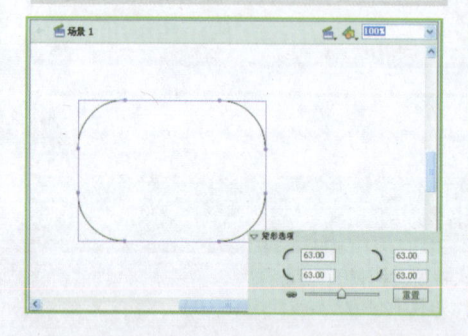

04 使用"铅笔工具"和"线条工具"绘制人物身体。

05 使用"颜料桶工具"为人物头发填充蓝色(#B0C2F4),皮肤填充肤色(#FFF9EF),然后为衣服填充相应的颜色。

06 使用"钢笔工具"绘制出头发、皮肤的高光和阴影。使用"颜料桶工具"填充相应的颜色。

第1章 卡通形象绘制

07 新建一个图层，使用"椭圆工具"，设置填充颜色为淡粉色（#FFE2DE）到透明的径向渐变，绘制腮红。

08 选择所有图形，单击鼠标右键，在弹出的快捷菜单中执行"转换为元件"命令，将其转换为影片剪辑元件。

09 新建一个图层，将其拖入最底层。将"库"面板中的影片剪辑元件拖入舞台，调整到合适大小。在"属性"面板中设置Alpha值为7%。至此，"Q版人物"绘制完成，保存并按Ctrl+Enter组合键测试影片即可。

实例011　动漫人物

本实例使用"线条工具"和"颜料桶工具"绘制一个动漫人物。

文件路径：源文件\第1章\例011

视频文件：视频文件\第1章\例011.mp4

01 使用"铅笔工具"绘制出人物的动态线，然后绘制出人体的头部与关节。

02 根据动态线将人物的躯干与关节连接起来，然后根据关节图绘制出身体的大致躯干。

03 删除多余的线，将人物的服装大致绘制出来。

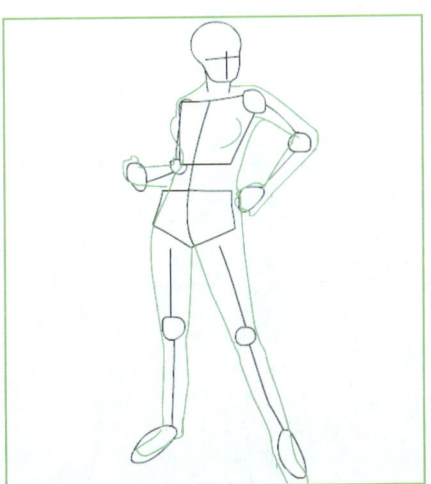

提示：根据人物身体动态绘制人物衣服，根据光源填充明暗色调。

Flash CS6 | 11

中文版 Flash CS6 动画设计与制作案例教程

04 刻画人物的头部，将衣服和鞋子的细节绘制出来。

05 使用"颜料桶工具"为人物填充基本色。

06 为人物添加高光与阴影。至此，动漫人物绘制完成，保存并按Ctrl+Enter组合键测试影片即可。

实例012　古代人物

本实例主要使用"线条工具"和"任意变形工具"调整线条，同时使用"颜料桶工具"填色，绘制一个古代人物。

文件路径：源文件\第1章\例012

视频文件：视频文件\第1章\例012.mp4

01 用圆圈代表关节，线条代表躯干。使用"铅笔工具"和"椭圆工具"，将身体结构大致勾勒出来。

02 使用"铅笔工具"，根据关节图绘制出身体大致轮廓。

03 使用"铅笔工具"，根据人物身体动态，将人物的服装大致绘制出来。

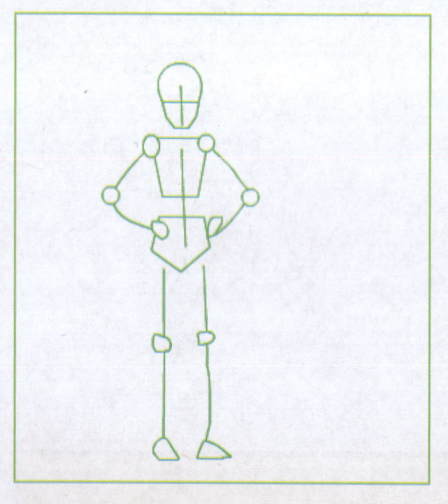

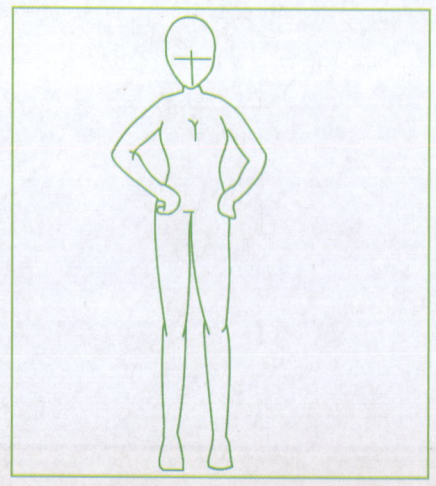

> **提示** 古代人物的主要表现为服装，因此服装上的装饰及图案很重要，一般以中国元素为主。

12 | Flash CS6

第1章　卡通形象绘制

04 将多余的线条删除。使用"绘图工具"刻画人物的头部，将衣服与鞋子的细节绘制出来。

05 使用"颜料桶工具"为人物填充基本色。

06 使用"铅笔工具"绘制明暗交界线，为人物添加高光与阴影，然后将多余的线条删除。至此，古代人物绘制完成，保存并按Ctrl+Enter组合键测试影片即可。

实例013　插画人物

本实例主要使用"线条工具"和"颜料桶工具"填色，绘制一个插画人物。

文件路径：源文件\第1章\例013

视频文件：视频文件\第1章\例013.mp4

01 新建一个尺寸大小为1024像素×768像素的空白文档，背景颜色为深紫色（#310018）。使用"椭圆工具"，设置笔触大小为17.65，颜色为紫色（#54012D），填充颜色为无，绘制多个同等大小的正圆。

02 将舞台外的图形删除。新建"帽子"图层，使用"矩形工具"和"椭圆工具"绘制出帽子的大致轮廓。使用"选择工具"和"线条工具"刻画帽子细节，并为帽子填充颜色。

03 新建"脸"图层，将其拖动到"帽子"图层的下方。绘制出人物脸部，并使用"颜料桶工具"填充颜色。

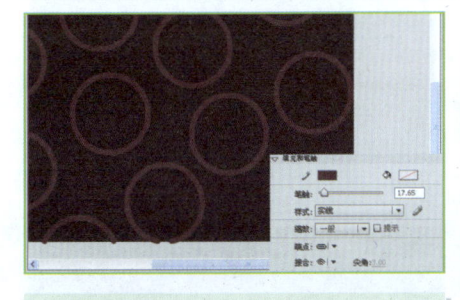

04 新建"五官"图层。绘制人物的五官，并为其填充颜色。使用"画笔工具"，设置填充颜色为白色，在嘴唇上绘制高光。

05 新建"头发"图层，将其拖动到"脸"图层的下方。使用"矩形工具"绘制一个边框颜色为无、填充颜色为粉红（#D3468B）的矩形。使用"选择工具"，结合Alt键，拖动矩形的四周。

06 新建"身体"图层。使用"钢笔工具"和"线条工具"绘制人物的身体。填充衣服颜色为白色，皮肤亮部颜色为#C57181，暗部颜色为#651C47。

Flash CS6 | 13

中文版 Flash CS6 动画设计与制作案例教程

07 使用"铅笔工具"绘制出人物的手臂。使用"选择工具"调整图形。使用"线条工具"绘制出明暗交界线。为手臂填充明暗色调，删除明暗交界线。

08 新建图层，使用"矩形工具"结合"选择工具"绘制出酒架。使用"线条工具"，设置笔触颜色为粉红（#FFBBF3），绘制出酒杯并填充颜色。

09 选择酒杯，按Ctrl+D组合键直接复制图形，并调整位置。至此，"插画人物"绘制完成，保存并按Ctrl+Enter组合键测试影片即可。

实例014　绘制星空

本实例主要使用"矩形工具""椭圆工具"和"颜料桶工具"绘制星空。

文件路径：源文件\第1章\例014　　　视频文件：视频文件\第1章\例014.mp4

01 新建一个空白文档。使用"矩形工具"，设置笔触颜色为无，填充颜色为深蓝（#000033）到浅蓝（#0033FF）的线性渐变，绘制一个矩形。使用"渐变变形工具"调整效果。

02 使用"基本椭圆工具"绘制一个笔触颜色为黄色（#FFCC33），填充颜色为无的椭圆。在"属性"面板中设置"开始角度"为7，"结束角度"为273，"内径"为59，取消选中"闭合路径"复选框。

03 按Ctrl+B组合键打散图形。使用"选择工具"将两个半圆连接起来并进行相应调整。使用"颜料桶工具"为月亮填充颜色为橘黄色（#FFCC33）。

> 提示：可以将云层看作是由大大小小的椭圆重叠而成的。因此在绘制云层时，使用"椭圆工具"绘制多个椭圆，然后为其填充颜色即可。
>
> 在调整云层和月亮的顺序时，可以在选择的图形上单击鼠标右键，从弹出的快捷菜单中执行"排列"|"上移一层"或"排列"|"下移一层"等命令。

第1章　卡通形象绘制

04 按Ctrl+D组合键直接复制图形。将复制的图形调整到合适大小，并填充颜色为鲜黄色（#FCFB7C）。使用"选择工具"调整图形。使用"线条工具"绘制月亮的眼睛及嘴巴。使用"椭圆工具"绘制月亮的鼻子。

05 按Ctrl+G组合键组合月亮。使用"多角星形工具"，在"属性"面板中设置笔触颜色为黄色（#FFCC33），填充颜色为无。单击"选择"按钮，设置样式为星形，在舞台绘制五角星。

06 使用"选择工具"调整五角星的5个角，并填充黄色。按Ctrl+D组合键直接复制图形，并修改颜色，调整到合适大小。使用"线条工具"绘制星星的眼睛及嘴巴。

07 选择星星，按Ctrl+G组合键将其组合。使用"椭圆工具"绘制多个椭圆，并将多余的线条删除。填充云彩的颜色。使用"画笔工具"绘制云彩的阴影。

08 选择云彩，按Ctrl+G组合键将其组合。复制多个云彩，并放置在合适位置。使用同样的方法绘制其他云彩及星星。

09 使用"椭圆工具"绘制多个交叉的白色到透明的径向渐变椭圆，制作星光。使用"画笔工具"绘制多个星光点。至此，"星空"绘制完成，保存并按Ctrl+Enter组合键测试影片即可。

实例015　绘制郊外风景

本实例主要使用"铅笔工具"和"刷子工具"绘制郊外风景。通过本实例的学习，可以掌握使用"刷子工具"的不同模式绘制图形的方法。

文件路径：源文件\第1章\例015　　视频文件：视频文件\第1章\例015.mp4

01 使用"铅笔工具"，设置笔触颜色为黑色，填充颜色为无，笔触高度参数为1.5，在舞台中绘制一棵树的轮廓线。

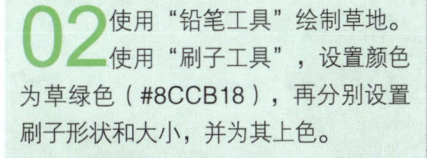

02 使用"铅笔工具"绘制草地。使用"刷子工具"，设置颜色为草绿色（#8CCB18），再分别设置刷子形状和大小，并为其上色。

03 设置填充颜色为军绿色（#5E870D），使用"刷子工具"涂抹树叶，并填充颜色为深绿色（#38582C）。

Flash CS6　15

中文版 Flash CS6 动画设计与制作案例教程

04 使用"刷子工具"为树干填充颜色为土黄色（#B0801C），为树干暗部填充颜色为褐色（#826016）。

05 使用"刷子工具"绘制草地并填充颜色为粉绿色（#77BD40），为草地亮部填充颜色为#7DC945。

06 使用"铅笔工具"在舞台中绘制线条。使用"刷子工具"为草地填充颜色为深绿色（#5E880C），为草地亮部填充颜色为草绿色（#8CCB18）。

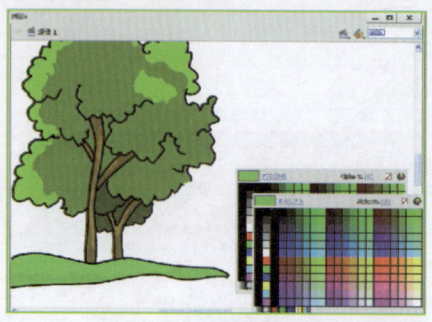

07 使用"铅笔工具"绘制草坪和土块。为草地填充颜色为浅绿色（#77BD40），为草地亮部填充颜色为亮绿色（#83C94C）。

08 填充土块的明暗颜色分别为土黄色（#CB9800）和褐色（#A77A05），为土块绘制阴影并为草簇填充颜色。使用"铅笔工具"绘制石头。

09 为土块填充颜色。设置填充颜色为蓝色（#30EEC8），单击"刷子模式"按钮，在弹出的菜单中选择"后面绘画"选项，对河流进行涂抹。

10 设置填充颜色为白色，单击"刷子模式"按钮，在弹出的菜单中选择"内部绘画"选项，绘制河水。

11 设置填充颜色为淡蓝色（#D5F3FE），设置"刷子模式"为"后面绘画"，更改刷子形状，绘制蓝天。

12 使用"橡皮擦工具"，对天空进行擦涂，形成白云的形状。至此，"郊外风景"绘制完成，保存并按Ctrl+Enter组合键测试影片即可。

> **提示** 使用"刷子工具"填充颜色不同于使用"颜料桶工具"的原因是其灵活性更强，不必局限于封闭的图形。当然，使用"刷子工具"填充颜色要结合其辅助工具刷子模式使用，才能得到更好的效果。
> 使用"橡皮擦工具"时，要注意在工具箱下方的橡皮擦模式内选择需要的模式。

第1章 卡通形象绘制

实例016　绘制场景

本实例主要使用"铅笔工具""任意变形工具"和"颜料桶工具"绘制场景。通过本实例的学习，可以熟练掌握"铅笔工具"的使用方法。

文件路径：源文件\第1章\例016　　　　视频文件：视频文件\第1章\例016.mp4

01 新建一个文档大小为1000像素×600像素。使用"铅笔工具"大致勾勒出场景的轮廓。

02 新建"修型"图层，使用"线条工具""铅笔工具"和"钢笔工具"细致刻画场景的轮廓。使用"选择工具"进行整体的调整。

03 在"颜色"面板中，设置填充颜色为蓝色（#8EC2F2）到白色的线性渐变。使用"颜料桶工具"为天空填充颜色。使用"渐变变形工具"调整渐变效果。

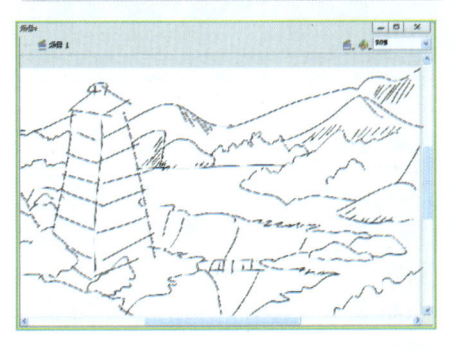

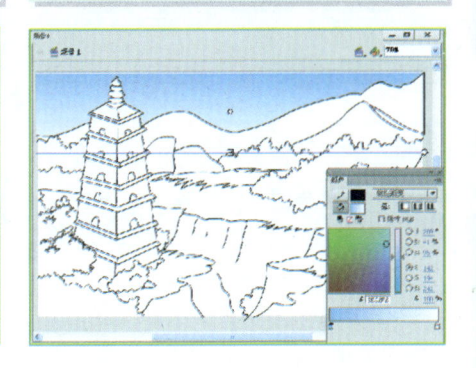

04 使用"选择工具"将线条之间连接起来。使用"颜料桶工具"为整个场景填充大致颜色。

05 新建"明"图层，使用"画笔工具"，根据实际情况选择不同的画笔类型，并设置不同的填充颜色。为场景填充亮部色调。

06 新建"暗"图层，使用"画笔工具"为场景填充暗部色调。至此，"场景"绘制完成，保存并按Ctrl+Enter组合键测试影片即可。

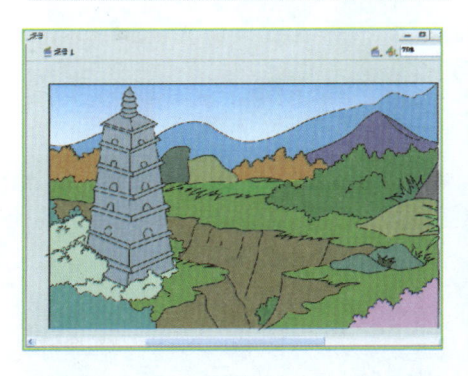

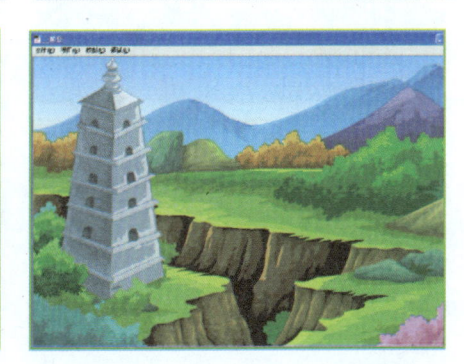

实例017　彩虹天堂

本实例主要使用"铅笔工具""椭圆工具""颜料桶工具"和"笔刷工具"绘制彩虹天堂。

文件路径：源文件\第1章\例017　　　　视频文件：视频文件\第1章\例017.mp4

Flash CS6 | 17

Chapter 1

01 使用"矩形工具"在舞台中绘制一个550像素×232像素的矩形。设置笔触颜色为无,填充颜色为青色(#00FFFF)到蓝色(#0070F7)的线性渐变。使用"渐变变形工具"对渐变效果进行调整。

02 新建"彩虹"图层。使用"椭圆工具",单击"对象绘制"按钮。绘制一个笔触颜色为黑色,填充颜色为无的正圆。在"变形"面板中单击"约束"按钮,设置缩放宽度参数为85.1%,连续单击6次"重制选区和变形"按钮。

03 按Ctrl+B组合键打散图形。使用"线条工具"在彩色圆环的中间绘制一条直线,将圆的下半部分删除。最后依次为各个正圆填充颜色为红色(#FF0000)、橙色(#F6655C)、黄色(#FFFF33)、绿色(#33CC00)、蓝色(#33CCFF)、紫色(#9966CC)。

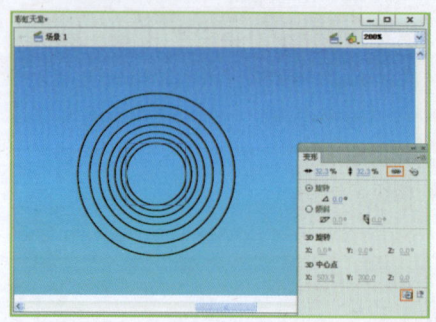

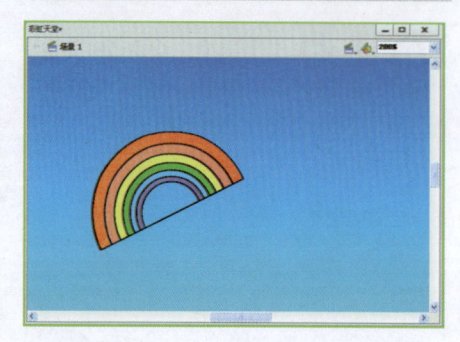

04 删除线条。按Ctrl+G组合键组合图形。新建"白云"图层,使用"矩形工具"绘制一个无笔触颜色的白色矩形。设置"填充颜色"为白色,"刷子模式"为标准绘画,"刷子大小"为最大,单击并拖动鼠标绘制云朵。

05 新建"草地"图层,使用"钢笔工具"在舞台中绘制出草地的轮廓。使用"颜料桶工具"为草地填充颜色为黄色(#E7F569)到绿色(#51D21E)的线性渐变。使用"渐变变形工具"对渐变效果进行调整,并将其组合。

06 按Ctrl+D组合键复制一个草地,使用"任意变形工具"将其缩小并放置在合适位置,修改颜色为黄色(#E7CD02)到绿色(#51B110)的线性渐变。最后调整图层顺序。

07 使用同样的方法复制草地,并更改其渐变颜色,放置在合适位置。

08 使用"刷子工具",设置填充颜色为黑色,笔刷形状为椭圆,在舞台中绘制飞鸟。

09 使用同样的方法,绘制其他飞鸟。至此,"彩虹天堂"绘制完成,保存并按Ctrl+Enter组合键测试影片即可。

> **提示**：在Flash中，经常会使用"线条工具"抠图。在切割处的位置绘制线条，然后将图形打散后即可将不需要的部分选择并删除。
>
> 绘制飞鸟时，在工具箱下方的"刷子形状"中选择不同的形状，可以绘制出不同的效果。

实例018　卡通小屋

本实例主要使用"铅笔工具""线条工具"和"颜料桶工具"绘制卡通小屋。

文件路径：源文件\第1章\例018　　　视频文件：视频文件\第1章\例018.mp4

01 将背景素材导入到"库"面板中。使用"铅笔工具"在舞台中绘制出房屋的大致轮廓及走向。

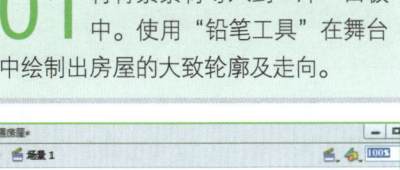

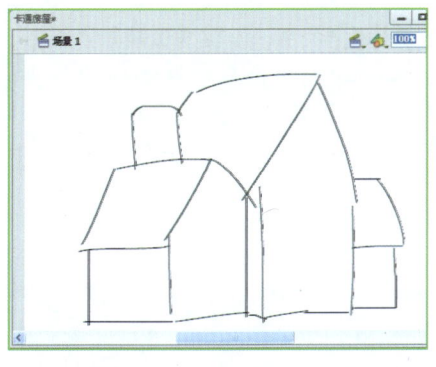

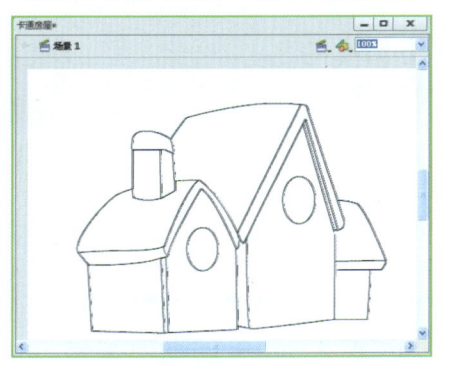

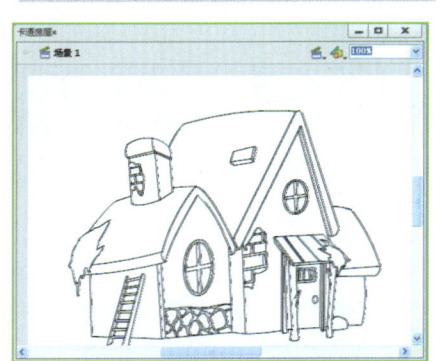

02 使用"线条工具"对房屋进行初步绘制。

03 使用"绘图工具"对房子进行细致刻画。

04 使用"颜料桶工具"为房屋填充颜色。

05 新建"图层2"，并将其放置在"图层1"的下方，将背景素材拖入舞台中。

06 至此，"卡通小屋"绘制完成，保存并按Ctrl+Enter组合键测试影片即可。

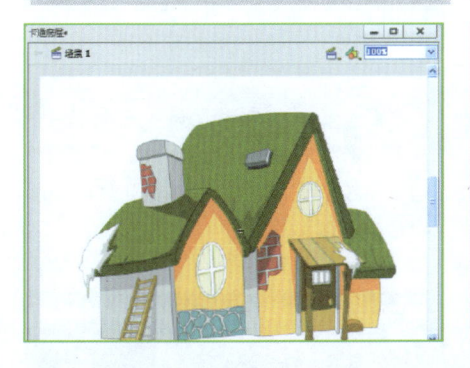

实例019　城市建筑

本实例主要使用"矩形工具""线条工具"和"颜料桶工具"绘制城市建筑。

文件路径：源文件\第1章\例019　　　视频文件：视频文件\第1章\例019.mp4

中文版 Flash CS6 动画设计与制作案例教程

01 新建一个尺寸大小为800像素×500像素的空白文档。设置笔触颜色为无，填充颜色为蓝（#23B5FE）到浅蓝（#91ECFE）的线性渐变。使用"矩形工具"绘制一个和舞台同等大小的矩形。使用"渐变变形工具"调整渐变效果。

02 使用"矩形工具"绘制一个矩形，设置笔触颜色为无，填充颜色为灰色（#687178）到浅灰色（#7E8C95）的线性渐变。使用"渐变变形工具"调整渐变效果。

03 使用"矩形工具"，设置笔触颜色为白色。绘制四条直线，作为马路的斑马线。选择两边的直线，在"属性"面板中设置笔触样式为斑马线。

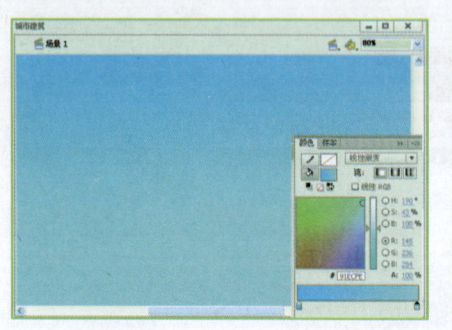

04 使用"矩形工具"，设置边框颜色为无，填充颜色为褐色（#B1B39B）到（#979678）的渐变，在舞台中绘制一个矩形，使用"渐变变形工具"调整渐变效果。

05 使用"矩形工具"和"线条工具"绘制出建筑的轮廓，并使用"选择工具"对线条进行细微调整。

06 使用"颜料桶工具"，根据光源位置设置不同的渐变色来填充建筑。使用"渐变变形工具"调整渐变效果，并将多余的线条删除。

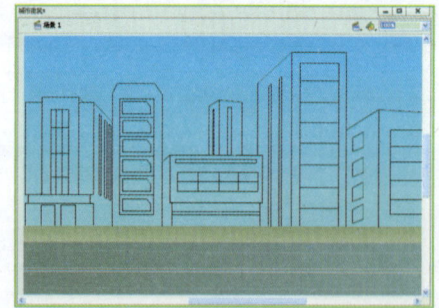

07 使用"线条工具"绘制出建筑的阴影部分。使用"颜料桶工具"为建筑添加阴影以增加立体感。

08 使用"画笔工具"，设置刷子模式为后面绘画，填充颜色为不透明度为50%的白色，在天空上方绘制云朵。

09 使用"画笔工具"在舞台中绘制绿化带。至此，"城市建筑"绘制完成，保存并按Ctrl+Enter组合键测试影片即可。

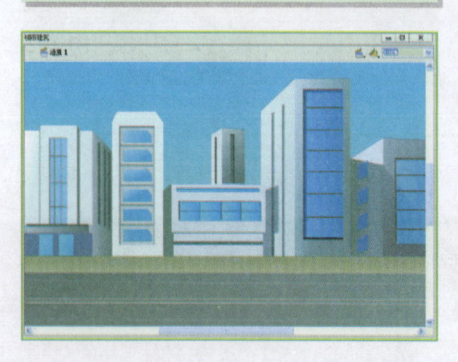

实例020　绘制卧室

本实例主要使用"线条工具"和"颜料桶工具"绘制卧室。

文件路径：源文件\第1章\例020

视频文件：视频文件\第1章\例020.mp4

01 将"图层1"重命名为"地板"，使用"线条工具"绘制图形，并使用"填充工具"填充颜色。

02 新建"墙壁"图层。使用"线条工具"绘制图形，并使用"颜料桶工具"填充颜色为白色到粉色的线性渐变。

03 新建"窗户"图层。使用"绘图工具"在舞台中绘制图形，并使用"颜料桶工具"填充颜色。

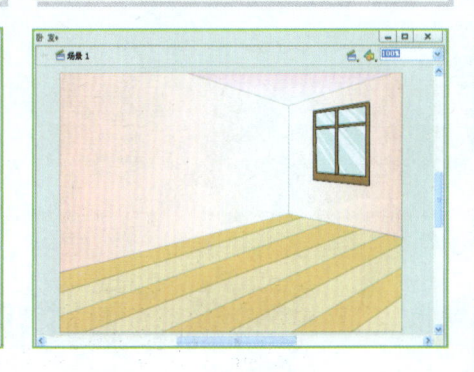

04 新建"床"图层，使用"铅笔工具"和"线条工具"绘制床，并为其填充颜色。

05 新建"装饰"图层，使用"绘图工具"绘制出吊灯、枕头和墙画。

06 新建桌子图层，绘制出桌子及装饰。至此，"卧室"绘制完成，保存并按Ctrl+Enter组合键测试影片即可。

> **提示**：由于窗户玻璃的反光特性，在填充玻璃颜色时需要为其填充白色的高亮颜色。

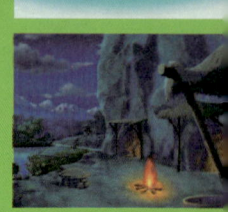

第2章
逐帧动画的绘制

在时间轴上逐帧绘制帧内容称为逐帧动画，由于是一帧一帧地画，所以逐帧动画具有非常大的灵活性，几乎可以表现任何想表现的内容。逐帧动画的绘制要遵循动画的运动规律，如包括S形运动、波浪形运动、跟随运动等。本章将通过动画的制作来帮助读者掌握这些运动规律。

第2章　逐帧动画的绘制

实例021　红旗迎风飘

本实例介绍红旗迎风飘动画的制作方法。

文件路径：源文件\第2章\例021

视频文件：视频文件\第2章\例021.mp4

01 将背景素材导入到"库"面板中。使用"矩形工具"和"椭圆工具"在舞台中绘制旗杆。

02 使用"钢笔工具"绘制出红旗的轮廓，并为红旗填充红色。

03 在第3帧处插入空白关键帧，打开绘图纸外观功能，根据运动规律绘制图形。

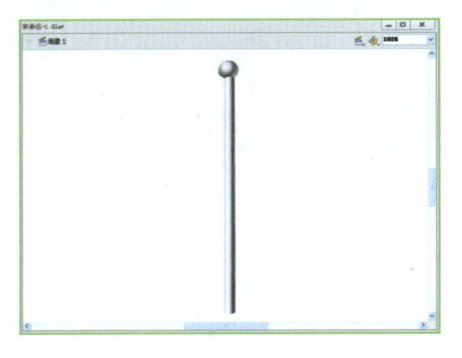

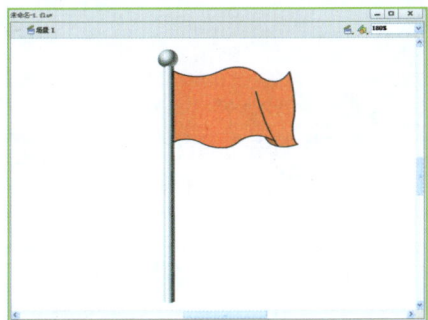

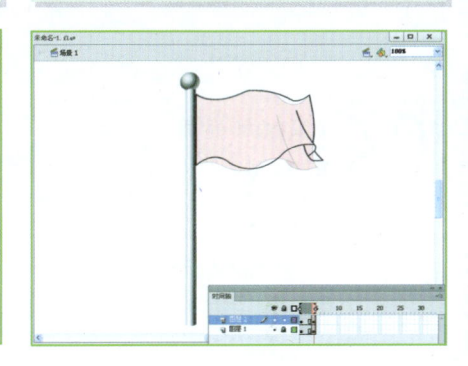

04 为旗帜填充颜色。在第5帧处插入空白关键帧，根据运动规律绘制图形。

05 使用同样的方法，在第7帧、第9帧和第11帧处分别绘制图形。

06 新建"图层3"，导入一张背景图片。至此，"红旗迎风飘"制作完成，保存并按Ctrl+Enter组合键测试影片即可。

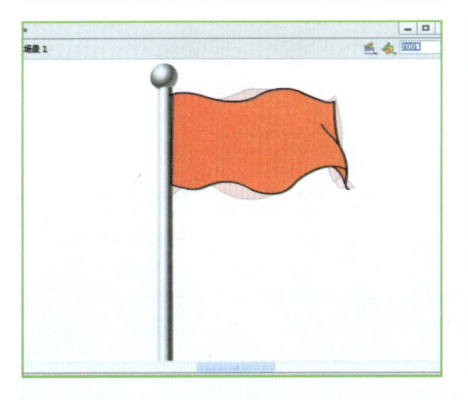

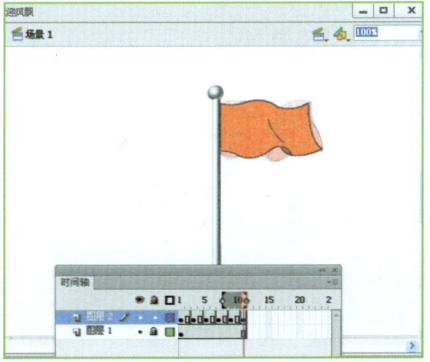

> **提示**：在时间轴的下方有多个按钮，每个按钮对应的功能也不同，可以在实际操作中尝试使用。本实例中的红旗飘动应用了波浪形运动的运动规律。

实例022　飞翔的小鸟

本实例介绍飞翔的小鸟的制作方法。

文件路径：源文件\第2章\例022

视频文件：视频文件\第2章\例022.mp4

Flash CS6 | 23

Chapter 2 中文版 Flash CS6 动画设计与制作案例教程

01 将背景素材导入到舞台中,并调整大小。

02 新建小鸟飞影片剪辑元件,在第1帧处绘制小鸟。

03 在第10帧处插入空白关键帧,打开绘图纸外观功能,绘制小鸟。

04 在第20帧处插入空白关键帧,绘制小鸟。

05 在第2帧处插入空白关键帧,绘制中间画。使用同样的方法,在第15帧处绘制中间画。

06 为每帧中的小鸟填充颜色。将笔触颜色修改为蓝色。

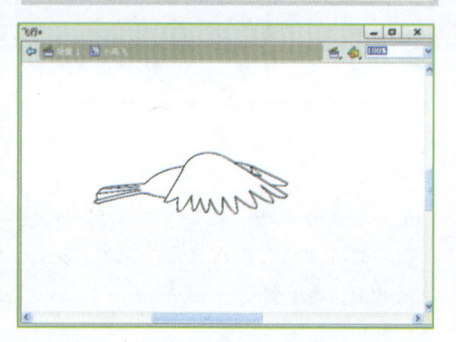

07 返回"场景1",将小鸟飞影片剪辑元件拖入舞台中,并调整到合适大小。

08 在第40帧处插入关键帧,将小鸟向右边移动。在帧与帧之间创建传统补间动画。

09 至此,"飞翔的小鸟"制作完成,保存并按Ctrl+Enter组合键测试影片即可。

> **提示** 在绘制小鸟飞行翅膀摆动时,要注意其柔韧性,切勿直上直下,以免显得僵硬而不自然。

实例023 炊烟袅袅

本实例介绍炊烟袅袅的制作方法。

文件路径:源文件\第2章\例023　　　视频文件:视频文件\第2章\例023.mp4

第2章 逐帧动画的绘制

01 将素材导入到"库"面板中，然后将背景素材拖入舞台中并调整大小。

02 新建烟影片剪辑元件，在第1帧处使用"绘图工具"绘制烟。

03 打开绘图纸外观，在第5帧处插入空白关键帧，使用"绘图工具"绘制图形。

04 在第3帧处插入空白关键帧，根据第1帧和第5帧的图形，绘制烟雾。

05 使用同样的方法，每间隔1帧插入一个空白关键帧，并绘制图形。

06 返回"场景1"，新建"图层"，将烟影片剪辑元件拖入舞台中并旋转图形。至此，"炊烟袅袅"绘制完成，保存并按Ctrl+Enter组合键测试影片即可。

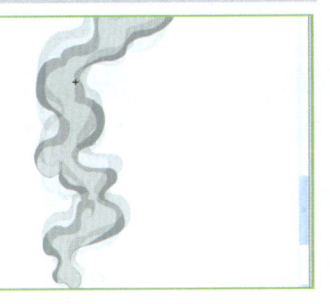

> **提示**：由于形成烟雾的因素不同，因此不同情况下绘制的烟雾颜色也不同。

实例024 燃烧的火焰

本实例介绍燃烧的火焰制作方法。

文件路径：源文件\第2章\例024

视频文件：视频文件\第2章\例024.mp4

01 新建空白文档，将背景素材拖入舞台中并调整大小。

02 新建火影片剪辑元件，在第1帧处绘制火焰第一张原画，并填充黄色到红色的径向渐变。

03 在第5帧处插入空白关键帧，打开绘图纸外观功能，绘制第二张原画。

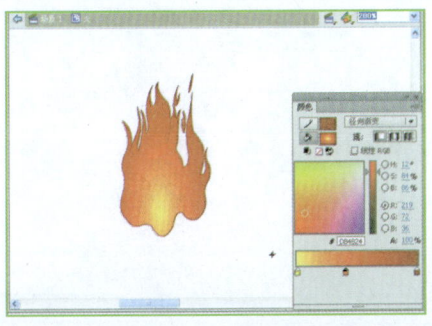

Flash CS6 | 25

04 在第3帧处插入空白关键帧，根据第1帧和第5帧的图形，绘制中间画。复制第1帧粘贴到第9帧。在第7帧处绘制图形。

05 返回"场景1"，新建"图层2"，将火影片剪辑元件拖入舞台中，在"属性"面板中添加模糊滤镜效果。

06 至此，"燃烧的火焰"制作完成，保存并按Ctrl+Enter组合键测试影片即可。

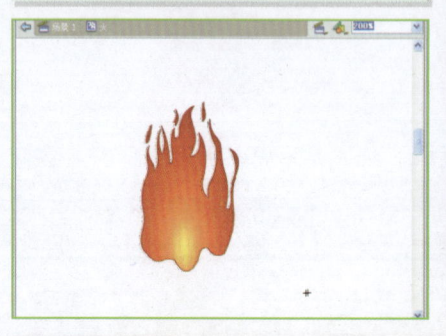

提示　Flash中的影片剪辑元件可以应用滤镜效果，而图形元件则不能。

实例025　水花溅起

本实例介绍水花溅起的制作方法。

文件路径：源文件\第2章\例025　　　视频文件：视频文件\第2章\例025.mp4

01 将背景素材拖入舞台中并调整大小。

02 新建水花影片剪辑元件，在第1帧处使用"椭圆工具"绘制图形。

03 打开绘图纸外观，在第3帧处插入空白关键帧，绘制水花原画1。

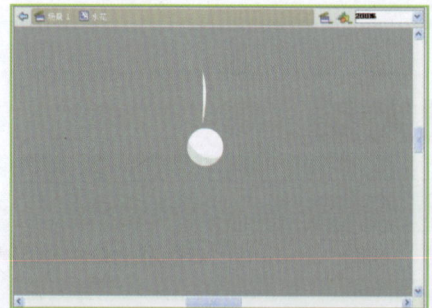

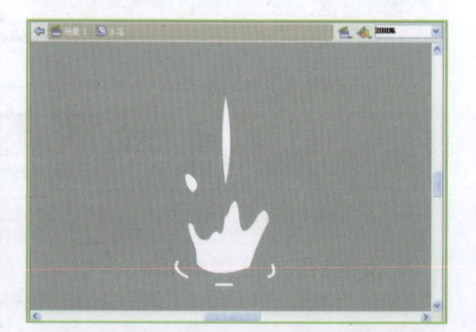

04 在第16帧处插入空白关键帧，绘制原画2。

05 在第8帧和第12帧处插入空白关键帧，分别绘制中间画。

06 在第24帧处插入空白关键帧绘制原画3，在第20帧处绘制中间画。

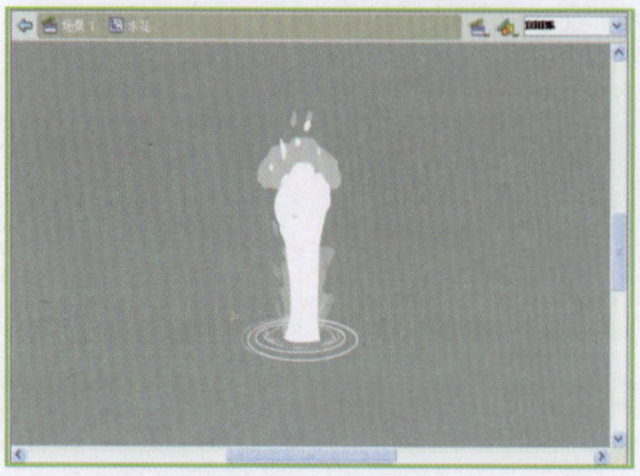

26 | Flash CS6

第2章　逐帧动画的绘制

07 在第32帧处插入空白关键帧，绘制图形。

08 在第28帧处插入空白关键帧，绘制中间画。

09 返回"场景1"，新建"图层2"，将水花影片剪辑元件拖入舞台中，设置Alpha值为66。最后保存并按Ctrl+Enter组合键测试影片即可。

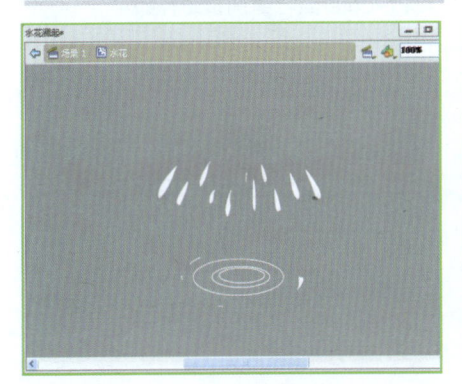

> **提示**：水的形态有水纹、水珠、水滴等多种，在绘制水花溅起时，需要注意的是水花溅起后水面形成层层波纹，并向外扩散直至消失。

实例026　人物行走

本实例介绍人物行走的制作方法。

文件路径：源文件\第2章\例026　　　　视频文件：视频文件\第2章\例026.MP4

01 将"图层1"重命名为"头"，在舞台中上绘制人物侧面头像。在第50帧处插入帧。

02 新建"身体"图层，在第1帧处绘制人物身体并填充颜色。

03 新建"右手"图层，在第1帧处绘制人物的右手。

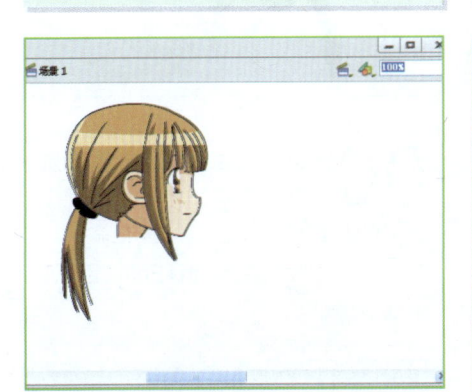

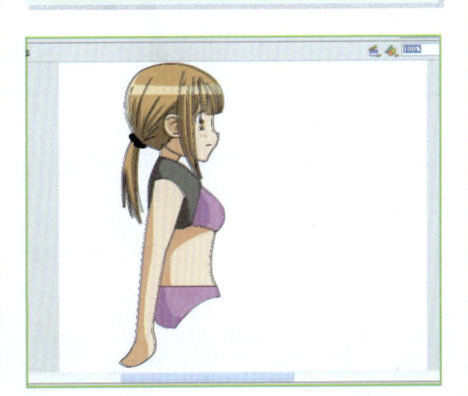

> **提示**：人物行走时的规律是四肢交替向前。因此，在制作此动画时将人物的四肢分层绘制是较为简单的方法。

Flash CS6 | 27

04 新建"左手"图层,使用同样的方法绘制左手,并将图层移到"身体"图层的下方。

05 使用同样的方法新建"左腿"和"右腿"图层,并分别在图层中绘制图形。

06 选择所有图层的第5帧,插入关键帧,然后调整各图层中的图形。使用同样的方法依次创建关键帧,并调整图形。至此,"人物行走"逐帧动画制作完成,保存并按Ctrl+Enter组合键测试影片即可。

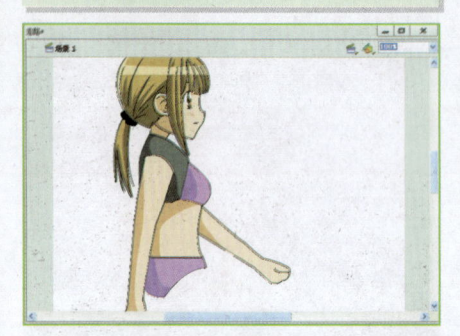

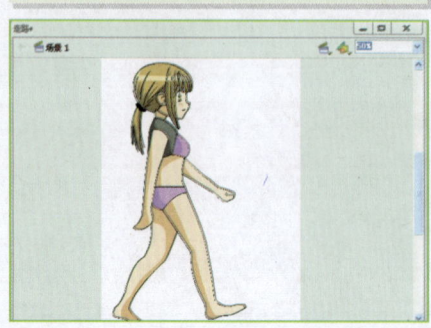

实例027　人物奔跑

本实例介绍人物奔跑的制作方法。

文件路径:源文件\第2章\例027　　　视频文件:视频文件\第2章\例027.MP4

01 在第1帧处绘制图形,并使用"颜料桶工具"填充颜色。

02 在第3帧处插入空白关键帧,打开绘图纸外观功能,绘制图形。

03 在第5帧处插入空白关键帧,绘制图形并填充颜色。

04 在第7帧处插入空白关键帧,绘制图形并填充颜色。

05 在第9帧处插入关键帧,将第1帧中的图形复制粘贴到第9帧的舞台中,并调整位置。在第11帧处插入帧。

06 新建"图层2",将该图层置于最底层,使用"椭圆工具"绘制背景。至此,"人物奔跑"制作完成,保存并按Ctrl+Enter组合键测试影片即可。

第2章 逐帧动画的绘制

> **提示**：绘制人物奔跑时，人物的身体应向前倾斜，双腿交替，幅度较走路要快。

实例028 人物入场

本实例介绍人物入场的制作方法。

文件路径：源文件\第2章\例028

视频文件：视频文件\第2章\例028.MP4

01 在舞台中绘制人物并填充颜色。在第2帧至第4帧处插入关键帧。打开绘图纸外观功能，分别移动图形。

02 在第5帧处插入关键帧，将图形向左微移，并使用"画笔工具"绘制烟雾。在第6帧至第8帧处插入关键帧，分别移动图形，并绘制烟雾。

03 在第9帧处插入空白关键帧，绘制图形并填充颜色。

04 在第10帧处插入空白关键帧，绘制图形并填充颜色。

05 在第12帧处插入空白关键帧，绘制图形并填充颜色。

06 在第11帧处插入空白关键帧，根据前后帧的内容绘制中间画。

> **提示**：夸张的人物出场动画更能吸引人的注意。

Flash CS6 | 29

07 在第16帧处插入空白关键帧，绘制图形并填充颜色。

08 在第17帧处插入空白关键帧，绘制图形并填充颜色。

09 根据前面各帧的内容，绘制第18帧至第20帧的内容。至此，"人物入场"制作完成，保存并按Ctrl+Enter组合键测试影片即可。

实例029　人物出场

本实例介绍人物出场的制作方法。

文件路径：源文件\第2章\例029

视频文件：视频文件\第2章\例029.MP4

01 在舞台中绘制人物出场动画的第一张原画并填充颜色。

02 打开绘图纸外观功能，在第8帧处插入空白关键帧，绘制第二张原画。

03 在第4帧处插入空白关键帧，绘制中间画。

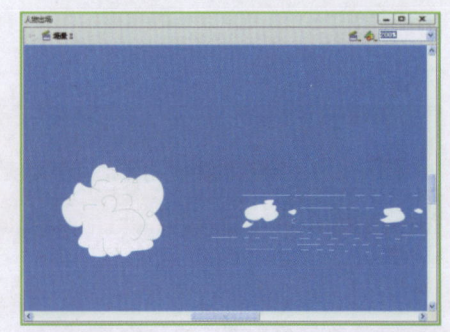

04 在第12帧处插入空白关键帧，根据第8帧的内容绘制图形。

05 在第20帧处插入空白关键帧，绘制原画。在第16帧处插入空白关键帧，绘制中间画。

06 在第24帧处插入空白关键帧，绘制烟雾。

第2章　逐帧动画的绘制

07 在第33帧处插入空白关键帧，绘制图形。

08 在第27帧和第30帧处分别插入空白关键帧，绘制两张中间画。

09 在36帧和第42帧处分别插入空白关键帧，绘制图形。至此，"人物出场"制作完成，保存并按Ctrl+Enter组合键测试影片即可。

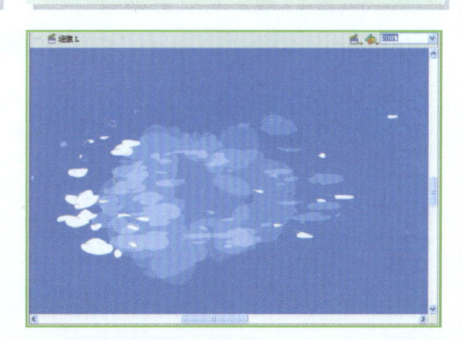

> **提示**　在制作动画时预备动作也很重要。人物出场的预备动作做得很充分，而为了体现其快速离去则使用了烟雾，这也是动画中手法之一。

实例030　人物转头

本实例介绍人物转头的制作方法。

文件路径：源文件\第2章\例030　　　视频文件：视频文件\第2章\例030.MP4

01 在第1帧处使用"绘图工具"绘制图形，然后使用"填充工具"填充颜色。

02 在第17帧处插入空白关键帧，打开绘图纸外观功能，绘制图形。

03 在第9帧处插入空白关键帧，绘制中间画。

04 在第35帧处插入空白关键帧，绘制图形。

05 在第27帧处插入空白关键帧，根据前后帧的内容绘制图形。

06 在第45帧处插入帧。至此，"人物转头"制作完成，保存并按Ctrl+Enter组合键测试影片即可。

Flash CS6 | 31

实例031 形变动画

本实例介绍形变动画的制作方法。

文件路径：源文件\第2章\例031

视频文件：视频文件\第2章\例031.MP4

01 新建Flash文档，使用"绘图工具"在舞台中绘制原画1。

02 在第33帧处插入空白关键帧，绘制原画2。

03 在第61帧处插入空白关键帧，绘制原画3。

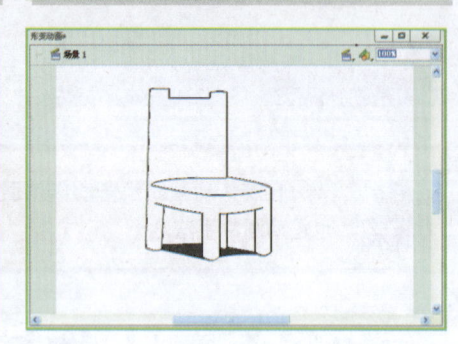

04 在第9帧处插入空白关键帧，绘制图形。

05 在第5帧处插入空白关键帧。打开绘图纸外观功能，根据前后帧的内容绘制中间画。

06 在第16帧处插入空白关键帧，绘制图形。

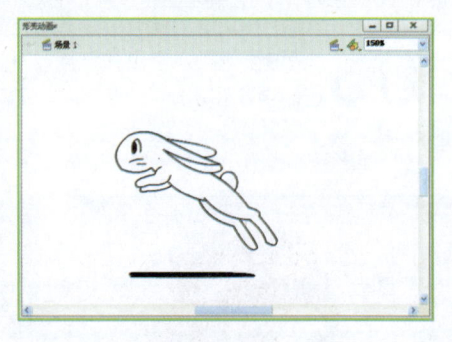

07 在第13帧处插入空白关键帧，根据前后帧的内容绘制中间画。

08 在第25帧处插入空白关键帧，绘制图形。

09 在第29帧处插入空白关键帧，根据前后帧的内容绘制中间画。

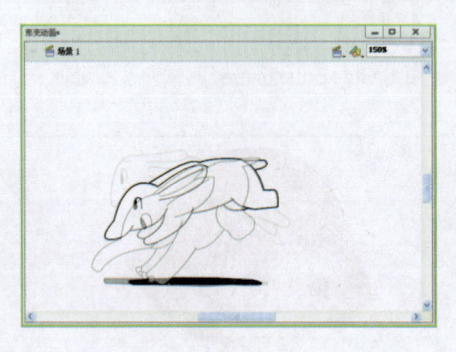

10 在第53帧处插入空白关键帧，使用"绘图工具"绘制图形。

11 在第40帧处插入空白关键帧，使用"绘图工具"绘制图形。

12 在第37帧处插入空白关键帧，使用"绘图工具"绘制图形。

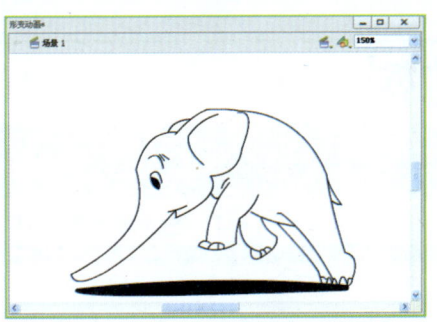

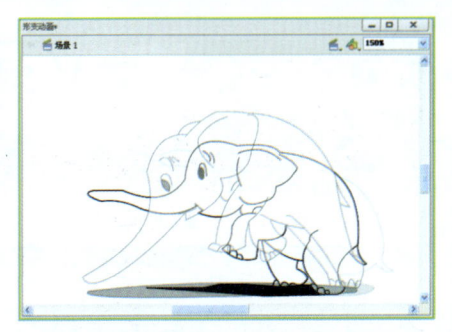

13 在第45帧处插入空白关键帧，使用"绘图工具"绘制图形。

14 使用同样的方法创建其他关键帧，并使用"绘图工具"绘制图形。

15 新建"图层2"，并绘制背景。至此，"形变动画"制作完成，保存并按Ctrl+Enter组合键测试影片即可。

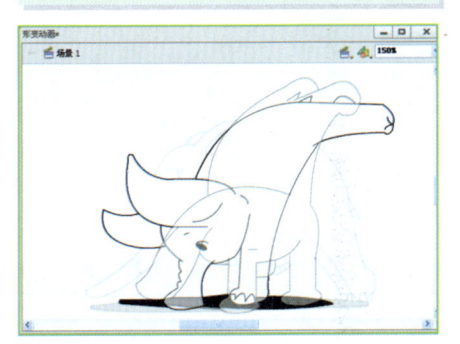

实例032 动物行走

本实例介绍动物行走的制作方法。

文件路径：源文件\第2章\例032

视频文件：视频文件\第2章\例032.MP4

01 新建Flash文档，在舞台中绘制图形。

02 在第4帧处插入空白关键帧，绘制图形。

03 在第12帧处绘制图形。在第8帧处插入空白关键帧，绘制中间画。根据前后绘制的内容，插入关键帧并绘制图形。至此，"动物行走"制作完成，保存并按Ctrl+Enter组合键测试影片即可。

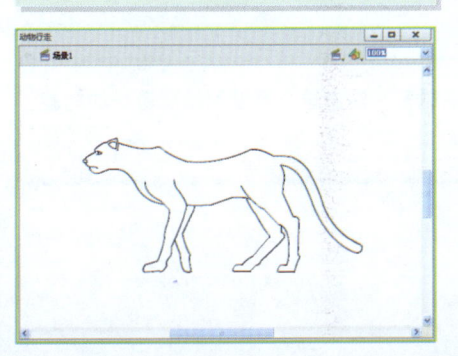

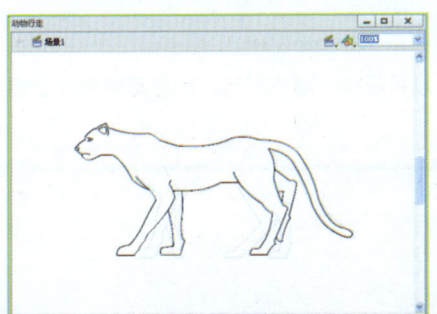

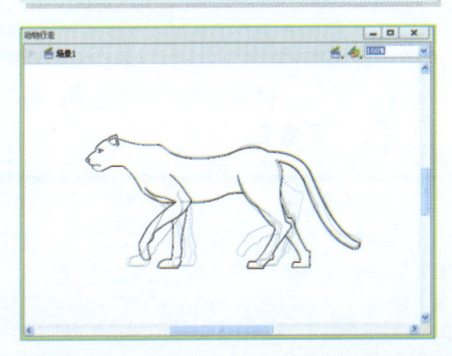

中文版 Flash CS6 动画设计与制作案例教程

> **提示**：四足动物与两足动画的运动规律不同，绘制方法也不同。

实例033　茁长的树

本实例介绍茁长的树的制作方法。

文件路径：源文件\第2章\例033　　　　视频文件：视频文件\第2章\例033.MP4

01 在舞台中绘制蓝天白云和草地，并使用"颜料桶工具"为其填充颜色。

02 新建"图层2"，在舞台中绘制图形并填充颜色。

03 打开绘图纸外观功能，在第2帧处插入关键帧，使用"任意变形工具"拉长图形，并对图形进行相应修改。

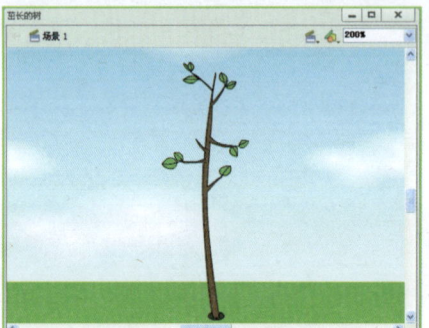

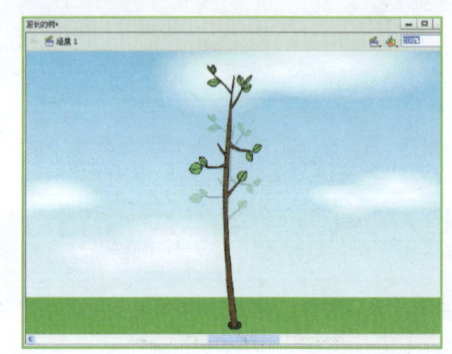

04 使用同样的方法在第3帧处插入关键帧，并修改图形。

05 在第5帧处插入空白关键帧，绘制图形。

06 使用同样的方法绘制其他图形。至此，"茁长的树"制作完成，保存并按Ctrl+Enter组合键测试影片即可。

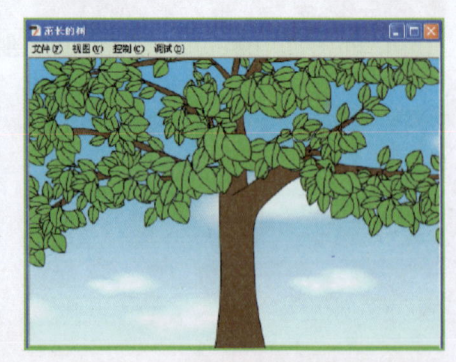

> **提示**：树苗变成大树的过程：树干越长越粗、越长越高，其分支和树叶也越来越多。知道这个原理后绘制茁长的树就不难了。

第2章 逐帧动画的绘制

实例034　人物惊讶表情动作

本实例介绍人物惊讶表情动作的制作方法。

文件路径：源文件\第2章\例034
视频文件：视频文件\第2章\例034.MP4

01 在舞台中使用"绘图工具"绘制图形，并使用"颜料桶工具"填充颜色。

02 打开绘图纸外观功能，在第3帧处插入空白关键帧，绘制图形并使用"颜料桶工具"填充颜色。

03 在第5帧处插入空白关键帧，绘制图形并使用"颜料桶工具"填充颜色。

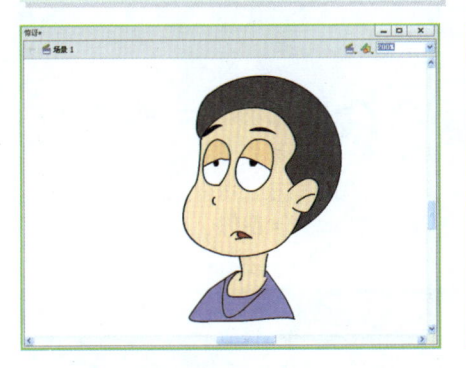

04 在第7帧处插入空白关键帧，绘制图形并使用"颜料桶工具"填充颜色。

05 在第9帧处插入空白关键帧，绘制图形并使用"颜料桶工具"填充颜色。

06 在第12帧处插入空白关键帧，绘制图形并使用"颜料桶工具"填充颜色。至此，"人物惊讶表情动作"绘制完成，保存并按Ctrl+Enter组合键测试影片即可。

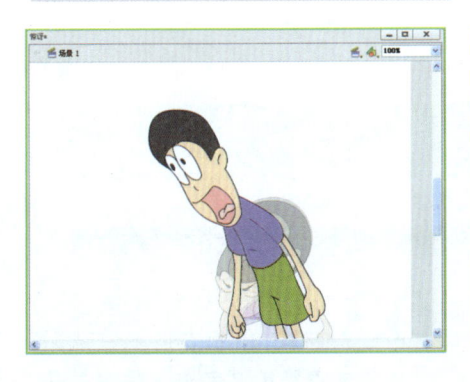

实例035　花开动画

本实例介绍花开动画的制作方法。

文件路径：源文件\第2章\例035
视频文件：视频文件\第2章\例035.MP4

中文版 Flash CS6 动画设计与制作案例教程

01 新建Flash文档，新建开花图形元件，在第1帧处绘制图形，并使用"颜料桶工具"填充颜色。

02 在第4帧处插入空白关键帧，打开绘图纸外观功能，绘制图形。

03 在第7帧处插入空白关键帧，绘制图形并填充颜色。

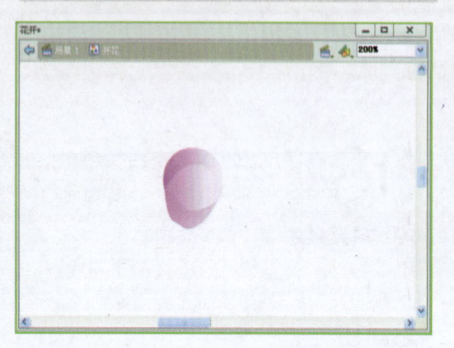

04 使用同样的方法依次创建关键帧，并调整图形。按照新建花瓣图层的步骤绘制花芯图层的动画效果。

05 新建桃花开图形元件，新建图层，把开花图形元件拖入舞台中，制作需要的动画效果。

06 返回"场景1"，把图形元件拖入舞台中。至此，"花开动画"制作完成，保存并按Ctrl+Enter组合键测试影片即可。

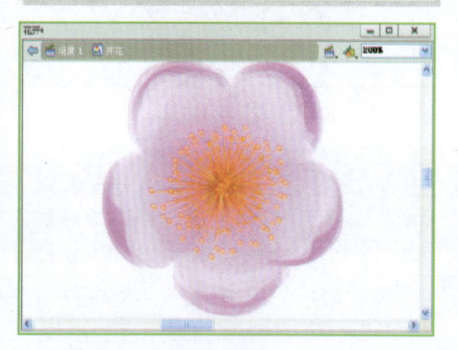

实例036 人物转身

本实例介绍人物转身的制作方法。

文件路径：源文件\第2章\例036
视频文件：视频文件\第2章\例036.MP4

01 在第1帧处使用"绘图工具"绘制图形。

02 打开绘图纸外观功能，在第5帧处插入空白关键帧，绘制图形。

03 在第10帧处插入空白关键帧，绘制图形。至此，"人物转身"绘制完成，保存并按Ctrl+Enter组合键测试影片即可。

36 | Flash CS6

第3章
文字特效

特效文字新颖且美观，给人不一样的视觉体现。本章主要通过文字处理、遮罩图层的绘制和关键帧动画的使用来带领读者掌握各种特效文字的制作方法。

实例037 打字效果

本实例介绍打字效果的制作方法。

文件路径：源文件\第3章\例037
视频文件：视频文件\第3章\例037.mp4

01 启动Flash CS6，新建一个空白文档，设置尺寸大小为560像素×380像素。将素材图片导入舞台中，并调整大小。

02 新建"图层2"，使用"文本工具"输入文本，按Ctrl+B组合键将文本分离。

03 选择"图层2"的第1帧，单击并拖动鼠标至第5帧处，然后分别在"图层1"和"图层2"上的第115帧处按F6键插入关键帧。

04 在"图层2"上的第10帧处按F6键插入关键帧，并依次间隔5帧插入一个关键帧，直至第115帧为止。

05 单击"图层2"上的第5帧，选择"人"字外的所有文本，按Delete键删除。

06 单击"图层2"上的第10帧，选择"人"和"生"字外的所有文本，按Delete键删除。

07 使用上述操作方法，分别选中相应的关键帧，并删除后面的文字。

08 使用同样的方法删除相应帧中的文字，直至第115帧处为止。

09 至此，"打字效果"制作完成，保存并按Ctrl+Enter组合键测试影片即可。

> **提示**：在编辑窗口中输入文本时，会有一个闪烁的光标提示输入文字的位置，可以根据需要制作该效果。即新建一个影片剪辑元件，在舞台中绘制光标。在第2帧处插入空白关键帧。返回"场景1"，新建图层，每间隔5帧插入一个关键帧，将影片剪辑元件拖入舞台中的合适位置。

第3章 文字特效

实例038 旋转文字

本实例介绍旋转文字的制作方法。

文件路径：源文件\第3章\例038

视频文件：视频文件\第3章\例038.mp4

01 启动Flash CS6，新建一个空白文档，设置文档大小为400像素×200像素，导入素材图片。

02 新建文字影片剪辑元件，在第1、2帧处插入关键帧，并将影片剪辑元件拖入舞台中的合适位置。

03 新建图层，在第1帧处插入空白关键帧，单击鼠标右键，从弹出的快捷菜单中执行"动作"命令，在弹出的"动作"面板中输入脚本"stop();"。

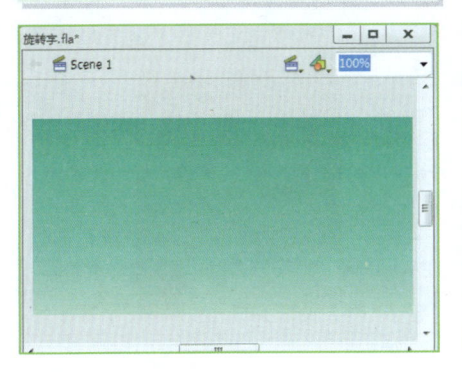

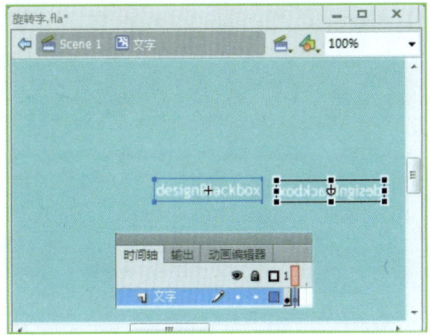

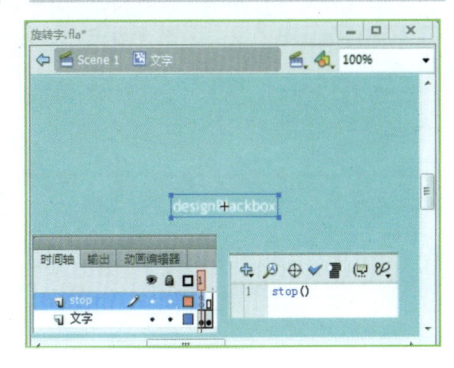

04 新建logo影片剪辑元件，将元件2拖入舞台的合适位置。

05 返回"场景1"，新建"图层2"，将文字影片剪辑元件和logo影片剪辑元件拖入舞台中。

06 选择文字影片剪辑元件，按F9键打开"动作"面板，输入脚本。

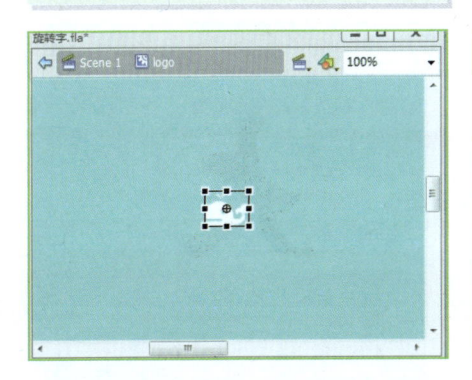

07 在舞台中选中logo影片剪辑元元件，按F9键打开"动作"面板，输入脚本。

08 新建图层，在第1帧处按F9键打开"动作"面板，输入"stop();"。

09 至此，"旋转文字"制作完成，保存并按Ctrl+Enter组合键测试影片即可。

实例039　书法文字

本实例介绍书法文字的制作方法。

文件路径：源文件\第3章\例039　　　视频文件：视频文件\第3章\例039.mp4

01 启动Flash CS6，按Ctrl+N组合键新建一个空白文档。执行"文件"|"导入"|"导入到库"命令，将素材图片导入到"库"面板中。

02 在舞台中单击鼠标右键，在弹出的快捷菜单中执行"文档属性"命令。在打开的"文档设置"对话框中设置尺寸为417像素×498像素。

03 将"库"面板中的素材图片拖入舞台中。按Ctrl+F8组合键新建大影片剪辑元件。

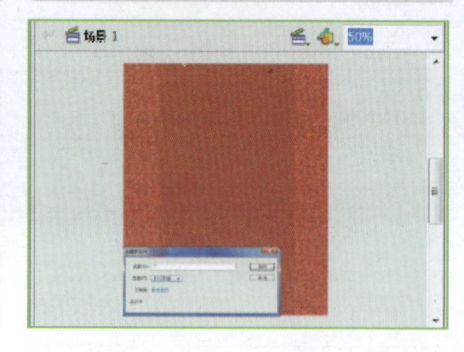

04 使用"文本工具"输入文本"大"，按两次Ctrl+B组合键将其分离，转换为图形状态。

05 在"图层1"的第2帧处按F6键插入关键帧。使用"橡皮擦工具"，设置橡皮擦形状，在舞台中擦除"大"字最后一笔的末端。

06 在第3帧处按F6键插入关键帧，继续对"大"字最后一笔的末端进行擦除。

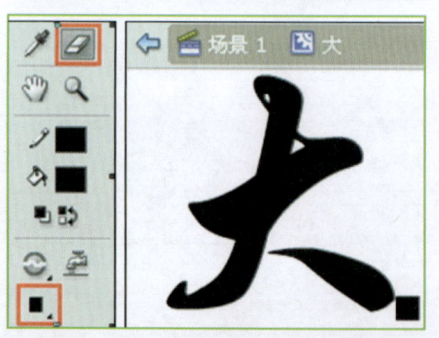

07 使用上述操作方法，依次插入关键帧，并依次对"大"字最后一笔的末端向上擦除，直至"大"字的最后一笔被抹去为止。

08 使用同样的方法在第29帧处插入关键帧。对"大"字的倒数第二笔的末端进行擦除，依次插入帧并向上擦除，直至完全将"大"字的倒数第二笔抹去。

09 当"大"字的文字已全部被抹去时，选择时间轴上的所有帧，单击鼠标右键，在弹出的快捷菜单中执行"翻转帧"命令。

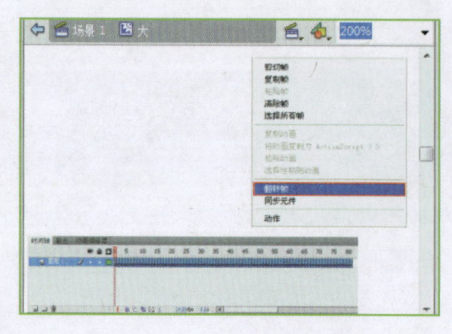

第3章 文字特效

10 选择第81帧，单击鼠标右键，从弹出的快捷菜单中执行"动作"命令，在弹出的"动作"面板中输入脚本"stop();"。

11 按Ctrl+F8组合键，分别新建"吉""利"的影片剪辑元件。使用上述操作方法，分别在相应的影片剪辑元件中输入文本"吉""利"，并在相应影片剪辑中进行关键帧的插入和文字的擦除。

12 返回"场景1"中，在"背景"图层的第750帧处按F5键插入帧。新建图层"大""吉""大""利"。将"库"面板中的影片剪辑元件放入相应图层的舞台中。

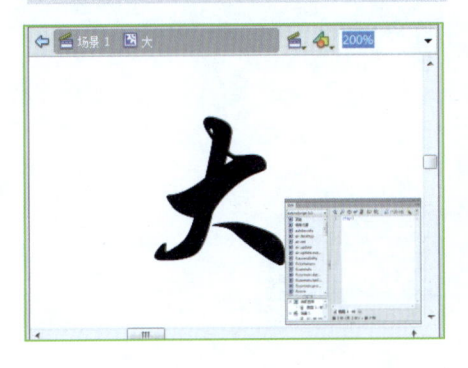

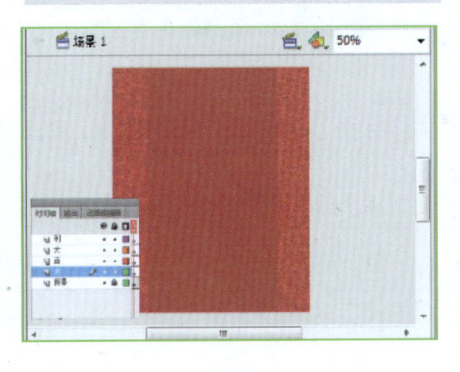

13 新建毛笔影片剪辑元件。使用"矩形工具"，设置笔触颜色为无，填充颜色为线性渐变。设置第一个色标颜色为#C9AF8B，第二个色标颜色为#C9AF8B，第三个色标颜色为#C69575，第四个色标颜色为#C6B075。在舞台中绘制一个矩形。

14 打开"颜色"面板，设置"类型"为线性渐变，设置第一个色标颜色为黑色（#666666），第二个色标颜色为黑色，第三个色标颜色为#333333，在舞台绘制一个矩形，然后使用"选择工具"调整矩形。

15 使用"铅笔工具"在舞台中绘制出笔毫。

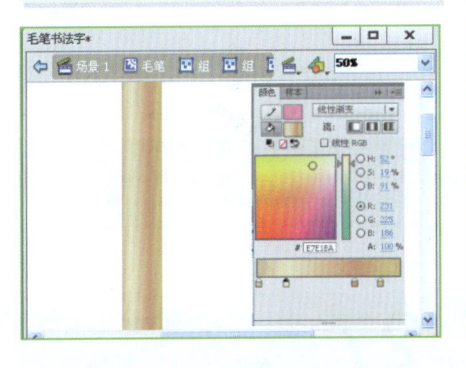

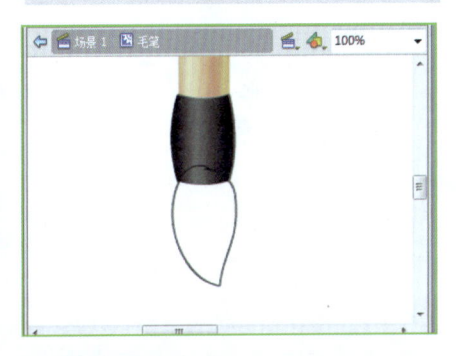

16 打开"颜色"面板，设置"类型"为线性渐变，设置第一个色标颜色为#584E44，第二个色标颜色为#47443D，第三个色标颜色为#010101。

17 使用"选择工具"选取笔毫上的多余线条，按Delete键将其删除。使用"渐变变形工具"对填充颜色进行调整。

18 设置笔触颜色为无，填充颜色为土红色（#993300），使用"矩形工具"在笔杆的上部绘制一个矩形，作为笔尾。

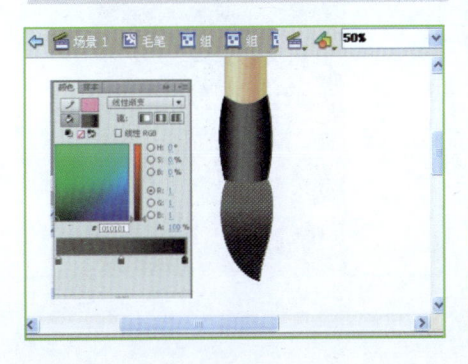

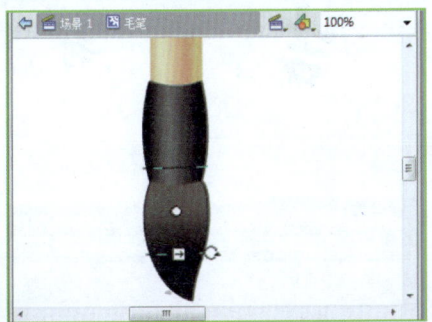

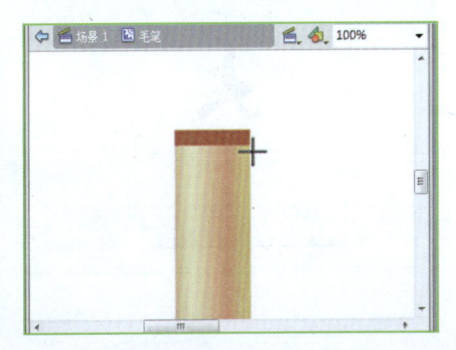

Flash CS6 | 41

中文版 Flash CS6 动画设计与制作案例教程

19 使用"刷子工具",设置填充颜色为暗红色(#990000),在舞台中绘制出线条。

20 选中舞台中所有图形,按Ctrl+G组合键将其组合。

21 进入大影片剪辑元件中,新建"图层2",将"库"面板中的毛笔影片剪辑元件拖入至舞台中,使其与"大"字的第1帧所对应的笔画相重合。

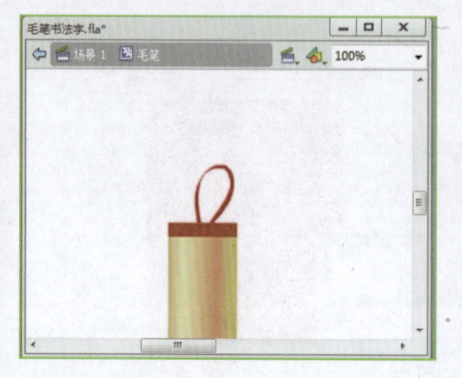

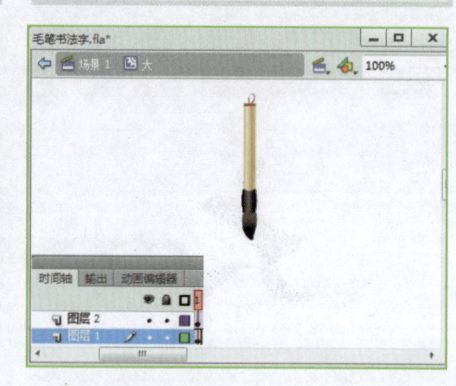

22 在"图层2"的第23帧处按F6键插入关键帧,将舞台中的画笔移动至合适位置。

23 在第1帧与第23帧之间单击鼠标右键,在弹出的快捷菜单中执行"创建传统补间"命令。

24 在第25帧处按F6键插入关键帧,并移动舞台中的毛笔至合适位置,在第23帧与第25帧之间创建传统补间动画。

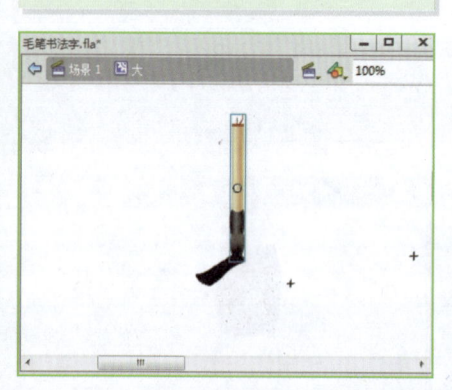

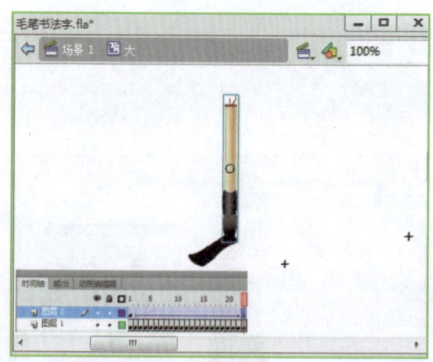

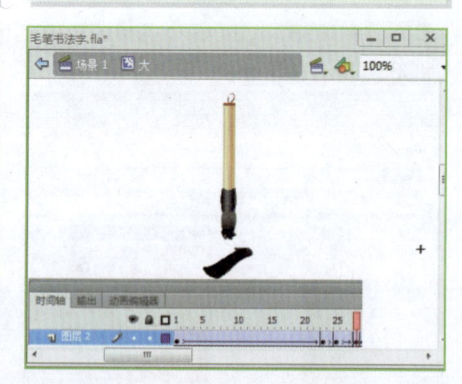

25 根据笔画的顺序,依次插入关键帧,并调整毛笔的位置。然后依次为其创建传统补间动画,直至第81帧处为止,并在第81帧处添加"stop()"语句。

26 使用上述操作方法分别对影片剪辑"吉""利"进行操作,按笔画顺序为其插入帧并调整毛笔位置和创建传统补间。

27 至此,"书法文字"制作完成。返回场景,保存并按Ctrl+Enter组合键进行测试即可。

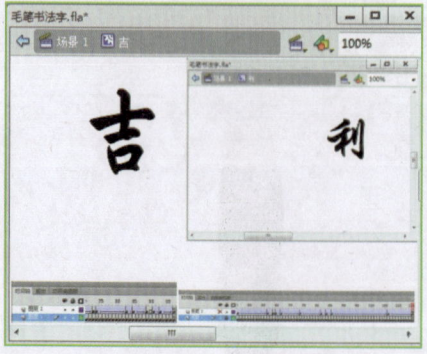

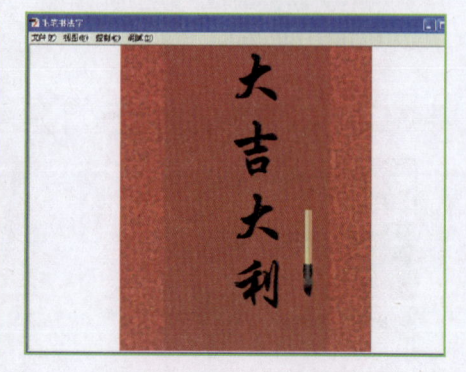

第3章 文字特效

> **提示** 书法字是根据笔画逆向抹去，然后执行"翻转帧"命令来制作的。

实例040　闪动文字

本实例介绍闪动文字的制作方法。

文件路径：源文件\第3章\例040　　　视频文件：视频文件\第3章\例040.mp4

01 新建背景颜色为黑色的空白文档。使用"文本工具"输入文本"flash"，按Ctrl+B组合键将文字打散。

02 新建sprite 2影片剪辑元件，将文本分离为单个文本，转换为影片剪辑元件。选择文本，单击鼠标右键，从弹出的快捷菜单中执行"分散到图层"命令，在各图层第5帧处插入帧。

03 新建"Action Layer"图层。在第2帧和第3帧处插入关键帧，按F9键打开"动作"面板，输入相应的脚本。

04 新建"Action Layer"图层，在第2帧和第3帧处插入关键帧，按F9键打开"动作"面板，输入脚本。

05 返回"场景1"，将flash影片剪辑元件拖入舞台中，使用"任意变形工具"将中心点调制文字右边。

06 至此，"闪动文字"制作完成。返回到场景中，保存并按Ctrl+Enter组合键进行影片测试即可。

实例041　风飘字

本实例介绍风飘字的制作方法。

文件路径：源文件\第3章\例041　　　视频文件：视频文件\第3章\例041.mp4

Flash CS6 | 43

中文版 Flash CS6 动画设计与制作案例教程

01 启动Flash CS6，新建一个空白文档，设置文档尺寸大小为465像素×400像素。将素材图片导入舞台中并调整大小。

02 新建"我"图形元件。使用"文本工具"输入文本"我"。依次新建图层元件1到图形元件13，在相应的元件中输入相应的文本。

03 返回"场景1"，新建"我"图层，将元件1图形元件拖入舞台中并放置在合适位置。

04 在第2帧和第20帧处插入关键帧，并调整关键帧的相应位置，在中间创建传统补间动画。

05 选择第20帧处的元件，在"属性"面板中设置Alpha值为0%。在第95帧处插入帧。

06 新建"悄"图层，将元件2图形元件拖入舞台中的合适位置。

07 在第7帧和25帧处插入关键帧，调整关键帧的相应位置，并在帧与帧之间设置补间动画，设置第25帧的元件Alpha值为0%。

08 使用上述操作方法，分别建立其他图层，在相应的位置插入关键帧，并创建传统补间动画。

09 至此，"风飘字"制作完成。返回场景，保存并按Ctrl+Enter组合键进行影片测试即可。

实例042 闪光文字

本实例介绍闪光文字的制作方法。

文件路径：源文件\第3章\例042　　　视频文件：视频文件\第3章\例042.mp4

第3章 文字特效

01 启动Flash CS6，新建一个空白文档，设置文档尺寸大小为500像素×120像素。导入素材图片，将背景图片拖入舞台中。

02 新建"文字"图层，使用"文本工具"输入相应的文本。

03 按Ctrl+F8组合键新建mov影片剪辑元件，设置笔触颜色为无，填充颜色为白色到透明的线性渐变。使用"椭圆工具"，按住Shift键的同时绘制正圆。

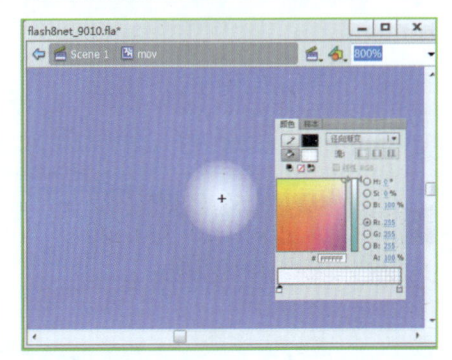

04 按Ctrl+F8组合键新建闪光1影片剪辑元件，将"闪光"素材图片拖入舞台中。新建闪光影片剪辑元件，在第2帧处插入关键帧，将闪光1影片剪辑元件拖入舞台中。

05 新建"mov"图层，在第2帧处插入关键帧，将mov影片剪辑元件拖入舞台中。

06 新建"as"图层，在第1帧处按F9键打开"动作"面板，输入脚本"stop()；"。在第2帧处插入空白关键帧。

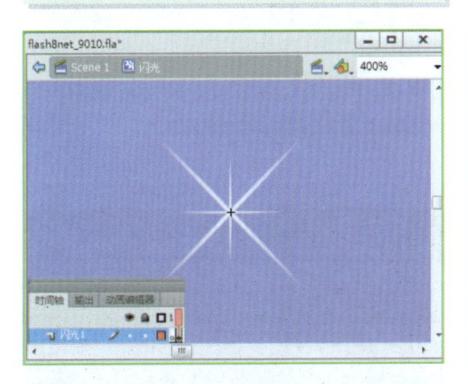

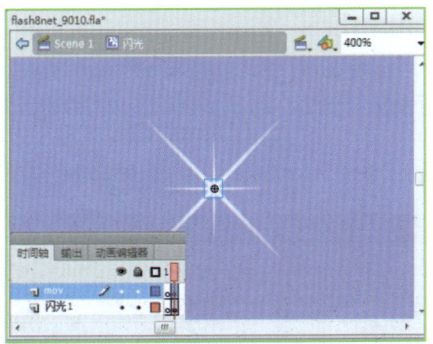

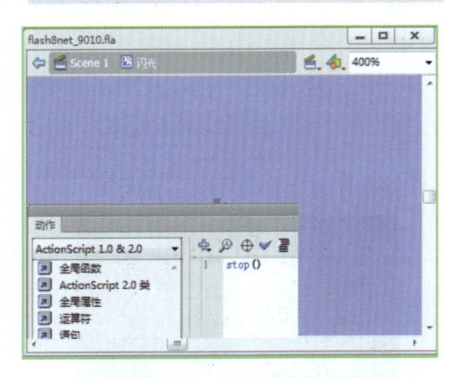

07 按Ctrl+F8组合键新建遮罩影片剪辑元件。使用"矩形工具"绘制矩形，并用"任意变形工具"进行调整。

08 返回"场景1"，新建"遮罩层"图层，将遮罩影片剪辑元件拖入舞台中，在第300帧处插入关键帧，调整元件的位置。在帧与帧之间创建传统补间动画。设置该图层为"遮罩层"。

09 新建"闪光"图层，将闪光影片剪辑元件拖入舞台中。在第300帧处插入关键帧，调整元件的位置。在帧与帧之间创建传统补间动画。

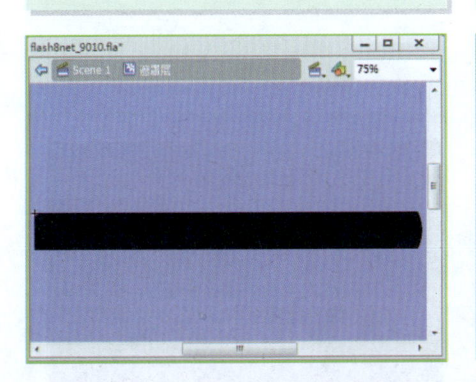

Flash CS6 | 45

中文版 Flash CS6 动画设计与制作案例教程

10 新建"as"图层,在第1帧处按F9键打开"动作"面板,输入脚本。

11 在第276帧处插入关键帧,按F9键打开"动作"面板,并在弹出的"动作"面板中输入脚本。

12 在第300帧处插入关键帧,输入脚本"stop();"。至此,"闪光文字"制作完成,保存并按Ctrl+Enter组合键测试影片即可。

实例043 黑客字效

本实例介绍黑客字效的制作方法,实现文字从上而下忽隐忽现的效果。

文件路径:源文件\第3章\例043
视频文件:视频文件\第3章\例043.mp4

01 启动Flash CS6,按Ctrl+N组合键新建一个空白文档,设置舞台颜色为黑色,导入素材图片,将背景图片拖入舞台中。

02 按Ctrl+F8组合键新建文字图形元件,使用"文本工具"输入文本,按Ctrl+B组合键将其分离。

03 按Ctrl+F8组合键新建"文字1"的图形元件。使用"文本工具"输入文本,选中文本,按Ctrl+B组合键将其分离。

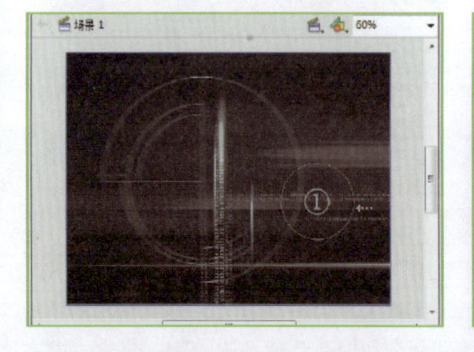

04 新建名称为图形的图形元件,设置笔触颜色为无,填充颜色为黑色与绿色(#0AD613)相间的线性渐变。使用"矩形工具",在舞台中绘制矩形。

05 使用"渐变变形工具"调整渐变效果。

06 新建文字效果影片剪辑元件,将文字图形元件拖入舞台中,在第50帧处插入帧。新建"图层2",将图形图形元件拖入舞台中。

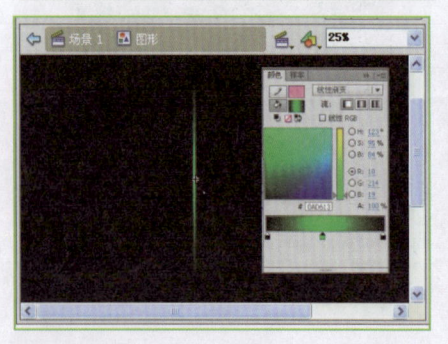

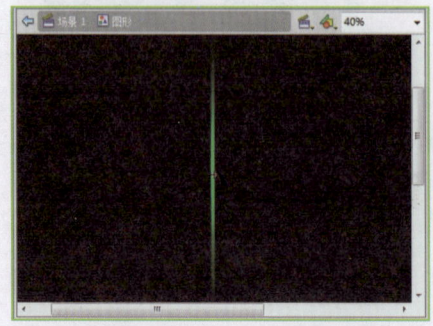

46 | Flash CS6

第3章 文字特效

07 将"图层2"移至"图层1"的下方，并移动"图层2"中图形的位置，使图形的底部靠近文本的上部。在第5帧处插入关键帧，按键盘上的方向键将图形向下移动。

08 使用上述操作方法，每间隔5帧的位置插入一个关键帧，直至第50帧处，并逐帧将图形向下移动。在第50帧处，使图形的上半部处于文字的下方。在帧与帧之间创建传统补间动画。

09 在"图层1"上单击鼠标右键，在弹出的快捷菜单中执行"遮罩层"命令，将"图层1"转换为"遮罩层"。

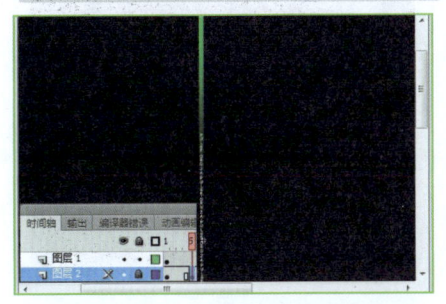

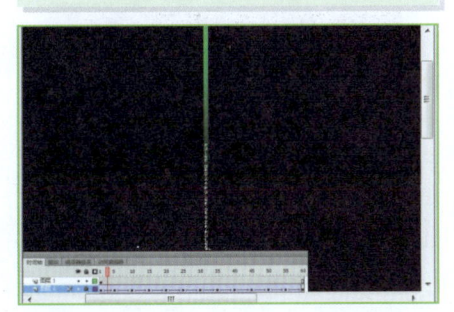

10 新建文字效果1的影片剪辑元件，将文字1图形元件拖入舞台中。新建"图层2"，将图形图形元件拖入舞台中，在"属性"面板中设置色彩效果。

11 拖动"图层2"至"图层1"的下方，使用"选择工具"拖动图形，使图形的底部靠近文本的上部。参照步骤14至步骤16的操作方法插入关键帧。将"图层1"转换为"遮罩层"。

12 返回"场景1"，新建图层，将"库"面板中的影片剪辑元件拖入舞台中的合适位置。至此，"黑客字效"制作完成，按Ctrl+Enter组合键进行影片测试即可。

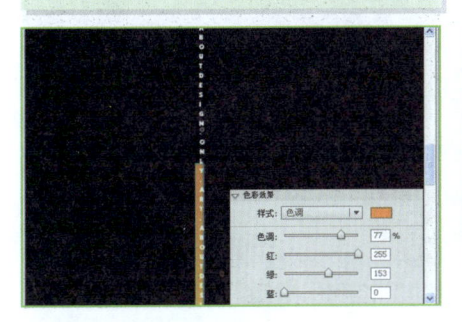

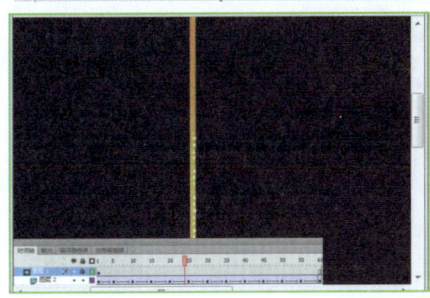

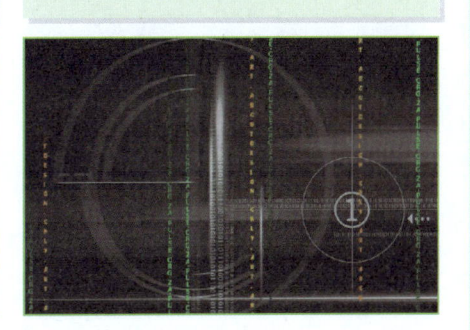

实例044 破碎文字

本实例将介绍破碎文字的制作方法，实现字体破裂的粒子效果。

文件路径：源文件\第3章\例044   视频文件：视频文件\第3章\例044.mp4

01 启动Flash CS6，新建一个背景颜色为黑色的空白文档，将背景素材导入到舞台中。

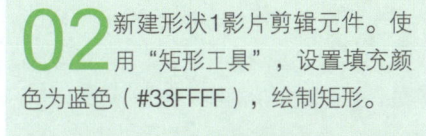

02 新建形状1影片剪辑元件。使用"矩形工具"，设置填充颜色为蓝色（#33FFFF），绘制矩形。

03 新建形状2影片剪辑元件，将形状1影片剪辑元件拖入舞台中。在第1帧处，按F9键打开"动作"面板，并输入脚本。

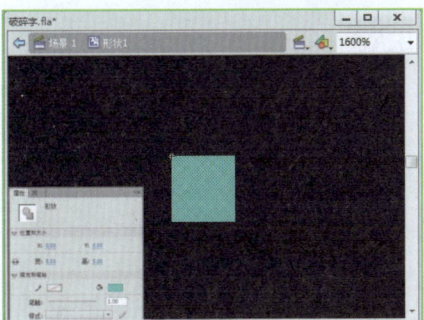

04 新建震裂影片剪辑元件。将影片形状2剪辑元件拖入舞台中多次，形成粒子效果。

05 返回"场景1"，新建"文字"图层，在第5帧处插入关键帧，使用"文本工具"输入文本。

06 按Ctrl+B组合键分离为单个字符文本。在第12、18、24、35帧处分别插入关键帧，依次将每帧中的文本删除。

07 新建图层，在第5帧处插入关键帧，将震裂影片剪辑元件拖入舞台中，与图层文字"F"位置相符。

08 使用上述操作方法，创建多个震裂效果动画，并在场景中新建多个图层，将震裂影片剪辑元件依次添加至舞台中，并放置在与"文字"图层相应关键帧的位置处。

09 至此，"破碎文字"效果制作完成，按Ctrl+Enter组合键进行影片测试即可。

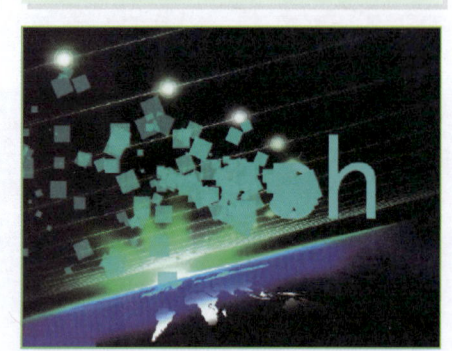

实例045　激光文字

本实例将介绍激光文字的制作方法，用逐帧动画和遮罩完成。

文件路径：源文件\第3章\例045　　　视频文件：视频文件\第3章\例045.mp4

01 启动Flash CS6，新建文件，使用"文本工具"输入文本，调整文本居中显示。

02 选择文字将其分离，使用"墨水瓶工具"为文字描边，并删除文字的实心部分。

03 使用"椭圆工具"，打开"颜色"面板，设置笔触颜色为无，填充颜色为黄色（#FFFFCC）到黑色的线性渐变，在舞台中绘制圆。

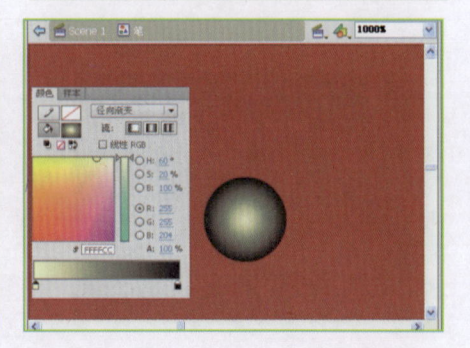

48 | Flash CS6

第3章　文字特效

04 使用"画笔工具",在圆中擦出一个小圆,打开"颜色"面板,设置笔触颜色为无,填充颜色为黄色。

05 使用"矩形工具",设置笔触颜色为无,填充颜色为黄色与黑色相间的线性渐变。

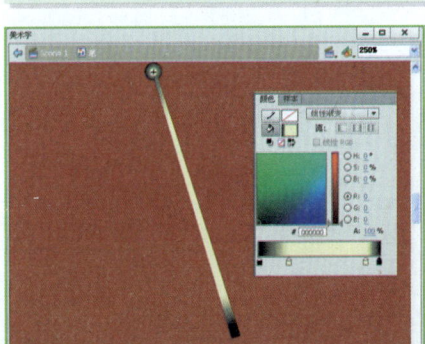

06 返回"场景1",新建"笔"图层,将图形元件笔拖入舞台中。使用"任意工具"将该元件的中心点移动到图形中的小圆上。

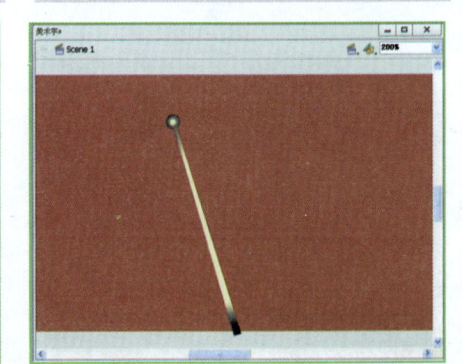

07 选择图层,单击鼠标右键,在弹出的快捷菜单中执行"添加传统运动引导层"命令。

08 选择"图层1"中的关键帧,单击鼠标右键,在弹出的快捷菜单中执行相应命令复制帧,使用同样的方法在"引导层"中将其粘贴。

09 将"图层1"移动到"引导层"上方,在"图层1"中的第82帧和第90帧处插入关键帧,并在其他图层的第82帧处插入帧。

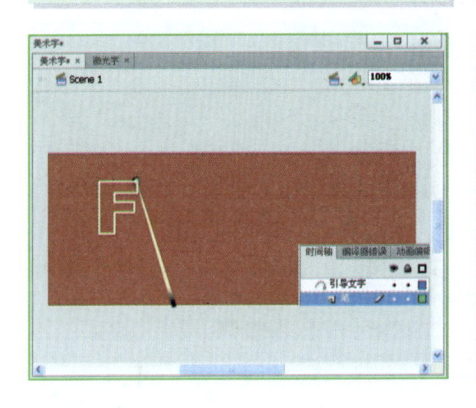

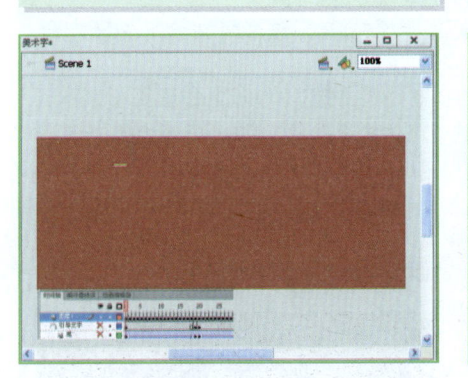

10 将笔和"引导层"图层隐藏,将帧中的文字删除,只留下F的一小部分。

11 选择该图层的第2帧,在前一帧的基础上多保留一些文字内容,使用同样的方法编辑其他帧。

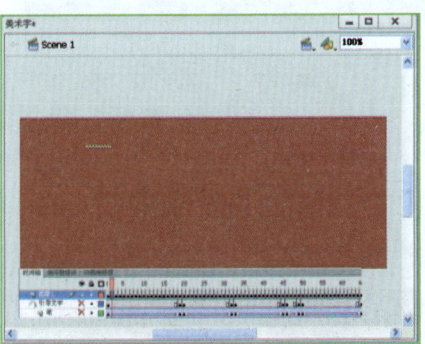

12 显示"引导层",在"引导层"的第20、33、46、50、66和82帧处插入关键帧。

> **提示**　单击颜料桶右下角的三角按钮即可在弹出的工具中使用"墨水瓶工具",可以对图形的边框进行笔触填充,填充颜色为笔触颜色。

Flash CS6 | 49

13 在"引导层"的第1~19、20~32、33~45、46~49、50~56、66~82帧处分别显示F、L、A的轮廓、A中心的三角形、S、H。

14 选择"引导层"中的第1帧，使用"橡皮擦工具"将"引导层"中显示的文字擦出一个小缺口，用作引导线，并在第19帧处插入关键帧。

15 使用同样的方法设置其他文本。显示"笔"图层，在"引导层"的第20、32、33、45、46、49、50、65、66和第82帧处插入关键帧。

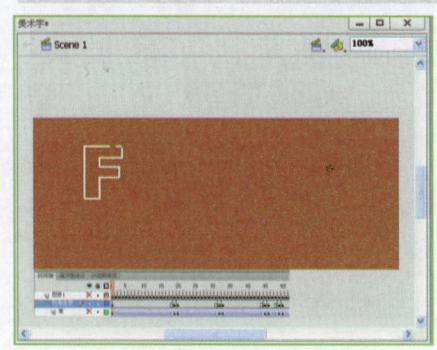

16 将"引导层"中的文字视为引导线，选择"笔"图层第1帧中的图形，按住中心，拖入缺口一边。

17 编辑其他类型的关键帧，并在关键帧之间创建传统补间动画。

18 至此，"激光文字"效果制作完成，按Ctrl+Enter组合键进行影片测试即可。

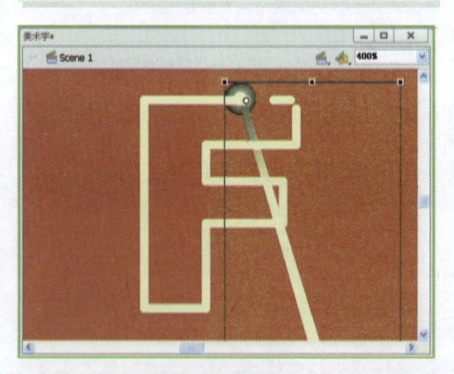

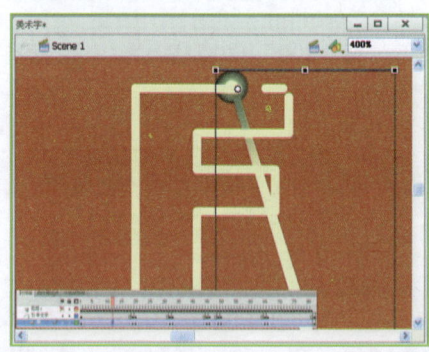

实例046 立体文字

本实例将介绍立体文字的制作方法。

文件路径：源文件\第3章\例046
视频文件：视频文件\第3章\例046.mp4

01 启动Flash CS6，按Ctrl+N组合键新建一个空白文档，设置舞台颜色为黑色。

02 新建元件1图形元件。使用"文本工具"输入文本，设置字符系列为Trebuchet MS，大小为92点，颜色为蓝色。

03 按Ctrl+C组合键复制文本，按两次Ctrl+B组合键将其分离。使用"任意变形工具"对点进行调整。

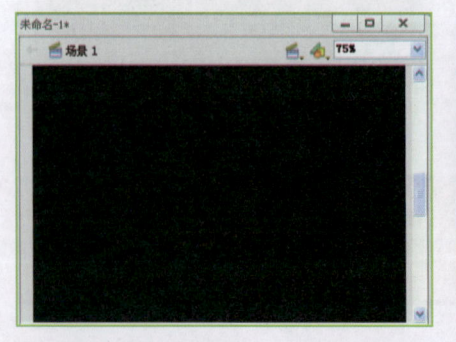

第3章　文字特效

04 使用"线条工具",设置样式为极细,将分离文本中的部分连接。

05 打开"颜色"面板,设置填充颜色类型为线性渐变,设置第一个色标颜色为#FFAC2F,第二个色标颜色为#D58000,第三个色标颜色为#513600。

06 为文本前面部分填充颜色,使用"渐变变形工具",调整颜色光的位置。

07 返回编辑窗口,为文本2的后面部分填充颜色,并使用"渐变变形工具"进行调整。

08 使用上述方法对文本的其他部分进行修改与填充。

09 使用"文本工具"再次输入文本"2012",然后使用"钢笔工具"绘制一条曲线。

10 将文本元件删除,然后将文本打散,为图形填充颜色并删除,最终保留文本的上半部分。

11 在"颜色"面板中设置类型为放射状,并设置色标颜色为#FFFFFF、#FFCC33。

12 对剩下的文本进行填色,使用"渐变工具"对颜色进行调整,转换为元件1。

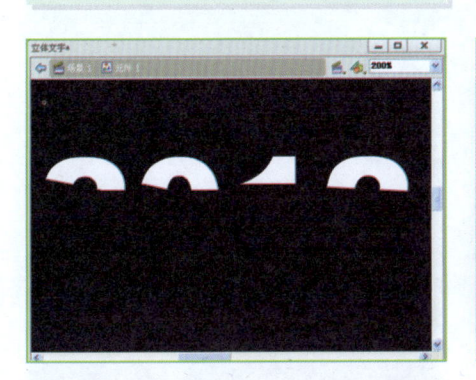

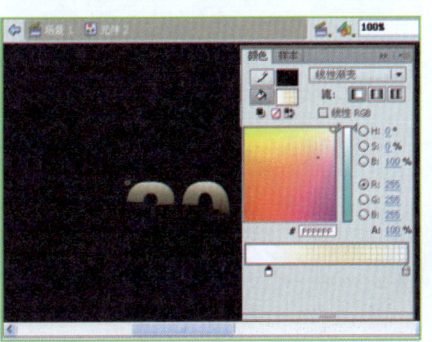

提示　制作立体字时要根据所定的光源位置填充颜色。

此处添加模糊滤镜的是影片剪辑元件。若需要给图形元件添加滤镜可以将其转换为影片剪辑元件,或者修改其实例类型。

Flash CS6 | 51

13 新建元件3影片剪辑元件，在舞台绘制椭圆。设置填充颜色为蓝色到透明的径向渐变。

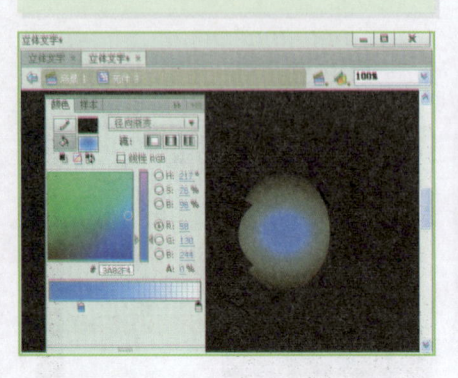

14 使用上述操作方法分别绘制多个椭圆，使用"选择工具"调整图形，分别调整图形的位置。

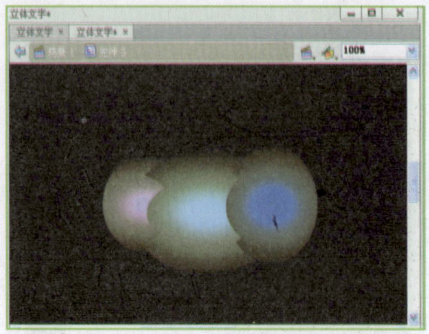

15 返回"场景1"，将元件3影片剪辑拖入舞台。在"属性"面板中为其添加模糊滤镜，设置模糊值为122。

16 新建"图层2"，将图形元件1拖入舞台中，并调整位置。

17 将图形元件2拖入舞台中，并调整位置。

18 至此，"立体文字"效果制作完成，按Ctrl+Enter组合键进行影片测试即可。

实例047　环绕文字

本实例将介绍环绕文字的制作方法。

文件路径：源文件\第3章\例047

视频文件：视频文件\第3章\例047.mp4

01 打开Flash CS6，新建空白文档，设置文档尺寸大小为545像素×416像素，背景颜色为黑色。将背景素材导入到舞台中。

02 新建影片剪辑元件，将素材图片拖入舞台中。

03 新建"mc"图层，使用"文本工具"输入文本，设置字体参数。

52 | Flash CS6

第3章　文字特效

04 将影片剪辑元件拖入舞台中，并调整位置。

05 在第1帧处，按F9键打开"动作"面板，并在弹出的"动作"面板中输入脚本。

06 至此，"环绕文字"效果制作完成，按Ctrl+Enter组合键进行影片测试即可。

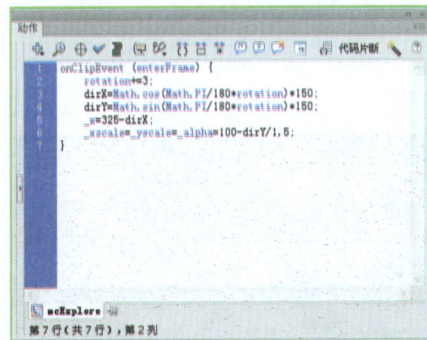

实例048　渐出文字

本实例介绍渐出文字的制作方法。

文件路径：源文件\第3章\例048

视频文件：视频文件\第3章\例048.mp4

01 打开Flash CS6，新建空白文档，将背景素材导入到舞台中。

02 新建影片剪辑元件，使用"矩形工具"，在舞台中绘制一个矩形，颜色为白色。

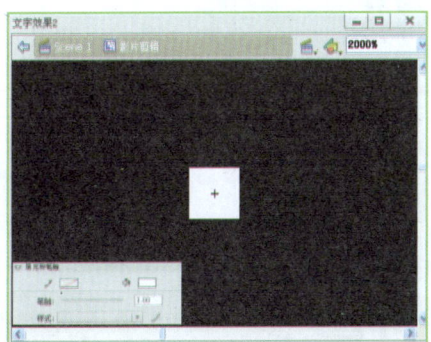

03 新建元件1影片剪辑元件，将影片剪辑元件拖入舞台中，并将颜色效果的Alpha值设为20%。

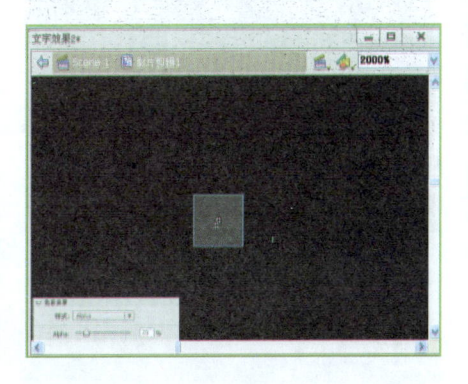

04 分别在第10帧和第50帧插入关键帧，并在关键帧之间创建传统补间动画。

05 新建图层，使用"铅笔工具"，在舞台绘制一根曲线作为引导线，并在第50帧处插入帧。

06 使用"任意变形工具"，分别将"遮罩"图层中的关键帧位置中心点移动到"引导层"的线上。

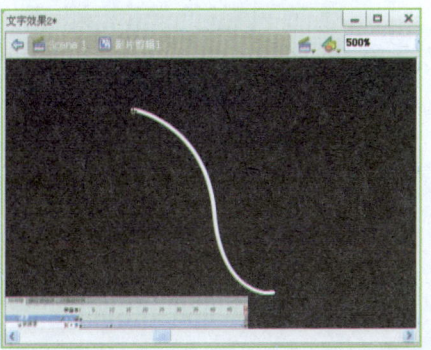

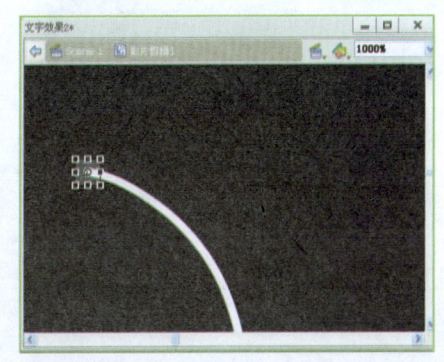

Flash CS6 | 53

中文版 Flash CS6 动画设计与制作案例教程

07 新建"停止"图层，在第50帧处插入空白关键帧，按F9键打开"动作"面板，并在弹出的"动作"面板中输入脚本"stop();"。

08 使用同样的方法分别新建其他影片剪辑元件。

09 新建文字影片剪辑元件，在舞台中输入文本"peaceful"。

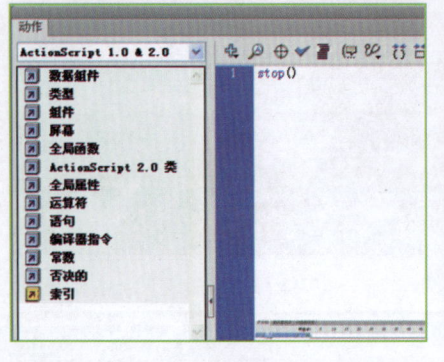

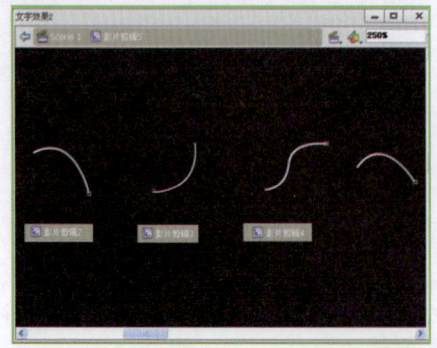

10 新建效果影片剪辑元件，将5个影片剪辑元件拖入舞台中，并调整位置。在第50帧处插入帧。

11 新建"移动"图层，在第50帧处插入空白关键帧，按F9键打开"动作"面板，在其中输入脚本。

12 新建遮罩影片剪辑元件，使用"矩形工具"，设置填充颜色为白色到黑色的线性渐变，在舞台中绘制一个矩形。

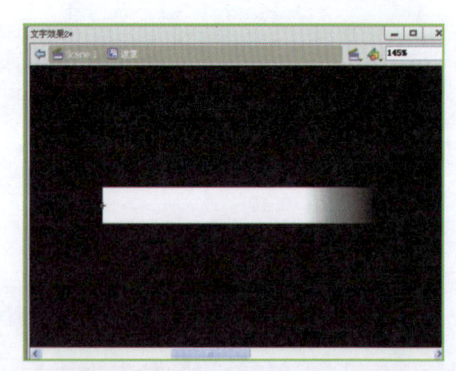

13 返回"场景1"，新建"遮罩"图层，在第15帧处插入关键帧。将遮罩影片剪辑元件拖入舞台中，在第60帧处插入关键帧，调整元件的位置。在关键帧之间创建传统补间动画。

14 新建"文字"图层，在第15帧处插入关键帧。将文字影片剪辑元件拖入舞台中，设置该图层为"遮罩层"。

15 新建"文字效果"图层，在第5帧处插入关键帧，将效果影片剪辑元件拖入舞台中。在第49帧处插入关键帧，调整元件的位置，在关键帧之间创建传统补间动画。在第50帧处插入空白关键帧。

54 | Flash CS6

第3章　文字特效

16 新建"脚本"图层，在第5帧处插入空白关键帧，按F9键打开"动作"面板，在其中输入脚本。

17 在"遮罩"图层、"文字"图层的第130帧处插入帧。

18 至此，"渐出文字"效果制作完成，按Ctrl+Enter组合键进行影片测试即可。

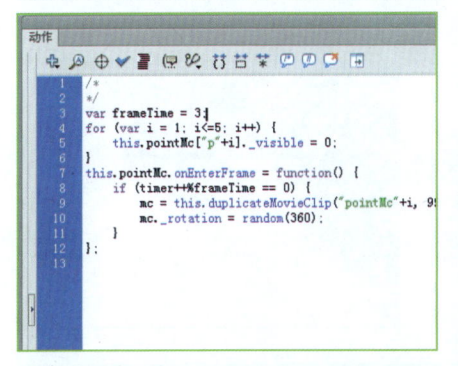

实例049　环绕文字

本实例介绍环绕文字的制作方法。

文件路径：源文件\第3章\例049

视频文件：视频文件\第3章\例049.mp4

01 打开Flash CS6，新建空白文档，将背景素材导入到舞台中，并调整大小。

02 新建"文字"图层，使用"文本工具"输入文本"flash"，按Ctrl+B组合键将文本分离。

03 在"文字"图层处，分别选择打散的文字，单击鼠标右键，在弹出的快捷菜单中执行"转换为元件"命令，将其转换为图形元件。

04 在"文字"图层处，分别在打散的文字上单击鼠标右键将其转换为影片剪辑元件，然后将"文字"图层上的文字删除。

05 新建flash影片剪辑元件，分别将影片剪辑元件f拖入舞台中。

06 使用上述操作方法，新建图层并将影片剪辑元件拖入舞台中，在各图层的第3帧处插入帧。

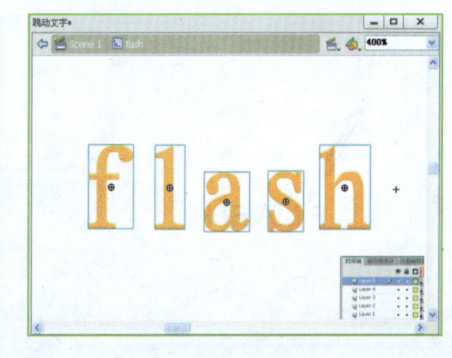

Flash CS6 | 55

中文版 Flash CS6 动画设计与制作案例教程

07 新建图层。在第1帧处按F9键打开"动作"面板，输入脚本。

08 返回"场景1"，将flash影片剪辑元件拖入舞台中。

09 至此，"环绕文字"效果制作完成，保存并按Ctrl+Enter组合键进行影片测试即可。

实例050　刻字文字

本实例介绍刻字文字的制作方法。

文件路径：源文件\第3章\例050　　　视频文件：视频文件\第3章\例050.mp4

01 新建文件，新建FLASH影片剪辑元件。使用"文本工具"输入文本"FLASH"。

02 进入"属性"面板，为文本添加投影滤镜效果。

03 新建图元件2图形元件，使用"文本工具"输入文本，调整文本居中。按Ctrl+C组合键复制图层，调整透明度为42%，叠至文字下方，按Ctrl+B组合键将文本分离。

04 返回"场景1"，新建"pen"图层，并将元件1影片剪辑元件和pen图形元件拖入舞台中。使用"任意变形工具"将pen元件的中心点移动到笔尖上。

05 选择图层，单击鼠标右键，在弹出的快捷菜单中执行"添加传统运动引导图层"命令，这时系统将自动在上方添加一个引导层。

06 使用"铅笔工具"，设置笔触颜色为红色，按照FLASH文本画一条曲线作为引导线。

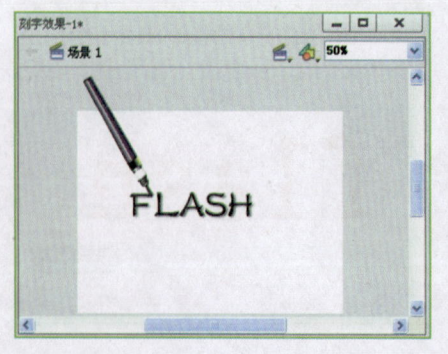

56 | Flash CS6

第3章 文字特效

07 新建图层，在第2~96帧处插入关键帧和空白关键帧。

08 将第2帧中的文字删除，只留下F的一小部分。

09 选择第3帧，在前一帧的基础上多保留一些文字内容，使用同样的方法编辑其他帧。

10 使用"任意变形工具"，将笔的中心点移动到曲线的开头端。

11 根据文字的擦除效果，在"pen"图层加关键帧，并在关键帧之间创建动画补间动画。

12 至此，"刻字文字"效果制作完成，保存并按Ctrl+Enter组合键进行影片测试即可。

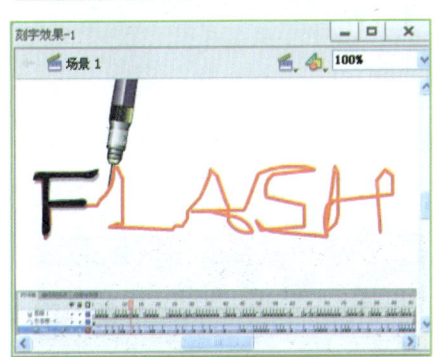

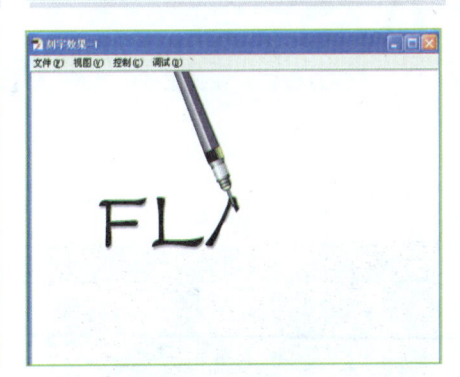

实例051　星光字效

本实例介绍星光字效的制作方法。

文件路径：源文件\第3章\例051

视频文件：视频文件\第3章\例051.mp4

01 新建文件，导入素材图片。新建light图形元件。使用"椭圆工具"，设置笔触颜色为无，填充颜色为白色到透明的径向渐变。

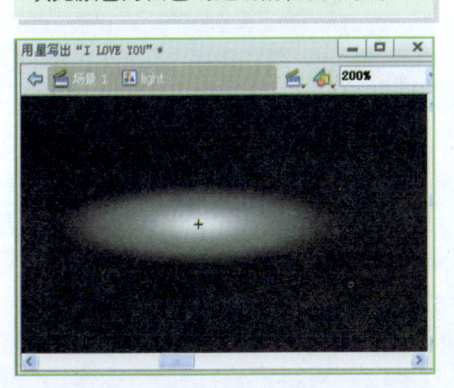

02 复制图层，使用"任意变形工具"调整"图层2"中的图形与"图层1"中的图形垂直。

03 新建bstar图形元件，将图形元件拖入舞台中，使用"钢笔工具"绘制图像。

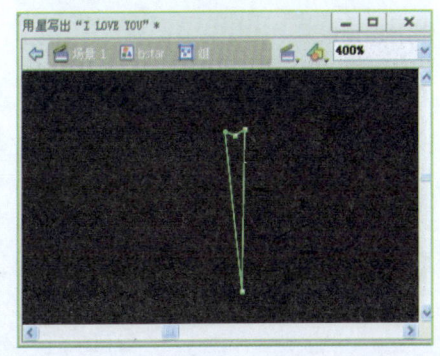

04 在"颜色"面板中设置填充颜色为白色到透明的线性渐变,删除"钢笔工具"绘制的线条。

05 按Ctrl+D组合键复制图形,并调整到相应位置。

06 新建star影片剪辑元件,将bstar图形元件拖入舞台中。在第15、30帧处插入关键帧,选择第15帧处的元件,使用"任意变形工具"将其调小,设置Alpha值为10%,在帧与帧之间创建传统补间动画。

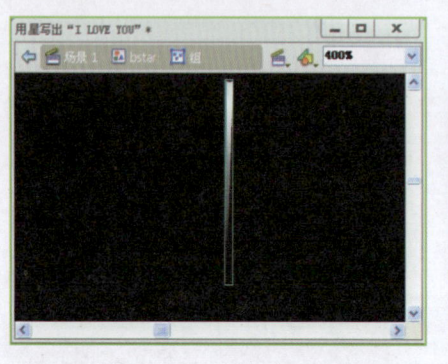

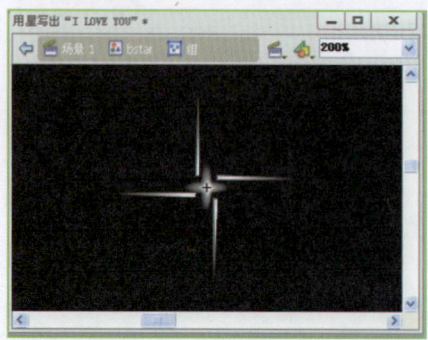

07 新建action影片剪辑元件,在第1、2帧处分别按F9键打开"动作"面板,并在弹出的"动作"面板中输入脚本。

08 新建I love you影片剪辑元件。将影片剪辑元件star拖入舞台中。

09 选择图层,单击鼠标右键,在弹出的快捷菜单中执行"添加传统运动引导图层"命令。

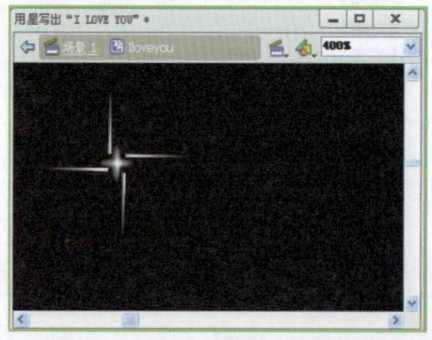

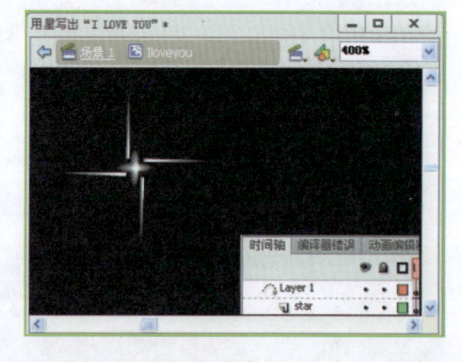

10 在图层"Layer 1"的第1帧插入关键帧,使用"文本工具"输入文本,并设置字符系列为Trebuchet MS,大小为28点,按Ctrl+B组合键将文本分离作为引导线,调整文本居中。

11 使用"任意变形工具",将笔的中心点移动到字母I的开头端。使用同样的方法,编辑其他关键帧中的图形,并在关键帧之间创建传统补间动画。

12 在第137帧处插入关键帧,打开"动作"面板,输入脚本"gotoAndPlay(1);"。至此,"星光字效"制作完成,保存并按Ctrl+Enter组合键进行影片测试即可。

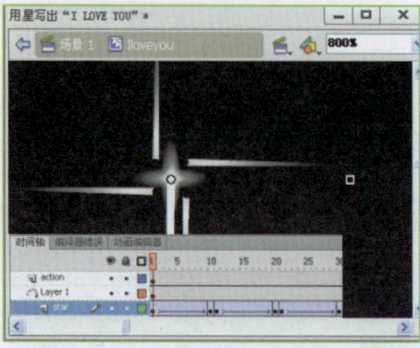

实例052 螺旋文字

本实例介绍螺旋文字的制作方法。

文件路径：源文件\第3章\例052　　　视频文件：视频文件\第3章\例052.mp4

01 打开Flash CS6，新建空白文档，设置文档大小为400像素×300像素，将背景素材导入到舞台中并调整到舞台大小。

02 新建"文字"图层，使用"文本工具"输入文本。按Ctrl+B组合键将文字打散。

03 分别选择打散的文字，单击鼠标右键，在弹出的快捷菜单中执行"转换为元件"命令，将其转换为图形元件。

04 分别将打散的文字转换为影片剪辑元件，将"文字"图层的文字删除。

05 新建flash影片剪辑元件，将影片剪辑元件f拖入舞台中。

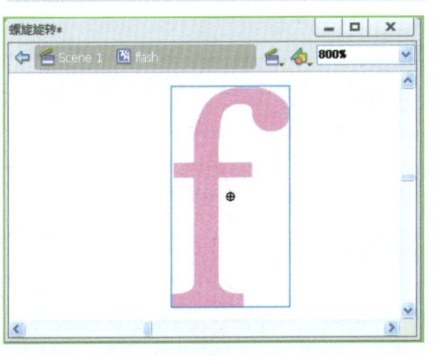

06 按照上述方法，新建图层并将影片剪辑元件拖入舞台中，在各图层的第3帧处插入帧。

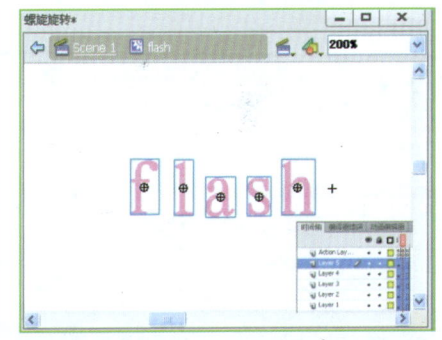

07 新建"Action Layer"图层。第1帧处按F9键打开"动作"面板，并在弹出的"动作"面板中输入脚本。

08 返回"场景1"，在"文字"图层的第1帧处插入关键帧，将flash影片剪辑元件拖入舞台中，使用"任意变形工具"将中心点调制文字右边。

09 至此，"螺旋文字"效果制作完成，保存并按Ctrl+Enter组合键进行影片测试即可。

在将文本打散转换成元件时，一定要记得将文字分散到各层。

实例053　隐现文字

本实例介绍隐现文字的制作方法。

文件路径：源文件\第3章\例053　　　视频文件：视频文件\第3章\例053.mp4

01 启动Flash CS6，新建空白文档，设置文档大小为400像素×300像素，将素材图片导入到舞台中。

02 使用"文本工具"输入文本。按Ctrl+B组合键将文字打散并分散到图层，转换为图形元件。

03 在"夕"字所在图层的第4帧处插入关键帧。在"属性"面板中设置补间旋转为"自动"，设置Alpha值为0%。

04 在"夕"字所在图层的第13、36、40、45帧处插入关键帧。在各关键帧之间创建传统补间动画，设置补间旋转为"自动"，在各图层的第60帧处插入帧。

05 选择"阳"字所在的图层，在"夕"字图层的关键帧基础上向后一帧插入关键帧，参照"夕"字的创建方法对该图层进行设置。

06 参照"阳"字所在图层中各关键帧的创建方法，在剩余各图层中创建相应的动画效果。至此，"隐现文字"效果制作完成，保存并按Ctrl+Enter组合键进行影片测试即可。

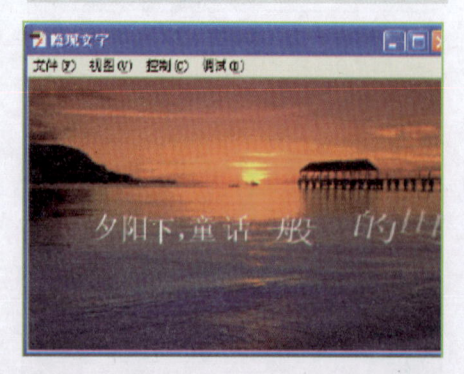

实例054　探照灯文字

本实例介绍探照灯文字的制作方法。

文件路径：源文件\第3章\例054　　　视频文件：视频文件\第3章\例054.mp4

第3章 文字特效

01 打开Flash CS6，新建空白文档，设置文档大小为700像素×525像素，将背景素材导入到舞台中，在第60帧处插入帧。

02 新建元件1图形元件，使用"矩形工具"绘制矩形，使用"文本工具"输入文本。

03 新建mask图形元件，使用"椭圆工具"绘制黑色圆形。

04 新建图层，将元件1图形元件拖入舞台中，在第60帧处插入帧。

05 新建图层，将mask图形元件拖入舞台中，在第60帧处插入关键帧，调整元件的位置，在两个关键帧之间创建传统补间动画。设置该层为"遮罩层"。

06 至此，"探照灯文字"效果制作完成，保存并按Ctrl+Enter组合键进行影片测试即可。

> 遮罩图形可以随意绘制，制作的动画效果也有所不同。

实例055 电影文字效果

本实例介绍电影文字效果的制作方法。

文件路径：源文件\第3章\例055

视频文件：视频文件\第3章\例055.mp4

01 打开Flash CS6，新建空白文档，设置文档大小为700像素×525像素，将背景素材导入到舞台中，并调整到舞台大小。

02 新建mask影片剪辑元件，使用"文本工具"输入文本，在第300帧处插入关键帧，调整文本的位置。新建"图层2"，使用"矩形工具"绘制矩形作为"遮罩层"。

03 至此，"电影文字效果"制作完成，保存并按Ctrl+Enter组合键进行影片测试即可。

Flash CS6 | 61

实例056 彩色文字

本实例介绍彩色文字的制作方法。

文件路径：源文件\第3章\例056   视频文件：视频文件\第3章\例056.mp4

01 打开Flash CS6，新建空白文档，设置文档尺寸大小为480像素×400像素，将素材图片导入到舞台中。

02 新建text图形元件，使用"文本工具"输入文本，新建圆图形元件，使用"椭圆工具"绘制圆形。

03 新建元件1影片剪辑元件，将圆图形元件拖入舞台中。在第45、135、225帧处插入关键帧，调整元件的色彩效果，在关键帧之间创建传统补间动画。

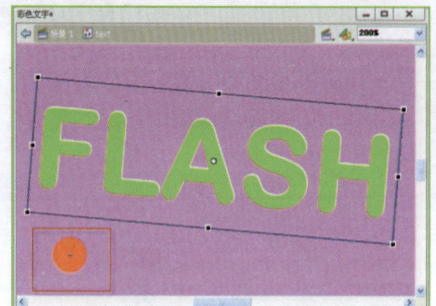

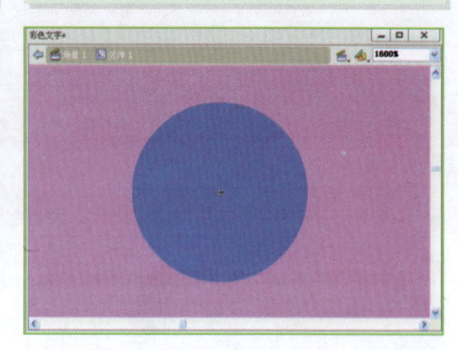

04 新建元件2影片剪辑元件，将元件1拖入舞台中。新建元件3影片剪辑元件，将元件2拖入舞台中。新建"action"图层，在第1、2、15帧处的"动作"面板中输入脚本。

05 返回"场景1"，新建图层，将元件3拖入舞台中。新建"mask"图层，将text图形元件拖入舞台中，并设置该层为"遮罩层"。

06 至此，"彩色文字"效果制作完成，保存并按Ctrl+Enter组合键进行影片测试即可。

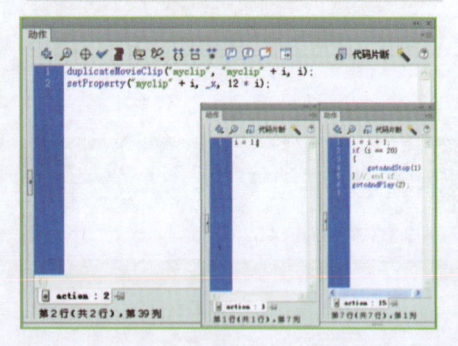

Chapter 4

第4章
按钮特效

大部分的Flash交互动画都是通过按钮和鼠标操作来实现的。本章主要介绍精美、生动活泼，带有视觉特效的Flash按钮的制作方法。

实例057 模糊按钮

本实例介绍模糊按钮的制作方法。

文件路径：源文件\第4章\例057　　　视频文件：视频文件\第4章\例057.MP4

01 新建元件1影片剪辑元件，使用"基本矩形工具"绘制一个圆角矩形，设置填充颜色为红色（#FC0186）。

02 新建元件2影片剪辑元件，将元件1影片剪辑元件拖入舞台中。在"属性"面板中添加模糊滤镜效果，并设置相应的参数。

03 新建"图层2"，使用"线条工具"绘制图形。按Ctrl+G组合键组合图形，然后绘制半透明的图形，并组合图形。最后将其排列。

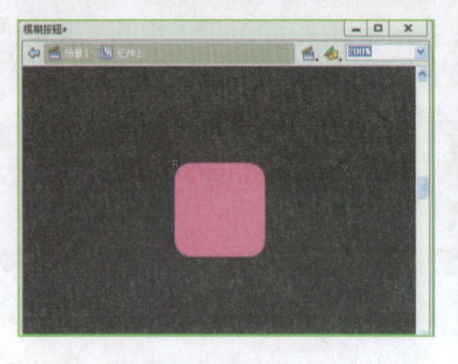

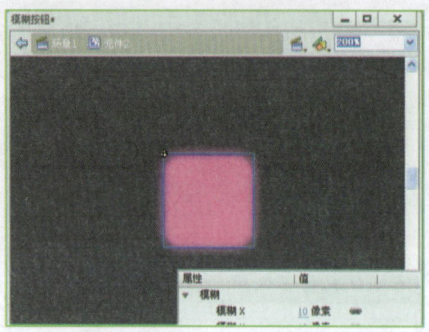

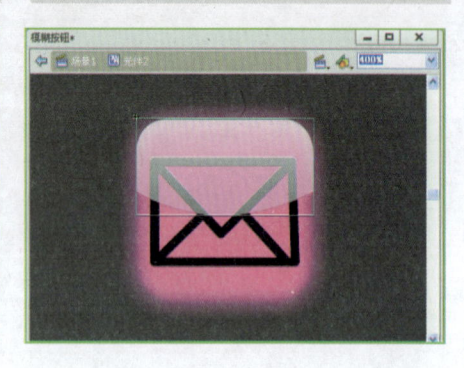

04 新建"图层3"，输入脚本"stop();"。新建元件3影片剪辑元件。将元件2影片剪辑元件拖入舞台中，在"属性"面板中添加模糊滤镜效果，并设置相应的参数。新建"图层2"，在第1帧处输入脚本"stop();"。

05 返回"场景1"，将背景拖入舞台中。新建"图层2"，将元件3影片剪辑元件拖入舞台中，设置实例名称为btn1。新建"图层3"，打开"动作"面板，输入脚本。

06 至此，"模糊按钮"制作完成，保存并按Ctrl+Enter组合键测试影片即可。

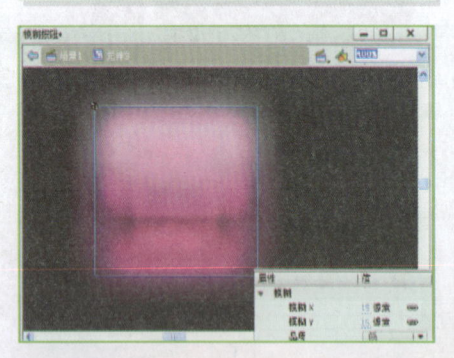

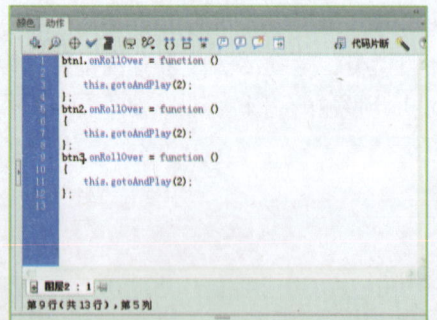

> 提示：在Flash中影片剪辑元件也可制作成按钮，本实例可作为参考。

实例058 气泡背景按钮

本实例介绍气泡背景按钮的制作方法。

文件路径：源文件\第4章\例058　　　视频文件：视频文件\第4章\例058.MP4

64 | Flash CS6

第4章 按钮特效

01 新建一个空白文档,将素材图片导入到舞台中并调整大小。

02 新建边框图形元件,将素材拖入舞台中。新建边框影片剪辑元件,将边框图形元件拖入舞台中。

03 在第26帧处插入关键帧。在第2帧处插入关键帧,调整色彩效果。

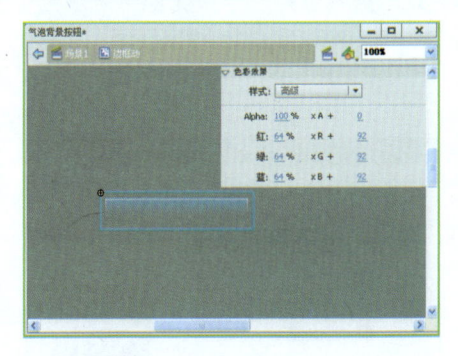

04 新建点图形元件,在舞台中绘制图形。新建动态影片剪辑元件,将点图形元件拖入舞台中,制作动画效果。

05 新建底纹图形元件,将素材拖入舞台中。新建主页影片剪辑元件,将各影片剪辑元件拖入舞台中。

06 在"库"面板中直接复制主页影片剪辑元件,得到菜单影片剪辑元件。在影片剪辑元件中修改文本。

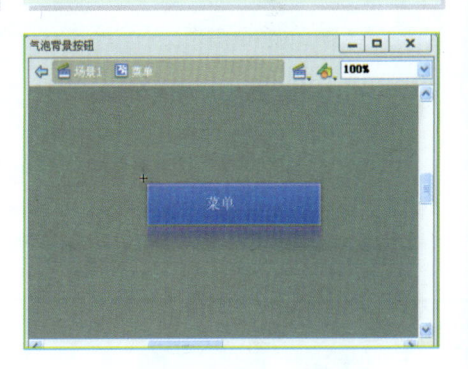

07 新建按钮元件,在舞台中绘制透明矩形。返回"场景1",将影片剪辑元件和按钮元件拖入舞台中。

08 分别设置两个影片剪辑元件的实例名称为button_mc和button2_mc,选择两个按钮元件,打开"动作"面板,输入脚本。

09 至此,"气泡背景按钮"制作完成,保存并按Ctrl+Enter组合键测试影片即可。

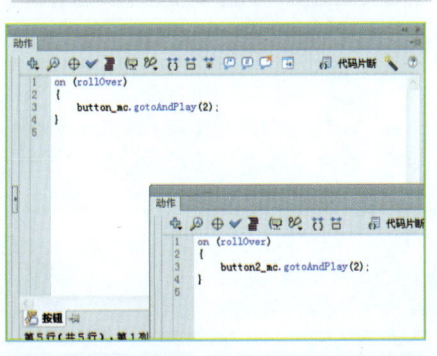

实例059 流动质感按钮

本实例介绍流动质感按钮的制作方法。

文件路径:源文件\第4章\例059

视频文件:视频文件\第4章\例059.MP4

中文版 Flash CS6 动画设计与制作案例教程

01 新建一个ActionScript2.0文档，设置舞台大小为914像素×337像素，将背景导入到"库"面板中。新建元件1图形元件，设置笔触颜色为无，填充颜色为灰色（#666666）到白色（#FFFFFF）的线性渐变。

02 使用"基本矩形工具"绘制矩形。分别新建元件2和元件3图形元件，使用同样的方法，使用"基本矩形工具"绘制灰色到白色的线性渐变。

03 新建元件4影片剪辑元件，将元件1中的图形复制到元件4的舞台中。在第16帧处插入空白关键帧，打开绘图纸外观，将元件2中的图形复制到元件6的16帧处的相应位置。在第1帧与第16帧之间创建补间形状动画。

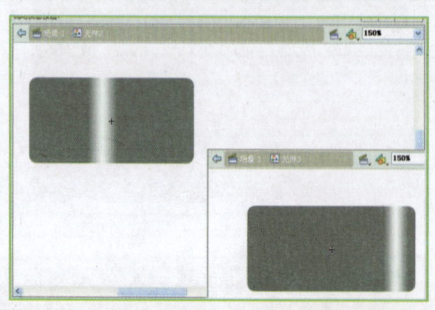

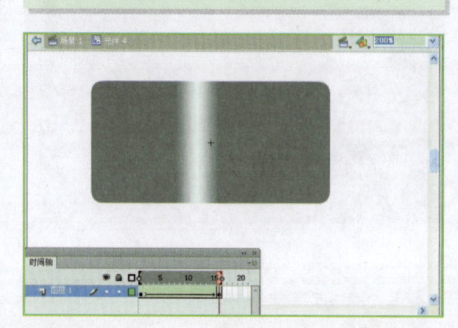

> **提示** 使用"基本矩形工具"绘制矩形，可以在"属性"面板中对边角半径进行设置。或者直接使用"选择工具"调整边角半径。

04 使用同样的方法，在第30帧、第31帧、第45帧、第60帧处分别插入空白关键帧。将各图形元件中的图形复制到相应帧中相同的位置，在帧与帧之间创建补间形状动画。

05 新建元件5影片剪辑元件，使用"基本矩形工具"，在"颜色"面板中设置笔触颜色为无，填充颜色为灰白相间的线性渐变，在舞台中绘制圆角矩形。

06 新建元件6影片剪辑元件。使用"基本矩形工具"，设置笔触颜色为无，填充颜色为白色，绘制一个圆角矩形。

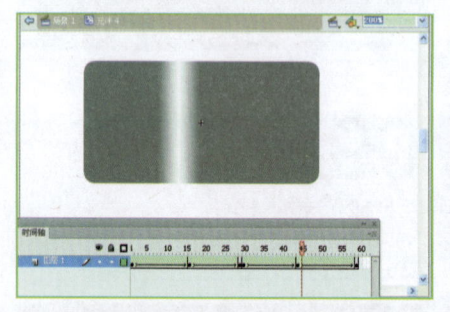

07 新建元件7影片剪辑元件，在舞台中绘制半透明白色图形。将"库"面板中的位图1素材图像拖入舞台中的合适位置。

08 新建元件8影片剪辑元件，将元件4影片剪辑元件拖入舞台中。单击"属性"面板底部的"添加滤镜"按钮，选择"发光"选项，设置相应的参数。

09 在第6帧处插入关键帧，在"属性"面板中设置相应的参数。并在第1帧与第5帧之间创建传统补间动画。选择第1帧，将其复制到第16帧处，在帧与帧之间创建传统补间动画。

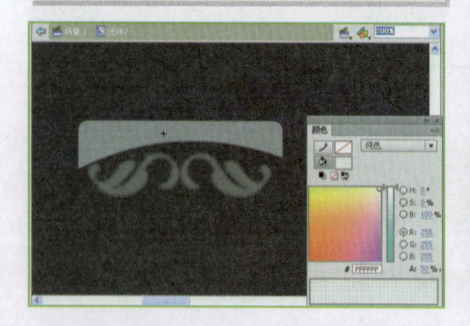

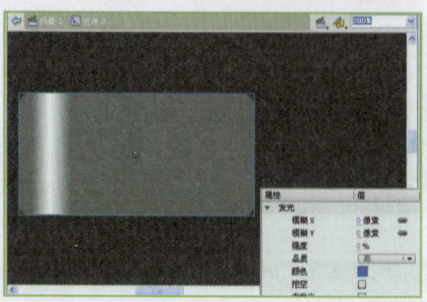

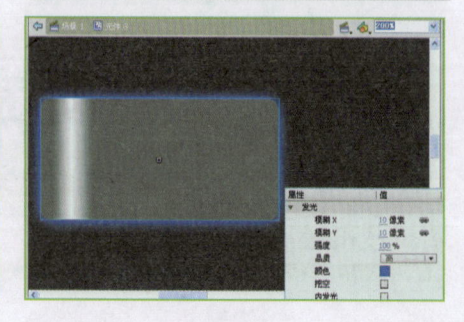

第4章　按钮特效

10 新建"图层2"。将"库"面板中的元件5影片剪辑元件拖入舞台中的合适位置。在"属性"面板中添加"发光"滤镜，并设置相应的参数。

11 新建"图层3"。将元件6影片剪辑元件拖入舞台中的合适位置。在"属性"面板中添加3次"发光"滤镜，并设置相应的参数。

12 新建"图层4"，将元件7拖入舞台中的合适位置。新建"图层5"，使用"文本工具"在舞台中输入文本，并添加模糊滤镜，设置相应的参数。

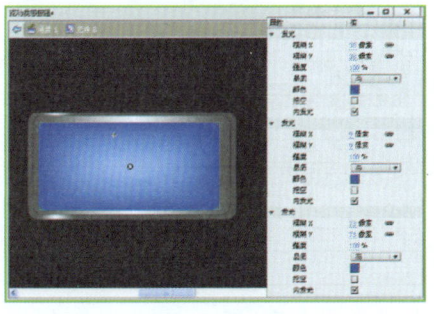

13 新建"图层6"，在第1帧处使用"文本工具"，在"字符"卷展栏中设置参数，在舞台中输入文本。新建"图层7"，在第1帧及第6帧处分别添加脚本"stop();"。

14 在"库"面板中直接复制元件8，依次新建元件9至元件13影片剪辑元件，并分别在各影片剪辑中更改文本及"发光"滤镜的颜色。

15 返回"场景1"，将背景素材拖入舞台中。新建"图层2"，将元件8拖入舞台中的合适位置。在"属性"面板中设置实例名称为blue_btn。

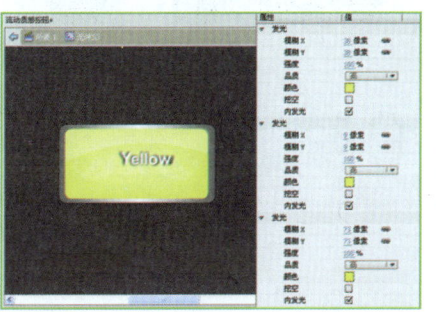

16 分别新建"图层3"至"图层7"，将元件9至元件13分别拖入相应图层中的舞台上。进入"属性"面板，分别设置实例名称为red_btn、yellow_btn、pink_btn、green_btn、black_btn。

17 新建"图层8"，在第1帧处按F9键打开"动作"面板，输出脚本。

18 至此，"流动质感按钮"制作完成，保存并按Ctrl+Enter组合键进行影片测试即可。

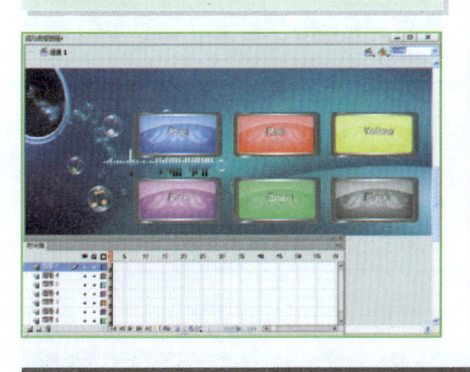

> **提示** 在Flash中可以为文本、按钮和影片剪辑元件添加滤镜效果，添加不同的视觉效果。

实例060　按钮相册

本实例介绍按钮相册的制作方法。

文件路径：源文件\第4章\例060　　　视频文件：视频文件\第4章\例060.MP4

01 将素材图片导入到"库"面板中。新建an按钮元件，在舞台中绘制一个灰色矩形，在"颜色"面板中设置其不透明度为6%。在第2帧设置不透明度为12%。在第4帧处插入关键帧，使用"任意变形工具"将矩形进行放大。

02 返回主场景，在第1至第8帧的每一帧处插入空白关键帧。依次将"库"面板中的1至8素材图像拖入舞台中的相同位置。

03 新建"图层2"，在第1帧处将1至8素材图像拖入舞台中，依次使用"任意变形工具"进行缩小，并放置在合适的位置。

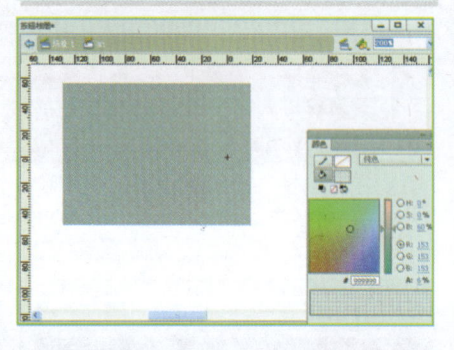

04 新建"图层3"，在第1帧处将"库"面板中的an按钮元件拖入舞台中8次，并放置在合适的位置。

05 选择第一个an按钮元件，按F9键打开"动作"面板，输入脚本。依次选择第2至8个an按钮元件，在"动作"面板中输入相同的脚本。

06 新建"图层4"，在第1帧处按F9键打开"动作"面板，输入脚本"stop();"。至此，"按钮相册"制作完成，保存并按Ctrl+Enter组合键进行影片测试即可。

> **提示**　将按钮元件拖入到各照片素材中，并依次输入相应脚本。

实例061　按钮控制音乐

本实例介绍用按钮控制音乐的方法。

文件路径：源文件\第4章\例061　　　视频文件：视频文件\第4章\例061.MP4

68 | Flash CS6

第4章 按钮特效

01 新建一个ActionScript 2.0文档。将素材导入到"库"面板中，设置舞台大小为755像素×461像素。新建元件1影片剪辑元件，在第1帧处打开"属性"面板，设置参数。

02 新建元件2按钮元件，在第3帧处插入普通帧，在第4帧处插入空白关键帧。在舞台中绘制一个黑色矩形。

03 新建元件3影片剪辑元件，使用"文本工具"，在"属性"面板中设置参数，在舞台中输入文本"ON"。在第2帧处插入空白关键帧，在舞台中输入文本"OFF"。

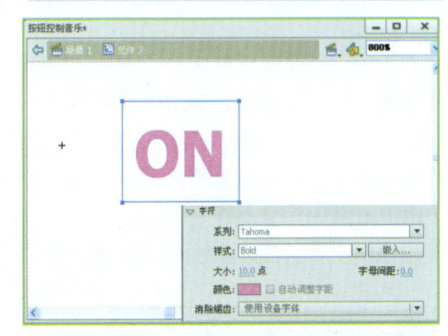

04 新建"图层2"，在第1帧处将"库"面板中的元件2按钮元件拖入舞台中的合适位置。

05 在第2帧处插入空白关键帧，将元件2按钮元件拖入舞台中的合适位置，按F9键打开"动作"面板，输入脚本。

06 新建"misc"图层，将元件1影片剪辑元件拖入舞台中。在第2帧处插入空白关键帧，打开其"动作"面板，输入脚本。

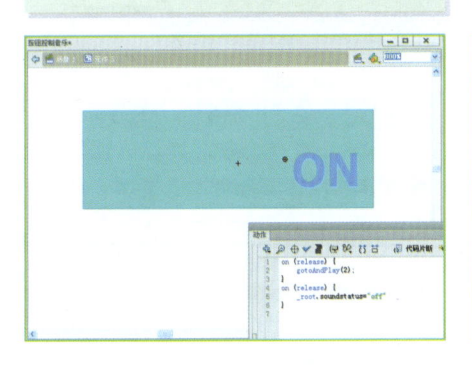

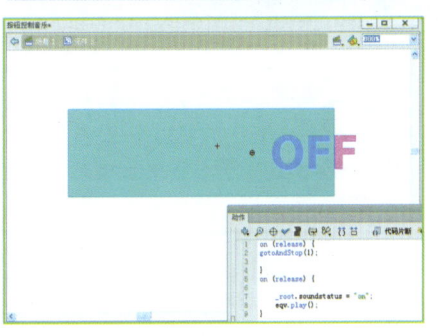

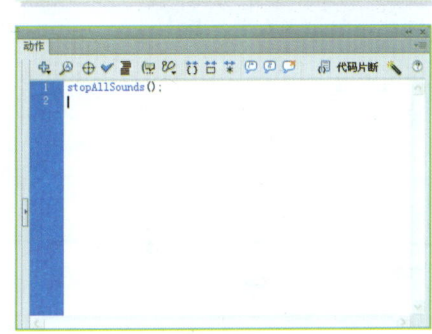

07 新建"图层4"，使用"文本工具"，在"属性"面板中设置参数，在舞台中输入文本"sound"。新建"图层5"，在舞台中绘制一条直线。

08 新建"图层6"，在第1帧处按F9键打开"动作"面板，输入脚本"stop()"。在第2帧处插入空白关键帧，在其"动作"面板中输入脚本。

09 返回"场景1"，将背景拖入舞台中。新建"图层2"，将元件3影片剪辑元件拖入舞台中。至此，用按钮控制音乐的效果制作完成，保存并测试影片即可。

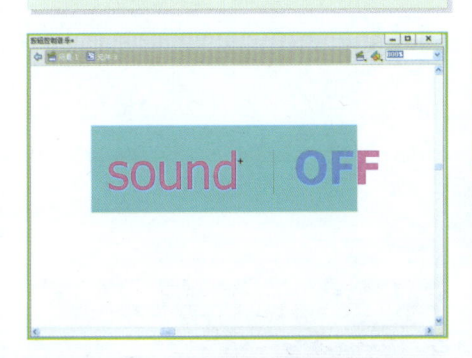

> **提示** 导入声音文件的方法就可以将声音文件导入到"库"面板中，然后打开相应的"属性"面板，在"名称"选项中选择相应的声音文件。或者将"库"面板中的声音素材拖入舞台即可。

实例062　按钮控制球摇摆

本实例介绍使用脚本制作由按钮控制的摆球摇摆动画的制作方法。

文件路径：源文件\第4章\例062　　　视频文件：视频文件\第4章\例062.MP4

01 新建球按钮元件，色设置填充颜色为白/到灰/到黑/的径向渐变，在舞台中绘制正圆。在第2帧处插入关键帧，在"颜色"面板中设置填充颜色为白色到蓝色（#1C1C44）的径向渐变。在第4帧处插入普通帧。

02 新建球影片剪辑元件，将"库"面板中的球按钮元件拖入舞台中。新建球和线影片剪辑元件。将球影片剪辑元件拖入舞台中，设置实例名称为button。使用"线条工具"，设置笔触为2像素的白色。

03 在舞台中绘制直线并设置样式为点状线。新建阴影影片剪辑元件，在"颜色"面板中设置填充颜色为蓝色（#1F1F4B）到透明的径向渐变，在舞台中绘制椭圆。

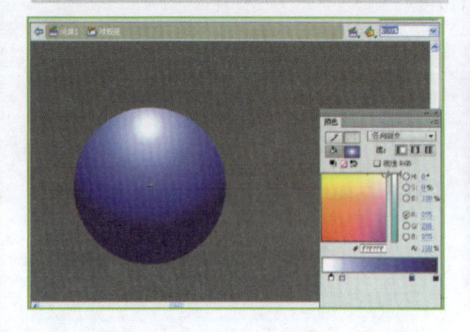

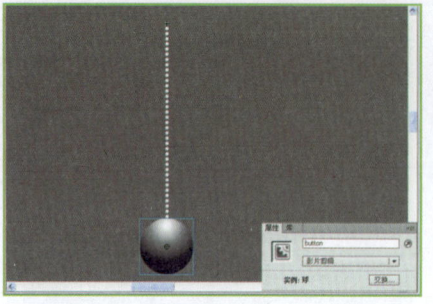

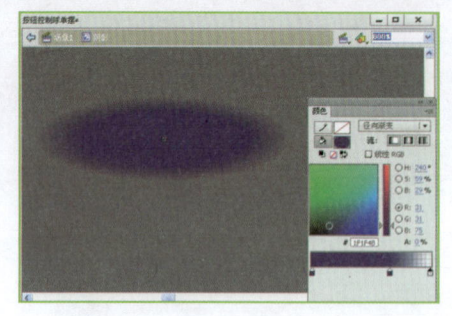

04 在第2帧处插入空白关键帧，将元件2按钮元件拖入舞台中的合适位置，按F9键打开"动作"面板，输入脚本。

05 新建"misc"图层，将元件1影片剪辑元件拖入舞台中。在第2帧处插入空白关键帧，打开"动作"面板，输入脚本。

06 新建"图层4"。使用"文本工具"，在"属性"面板中设置参数，在舞台中输入文本。新建"图层5"，在舞台中绘制一条直线。

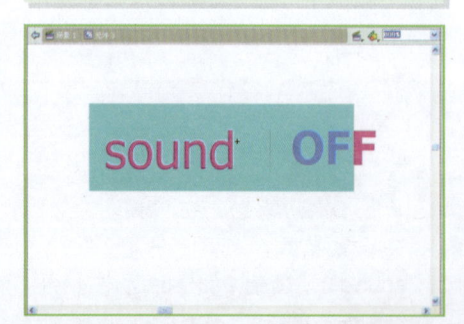

07 新建单摆影片剪辑元件，将阴影元件拖入舞台中，设置实例名称为shadow。在第3帧处插入帧。新建"球"图层，将球和线元件拖入舞台中。

08 新建"图层3"，在第1帧处输入脚本"ball._rotation = rotation;to_rad = Math.PI/180;"。在第2帧和第3帧处分别插入关键帧。在"动作"面板中输入脚本。

09 新建复位按钮元件。在第2帧处绘制一个白色正圆。在第4帧处绘制一个与背景颜色相同的正圆。按照相同步骤新建"图层2"。

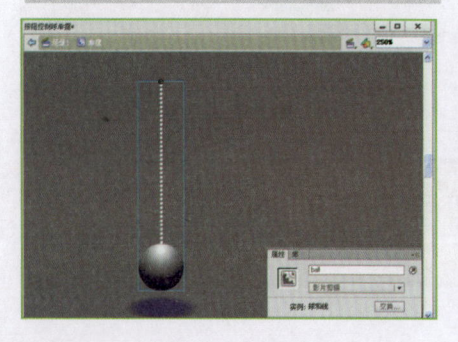

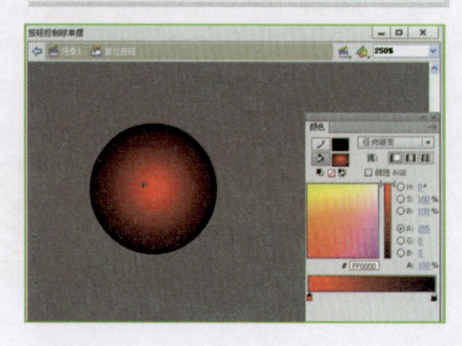

第4章　按钮特效

10 新建"图层3"，在舞台中绘制图形，并设置填充颜色为白色到透明的径向渐变。在第2帧处插入空白关键帧，在舞台中绘制图形并调整颜色。在第3帧处插入关键帧，将图形缩小使之适合舞台图形大小。

11 返回"场景1"，将素材图片导入到舞台中。新建图层，将单摆影片剪辑元件拖入舞台中，设置实例名称为ba。将复位元件拖入舞台中，打开"动作"面板输入脚本。

12 至此，"按钮控制球摇摆"制作完成，保存并按Ctrl+Enter组合键进行影片测试即可。

实例063　滑落的水珠

本实例介绍滑落的水珠的制作方法。

文件路径：源文件\第4章\例063

视频文件：视频文件\第4章\例063.MP4

01 新建水滴图形元件，使用"椭圆工具"，设置填充颜色为黑色到透明的径向渐变，并使用"渐变变形工具"调整渐变效果。

02 按Ctrl+D组合键直接复制图形，使用"任意变形工具"缩小图形。在"颜色"面板中设置填充颜色为透明到透明度为30的白色再到透明的径向渐变。使用"渐变变形工具"调整渐变色。

03 使用"椭圆工具"绘制一个圆，设置填充颜色为白色到透明的径向渐变，使用"渐变变形工具"调整渐变色。

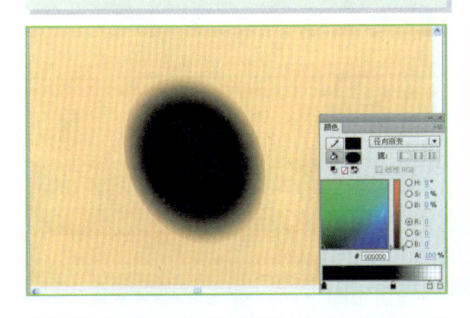

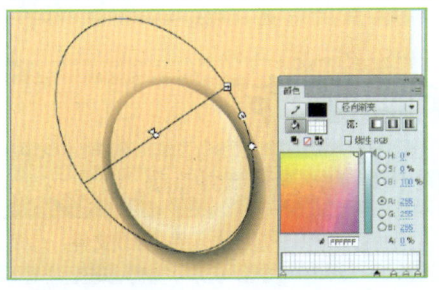

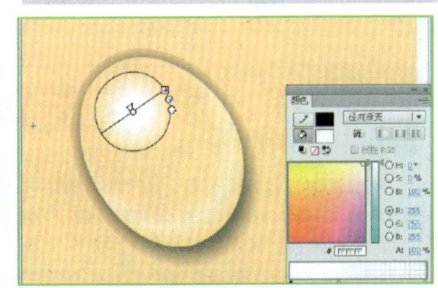

04 新建元件2按钮元件，在第4帧处插入空白关键帧。使用"矩形工具"在舞台中绘制一个白色矩形。新建水滴2影片剪辑元件，并将其拖入舞台中。

05 在第30帧处插入关键帧，将图形放大。创建传统补间动画，分别在第177、178帧处插入关键帧。将第178帧的图形缩小。复制第177帧，将其粘贴到第181、185、189帧处。

06 将第178帧复制并粘贴到第183、187帧处。在第200帧处，将图形移至舞台的下方。在第187与第200帧之间创建传统补间动画。

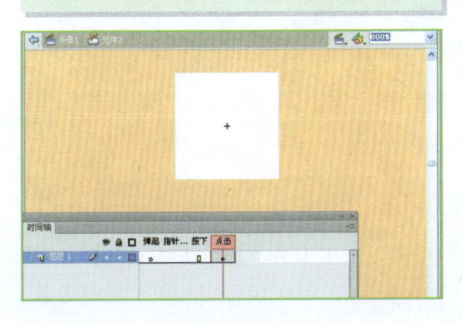

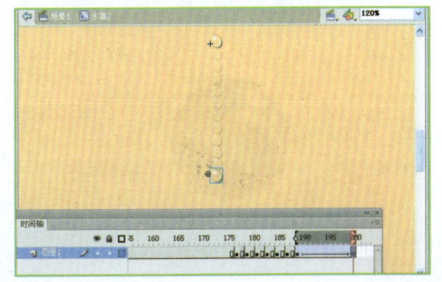

Flash CS6 | 71

07 在第201帧处插入空白关键帧，在第250帧处插入普通帧。新建"图层2"，在第1帧处将"库"面板中的元件2按钮元件拖入舞台中的合适位置。

08 选中元件2，按F9键打开"动作"面板，输入脚本。在第177帧处插入空白关键帧，在"属性"面板中设置帧标签名称为bubble_go。

09 新建水滴3影片剪辑元件，将水滴2影片剪辑元件拖入舞台中的合适位置。新建"图层2"至"图层6"，分别将水滴2影片剪辑元件拖入相应图层的舞台中，并调整大小及位置。

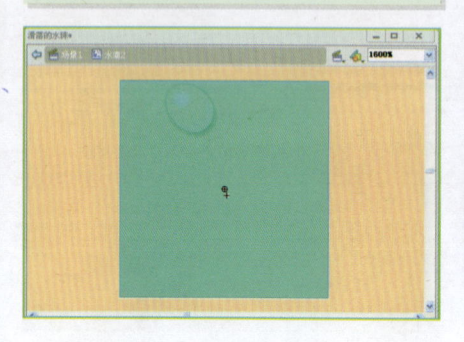

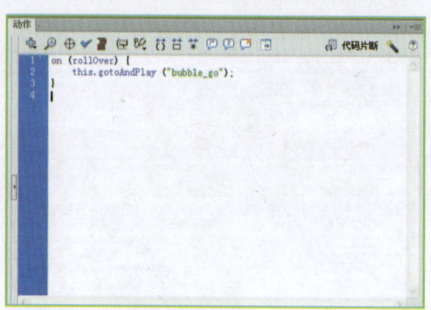

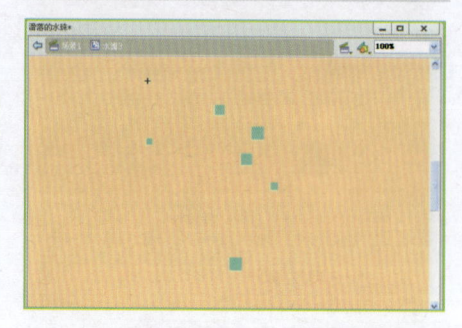

10 新建"图层7"，使用"椭圆工具"，设置色彩效果参数，绘制正圆。新建"图层8"，在第200帧处插入空白关键帧，输入脚本"stop();"。

11 返回"场景1"，使用"矩形工具"绘制矩形，并填充深蓝色到浅蓝色的线型渐变。新建"图层2"，将"库"面板中的素材图像拖入舞台中。

12 新建"图层3"，将水滴3影片剪辑元件拖入舞台中的合适位置。至此，"滑落的水珠"制作完成，保存并按Ctrl+Enter组合键进行影片测试即可。

实例064　点击炸弹爆炸

本实例将介绍使用脚本制作由按钮控制的炸弹爆炸的动画。

文件路径：源文件\第4章\例064
视频文件：视频文件\第4章\例064.MP4

01 新建炸弹图形元件。使用"椭圆工具"绘制一个笔触颜色为无，填充颜色为蓝色（#536273）的正圆。使用"钢笔工具"在正圆上绘制图形。

02 新建引线图形元件。使用"椭圆工具"和"线条工具"绘制图形。新建"图层2"，绘制引线。新建"图层3"，将其放置到最底层。使用"椭圆工具"绘制阴影。

03 新建火光影片剪辑元件。设置填充颜色为红色（#FF0000）。使用"画笔工具"绘制火苗。设置填充颜色为黄色，继续对火光进行绘制。

72 | Flash CS6

第4章 按钮特效

04 在第2帧至第5帧处依次插入空白关键帧。单击时间轴下方的"绘图外观纸"按钮，依次绘制相应的图形。

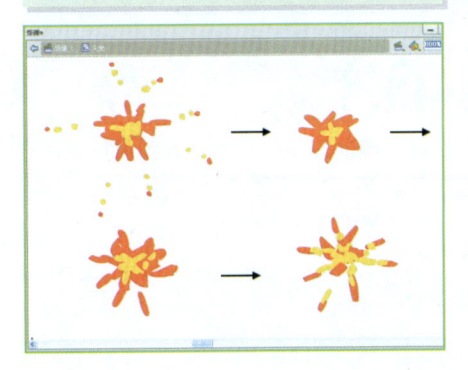

05 新建组合影片剪辑元件。使用"椭圆工具"绘制一个笔触颜色为无，填充颜色为灰色的椭圆。新建"图层2"，将各元件拖入舞台中的合适位置。

06 新建点击按钮元件。在第2帧处插入关键帧，绘制一个笔触颜色为无，填充颜色为黑色的圆角矩形。在第3帧、第4帧处分别插入关键帧。

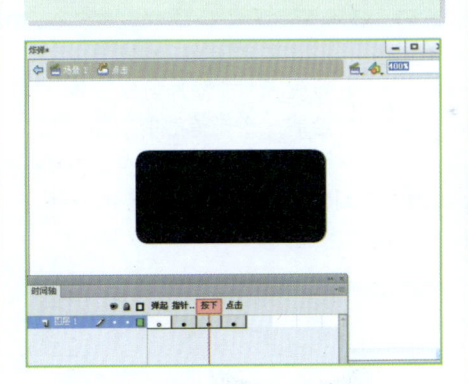

07 新建"图层2"，设置笔触颜色为黑色，填充颜色为无，在舞台中绘制一个圆角矩形框。使用"文本工具"在舞台中输入相应的文本。

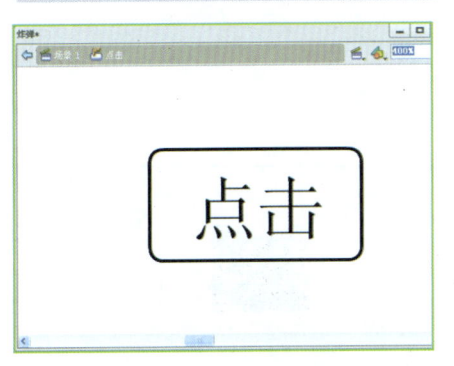

08 在第2帧处插入空白关键帧，绘制白色图形。在第3帧处插入关键帧，缩小图形，修改颜色为黑色。

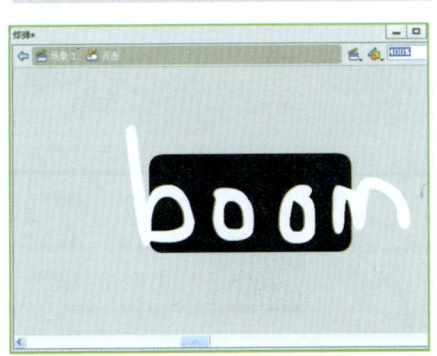

09 新建爆炸影片剪辑元件。将点击按钮元件拖入舞台中，打开"动作"面板，输入脚本。在第7帧处插入帧。

10 新建"图层2"，将组合影片剪辑元件拖入舞台中。在"属性"面板中设置Alpha值为10%。在第7帧处插入关键帧，设置Alpha值为100%。在帧与帧之间创建传统补间动画。

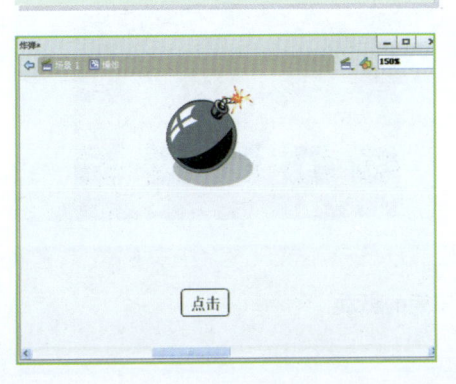

11 新建"图层3"，在第8帧处插入关键帧，使用"画笔工具"绘制图形。在第9帧至第15帧处依次插入空白关键帧，并分别绘制相应的图形。新建"图层4"，在第7帧处插入空白关键帧，输出脚本"stop();"。

12 使用同样的方法制作其他不同烟雾的炸弹。返回"场景1"，将背景图像拖入舞台中。新建"图层2"，将不同的炸弹放置在舞台中的合适位置。至此，此动画制作完成，保存并测试影片即可。

中文版 Flash CS6 动画设计与制作案例教程

实例065　抽签式按钮

本实例介绍使用脚本制作抽签式按钮特效。

文件路径：源文件\第4章\例065

视频文件：视频文件\第4章\例065.MP4

01 新建元件1影片剪辑元件，绘制一个无笔触的矩形。在"颜色"面板中设置填充颜色为位图填充并调整填充效果。新建元件2图形元件。

02 设置笔触颜色为无，填充颜色为红色（#FF00CC）到（#FF0066）的线性渐变，绘制矩形并调整渐变效果。新建元件3影片剪辑元件。

03 使用"矩形工具"绘制一个圆角矩形，使用"线条工具"绘制三角形，填充颜色并删除线条。使用"矩形工具"绘制两个矩形，将重合部分删除。

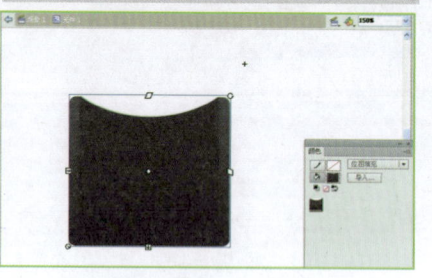

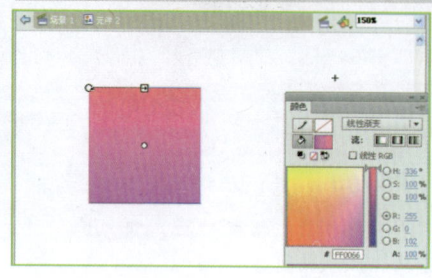

04 新建元件4影片剪辑元件。将元件1拖入舞台中，在第33帧处插入帧。新建"图层2"，并调整到"图层1"的下方。将元件2拖入舞台中，并调整大小及位置。

05 在第10帧处插入关键帧，向上调整元件的位置。将第1帧复制粘贴到第26帧、第33帧处。将第10帧复制到第17帧处。在第13帧和第30帧处分别添加关键帧，对元件进行微调。

06 在帧与帧之间创建传统补间动画。新建文本1图形元件，输入文本。在元件4中新建"图层3"，参照"图层2"添加关键帧，并调整文本位置。

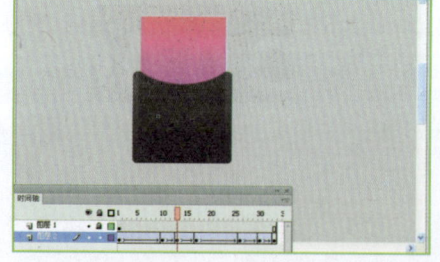

07 新建"图层4"，将元件3影片剪辑元件拖入舞台中。为其添加发光滤镜，设置颜色为红色（#FF0066）。在第10帧处插入关键帧，设置"发光"滤镜的相应参数。

08 根据其他图层设置关键帧及相应的发光参数。新建"图层5"，在第1帧处输入脚本"stop();"。在第17帧、第33帧处分别插入空白关键帧，输入脚本"stop();"。

09 直接复制元件4，得到元件5至元件8，并对其进行相应修改。返回"场景1"，将背景素材拖入舞台中。新建"图层2"，将元件4至元件8拖入舞台中。

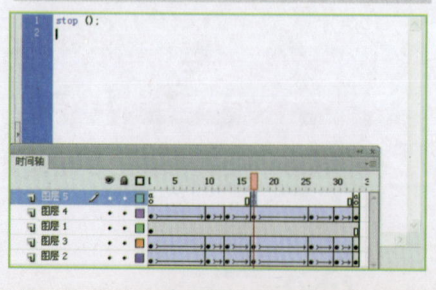

提示　脚本的设置和元件的实例名称是对应的，因此不同元件上的按钮应设置不同的脚本。

第4章 按钮特效

10 新建按钮1按钮元件。在第4帧处插入关键帧，绘制一个白色矩形。返回"场景1"，新建"图层3"，将按钮1元件多次拖入舞台中的合适位置。

11 依次选中按钮，按F9键打开"动作"面板，在其中输入相应的脚本。

12 新建"图层4"，将其拖动到最底层，将背景拖入舞台中。至此，"抽签式按钮"制作完成，保存并按Ctrl+Enter组合键测试影片即可。

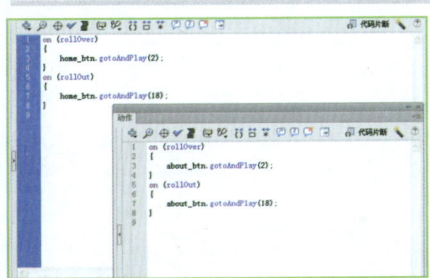

实例066 按钮滚动条

本实例介绍按钮滚动条的制作方法。

文件路径：源文件\第4章\例066

视频文件：视频文件\第4章\例066.MP4

01 新建元件1图形元件，在舞台中绘制矩形。新建元件2影片剪辑元件，将元件1拖入舞台中。新建元件3图形元件，绘制滑块。新建元件4按钮元件，将元件3拖入舞台中。新建元件5影片剪辑元件，将元件4拖入舞台中。

02 新建元件6影片剪辑元件和元件7影片剪辑元件。将元件2影片剪辑元件拖入舞台中，设置实例名称为line。新建"图层2"，将元件5影片剪辑元件拖入舞台中，设置实例名称为dragMC。

03 新建"图层3"，将元件6影片剪辑元件拖入舞台中。打开"动作"面板，输入脚本。新建"图层4"，在"动作"面板中输入脚本。

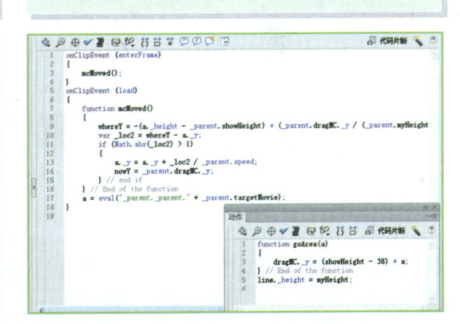

04 新建遮罩影片剪辑元件，绘制矩形条。在第14帧处插入关键帧，放大矩形条，在帧与帧之间创建补间形状动画。在第15帧处插入关键帧。新建"图层2"，在第15帧处输入脚本"stop();"。

05 新建元件8图形元件。将"库"面板中的素材图像依次拖入相应图层的舞台中。新建元件9影片剪辑元件，将元件8图形元件拖入舞台中。使用"文本工具"依次输入相应文本。

06 新建元件10影片剪辑元件。在第1帧处输入脚本"stop();"，在第100帧处插入关键帧并输入脚本。

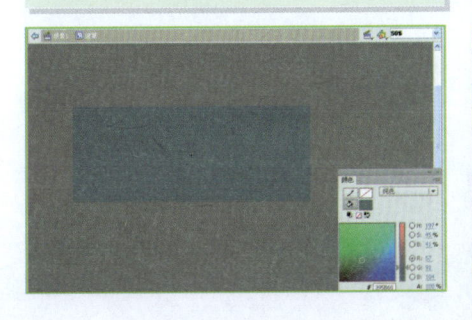

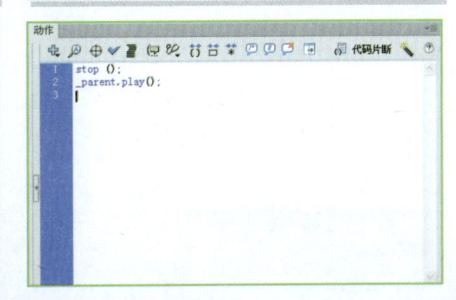

Flash CS6 | 75

07 回到"场景1",将元件10拖入舞台中。在第2帧处插入关键帧,将元件7拖入舞台中的合适位置,设置实例名称为scrollMC。新建"图层2",在第2帧处插入关键帧,将元件9拖入舞台中,设置实例名称为testMC。

08 新建"图层3",在第2帧处插入关键帧。将遮罩影片剪辑元件拖入舞台中的合适位置。设置该图层为"遮罩层"。新建"图层4",在第1帧处输入脚本"stop();",在第2帧处插入空白关键帧并输入脚本。

09 至此,"按钮滚动条"制作完成,保存并按Ctrl+Enter组合键键测试影片即可。

实例067 电子杂志

本实例介绍电子杂志的制作方法。

文件路径:源文件\第4章\例067

视频文件:视频文件\第4章\例067. MP4

01 新建元件1图形元件。使用"矩形工具"绘制一个笔触颜色为无,填充颜色为灰色的矩形。新建"图层2",设置填充颜色为红色(#BB1432),绘制一个稍小于"图层1"的矩形。新建"图层3",使用"文本工具"在舞台中输入文本。

02 新建"图层4",在舞台中绘制白色矩形。新建"图层5",将素材图片导入到舞台中的合适位置。新建元件2影片剪辑元件,将元件1拖入舞台中。新建元件3影片剪辑元件,使用"矩形工具"绘制一个灰色矩形条。

03 新建元件4影片剪辑元件,设置笔触颜色为红色(#FF0000)到黑色的径向渐变。在舞台中绘制一个矩形框。在第14、15帧处插入关键帧,设置笔触颜色Alpha值为0。复制第1帧到第29、30帧处。

04 在帧与帧之间创建补间形状动画。新建元件5按钮元件,在第2帧处插入关键帧,将元件4影片剪辑元件拖入舞台中,在第4帧处插入关键帧。新建"图层2",将其拖入到"图层1"的下方。使用"矩形工具"绘制一个Alpha值为0的灰色矩形。

05 将素材导入到"库"面板中,依次将图像转换为图形元件。新建元件6影片剪辑元件。将图片1图形元件拖入舞台,设置Alpha值为0。在第5帧处插入关键帧,设置Alpha值为80,在帧与帧之间创建传统补间动画。

06 在第6帧处插入关键帧;在第9帧处插入帧;在第10帧处插入空白关键帧,将图片2图形元件拖入舞台中的相同位置。使用同样的方法创建关键帧,并调整Alpha值。

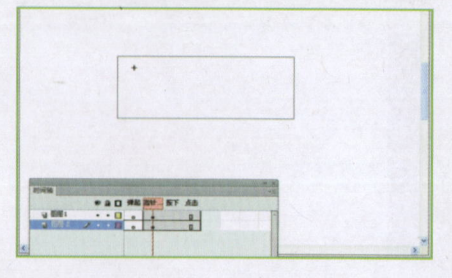

第4章 按钮特效

07 新建"图层2",在第10帧处设置标签c1。在第20帧至第80帧,每隔10帧处设置标签。新建"图层3",在第6帧处打开"动作"面板,输入脚本"stop();"。依次在第15帧至第85帧,每隔10帧处输入脚本"stop();"。

08 返回"场景1",将元件2影片剪辑元件拖入舞台外,设置Alpha值为0。在第11帧处插入关键帧,并设置样式为无。在第14帧处插入关键帧,向上移动元件。在帧与帧之间创建传统补间动画。在第50帧处插入帧。

09 新建"图层2",在第11帧处插入关键帧。将元件3影片剪辑元件拖入舞台中的合适位置。在第21帧处插入关键帧,使用"任意变形工具"拉长元件,在帧与帧之间创建传统补间动画。

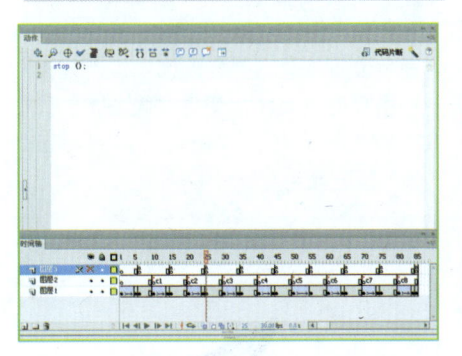

10 新建"图层3",在第18帧处插入空白关键帧,将元件3影片剪辑元件拖入舞台中的合适位置。在第28帧处插入关键帧。

11 在帧与帧之间创建传统补间动画。新建"图层4",使用"文本工具"在舞台中多处输入动态文本。

12 新建"图层5",将元件5按钮元件多次拖入舞台中,并调整到合适大小及位置。依次选择按钮,打开"动作"面板,输入脚本。

13 使用"文本工具"在舞台中多处输入文本。新建"图层6",在第19帧处插入关键帧。

14 将元件16影片剪辑元件拖入舞台中。新建"图层7",在第15帧处插入关键帧,使用"矩形工具"绘制一个灰色的矩形框。

15 在第50帧处输入脚本"stop();"。至此,"电子杂志"制作完成,保存并测试影片即可。

实例068　按钮控制大小

本实例介绍使用脚本制作由按钮控制图片放大和缩小的动画。

文件路径：源文件\第4章\例068　　　视频文件：视频文件\第4章\例068.MP4

01 新建一个空白文档。将素材图像导入到"库"面板中。新建元件1影片剪辑元件，将图片拖入舞台。新建元件2按钮元件，使用"绘制工具"绘制图形。

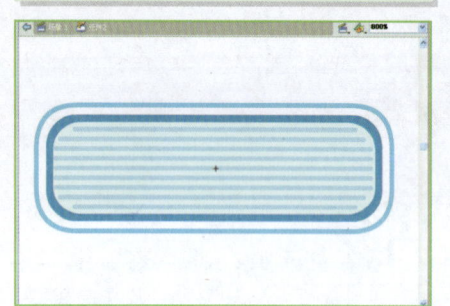

02 在第2帧至第4帧处分别插入关键帧，调整每帧的图形。新建"图层2"，在第1帧处插入关键帧，使用"文本工具"输入文本。在第3帧插入关键帧，输入文本。

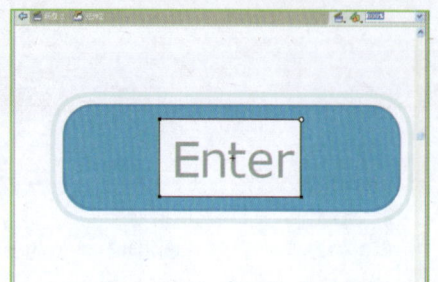

03 在"库"面板中直接复制元件2，得到元件3，对元件的颜色进行修改，并修改文本。新建光标影片剪辑元件，使用"线条工具"绘制光标形状，并使用"颜料桶工具"填充颜色。

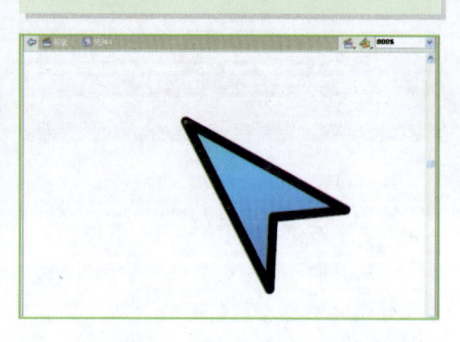

04 返回"场景1"，将元件1影片剪辑元件拖入舞台中。在"属性"面板中设置实例名称为mc1。按F9键打开"动作"面板，输入脚本。

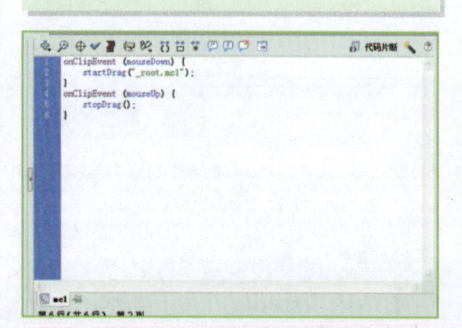

05 分别将元件2和元件3按钮元件拖入舞台中的合适位置。分别选中按钮元件，输入脚本。

06 新建"图层2"，将"库"面板中的元件4影片剪辑元件拖入舞台中的合适位置。在"属性"面板中设置实例名称为mc，Alpha值为50。

07 选择元件4影片剪辑元件，按F9键打开"动作"面板，在其中输入脚本。

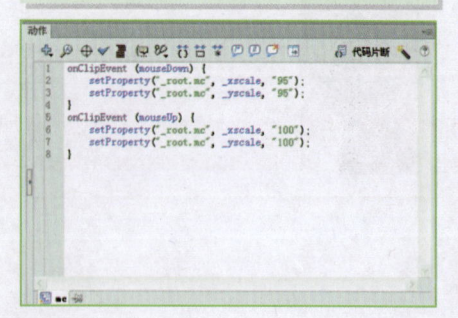

08 新建"图层3"，在第1帧处按F9键打开"动作"面板，输入脚本。

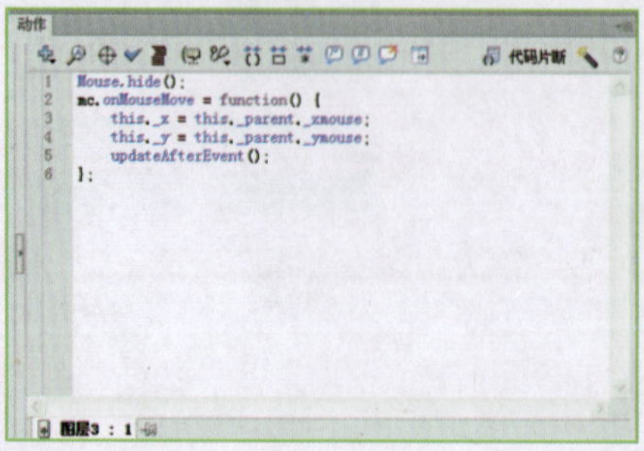

09 新建"图层4"，将其拖动到"图层2"的下方，使用"文本工具"输入文本。至此，此动画制作完成，保存并测试影片即可。

第4章 按钮特效

实例069　水珠按钮

本实例介绍水珠按钮的制作方法。

文件路径：源文件\第4章\例069

视频文件：视频文件\第4章\例069.MP4

01 将素材导入到"库"面板中。新建元件1影片剪辑元件，使用"椭圆工具"，设置笔触颜色为无，填充颜色为蓝色，绘制一个圆。

02 复制"图层1"得到"图层2"。修改颜色为绿色（#8ED108），然后绘制高光。将"图层2"放置到"图层1"的上方，单击鼠标右键，在弹出的快捷菜单中执行"遮罩层"命令，将图层设为"遮罩层"。

03 新建元件2图形元件，绘制图形，使用"颜料桶工具"填充颜色。新建元件3影片剪辑元件，将元件2图形元件拖入舞台中。

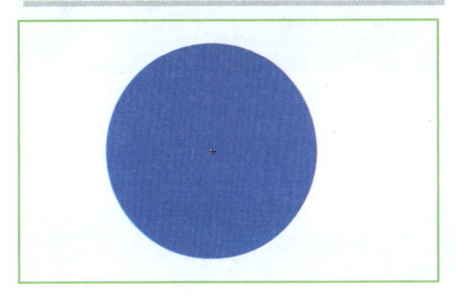

04 在第55帧处插入关键帧，将元件向上移动。在第65帧处插入关键帧，移动元件，并在"属性"面板中设置Alpha值为0，在帧与帧之间创建传统补间动画。

05 新建"图层2"，在第11帧处插入关键帧，将元件2拖入舞台。选择"图层2"，单击鼠标右键，在弹出的快捷菜单中执行"添加传统运动引导层"命令。在"引导层"中绘制运动路径。将"图层2"的变形中心点放置在路径上。

06 在第15、40帧处插入关键帧，将元件放大。在第50帧处插入关键帧。在"属性"面板中设置Alpha值为0。在帧与帧之间创建传统补间动画。使用同样的方法设置其他图层中的水珠运动。

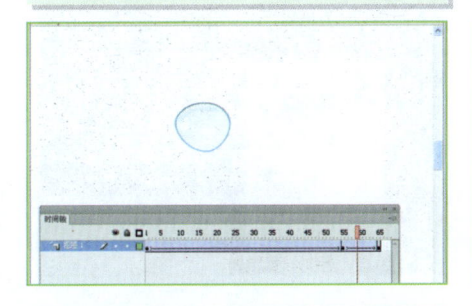

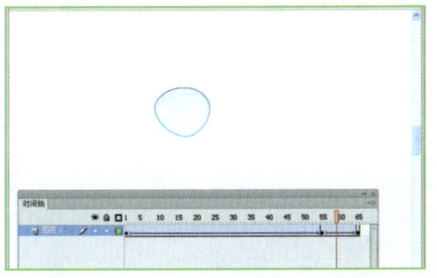

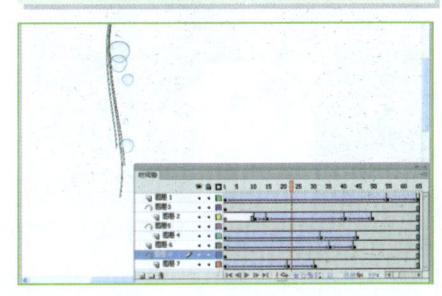

07 新建元件4按钮元件，在第4帧处插入关键帧。使用"椭圆工具"绘制一个椭圆。新建元件5影片剪辑元件。将元件1影片剪辑元件拖入舞台中。

08 在第2帧至第10帧处插入关键帧，分别调整每帧元件的位置。在第67帧处插入普通帧。新建"图层2"，输入文本。

09 新建"图层3"，将元件4按钮元件拖入舞台中的合适位置。打开"动作"面板，输入脚本。

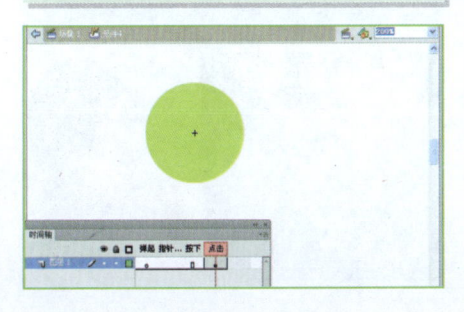

Flash CS6 | 79

10 新建"图层4",将其拖入最底层,在第2帧处插入关键帧,将元件3图形元件拖入舞台中的合适位置。新建元件5,在第1帧处输入脚本"stop();"。

11 在"库"面板中直接复制元件5,得到元件6至元件9,分别修改文字。新建元件10影片剪辑元件,将元件5至元件9分别拖入舞台中。

12 回到"场景1",将背景拖入舞台中。新建"图层2",将元件10拖入舞台中。新建"图层3",在第1帧输入脚本"stop();"。至此,此动画制作完,保存并测试影片即可。

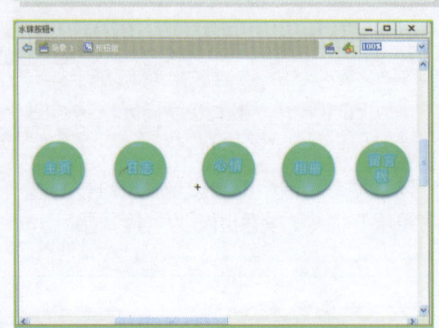

实例070 按钮控制图片

本实例介绍由按钮控制图片的动画制作方法。

文件路径:源文件\第4章\例070
视频文件:视频文件\第4章\例070.MP4

01 将素材导入到"库"面板中,设置背景颜色为黑色。新建元件1按钮元件,将位图拖入舞台中。

02 新建元件2影片剪辑元件,将元件1按钮元件拖入舞台,选择元件输入脚本。

03 在第10帧处插入关键帧,将图片放大。在帧与帧之间创建传统补间动画。新建"图层2",输入脚本"stop();"。

04 在"库"面板中复制元件1和元件2,得到新的元件,对元件进行相应修改。

05 返回"场景1",将"库"中的背景素材拖入舞台中。新建"图层2",将各影片剪辑元件拖入舞台中,并分别输入脚本。

06 至此,"按钮控制图片"制作完成,保存并测试影片即可。

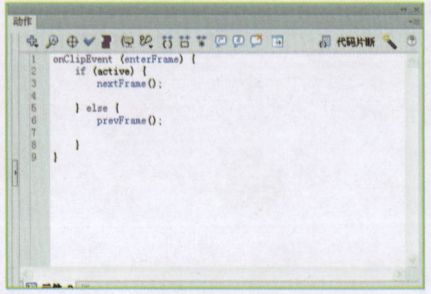

第4章　按钮特效

实例071　抖动按钮

本实例介绍抖动按钮的制作方法。

文件路径：源文件\第4章\例071　　　视频文件：视频文件\第4章\例071.MP4

01 新建元件1，使用"矩形工具"绘制一个黑色矩形。新建"图层2"，使用"矩形工具"绘制紫色（#A36AFF）与白色相间的线性渐变矩形，然后绘制一个紫色到白色的线性渐变矩形。

02 新建元件2按钮元件，在第4帧处插入关键帧，绘制一个填充色为白色，笔触为黑色的矩形。新建元件3影片剪辑元件，将元件1拖入舞台中。新建"图层2"，将元件2拖入舞台中。

03 新建"图层3"，输入文本"首页"。新建"图层4"，在第2帧处打开"动作"面板，输入脚本。

04 在第1帧处按F9键打开"动作"面板，在其中输入相应的脚本。在"库"面板中直接复制元件3，得到元件11。

05 分别更改文本内容。新建元件12影片剪辑元件，将元件3至元件11分别拖入舞台中，分别选择元件，输入脚本。

06 返回"场景1"，将背景拖入舞台中。新建"图层2"，将元件12影片剪辑元件拖入舞台中。至此，"抖动按钮"制作完成，保存并测试影片即可。

实例072　按钮切换图片

本实例介绍由数字按钮控制图片切换效果的制作方法。

文件路径：源文件\第4章\例072　　　视频文件：视频文件\第4章\例072.MP4

Flash CS6 | 81

中文版 Flash CS6 动画设计与制作案例教程

01 新建元件1影片剪辑元件，在第1帧处绘制一个黑色组合矩形。在第5帧处插入关键帧，向右移动图形。在第20帧处插入关键帧，放大图形，输入脚本"stop();"。在帧与帧之间创建传统补间动画。

02 新建元件2影片剪辑元件，在第2帧处插入关键帧，将元件1影片剪辑元件拖入舞台。在第50帧处插入帧。使用"任意变形工具"将中心点移至右侧。

03 新建"图层2"，在第3帧处插入关键帧，将元件1影片剪辑元件拖入舞台。新建"图层3"至"图层15"，分别将元件1影片剪辑元件拖入相应图层的舞台中，并依次调整每个元件的中心点。

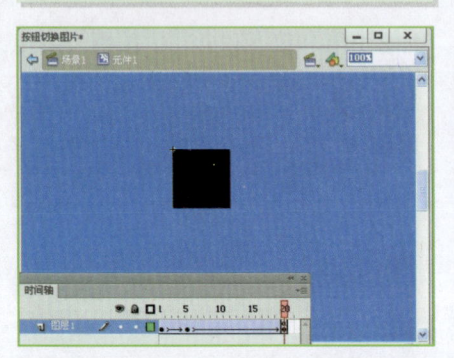

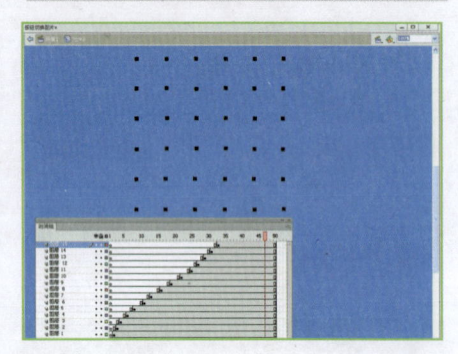

04 新建元件3影片剪辑元件，在第1帧至第10帧处分别插入空白关键帧，依次将图片拖入舞台中。在第1帧处输入脚本"stop();"。新建元件4按钮元件，绘制一个圆角矩形。

05 返回"场景1"，在第2帧处插入关键帧，使用"矩形工具"绘制一个渐变矩形。新建"图层2"，绘制一个黑色矩形。复制"图层2"，得到"图层3"，将矩形颜色修改为白色，并调整图形的位置。

06 新建"图层4"，将元件3影片剪辑元件拖入舞台，设置实例名称为page。复制"图层4"，并重命名图层为"图层5"，修改实例名称为pages。

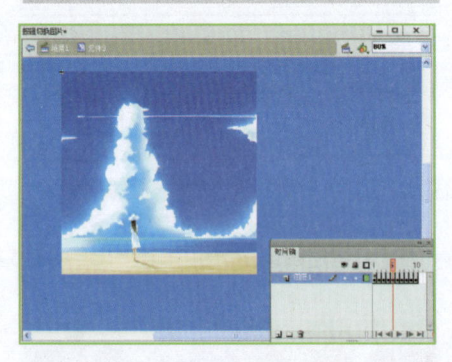

07 新建"图层6"，将元件2影片剪辑元件拖入舞台中，设置实例名称为mask。设置"图层5"为"遮罩层"，并打开"动作"面板，输入脚本"link=1;"。新建"图层7"，将元件4按钮元件拖入舞台中多次，并放置在合适的位置。

08 新建"图层9"，打开"动作"面板，输入脚本"stop();"。新建"图层10"，新建一个影片剪辑元件并拖入舞台，设置实例名称为loade。在第1帧处打开"动作"面板，输入脚本。

09 新建"图层8"，使用"文本工具"分别输入文本。至此，"按钮切换图片"制作完成，保存并按Ctrl+Enter组合键测试影片即可。

实例073　发光按钮

本实例介绍发光按钮的制作方法。

文件路径：源文件\第4章\例073
视频文件：视频文件\第4章\例073.MP4

01 新建元件1影片剪辑元件，使用"基本矩形工具"和"选择工具"绘制图形。新建元件2至元件5影片剪辑元件，分别绘制图形。

02 新建元件6影片剪辑元件。设置笔触颜色为白色到黑色的径向渐变。填充颜色为蓝色（#33FFFF）到黑色的线性渐变。

03 新建元件7影片剪辑元件，将元件6影片剪辑元件拖入舞台中。在"属性"面板中为元件添加发光、投影及调整颜色滤镜，分别设置相应的参数。

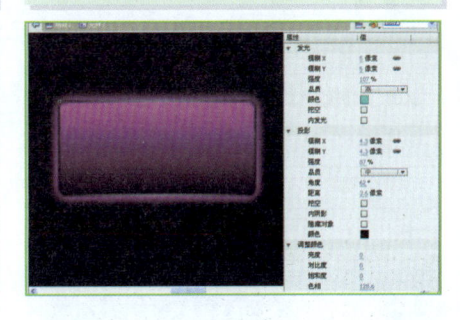

04 新建"图层2"，将元件1影片剪辑元件拖入舞台中，并在"属性"面板中为元件添加发光滤镜效果。

05 新建"图层3"至"图层6"，使用"文本工具"在舞台中拖动文本框。在"属性"面板中添加投影滤镜效果。

06 新建"图层7"，在第1帧、第15帧、第30帧处分别插入空白关键帧，并输入脚本"stop();"。

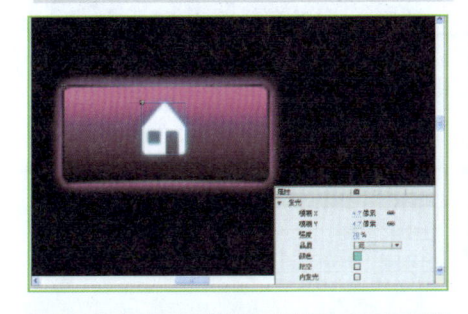

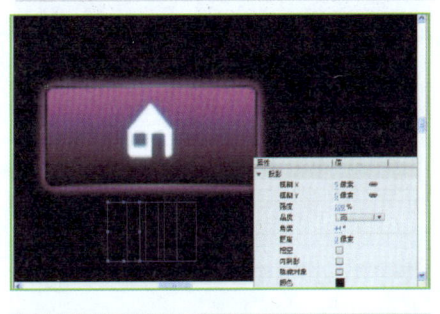

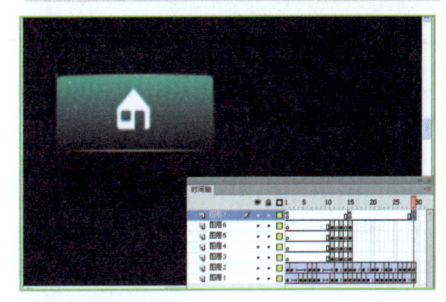

07 直接复制元件7，得到元件8至元件11的影片剪辑元件，并分别将各元件进行修改。新建元件12按钮元件，在第4帧处插入关键帧，绘制一个白色矩形。返回"场景1"，将背景拖入舞台中。新建"图层2"，将元件7拖入相应图层的舞台中，设置实例名称为home_btn。

08 使用同样的方法，将元件8至元件11分别拖入舞台中，并设置相应的实例名称。新建"图层3"，将元件12按钮元件拖入舞台中多次，并放置在合适的位置。选择按钮，打开"动作"面板，输入脚本。

09 分别设置其他4个按钮的脚本。至此，"发光按钮"制作完成，保存并按Ctrl+Enter组合键测试影片即可。

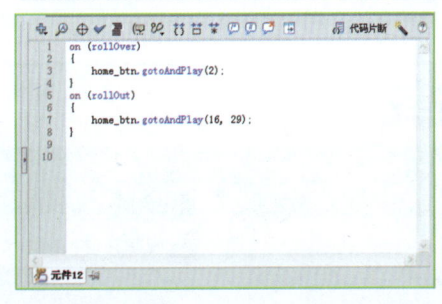

> 相应的按钮对应该按钮实例名称，再编辑脚本。

实例074　智能待机界面

本实例介绍一系列待机界面按钮的制作方法。

文件路径：源文件\第4章\例074　　　视频文件：视频文件\第4章\例074.MP4

01 新建元件1图形元件，使用"基本矩形工具"绘制矩形。新建"图层2"，将素材图片放置在舞台中，调整"图层2"到"图层1"的下方。

02 新建元件2影片剪辑元件，在工具栏中使用"绘图工具"绘制图形。新建元件3至元件6，分别在相应的元件中绘制图形。

03 新建元件7影片剪辑元件，使用"基本矩形工具"绘制圆角矩形。新建"图层2"，绘制一个半透明的灰色矩形。新建"图层3"，并将其拖动到"图层2"的下方，将元件2影片剪辑元件拖入舞台中。

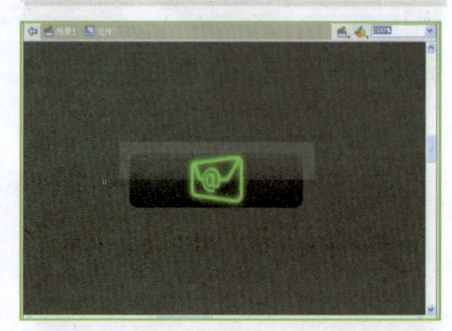

04 新建"图层4"，将其拖动到"图层3"的下方。使用"文本工具"输入文本"News"。新建"图层5"，将其拖动到最顶层。将"图层1"中的图形复制粘贴到"图层5"中，并设置"图层5"为"遮罩层"。

05 使用同样的方法，创建元件8至元件11，并分别设置相应的效果。返回"场景1"，将元件1图形元件拖入舞台中。新建"图层2"，将元件7拖入舞台中，在"属性"面板中添加投影滤镜。选择元件，在"动作"面板中输入脚本。

06 使用同样的方法，将元件8至元件11分别拖入舞台中，并设置相应的滤镜效果及脚本。至此，此动画制作完成，保存并测试影片即可。

实例075　导航按钮

本实例介绍导航按钮的制作方法。

文件路径：源文件\第4章\例075　　　视频文件：视频文件\第4章\例075.MP4

第4章 按钮特效

01 新建元件1影片剪辑元件，使用"文本工具"，每新建一层输入一个文本，使用同样的方法新建元件2至元件5，并分别修改列于最上面的文本。

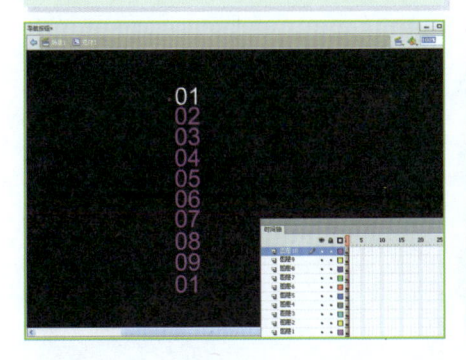

02 新建元件6按钮元件，在第4帧处插入关键帧，绘制一个矩形。新建元件7影片剪辑元件，使用"椭圆工具"绘制几个椭圆，使用"选择工具"对图形进行调整。

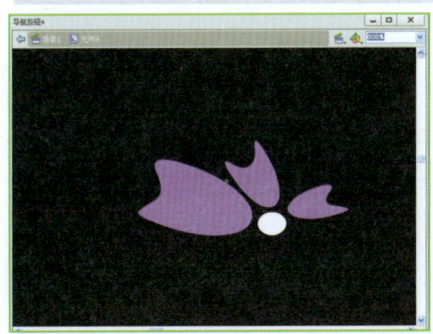

03 新建元件8影片剪辑元件，将元件7影片剪辑元件拖入舞台中，设置Alpha值为0。在第7帧处将元件向下移动，设置样式为无。在帧与帧之间创建传统补间动画。

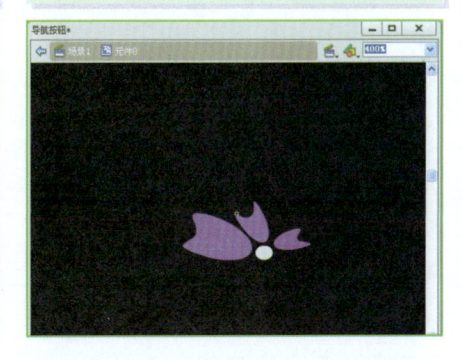

04 新建"图层2"，插入一个影片剪辑元件，并将其拖入舞台中。根据"图层2"的操作，新建"图层3"，并制作文本动画效果。

05 新建"图层4"，绘制一个矩形，设置"图层2""图层3"和"图层4"均为"遮罩层"。新建"图层5"，使用"文本工具"输入文本。新建"图层6"，将元件1影片剪辑元件拖入舞台中。

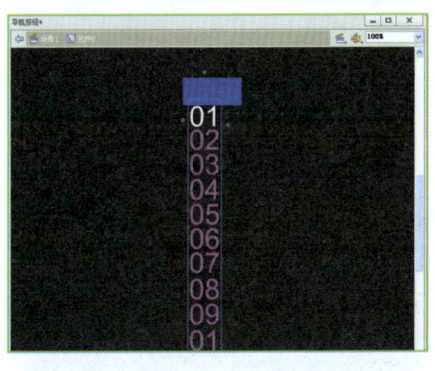

06 在第11帧处插入关键帧，向上移动元件。在第17、18、26和33帧处分别插入关键帧，并分别调整元件的位置。新建"图层7"，绘制矩形，并设置此图层为"遮罩层"。

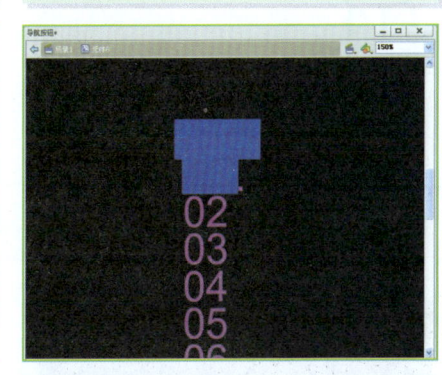

07 新建"图层8"，在第1帧和第17帧处输入脚本"stop"，在第2帧处设置标签为s1，在第18帧处设置标签为s2。新建"图层9"，将元件6按钮元件拖入舞台中，打开"动作"面板，输入脚本。新建"图层9"，在第1帧处输入脚本"p=1;"。

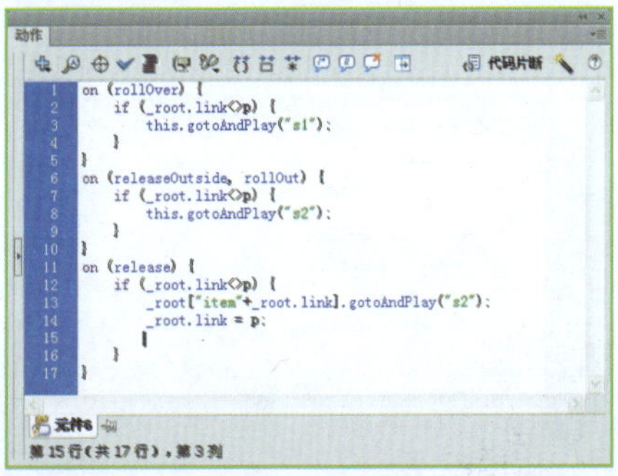

08 复制元件8得到元件10至元件13，分别修改相应的元件。返回场景，在第10帧处插入关键帧，将背景素材拖入舞台，在第53帧处插入关键帧。新建"图层2"，插入影片剪辑元件并将其拖入到"场景1"的舞台中，打开"动作"面板，输入脚本。

09 新建"图层3"，将元件8影片剪辑元件拖入舞台中，设置实例名称为item1。在第19、23、34帧处分别插入关键帧，将元件向上移动并创建传统补间动画。新建"图层4"至"图层7"，分别将元件拖入舞台中并设置实例名称与动画效果。

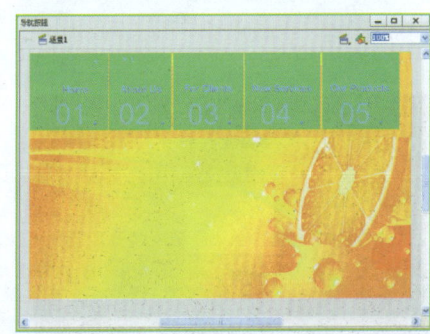

10 新建"图层8",插入元件并绘制多条直线。回到"场景1",在"图层8"的第8帧处将元件拖入舞台中。在"属性"面板中设置Alpha值为0。在第49帧处插入关键帧,设置样式为无,在帧与帧之间创建传统补间动画。

11 新建"图层9",在第1帧处和第53帧处插入空白关键帧,输入脚本"stop();"。在第51帧处插入空白关键帧,输入脚本。

12 至此,"导航按钮"制作完成,保存并按Ctrl+Enter组合键测试影片即可。

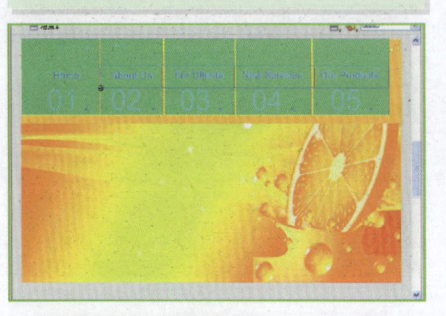

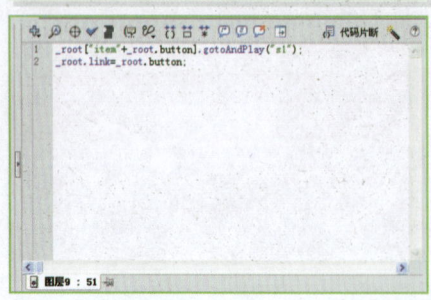

实例076 水晶绽放按钮

本实例介绍水晶绽放按钮的制作方法。

文件路径:源文件\第4章\例076   视频文件:视频文件\第4章\例076.MP4

01 新建元件1影片剪辑元件,将素材添加到第1帧至第50帧的舞台中。新建"图层2",在第1帧处输入脚本"stop()"。新建元件2影片剪辑元件,在舞台中绘制图形。

02 新建元件3影片剪辑工具,使用"文本工具"输入文本,设置实例名称为textBox。新建元件4影片剪辑元件,将元件1影片剪辑元件拖入舞台中。新建"图层2",使用"基本矩形工具"绘制圆角矩形,并设置该图层为"遮罩层"。

03 新建"图层3",将元件3影片剪辑元件拖入舞台中,设置实例名称为textBoxMovie。在第32帧处插入关键帧,为元件添加模糊滤镜,在帧与帧之间创建传统补间动画。

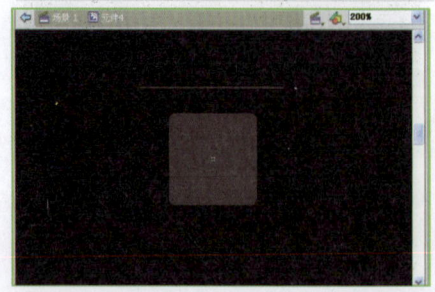

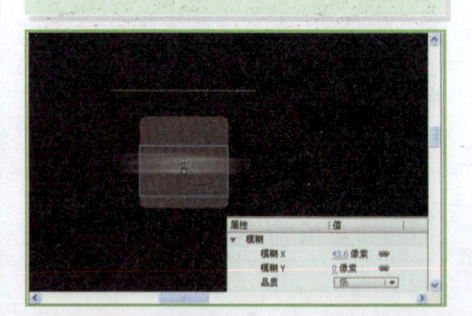

04 新建"图层4",绘制矩形,并设置该图层为"遮罩层"。新建"图层5",将元件2拖入舞台中。新建"图层6",在第1帧处输入脚本"stop()"。

05 新建元件5影片剪辑元件,将元件4影片剪辑元件拖入舞台中,设置实例名称为top。新建"图层2",将元件4拖入舞台中,垂直翻转元件,设置实例名称为bottom。

06 新建"图层3",绘制一个透明到黑色线性渐变的矩形。新建"图层4",在第1帧处打开"动作"面板,输入脚本。

86 | Flash CS6

第4章 按钮特效

07 返回"场景1",将背景拖入舞台中。新建"图层2",将元件5影片剪辑元件拖入舞台中4次。

08 分别设置实例名称为button1至button5。新建"图层3",在第1帧处打开"动作"面板,输入脚本。

09 至此,"水晶绽放按钮"制作完成,保存并测试影片即可。

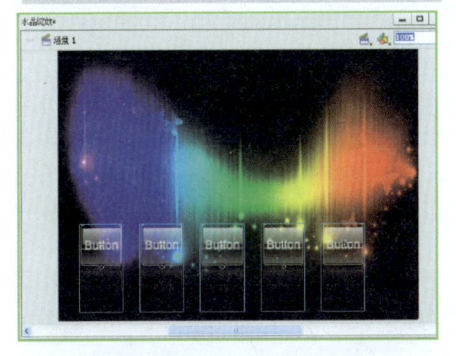

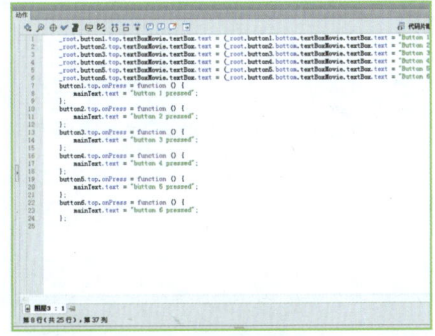

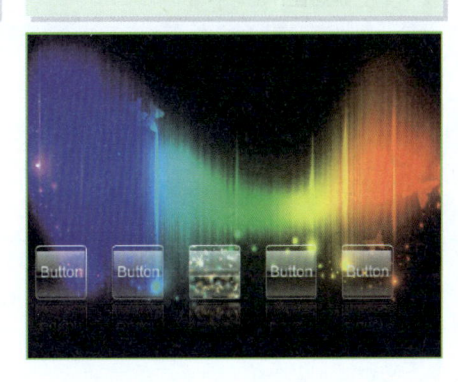

实例077 控制照相机按钮

本实例介绍控制照相机按钮的制作方法。

文件路径:源文件\第4章\例077

视频文件:视频文件\第4章\例077.MP4

01 新建一个空白文档,把素材图片和音乐素材导入到"库"面板中。新建camera body影片剪辑元件,绘制图形。

02 新建图层,使用"椭圆工具"绘制黑色圆形,在第2、4、6、8、10、12帧处分别插入空白关键帧,把素材图片拖入舞台。

03 按照上述步骤新建图层,在关键帧处输入相应文本。新建"sounds"图层,把音乐素材拖入舞台。

04 新建图层,使用"钢笔工具"绘制图形。

05 返回"场景1",在第1帧处插入关键帧,将camera body影片剪辑元件拖入舞台。

06 至此,"控制照相机按钮"制作完成,保存并测试影片即可。

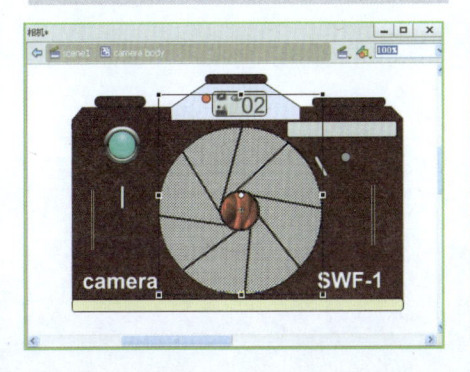

实例078　弹簧按钮

本实例介绍弹簧按钮的制作方法。

文件路径：源文件\第4章\例078　　　视频文件：视频文件\第4章\例078.MP4

01 新建一个空白文档，把素材图片导入到"库"面板中，将素材图片转换为影片剪辑元件。返回"场景1"，将影片剪辑元件拖入舞台中。

02 新建元件2，使用"矩形工具"绘制矩形，设置填充颜色为白色到红色的线性渐变。

03 新建元件3，将元件5影片剪辑元件拖入舞台中。新建图层，使用"矩形工具"绘制图形。新建图层，把按钮元件拖入舞台中。

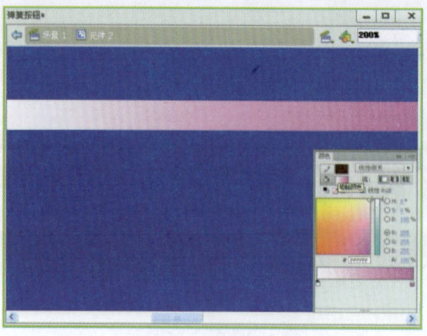

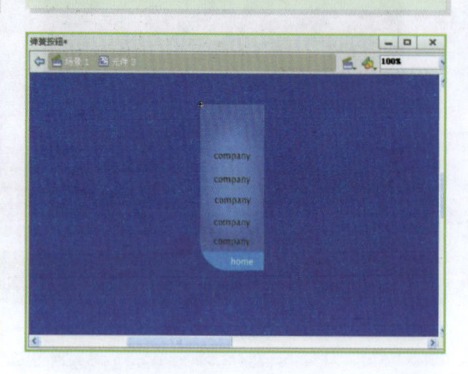

04 新建元件7影片剪辑元件，将元件3拖入舞台中。新建图层，在第1帧处插入空白关键帧，并输入脚本。

05 返回"场景1"，新建图层，将元件7拖入舞台中。

06 至此，"弹簧按钮"制作完成，保存并测试影片即可。

第5章
简单动画

Chapter 5

Flash CS6

动画是利用人的视觉暂留特性，连续播放一系列画面，给视觉造成连续变化的图画。由于人类具有视觉暂留的特性，因此眼睛看到一幅画或一个物体后，在1/24秒内不会消失。利用这一原理，在一幅画还没有消失前播放下一幅画，就会给人造成一种流畅的视觉变化效果。

中文版 Flash CS6 动画设计与制作案例教程

实例079　人物走路

本实例介绍人物走路的制作方法。

文件路径：源文件\第5章\例079

视频文件：视频文件\第5章\例079.mp4

01 启动Flash CS6，新建一个空白文档，将素材图片导入到"库"面板中。将bg素材拖入舞台，在第80帧处插入帧。新建元件1影片剪辑元件，在第1帧至第9帧处依次插入空白关键帧，分别将素材拖入相应关键帧的舞台中。

02 返回"场景1"，新建"图层2"，将元件1拖入舞台中。在第80帧处插入关键帧，调整元件的位置，在帧与帧之间创建传统补间动画。

03 至此，"人物走路"动画制作完成，保存并按Ctrl+Enter组合键进行影片测试即可。

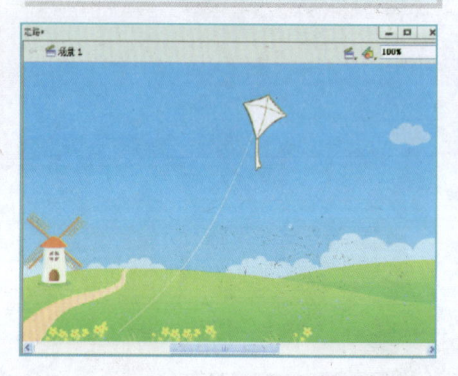

实例080　篮球运动

本实例介绍篮球运动的制作方法。

文件路径：源文件\第5章\例080

视频文件：视频文件\第5章\例080.mp4

01 启动Flash CS6，新建一个空白文档，背景为蓝色。将素材图片导入到"库"面板中。新建篮球图形元件，使用"椭圆工具"绘制图形。

02 打开"颜色"面板，设置笔触颜色为无，填充颜色为线性渐变。色标颜色分别为#F9CCA2、#F39334、#F18112、#AF510C、#F08720。

03 新建"线"图层，使用"线条工具"在球表面绘制三根黑色线条，使用"选择工具"调整线条。复制线条，并将其修改为白色。

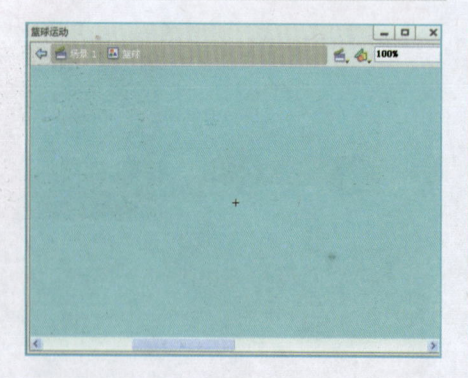

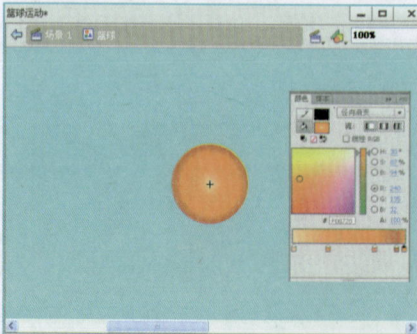

90 | Flash CS6

第5章 简单动画

04 新建图层标志，使用"钢笔工具"绘制标志。使用"文本工具"，在舞台输入文本，使用"任意变形工具"调整位置。

05 新建转球影片剪辑元件，将篮球图形元件拖入舞台中。在第40帧处插入关键帧，在两帧之间创建传统补间动画。在"属性"面板中设置旋转方向为顺时针。

06 新建垂直运动影片剪辑元件，将转球影片剪辑元件拖入舞台中。在第100帧处插入关键帧，在两帧之间创建统补间动画，设置旋转方向为自动。

07 返回"场景1"，使用"矩形工具"在舞台中绘制两个矩形。

08 新建"直线"图层，在第40帧处插入关键帧，制作篮球向下运动的动画。按照上述步骤新建"抛物"图层，在第40帧和第140帧处分别插入关键帧，制作相应的动画效果。

09 至此，"篮球运动"动画制作完成，保存并按Ctrl+Enter组合键进行影片测试即可。

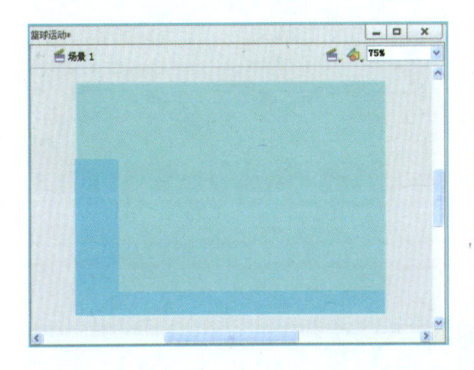

> **提示**：篮球滚下台阶时应该做抛物线运动，到平地时因弹力与重力，抛物线会越来越小，直至篮球停止滚动。

实例081 树木生长

本实例介绍树木生长的制作方法。

文件路径：源文件\第5章\例081

视频文件：视频文件\第5章\例081.mp4

中文版 Flash CS6 动画设计与制作案例教程

01 启动Flash CS6，新建一个空白文档，将素材图片导入到"库"面板中，将bg素材拖入舞台中。

02 新建shape 1图形元件，绘制树木的树叶，并填充树叶的颜色。新建shape2至shape12图形元件，绘制树木和遮罩树木的图形。

03 新建sprite 1影片剪辑元件。新建"Masked Layer5-1"图层，在第18帧处插入关键帧，将shape1和shape2图形元件拖入舞台中。

04 新建"Mask Layer1"图层，在第1帧至第35帧之间插入关键帧，将相应素材拖入舞台中，在帧与帧之间创建传统补间形状动画，并设置该图层为"遮罩层"。

05 按照上述步骤新建其他遮罩与被遮罩层。返回"场景1"，新建"图层2"，将sprite 1影片剪辑元件拖入舞台中。

06 至此，"树木生长"动画制作完成，保存并按Ctrl+Enter组合键进行影片测试即可。

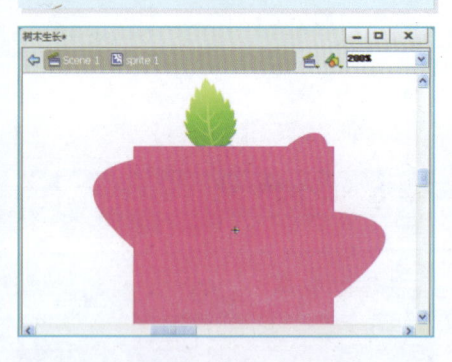

实例082 雨中荷花

本实例介绍荷花在雨中摇曳效果的制作方法。

文件路径：源文件\第5章\例082　　　视频文件：视频文件\第5章\例082.mp4

01 启动Flash CS6，新建一个空白文档，将素材图片导入到"库"面板中，将bg素材拖入舞台中。

02 新建图形元件，使用"矩形工具"绘制荷花叶并填充颜色，然后将图形元件转换为影片剪辑元件。

03 新建sprite 40影片剪辑元件，在第1帧至第90帧之间插入关键帧，将shape 4图形元件拖入舞台中，在关键帧之间创建传统补间动画。

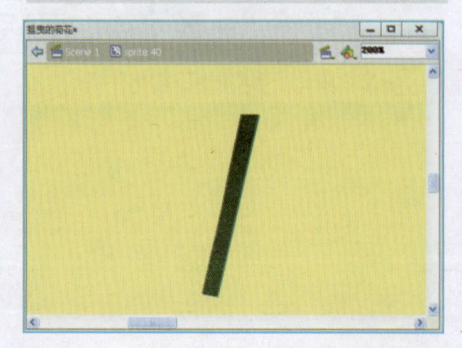

92 | Flash CS6

第5章　简单动画

04 使用上述操作方法制作荷叶的动画效果。

05 返回"场景1",新建"图层3",将sprite 40影片剪辑元件拖入舞台中。

06 至此,"雨中荷花"动画制作完成,保存并按Ctrl+Enter组合键进行影片测试即可。

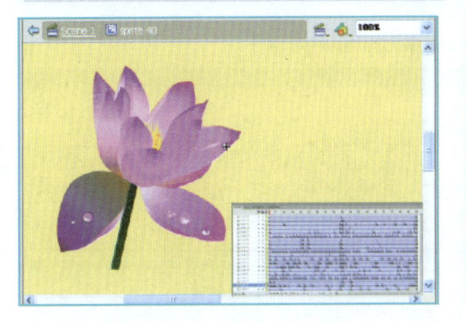

实例083　三维空间

本实例主要使用创建元件创建传统补间动画完成仿三维空间动画效果的制作。

文件路径:源文件\第5章\例083　　　视频文件:视频文件\第5章\例083.mp4

01 启动Flash CS6,新建一个空白文档,使用"椭圆工具"绘制天光背景。新建小球图形元件,绘制椭圆。

02 新建水波图形元件。使用"椭圆工具"绘制圆圈,设置填充颜色为径向渐变。

03 新建基础MC影片剪辑元件,将小球图形元件拖入舞台中。复制该图层得到"倒影"图层,设置元件色彩效果的亮度值为−70%。新建"水波"图层,制作水波动画效果。

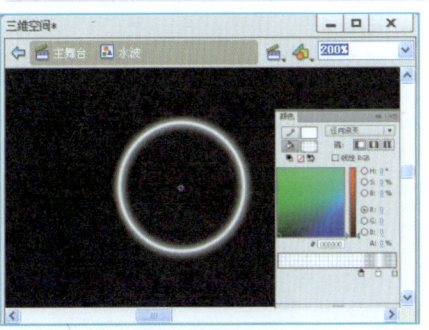

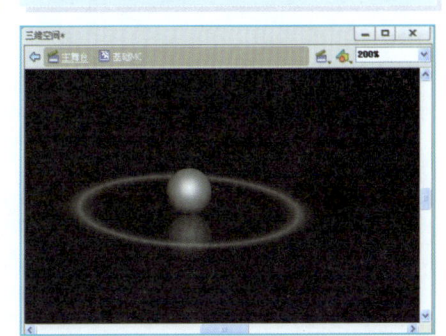

04 新建MC合成1影片剪辑元件,在第1层的第25帧处插入关键帧,将基础MC元件拖入舞台中,输入脚本"stop();"。

05 新建3个图层,将基础MC影片元件分别拖入舞台中。在"库"面板中选择MC合成1影片剪辑元件,单击鼠标右键,在弹出的快捷菜单中执行"直接复制"命令,得到多个新的影片剪辑元件。

06 返回"场景1",新建图层,将影片剪辑元件依次拖入舞台中。至此,"三维空间"动画制作完成,保存并按Ctrl+Enter组合键进行影片测试即可。

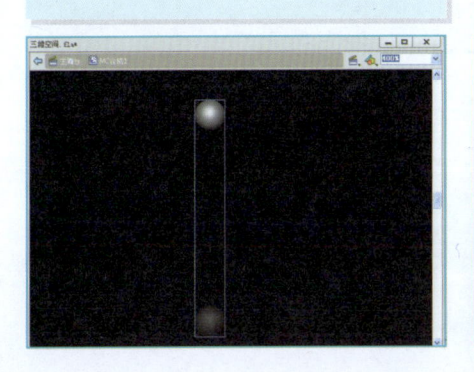

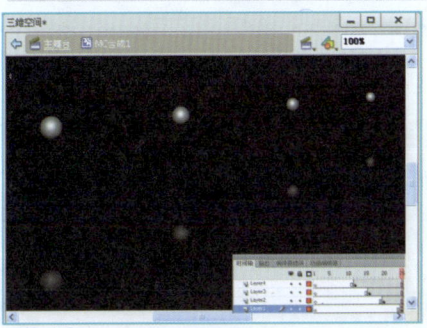

Flash CS6 | 93

实例084　树叶飘落

本实例介绍树叶飘落的制作方法。

文件路径：源文件\第5章\例084　　　视频文件：视频文件\第5章\例084.mp4

01 启动Flash CS6，新建一个空白文档，将素材图片导入到"库"面板中，将bg素材拖入舞台中。

02 新建Symbol 1图形元件，使用"钢笔工具"绘制树叶，并填充颜色。

03 新建Symbol 2影片剪辑元件，将Symbol 1图形元件拖入舞台中。选择"图层1"，单击鼠标右键，在弹出的快捷菜单中执行"添加传统运动引导层"命令。使用"铅笔工具"绘制线条。

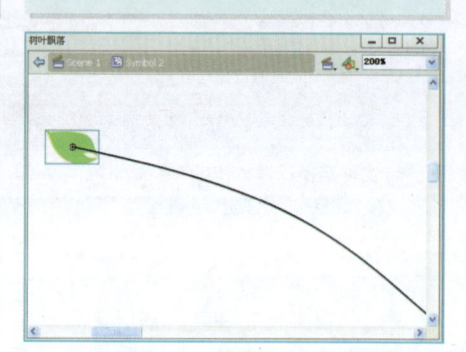

04 在"图层1"的第30帧处插入关键帧，调整图形的中心点，与"引导层"中的线条向重合。在帧与帧之间创建传统补间动画。在"属性"面板中选中"调整到路径"复选框。

05 按照相同方法制作Symbo3和Symbo4影片剪辑元件。返回"场景1"，新建图层，将"库"面板中的各影片剪辑元件拖入舞台中。

06 至此，"树叶飘落"动画制作完成，保存并按Ctrl+Enter组合键进行影片测试即可。

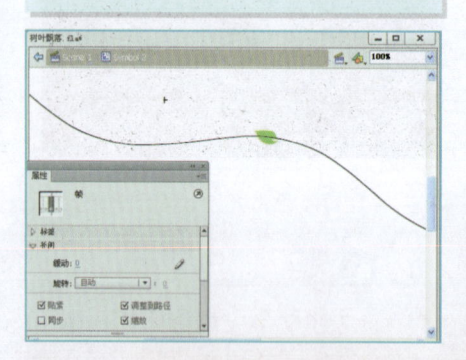

> **提示**：引导动画的制作，需要注意的是将被引导图形的中心点放置在引导路径相对应的位置。

实例085　Loading效果

本实例介绍使用补间形状制作一个进度条，以动态图片的形式显示处理文件速度的效果。

文件路径：源文件\第5章\例085　　　视频文件：视频文件\第5章\例085.mp4

第5章 简单动画

01 启动Flash CS6，新建一个空白文档。执行"文件"｜"导入"｜"导入到库"命令，将素材图片导入到"库"面板中。

02 新建文本影片剪辑元件。使用"文本工具"在舞台中输入文本"Loading"。

03 在第9、17、25帧处分别插入关键帧。在第9帧的编辑区域输入文本"."；在第17帧处输入文本".."；在第25帧处输入文本"..."。

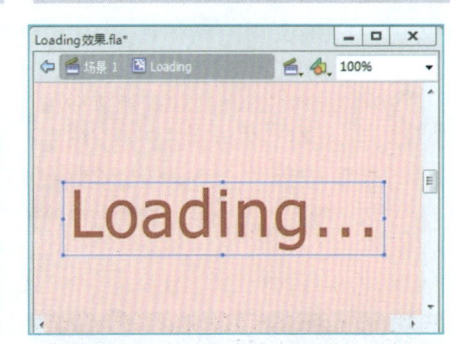

04 在第32帧处插入普通帧。新建Loading的影片剪辑元件。将"库"面板中的文本影片剪辑元件拖入舞台中。在第100帧处插入普通帧。

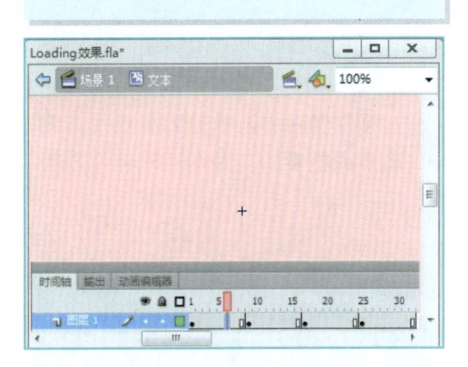

05 新建"图层2"，在舞台中绘制一个笔触颜色为无，填充颜色为白色的矩形，并将其转换为图形元件。

06 选择"图层2"的第1帧，在舞台中双击矩形，进入矩形的编辑状态。在第100帧处插入关键帧。在第1帧处使用"任意变形工具"缩短矩形，在第1帧和第100帧之间创建补间形状动画。

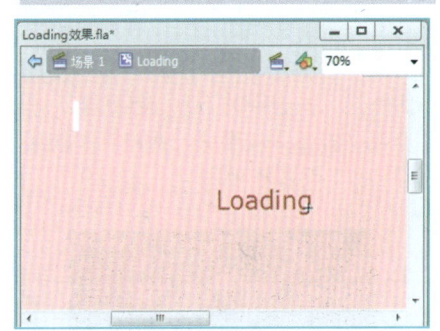

07 新建图层，在第1帧处绘制一个笔触颜色为灰色（#999999），填充颜色为无的矩形框。

08 新建"图层4"，在第100帧处插入空白关键帧。打开"动作"面板，输入脚本"stop();"。返回"场景1"，将"库"面板中的素材图片拖入舞台中并调整大小。

09 新建"图层2"，将"库"面板中的Loading影片剪辑元件拖入舞台中，并放置在合适位置。至此，"Loading效果"绘制完成，保存并按Ctrl+Enter组合键测试影片。

> 提示：Loading的形状大同小异，可参考本实例制作其他的Loading效果。

实例086　雨中

本实例介绍使用脚本制作雨滴落在地面上泛起涟漪的唯美动画效果。

文件路径：源文件\第5章\例086　　　视频文件：视频文件\第5章\例086.mp4

01 启动Flash CS6，新建空白文档。新建下雨影片剪辑元件，使用"线条工具"，设置笔触颜色和填充颜色均为白色，在舞台中绘制线条。

02 在第25帧处插入关键帧，将线条向左下角移动。在第1帧至第25帧之间创建补间形状动画。

03 在第26帧和第45帧处插入空白关键帧。在第45帧处按F9键打开"动作"面板，在其中输入脚本"stop();"。

04 新建"图层2"，在第26帧处插入空白关键帧。使用"椭圆工具"在线条的下方绘制椭圆。在第45帧处插入关键帧，使用"任意变形工具"将其放大。

05 在第45帧处打开"颜色"面板，设置笔触颜色的Alpha值为5%的白色，在第26帧与第45帧之间创建补间形状动画。

06 新建底图的图形元件，将"库"面板中的素材1素材图片拖入舞台中。返回到主场景，将"库"面板中的底图图形元件拖入舞台中。

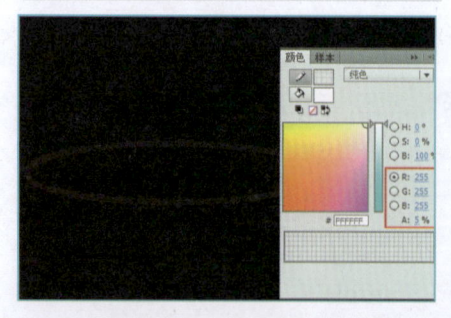

07 新建"雨滴"图层。将"库"面板中的雨滴影片元件拖入舞台中的左上方，设置实例名称为rain_mc，然后分别在两个图层的第3帧处插入普通帧。

08 新建"AS"图层，在第1帧处按F9键打开"动作"面板，输入脚本。在第2帧和第3帧处插入空白关键帧，打开"动作"面板，在其中依次输入脚本。

09 至此，"雨中"的动画制作完成，保存并按Ctrl+Enter组合键进行影片测试。

实例087 律动的音符

本实例介绍律动的音符的制作方法。

文件路径：源文件\第5章\例087 **视频文件**：视频文件\第5章\例087.mp4

01 启动Flash CS6，新建一个空白文档。设置文档尺寸大小为600×300像素，背景颜色为暗红色（#990000），帧频为39。

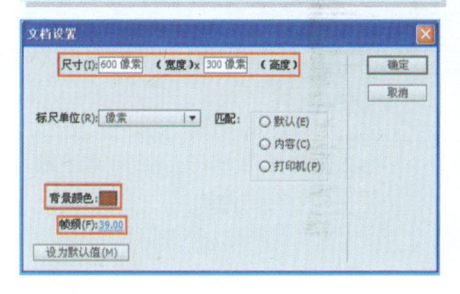

02 将素材图片导入到"库"面板中。新建shape 2图形元件，将音符曲线素材图片拖入舞台中。

03 新建sprite 3影片剪辑元件，将"库"面板中的shape 2图形元件拖入舞台的右方。在第352帧处插入关键帧，将舞台中的图形移至舞台的左方，在第1帧与第352帧之间创建传统补间动画。

04 新建sprite 4影片剪辑元件。使用上述操作方法，拖入元件并创建传统补间动画。

05 新建sprite 5影片剪辑元件。将sprite 3影片剪辑元件拖入舞台中，在第9帧处插入普通帧。

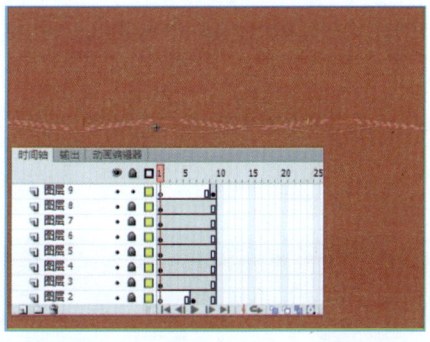

06 新建"图层2"，在第6帧处将sprite 3影片剪辑元件拖入舞台中，并放置在不同位置。

07 新建"图层3"至"图层8"，在第1帧处依次将sprite 4影片剪辑元件分别拖入各图层的舞台中，并放置在不同位置。

08 新建"图层9"，在第9帧处插入空白关键帧，将sprite 4影片剪辑元件拖入舞台中。

09 新建"Action Layer"图层，在第9帧处插入空白关键帧，按F9键打开"动作"面板，输入脚本"stop();"。

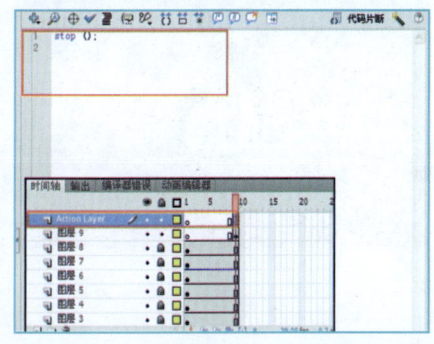

10 新建shape 6图形元件，使用"钢笔工具"在舞台中绘制音符。

11 新建sprite 7影片剪辑元件，将shape 6图形元件拖入舞台中。新建sprite 8影片剪辑元件，将shape 7影片剪辑元件拖入舞台中。

12 新建"图层2"，使用"铅笔工具"绘制线条。将shape 7影片剪辑元件拖入舞台中，使图形的中心点与线条的首端相吻合。

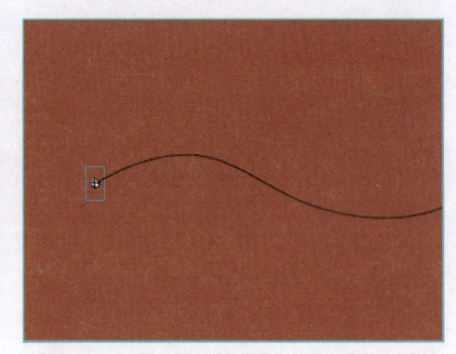

13 在第24、132、152帧处插入关键帧，用线条作为路径，拖动图形，直至移至线条的末端，然后在各关键帧之间创建传统补间动画。

14 选择"图层2"，在第24、132帧处插入关键帧，在第151帧处插入普通帧。在"图层2"上单击鼠标右键，在弹出的快捷菜单中执行"引导层"命令。

15 新建shape 9图形元件，在舞台中绘制图形，使用上述操作方法制作音符动画效果。

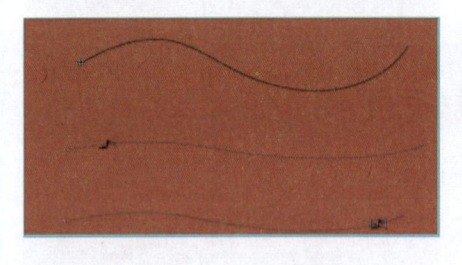

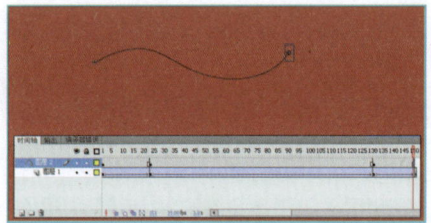

16 新建sprite 17影片剪辑元件，在舞台中绘制图形，使用上述操作方法制作音符动画效果。

17 新建sprite 23影片剪辑元件。新建"图层1"至"图层19"，将制作好的各种音符动画效果分别拖入各层的舞台中。

18 新建"图层20"，在第185帧处插入空白关键帧，打开"动作"面板，输入脚本"stop();"。

第5章　简单动画

19 新建sprite 24影片剪辑元件，将"库"面板中的sprite 5影片剪辑元件拖入舞台中。新建"图层2"，在第1帧处将sprite 23影片剪辑元件拖入舞台中心位置。

20 返回"场景1"，依次将音律背景素材图片和sprite 24影片剪辑元件拖入舞台中。

21 至此，"律动的音符"制作完成，保存并按Ctrl+Enter组合键进行影片测试即可。

实例088　脸谱变脸

本实例介绍脸谱变脸动画效果的制作方法。

文件路径：源文件\第5章\例088

视频文件：视频文件\第5章\例088.mp4

01 启动Flash CS6，新建一个尺寸大小为680像素×660像素的空白文档。将素材图片导入到"库"面板中。将背景素材拖入舞台中。

02 在第101帧处插入普通帧。新建"图层2"，在第1帧处，将脸谱1素材图片拖入舞台中，并调整大小及位置。

03 在"图层2"中，每隔10帧插入一个空白关键帧，至第100帧为止。

04 分别将脸谱2至脸谱10素材图片拖入各关键帧的舞台中，并放置在同一位置。

05 在"图层2"中分别将脸谱2至脸谱10素材图片拖入各关键帧的舞台中，并放置在同一位置。

06 至此，"脸谱变脸"制作完成，保存并按Ctrl+Enter组合键进行影片测试即可。

> **提示**　逐帧动画是一种比较原始的动画制作方法，其原理实际上就是传统动画的制作原理，即先把动画中的分解动作一帧帧地制作出来，然后连续播放。

Flash CS6 | 99

中文版 Flash CS6 动画设计与制作案例教程

实例089　雪绒花

本实例介绍雪绒花飘落画面的制作方法。

文件路径：源文件\第5章\例089

视频文件：视频文件\第5章\例089.mp4

01 启动Flash CS6，新建一个空白文档。在"文档设置"对话框中设置相应参数，将素材图片导入到"库"面板中。

02 新建雪图形元件，使用"线条工具"在舞台中绘制雪花。

03 新建下雪影片剪辑元件。将"库"面板中的雪图形元件拖入舞台中，在第50帧处插入关键帧，然后在第1帧和第50帧之间创建传统补间动画。

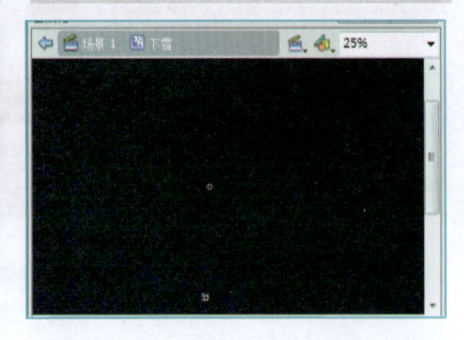

04 新建"图层2"，在第1帧处绘制蓝色线条，并放置在合适位置，使线条端口处与雪花的中心点相吻合。

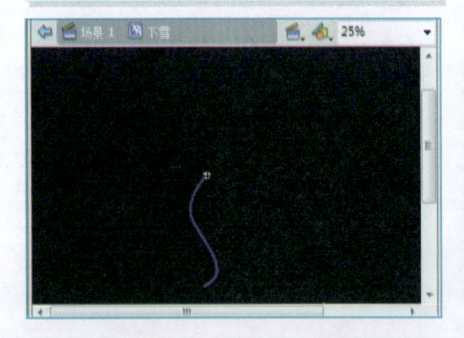

05 单击"图层1"的第50帧处，将雪花拖动至线条的另一端。在"图层2"上单击鼠标右键，从弹出的快捷菜单中执行"引导层"命令。

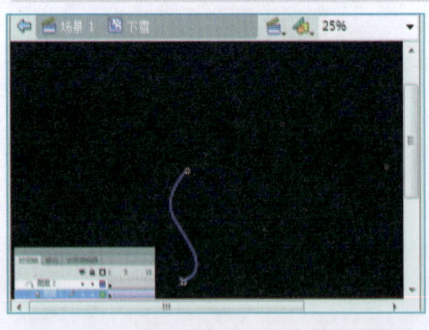

06 返回主场景，将"库"面板中的素材图片拖入舞台中。在第4帧处插入普通帧。新建"图层2"，在第1帧处按F9键打开"动作"面板，在"动作"面板中输入脚本。

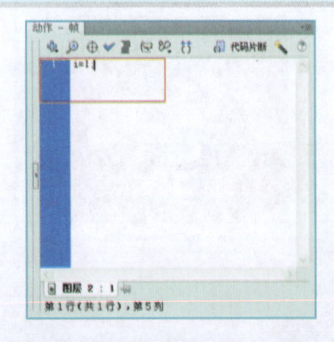

07 在第2帧处插入空白关键帧，在"动作"面板中输入脚本。

08 在第3帧和第4帧处插入空白关键帧，在"动作"面板中依次输入脚本。

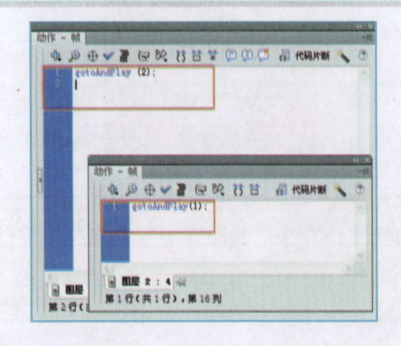

09 新建"图层3"，在第1帧处，将"库"面板中的"雪"图形元件拖入舞台中多次，并放置在合适位置。

10 将"库"面板中的下雪影片剪辑元件拖入舞台中多次,并放置在合适位置。

11 选择任意一个下雪影片剪辑元件,在"属性"面板中设置实例名称为xue。

12 至此,"雪绒花"制作完成,保存并按Ctrl+Enter组合键进行影片测试。

> **提示**:将下雪影片剪辑元件拖入舞台中,可以调整其位置、大小及倾斜度等。

实例090 蝴蝶飞舞

本实例介绍蝴蝶在花丛中自由飞舞的动画效果的制作方法。

文件路径:源文件\第5章\例090

视频文件:视频文件\第5章\例090.mp4

01 启动Flash CS6,按Ctrl+N组合键新建一个空白文档。执行"文件"|"导入"|"导入到库"命令,将背景素材导入到"库"面板中。

02 新建元件1图形元件,使用"椭圆工具",设置填充颜色为黑灰相间的线性渐变。

03 使用"钢笔工具"绘制蝶尾,再在另一处绘制图形,并按Ctrl+D组合键将其复制4个,使用"任意变形工具"缩小和排列。按Ctrl+G组合键将其组合,并放置在蝶尾处。

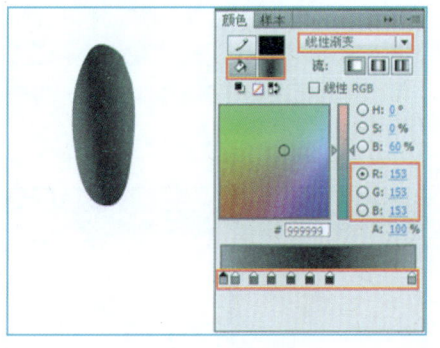

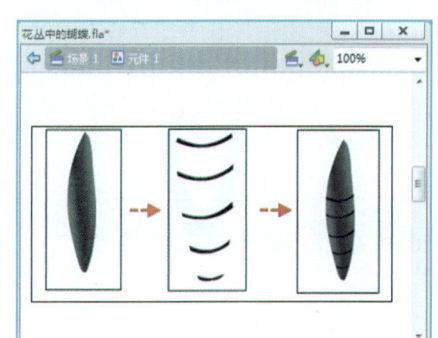

Flash CS6 | 101

04 使用"刷子工具",设置填充颜色为黑色,在舞台中绘制图形。使用"刷子工具"绘制一根触角,按Ctrl+D组合键复制一根触角,执行"修改"|"变形"|"水平翻转"命令,将其水平翻转,并使用"任意变形工具"调整好位置和大小。

05 使用"刷子工具"在蝴蝶头部绘制两个眼睛,选择头部及触角,将其放置在身子的上方,然后选择舞台中的所有图形,按Ctrl+G组合键将其组合。将元件1重命名为身子。

06 按Ctrl+F8组合键新建左翅图形元件,按Ctrl+R组合键将左翅图形元件导入舞台中。按Ctrl+B组合键将图形打散,删除多余的白色部分,使用同样的方法绘制右翅。

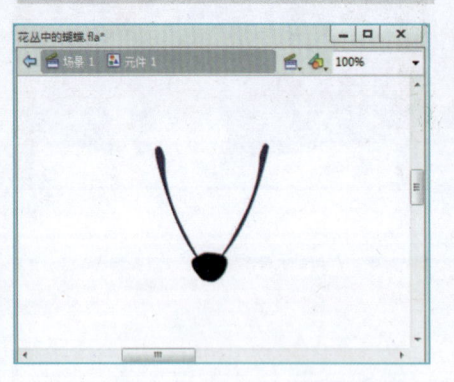

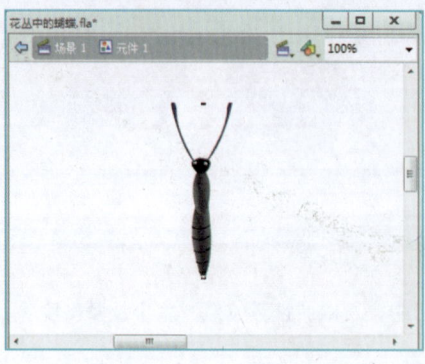

07 新建蝴蝶影片剪辑元件,将"库"面板中的身子图形元件拖入舞台中,在第22帧处按F5键插入普通帧。

08 新建"右翅"图层,将"库"面板中的右翅图形元件拖入舞台中,并放置在蝴蝶身子的右面。

09 在第22帧处按F6键插入关键帧。在第11帧处按F6键插入关键帧,使用"任意变形工具"将图形压缩。在各帧之间创建传统补间动画。

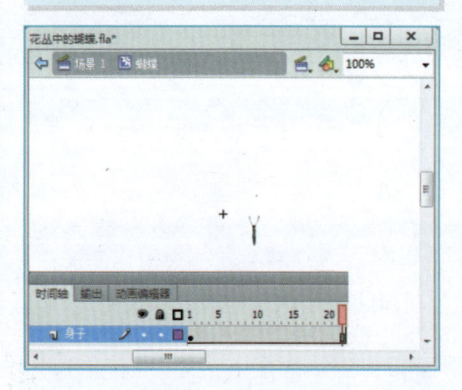

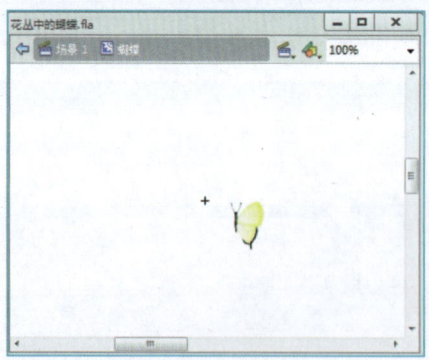

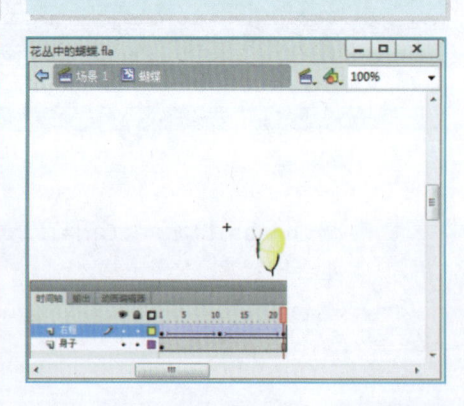

10 新建"左翅"图层,将"库"面板中的左翅图形元件拖入舞台中,并放置在合适位置。

11 在第22帧处按F6键插入关键帧,然后在第11帧处按F6键插入关键帧,并使用"任意变形工具"将其压缩,在各帧之间创建传统补间动画。

12 返回场景,更改"图层1"的名称为"背景",在第200帧处按插入普通帧。设置背景"属性"为630像素×370像素,将"库"面板中的背景图片拖入舞台中。

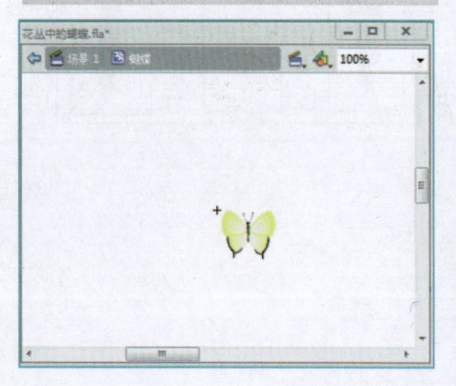

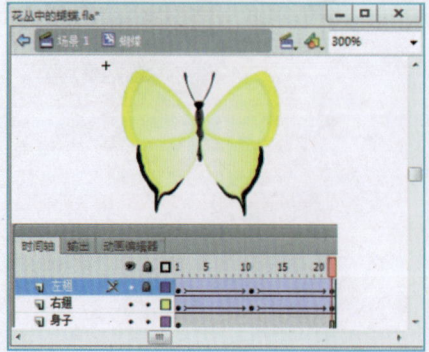

第5章 简单动画

13 新建图层"引导层",使用"铅笔工具"在舞台中绘制一条弯曲线条。新建"蝴蝶"图层,将其移至"引导层"图层的下方。

14 选择"蝴蝶"图层的第1帧,在单击工具箱中的贴紧至对象按钮。将"库"面板中的蝴蝶影片剪辑元件拖入舞台中,将蝴蝶的中心点与线条的最左端对齐。

15 在第150帧处按F6键插入关键帧。移动图形,中心点与线条对齐,在第1帧至第150帧之间创建传统补间动画。

16 在第170帧处按F6键插入关键帧。在第200帧处插入关键帧,将舞台中的蝴蝶移动至线条的最末端处,使蝴蝶的中心点与线端对齐。在第170帧处与第200帧之间创建传统补间动画。

17 在"引导层"图层上单击鼠标右键,在弹出的快捷菜单中执行"引导层"命令。

18 至此,"蝴蝶飞舞"动画制作完成,保存并按Ctrl+Enter组合键键进行影片测试即可。

> **提示** 引导层与被引导层相辅相成,当上一图层被设定为"引导层"时,这个图层会自动变成被引导层,并且图层名称会自动缩排。

实例091 海底世界

本实例主要介绍使用"引导层"制作动画,实现鱼儿在海底自由游动,气泡缓缓向上冒出海面的海底世界的动画效果。

文件路径:源文件\第5章\例091　　　　视频文件:视频文件\第5章\例091.mp4

中文版 Flash CS6 动画设计与制作案例教程

01 启动Flash CS6，新建空白文档，执行"文件"|"打开"命令，打开"海底世界素材.fla"素材文件。

02 新建气泡图形元件，设置填充颜色为蓝色到透明的径向渐变。使用"椭圆工具"在舞台中绘制图形。

03 新建"图层2"，设置填充颜色为白色到透明的径向渐变。使用"椭圆工具"在舞台中绘制图形。

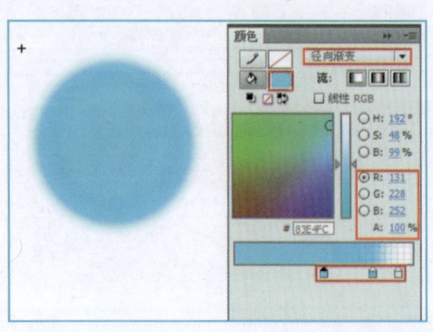

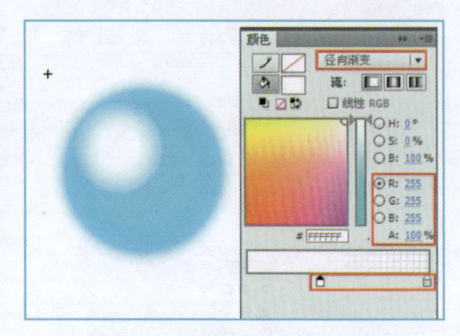

04 按Ctrl+F8组合键新建气泡单飞影片剪辑元件。将气泡图形元件拖入舞台中，然后在第100帧处插入关键帧。

05 将舞台中的图形拉大并拖入舞台的上方，打开"属性"面板，设置Alpha值为10%。

06 在第1帧与第100帧之间创建传统补间动画。新建"图层2"，使用"铅笔工具"在舞台中绘制线条。

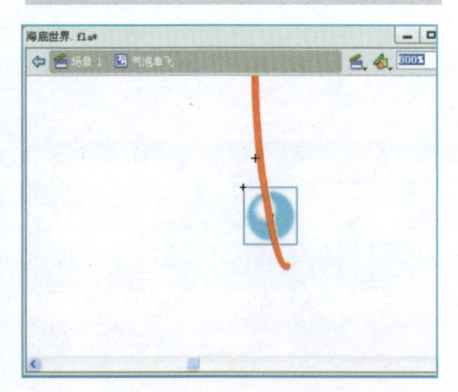

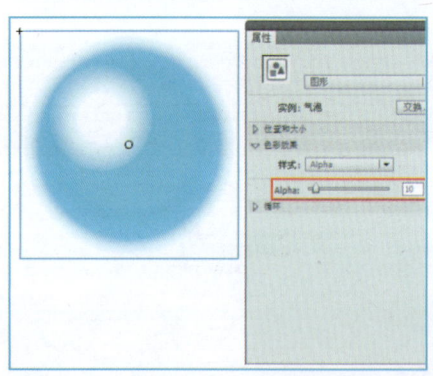

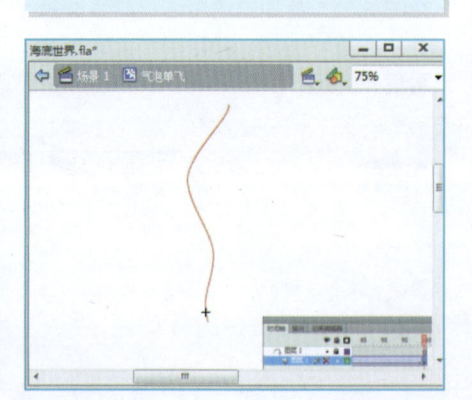

07 将线条放置在气泡的上方使其与气泡的中心点对齐。设置"图层2"为"引导层"。

08 新建气泡群飞影片剪辑元件，将"库"面板中的气泡单飞影片剪辑元件拖入舞台中。

09 在第140帧处插入普通帧。在第141帧处按F7键插入空白关键帧，然后在第171帧处插入普通帧。

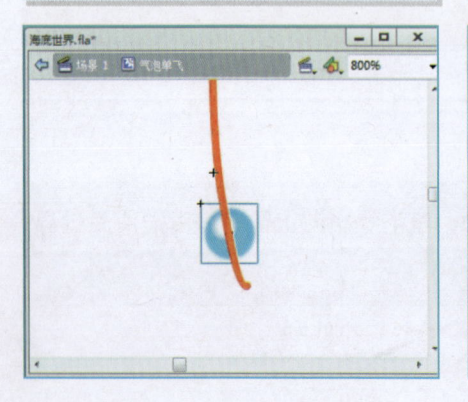

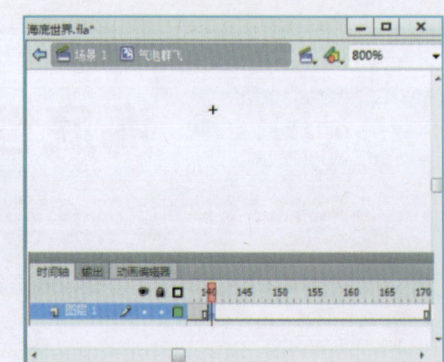

第5章　简单动画

10 新建"图层2",在第15帧处插入空白关键帧,将"库"面板中的气泡单飞影片剪辑元件拖入舞台中。在第155帧处插入空白关键帧。新建"图层3",在第30帧处插入空白关键帧。

11 将"库"面板中的气泡单飞影片剪辑元件拖入舞台中,在第169帧处插入普通帧,然后在第170帧处插入空白关键帧,在第171帧处插入普通帧。

12 返回主场景,将"库"面板中的素材1拖入舞台中,并放置在合适位置,在第240帧处插入普通帧。

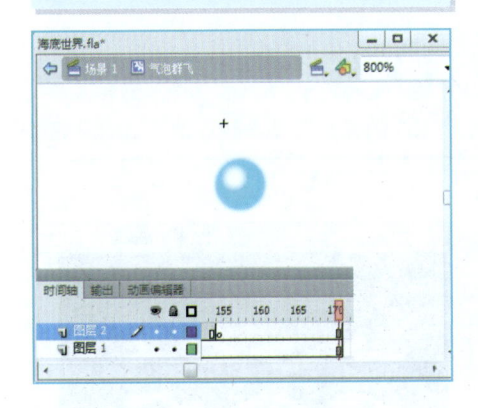

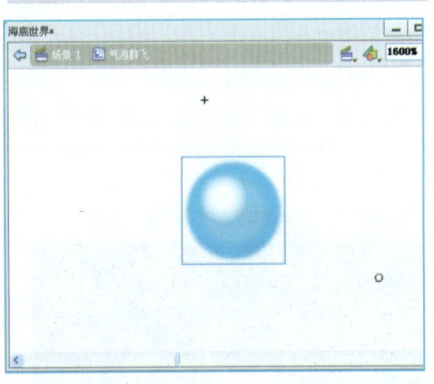

13 新建"图层2",将"库"面板中的鱼3图形元件拖入舞台中,并放置在合适位置,在第240帧处插入关键帧。在第1帧与第240帧之间创建传统补间动画。

14 新建"图层3",使用"线条工具"在舞台中绘制线条,使其末端与鱼的中心点对齐。设置"图层3"为"引导层"。

15 新建"图层4"至"图层7"。选择"图层4"和"图层6",将"库"面板中的鱼2至鱼1图形元件依次拖入舞台中,放置在合适位置,并在关键帧之间创建传统补间动画。

16 使用上述操作方法在"图层5"和"图层7"中绘制线条,并设置为"引导层"。

17 新建"图层8",在第1帧处,将"库"面板中的气泡群飞影片剪辑元件拖入舞台中多次。

18 至此,"海底世界"制作完成,保存并按Ctrl+Enter组合键进行影片测试即可。

实例092　影子跟随动画

本实例介绍使用传统补间制作文字效果，实现影子跟随文字转动的动画效果。

文件路径：源文件\第5章\例092　　视频文件：视频文件\第5章\例092.mp4

01 启动Flash CS6，新建一个空白文档，设置文档"属性"。

02 新建t图形元件，使用"文本工具"输入文本"t"，按Ctrl+B组合键分离文字。使用"任意变形工具"调整形状。

03 使用同样的方法新建y、u、o、r、p、a、h图形元件。在相应的元件里输入相应的文本，并将其分离调整。

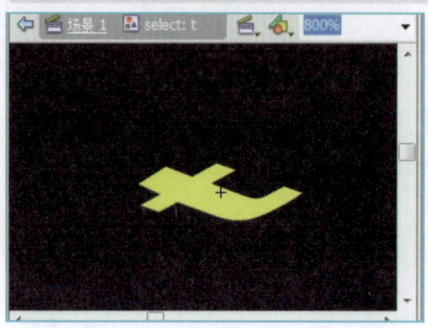

04 新建ball影片剪辑元件。设置笔触颜色为无，填充颜色为蓝色（#0000FF）到黑色的径向渐变。在舞台中按住Shift键，拖动鼠标绘制一个正圆。

05 新建转影片剪辑元件，在第30帧处插入普通帧。选择第1帧，使用"椭圆工具"在舞台中绘制一个笔触颜色为黑色，填充颜色为无的椭圆。使用"任意变形工具"对其进行调整。

06 新建"ball"图层，并将其拖动到最底层。将"库"面板中的ball影片剪辑元件拖入舞台中，使中心点与线条对齐。

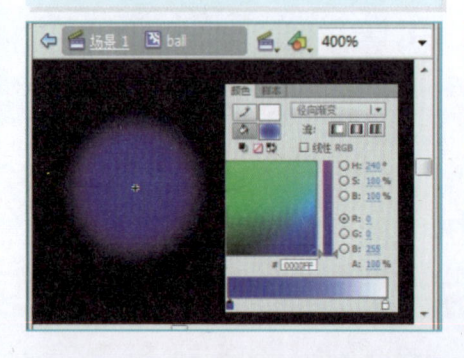

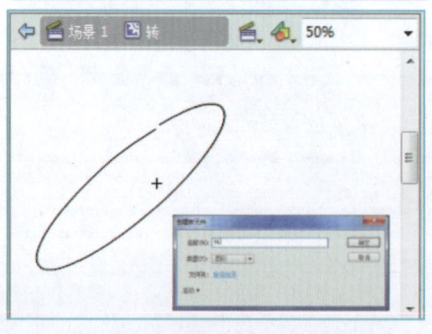

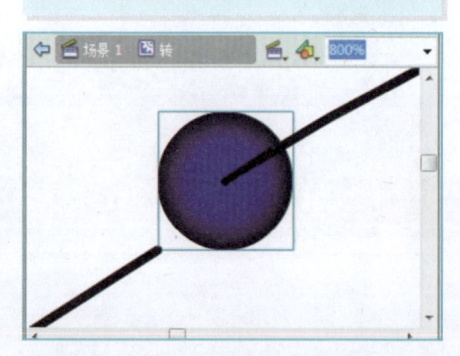

07 在第15帧、30帧处插入关键帧，根据线条移动元件。在帧与帧之间创建传统补间动画，设置"ball"图层为"引导层"。

08 新建图层，将"库"中的select: h图形元件拖入舞台中，为"h层"添加"引导层"。

09 新建图层，参照上面两个步骤将"库"中的图形元件依次拖入舞台中，为剩下的每个图层添加"引导层"。

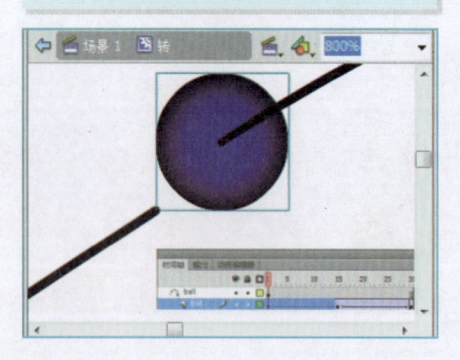

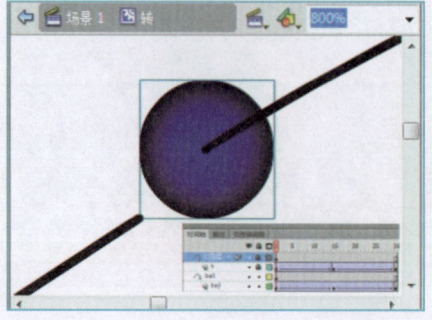

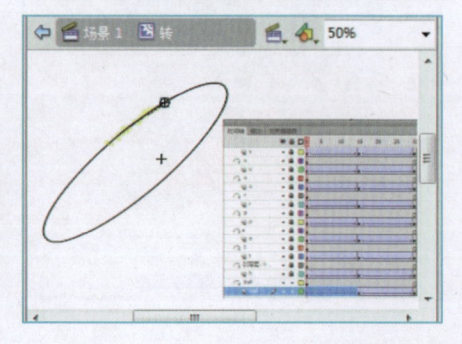

第5章 简单动画

10 返回场景，新建图层，将其移至最底层。将背景图像导入到舞台中。

11 在"图层1"上中将"库"面板中的转影片剪辑元件拖入舞台中的合适位置。

12 至此，"影子跟随动画"制作完成，保存并按Ctrl+Enter组合键进行影片测试即可。

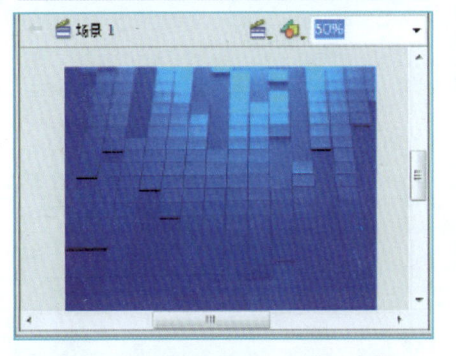

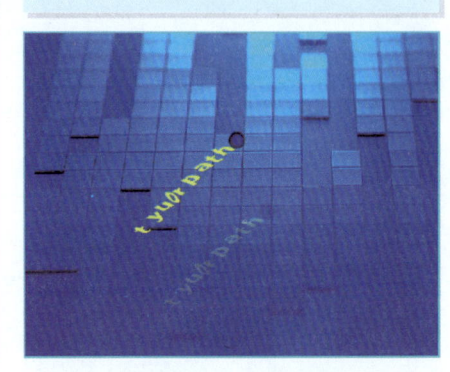

实例093　翻书

本实例介绍使用"任意变形工具"和补间形状动画制作书页翻转的动画效果。

文件路径：源文件\第5章\例093

视频文件：视频文件\第5章\例093.mp4

01 启动Flash CS6，新建一个空白文档。将素材图片导入到"库"面板中。

02 新建书1影片剪辑元件。设置填充颜色为褐色到白色的线性渐变。使用"矩形工具"绘制矩形；使用"选择工具"对其进行调整。

03 设置笔触颜色为灰色（#CCCCCC），使用"线条工具"在舞台中绘制两条直线。

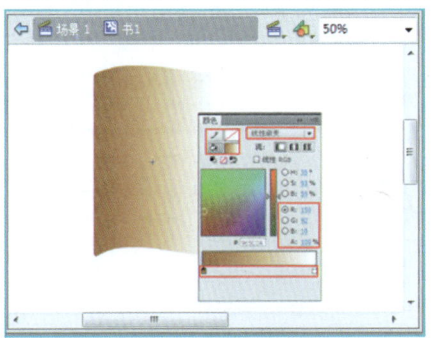

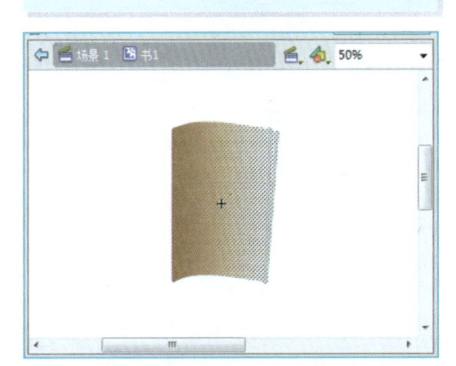

04 返回主场景，将"库"面板中的书素材图片拖入舞台中。更改"图层1"的名称为"底"，在第60帧处插入普通帧。

05 新建"右底图"图层，在第60帧处插入普通帧。双击进入书1影片剪辑元件中，将图形全选。单击鼠标右键，在弹出的快捷菜单中执行"复制"命令。

06 返回"场景1"，选择"右底图"图层上的第1帧，在舞台中单击鼠标右键，从弹出的快捷菜单中执行"粘贴"命令，然后将图形放置在合适位置。

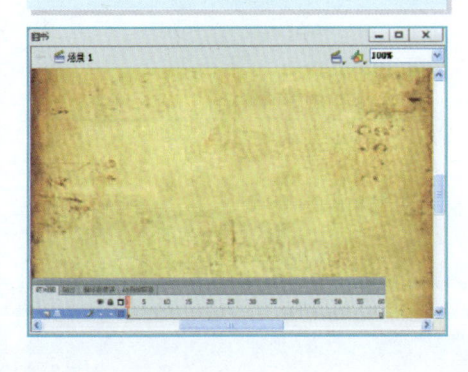

Flash CS6 | 107

中文版 Flash CS6 动画设计与制作案例教程

07 新建"左底图"图层，在舞台中粘贴，使用"任意变形工具"对其进行调整，并放置在合适位置。新建"字1"图层，在第60帧处插入普通帧。

08 在第1帧处使用"文本工具"，在舞台中输入文本，使用"任意变形工具"对其进行调整。

09 新建"字2"图层，在第1帧处输入文本，并对其进行调整，然后放置在合适位置。

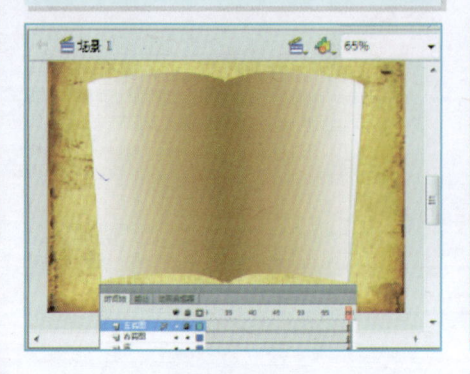

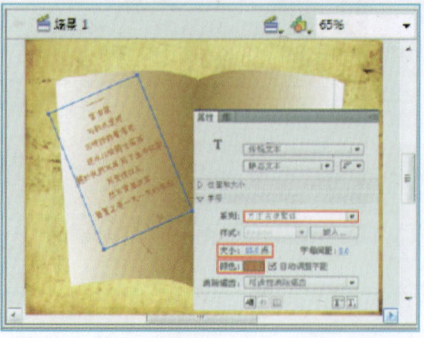

10 新建"翻书"图层，复制图层"右底图"中的书面，在第1帧处所对应的舞台中进行粘贴，并放置在合适位置。

11 在第15帧处插入关键帧。使用"部分选取工具"对其进行调整。在关键帧之间创建补间形状动画。

12 在第30帧处插入关键帧，使用"部分选取工具"调整图形，在第15帧与30帧之间创建形状补间动画。

13 在第50帧处插入关键帧，调整舞台中的图形，然后在第30帧与50帧之间创建形状补间动画。

14 在第60帧处插入关键帧，调整舞台中的图形，然后在第50帧与60帧之间创建形状补间动画。

15 至此，"翻书"动画制作完成，保存并按Ctrl+Enter组合键进行影片测试即可。

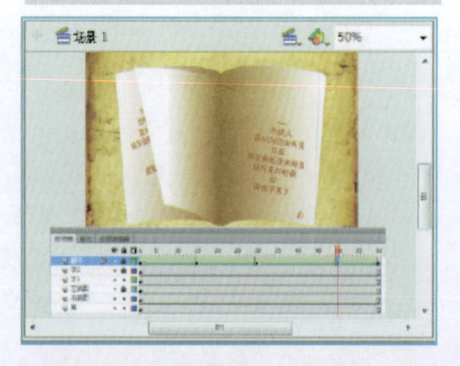

实例094 瓶盖街舞

本实例介绍使用一系列的动作图片，制作很炫的瓶盖街舞动画的方法。

文件路径：源文件\第5章\例094

视频文件：视频文件\第5章\例094.mp4

第5章 简单动画

01 启动Flash CS6，新建一个空白文档，将素材图片导入"库"面板中。

02 将"库"面板中的素材图片拖入舞台中。

03 新建人图形元件，在第1帧将素材图片拖入舞台中，并放置在合适位置。

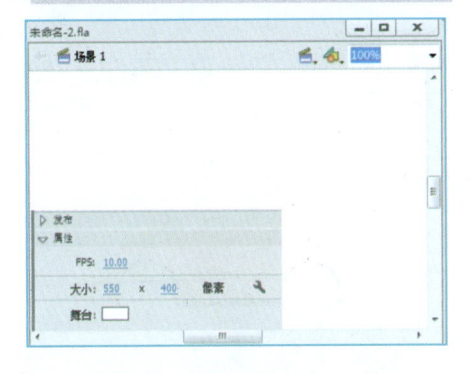

04 使用上述操作方法，依次在第2帧到第26帧处插入关键帧，组成逐帧动画，形成一系列动作。

05 返回"场景1"，新建"图层2"，从"库"中将人的影片剪辑元件拖入舞台中的合适位置。

06 至此，"瓶盖街舞"动画制作完成，保存并按Ctrl+Enter组合键进行影片测试即可。

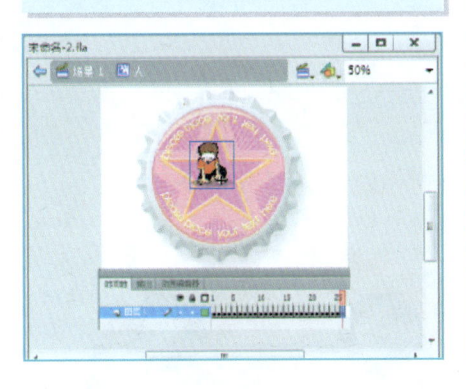

实例095 行驶的汽车

本实例介绍行驶的汽车的制作方法。

文件路径：源文件\第5章\例095

视频文件：视频文件\第5章\例095.mp4

01 启动Flash CS6，新建一个空白文档，设置舞台大小为550像素×400像素，将素材图片导入到"库"面板中。

02 新建组件132图形元件，将素材图片拖入舞台中。

03 新建组件112影片剪辑元件，将素材图片拖入舞台中并放置在合适位置，在第21帧处插入关键帧，并调整图形位置。在帧与帧之间创建传统补间动画。

Flash CS6 | 109

中文版 Flash CS6 动画设计与制作案例教程

04 新建组件122影片剪辑元件，将素材图片拖入舞台中并放置在合适位置，在第1帧和第30帧处插入关键帧，并创建传统补间动画。

05 在影片剪辑元件在组件122影片剪辑元件的"图层1"中，将第30帧的颜色Alpha值设为0%。

06 返回"场景1"，将素材图片"行驶汽车.png"拖入舞台中的合适位置。

07 在"图层1"中的第1帧关键帧处继续将影片剪辑元件组件112拖入舞台中的合适位置。

08 将组件122影片剪辑元件拖入舞台中的合适位置。在第70帧处插入关键帧，调整位置，并在第1帧和第70帧之间创建传统补间动画。

09 至此，"行驶的汽车"动画制作完成，保存并按Ctrl+Enter组合键进行影片测试即可。

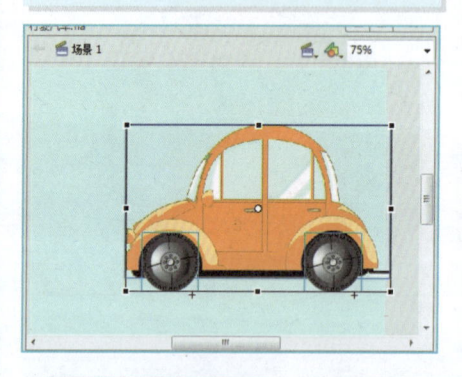

实例096 运动相册

本实例介绍运动相册的制作方法。

文件路径：源文件\第5章\例096
视频文件：视频文件\第5章\例096.mp4

01 启动Flash CS6，新建一个空白文档。将素材图片导入到"库"面板中。新建框01图形元件，使用"矩形工具"绘制一个笔触颜色为红色，填充颜色为黑色的矩形。

02 新建框-1图形元件，在图形元件框01的基础上，使用"任意变形工具"调整大小，按Ctrl+B组合键将其打散。

03 使用上述操作方法，创建剩余框的图形元件。

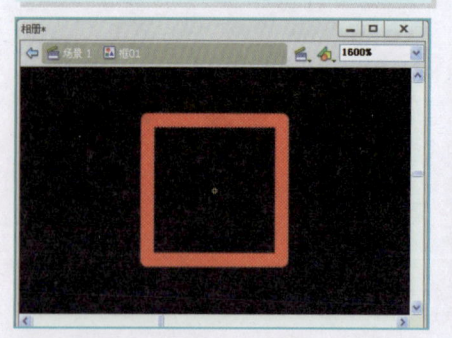

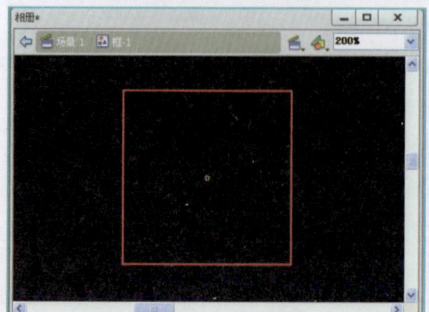

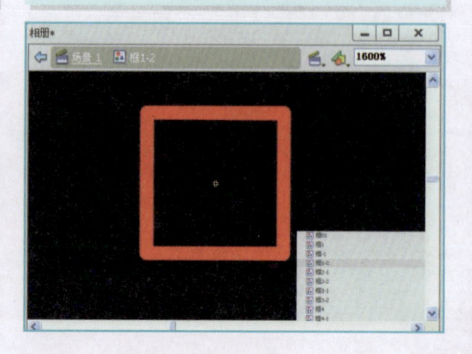

110 | Flash CS6

第5章 简单动画

04 新建图形元件照片1-1，将素材图片1拖入舞台中，使用"任意变形工具"调整大小并放置在合适位置。

05 新建图形元件照片1-2，将素材图片1拖入舞台中，使用"任意变形工具"调整大小并放置在合适位置。

06 使用上述操作方法，创建剩余照片的图形图形元件。

07 返回"场景1"，在第5帧处插入关键帧，将图像元件框01和框-1拖入舞台中，将元件框-1叠放在元件框01的位置上，并在关键帧之间创建传统补间动画。

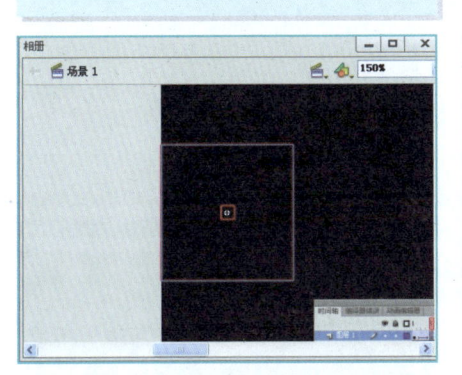

08 新建"图层2"，在第5帧和第10帧处插入关键帧，将图像元件框02和框-2拖入舞台中，将元件框-2叠放在元件框02位置上，并在关键帧之间创建传统补间动画。

09 使用上述操作方法，创建剩余框的图形元件图层，在各图层的第50帧处插入帧。

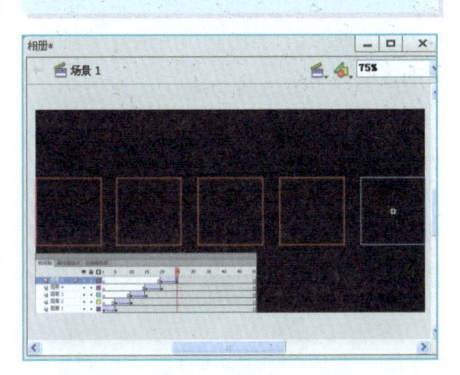

10 在"图层6"的第25帧和第30帧处插入关键帧，将图形元件照片1-1和照片1-2拖入舞台中，将元件框-1叠放在元件框01位置上，使用"任意变形工具"调整元件照片1-1的大小，并在关键帧之间创建传统补间动画。

11 新建"图层2"，在第30帧和第35帧处插入关键帧，将图形元件照片2-1和照片2-2拖入舞台中，将元件照片2-2叠放在元件照片2-1位置上，并在关键帧之间创建传统补间动画。

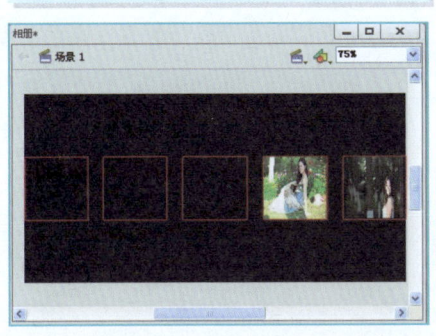

12 使用上述操作方法，创建剩余照片的图形元件图层，在各图层的第50帧处插入帧。至此，"运动相册"动画制作完成，保存并按Ctrl+Enter组合键进行影片测试即可。

Flash CS6 | 111

实例097　流星雨

本实例介绍流星雨的效果的制作方法。

文件路径：源文件\第5章\例097　　　视频文件：视频文件\第5章\例097.mp4

01 启动Flash CS6，新建一个空白文档。将素材图片导入到"库"面板中。新建补间1图形元件，使用"钢笔工具"绘制图像。

02 打开"颜色"面板，设置笔触颜色为无，填充颜色透明到白色的线性渐变，删除多余的线条。

03 新建元件1影片剪辑，将补间1图形元件拖入舞台的中心位置。使用"任意变形工具"将中心点移至左边位置。

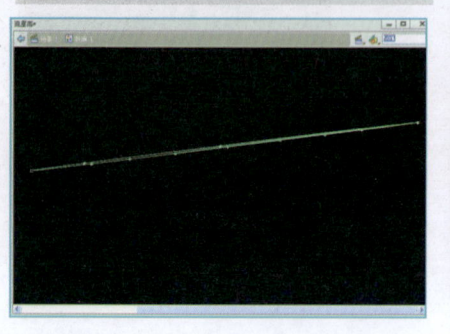

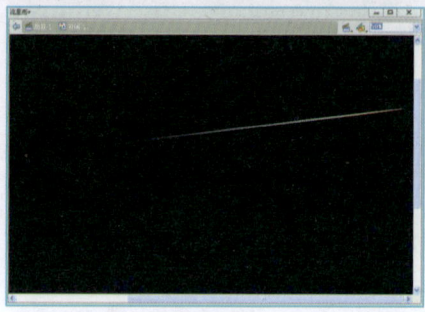

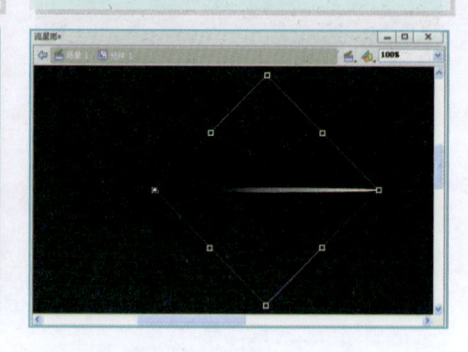

04 返回"场景1"，将素材图片拖入舞台中，并调整合适位置。

05 新建"图层2"，将元件1影片剪辑拖入舞台中的合适位置，在第1帧处按F9键打开"动作"面板，并输入脚本。

06 至此，"流星雨"动画制作完成，保存并按Ctrl+Enter组合键进行影片测试即可。

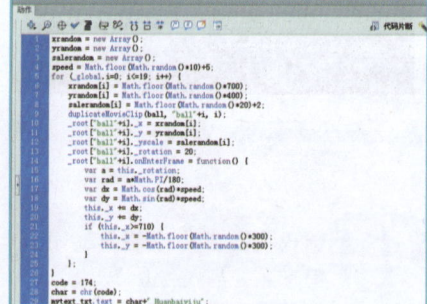

第6章
遮罩特效

使用遮罩配合补间动画，可以创建更多丰富多彩的动画效果，如图像切换、火焰背景文字、放大镜中观景等。用户还可以从这些动画实例中，举一反三地制作出实用性更强的动画效果。遮罩的原理非常简单，而且方式多种多样，特别是和补间动画以及影片剪辑元件结合起来时，可以创建千变万化的动画效果。

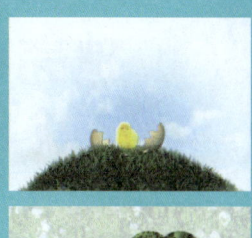

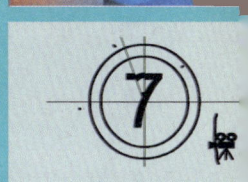

实例098 破壳而出

本实例介绍破壳而出动画的制作方法。

文件路径：源文件\第6章\例098　　　视频文件：视频文件\第6章\例098.MP4

01 启动Flash CS6，新建一个空白文档，将素材图片导入到"库"面板中。新建元件，返回"场景1"，在第2帧处插入关键帧，将sprite 10影片剪辑元件拖入舞台中，在关键帧之间创建传统补间动画。

02 新建图层，在第15帧至第22帧之间插入关键帧，在第15帧和第18帧的关键帧之间创建传统补间动画。新建两个被遮罩层，分别在两层的第35帧处插入关键帧，将sprite 22和sprite 25影片剪辑元件拖入舞台中。

03 新建"遮罩层"，在第35帧和第134帧处插入关键帧，将shape 19图形元件拖入舞台。在两关键帧之间创建传统补间动画，并设置该层为"遮罩层"。

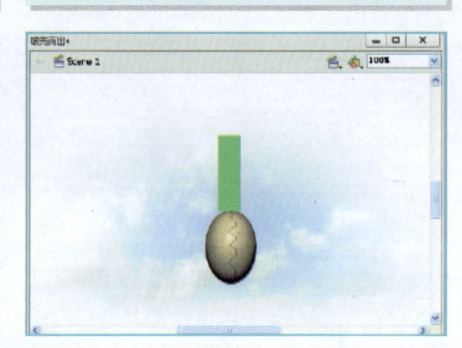

04 新建两个图层，制作鸡蛋裂开的动画效果。

05 新建图层，将"库"中的素材拖入舞台中，制作动画效果。

06 至此，"破壳而出"动画制作完成，保存并按Ctrl+Enter组合键进行影片测试即可。

实例099 百叶窗

本实例介绍百叶窗动画的制作方法。

文件路径：源文件\第6章\例099　　　视频文件：视频文件\第6章\例099.MP4

> **提示**　百叶窗的原理是利用遮罩图形由大变小时将图片显示出来。

第6章　遮罩特效

01 启动Flash CS6，新建文件空白文档，将素材图片导入到"库"面板中，新建mc1影片剪辑元件，使用"矩形工具"绘制矩形并填充为白色。

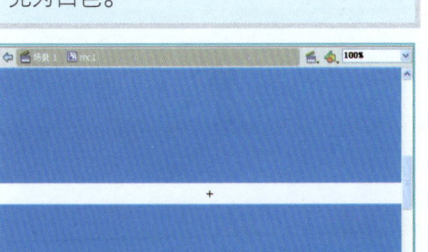

02 在第30帧处插入空白关键帧，按F9键打开"动作"面板，输入脚本。新建mc-1影片剪辑元件。

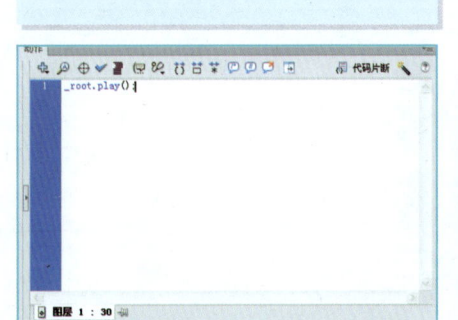

03 将mc1影片剪辑元件拖入舞台中，复制多个图层，使用"任意变形工具"调整元件的位置，并设置元件的Alpha值。

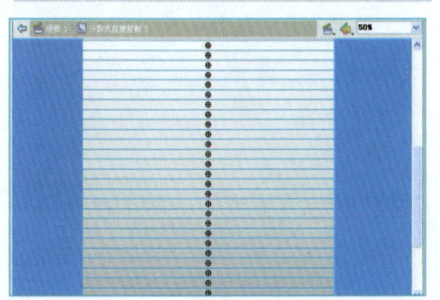

04 新建mc2影片剪辑元件，将mc-1影片剪辑元件拖入舞台中。返回"场景1"，将素材图片拖入舞台中。复制"图层1"得到"图层2"。选中所有帧单击鼠标右键，在弹出的快捷菜单中执行"翻转帧"命令。调整各元件的位置。

05 新建图层，将mc2影片剪辑元件拖入舞台中。在第5帧处插入关键帧，调整元件的位置。设置该层为"遮罩层"。新建"脚本"图层，在第1帧至第5帧处依次打开"动作"面板，并输入脚本"stop()；"。

06 至此，"百叶窗"效果制作完成，保存并按Ctrl+Enter组合键进行影片测试即可。

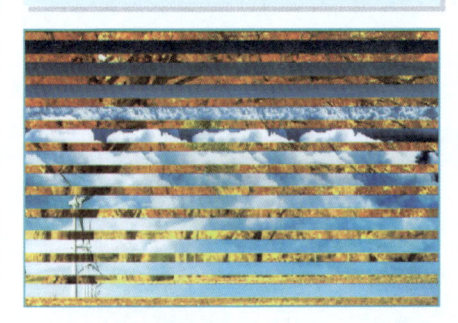

实例100　雾里看花

本实例使用遮罩效果和透明度的调整实现雾里看花的效果。

文件路径：源文件\第6章\例100
视频文件：视频文件\第6章\例100.MP4

01 启动Flash CS6，新建文件空白文档。将素材图片导入到"库"面板中，新建花影片剪辑元件，并将素材图片拖入舞台中。

02 新建心影片剪辑元件。使用"钢笔工具"绘制心形并填充颜色。

03 返回"场景1"，新建"花"图层，将花影片剪辑元件拖入舞台中，设置其Alpha值为28%。

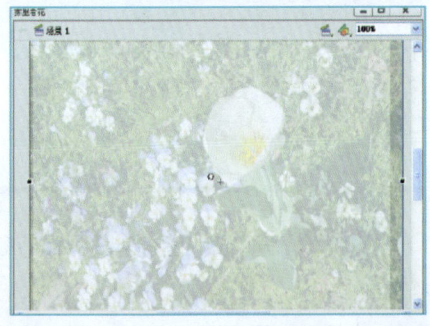

Flash CS6 | 115

04 复制"花"图层粘贴到"图层2",将Alpha值调整为100%。新建图层,将心影片剪辑元件拖入舞台中,并设置该层为"遮罩层"。

05 新建"as"图层,按F9键打开"动作"面板,输入脚本。

06 至此,"雾里看花"效果制作完成,保存并按Ctrl+Enter组合键进行影片测试即可。

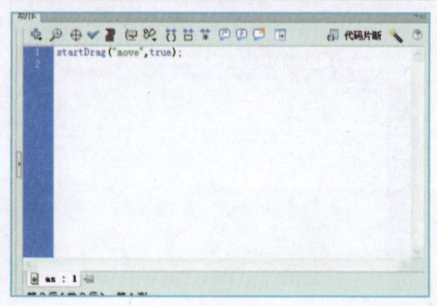

实例101 卷轴画

本实例介绍一幅卷轴徐徐打开的动画的制作方法。

文件路径:源文件\第6章\例101

视频文件:视频文件\第6章\例101.MP4

01 启动Flash CS6,新建空白文档,设置文档尺寸为1002像素×560像素,舞台背景颜色为红色。

02 将素材图片导入到"库"面板中。将背景素材拖入舞台中。

03 新建"图层2",绘制矩形。在第429帧处插入关键帧,拉长矩形。在帧与帧之间创建补间形状动画。

04 新建画轴图形元件,使用"矩形工具"在舞台中绘制一个矩形,填充颜色为黑白相间的线性渐变。

05 新建"图层2",使用"矩形工具"绘制矩形。

06 新建"图层3",将素材图片拖入舞台中矩形上方和下方。

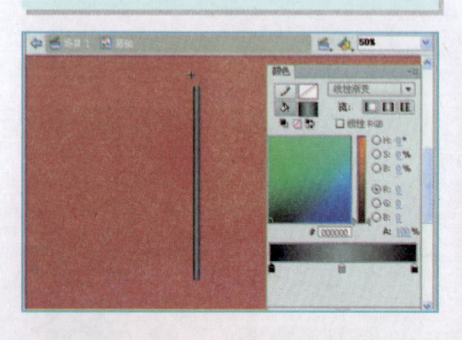

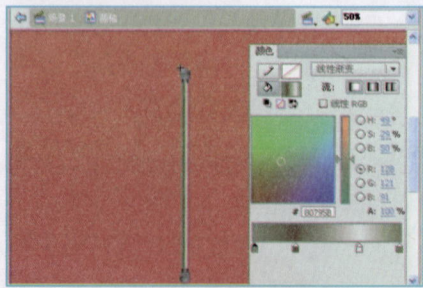

> **提示** 卷轴的原理是使用补间动画将"遮罩层"中的图形向两边拉大,同时左右画轴也跟着向两边移动。

第6章　遮罩特效

07 返回"场景1"，新建"左"图层，将画轴图形元件拖入舞台中，并创建传统补间动画。

08 新建"右"图层，将画轴图形元件拖入舞台中，水平翻转。创建传统补间动画。

09 至此，"卷轴画"效果绘制完成，保存并按Ctrl+Enter组合键测试影片即可。

实例102　行驶的汽车

本实例介绍行驶汽车的动画效果的制作方法。

文件路径：源文件\第6章\例102

视频文件：视频文件\第6章\例102.MP4

01 启动Flash CS6，新建一个空白文档。新建大巴影片剪辑元件。使用"矩形工具"，设置笔触颜色为无，填充颜色为黄色的线性渐变。在舞台中绘制一个矩形，使用"渐变变形工具"对其进行调整。

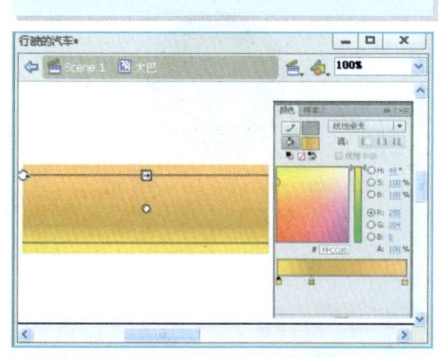

02 新建车窗影片剪辑元件，使用"钢笔工具"，在舞台中绘制车窗外观。设置笔触颜色为无，填充颜色为深灰色（#333333），使用"颜料桶工具"对其进行填充。

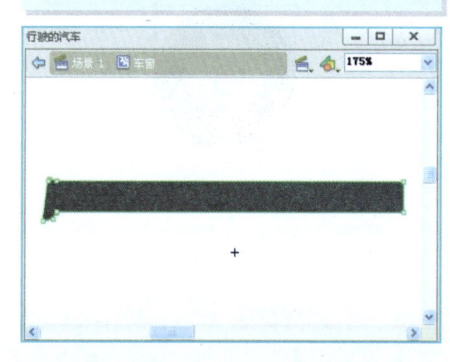

03 进入大巴影片剪辑元件，将"库"面板中的车窗影片剪辑拖入舞台中的合适位置。按Ctrl+B组合键将图形打散，然后拖动车窗并删除。

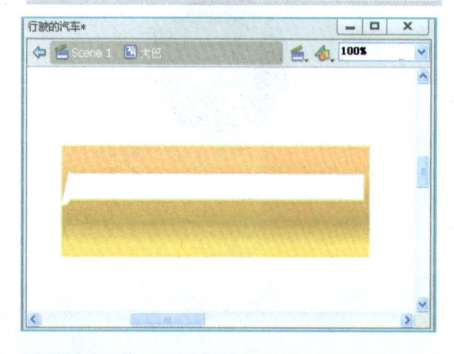

04 使用"选择工具"框选部分图形，按Delete键将其删除，再将鼠标放在图形处，当鼠标呈现状态时，拖动鼠标将其调整成弧形状。

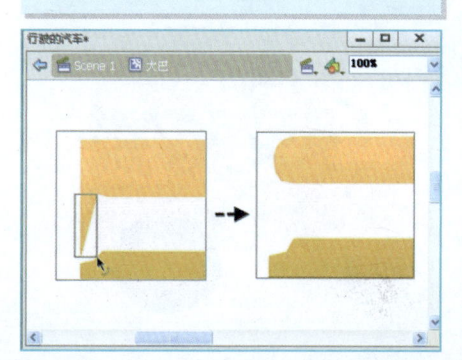

05 使用"矩形工具"在舞台中绘制一个相同的矩形，并使用"渐变变形工具"对其进行颜色的调整。

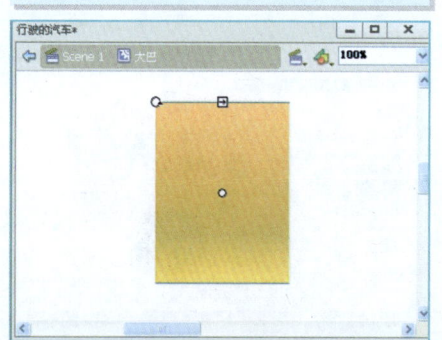

06 使用"基本矩形工具"绘制一个小的圆角矩形，并将它放置在矩形上部的中心位置，单击空白处，然后将其拖动，自动删除所重叠部分，绘制车门。

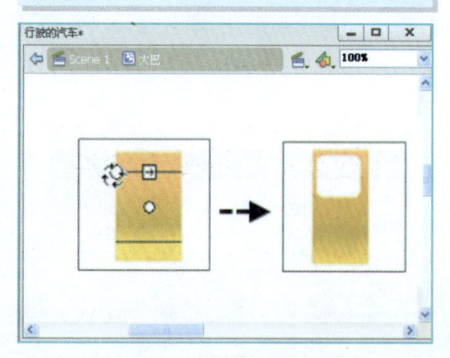

Flash CS6 | 117

中文版 Flash CS6 动画设计与制作案例教程

07 使用"矩形工具",设置填充颜色为橙黄色(#FEC80B),在车窗外观上绘制多个不同大小的矩形条,将前面绘制好的车门放置在合适位置。

08 使用"选择工具",按住Shift键的同时依次选择所有黑色矩形框,将其拖动,自动删除重叠部分。按Ctrl+G组合键将其组合,按F8键转换为车窗组合影片剪辑元件。

09 单击贴紧至对象按钮,将组合好的黑色车框放置回原处,并选择所有图形将其移至车身上。

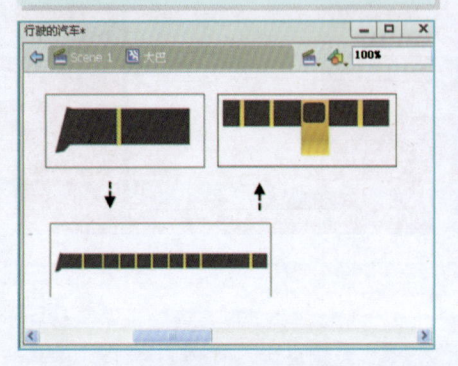

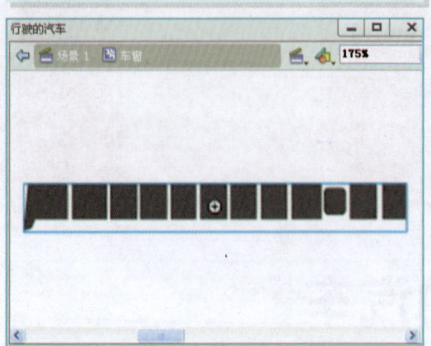

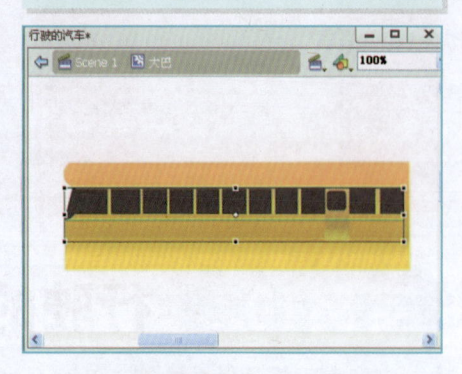

10 新建车轮静止影片剪辑元件。使用"椭圆工具",设置外圆颜色为浅黑色(#031832),内圆颜色为深灰色(#808080),在舞台中绘制两个正圆作为车轮。

11 全选图形,按F8键转换为转动的车轮影片剪辑。进入转动的车轮影片剪辑编辑状态,然后按Ctrl+G组合键将其组合。

12 在第10帧处插入关键帧,使用"任意变形工具"旋转调整图形。在第1帧与第10帧之间单击鼠标右键,在弹出的快捷菜单中执行"创建传统补间"命令。

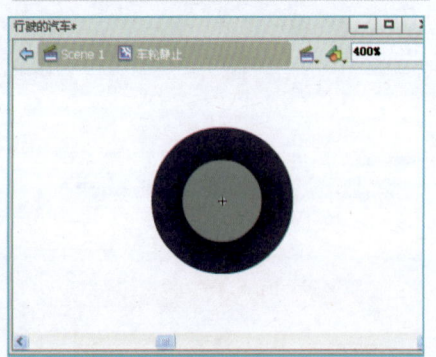

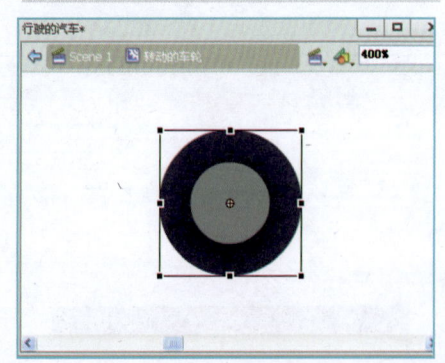

13 双击进入大巴影片剪辑元件的编辑状态。新建图层"车轮",将"库"面板中转动的车轮影片剪辑元件拖入舞台中,按Ctrl+D组合键复制一个车轮,并放置在合适位置。

14 选择舞台中的车窗,打开"属性"面板,设置Alpha值为50%。使用"选择工具",当鼠标移至图形处呈现调整状态时,拖动鼠标调整车尾图形。

15 新建图层"车身",使用"钢笔工具",在大巴车身上绘制汽车配件。

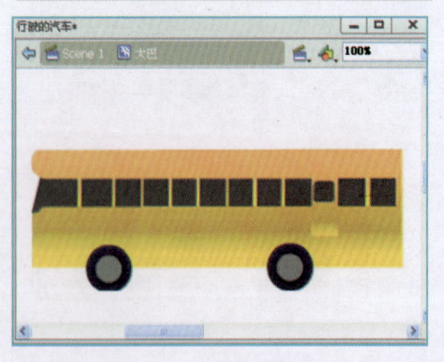

第6章 遮罩特效

16 新建BUS STOP站牌散影片剪辑元件，设置填充颜色为红色（#CC0000）到橙色（#FE6B3A）的线性渐变。使用"椭圆工具"在舞台中绘制正圆。

17 设置填充颜色为橙黄色（#EA7C09）到浅橙色（#FDBF68）的线性渐变。在舞台中绘制一个小的正圆，使用"渐变变形工具"对其调整。

18 将小圆拖入大圆的中心处，使用"文本工具"输入文本，按两次Ctrl+B组合键将文本分离。

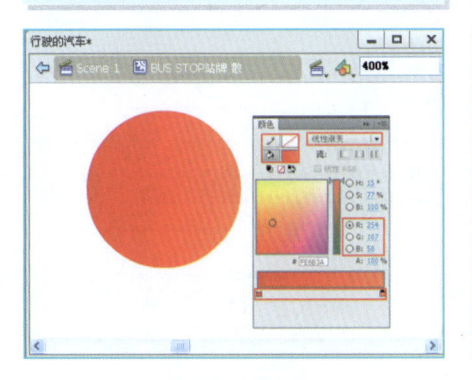

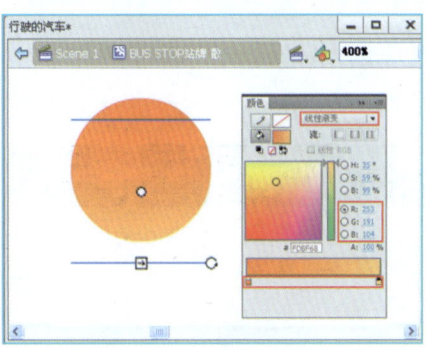

19 使用"矩形工具"，设置填充颜色为红色（#CC0000），在舞台中绘制矩形条。将其转换为站牌组件影片剪辑元件。对元件进行编辑，按Ctrl+G组合键将其组合。复制一个站牌，放置在舞台的另一边。

20 新建云影片剪辑元件，使用"钢笔工具"绘制云朵的形状，设置填充颜色为白色到灰白的线性渐变对其填充。使用"颜料桶工具"对其进行填充，使用"渐变变形工具"对其进行调整。

21 使用"钢笔工具"在云层上面绘制一个白色云朵，使用同样的方法绘制多个云朵，并放置在舞台中的不同位置。

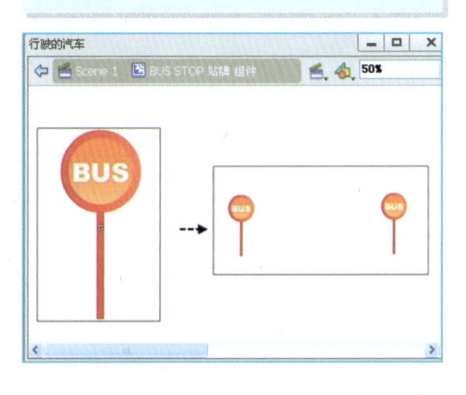

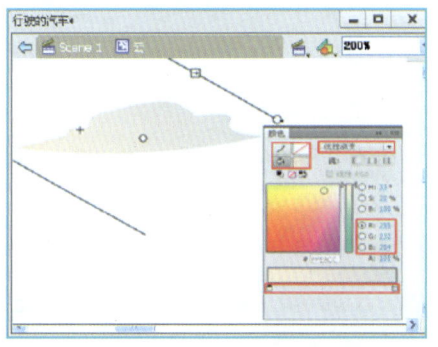

22 新建背景图形元件。设置填充颜色为黄色（#E2FFBB）到青色（#66CCFF）的线性渐变。使用"矩形工具"绘制矩形，使用"渐变变形工具"对渐变效果进行调整。

23 使用"矩形工具"，设置填充颜色为线性渐变，在矩形的下方再绘制一个矩形。使用"渐变变形工具"对其进行调整。

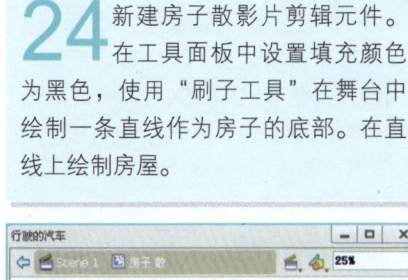

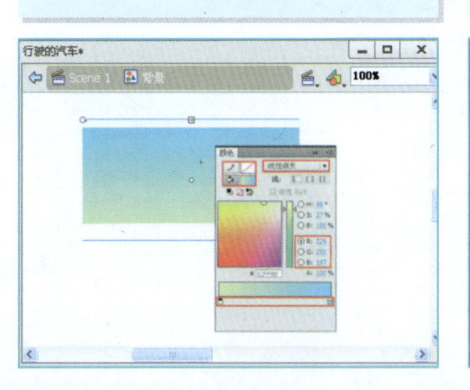

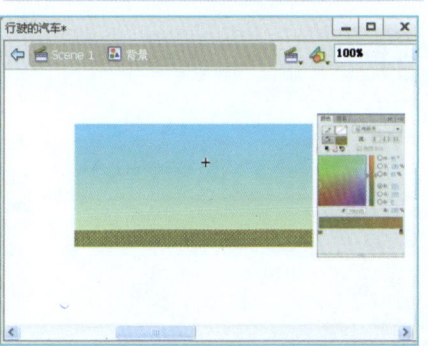

24 新建房子散影片剪辑元件。在工具面板中设置填充颜色为黑色，使用"刷子工具"在舞台中绘制一条直线作为房子的底部。在直线上绘制房屋。

中文版 Flash CS6 动画设计与制作案例教程

25 设置填充颜色为黄色（#FFFF00）到蓝色（#8BAAF9）的线性渐变，使用"颜料桶工具"填充颜色。使用"渐变变形工具"对其进行调整。

26 使用"选择工具"框选舞台中的所有图形，按Ctrl+D组合键复制多个图形，并放置在合适位置。

27 在第1帧处按F8键创建房子组件影片剪辑元件，按Ctrl+G组合键将图形组合。打开"属性"面板，设置Alpha值为60%。

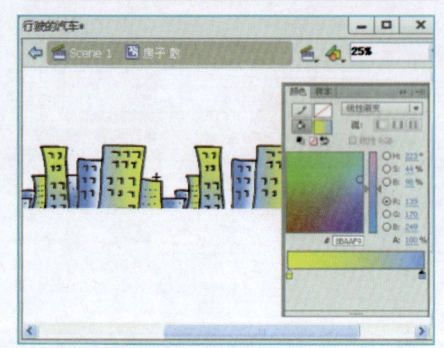

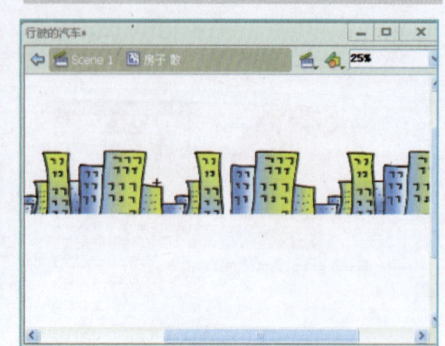

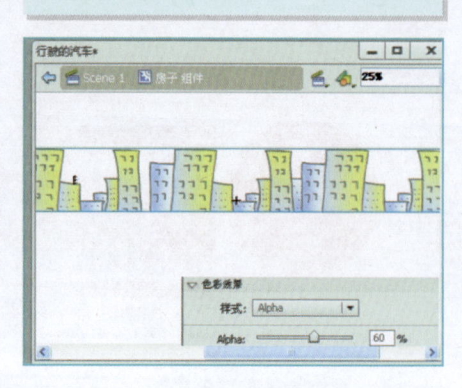

28 新建移动路标显示影片剪辑元件。新建"背景"图层，在第101帧处插入普通帧。将"库"面板中的背景图形元件拖入舞台中。

29 新建"云"图层，将"库"面板中的云影片剪辑元件拖入舞台中，放置在背景图的左边。在第101帧处插入关键帧，将云移至背景图的右边，在第1帧与101帧之间创建传统补间动画。

30 新建"房子"图层，将房子组件影片剪辑元件拖入舞台中的合适位置。在第101帧处插入关键帧，将图形向右移动至合适位置。在第1帧与第101帧之间创建传统补间动画。

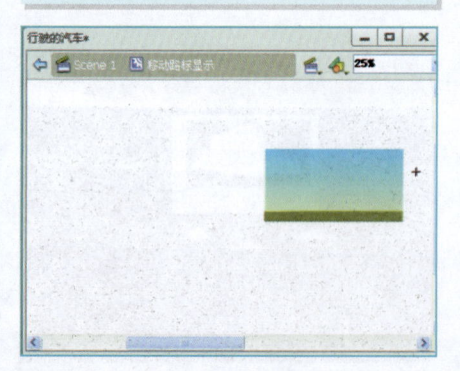

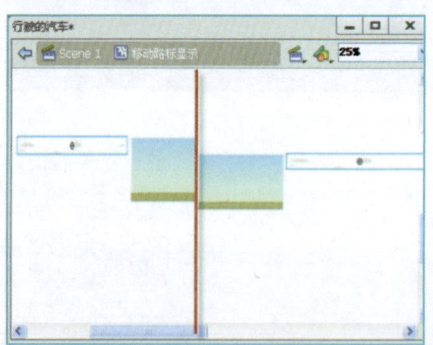

31 新建图层"路标"，在第101帧处插入普通帧。选择第1帧，在舞台中绘制两个矩形，颜色分别为浅灰色（#CCCCCC）和深灰色（#A2A2A2）。

32 新建"BUS站牌"图层，将"库"面板中的BUS STOP站牌组件拖入舞台中的合适位置。在第101帧处插入关键帧，将图形向右移动至合适位置。在第1帧与第101帧之间创建传统补间动画。

33 回到"场景1"，将"库"面板中的移动路标显示拖入影片剪辑元件舞台中，与舞台右边对齐。

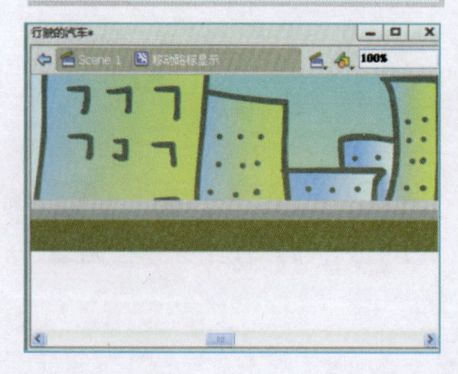

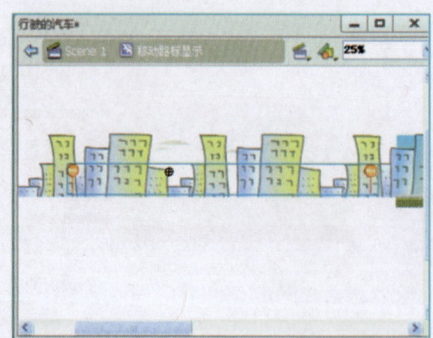

第6章　遮罩特效

34 新建图层"白底"，使用"矩形工具"在舞台中绘制一个笔触颜色为黑色，填充颜色为白色的矩形，并放置在舞台中央。

35 新建图层"大巴"。在第1帧处，将"库"面板中的大巴影片剪辑元件拖入舞台中，单击鼠标右键，在弹出的快捷菜单中执行"遮罩层"命令，为其添加遮罩效果。

36 至此，"行驶的汽车"动画制作完成，保存并按Ctrl+Enter组合键进行影片测试即可。

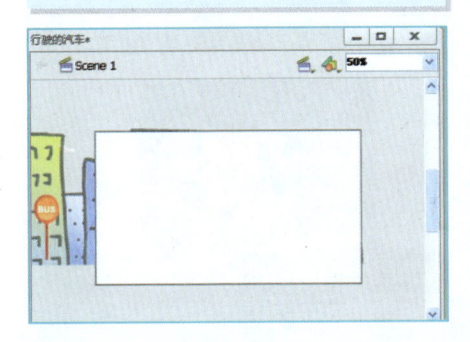

实例103　遮罩动画

本实例介绍遮罩动画的制作方法。

文件路径：源文件\第6章\例103

视频文件：视频文件\第6章\例103.MP4

01 新建一个空白文档。将所需素材图片导入到"库"面板中，新建元件3至元件18图形元件，分别在各元件中绘制不同颜色的小正方形。

02 新建框动态图形元件，将"图层1"重命名为"元件3"。将元件3图形元件拖入舞台中。选择图形，打开"属性"面板，设置Alpha值为0%。

03 依次在第4、9帧处插入关键帧。选择第4帧，设置Alpha值为80%，在各关键帧之间创建传统补间动画，然后在第145帧处插入帧。

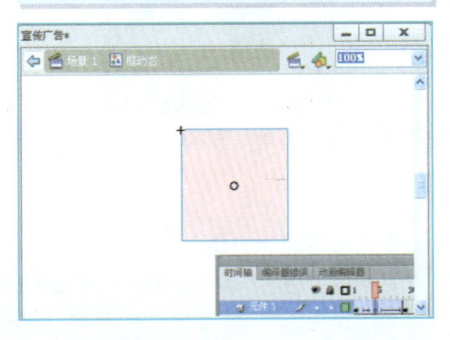

04 新建"元件4"至"元件18"图层，依次插入空白关键帧，分别将元件4至元件18图形元件拖入各层中。使用上述的操作方法，制作方框闪动的动画效果。

05 新建框动态2图形元件，依次将元件3至元件18图形元件拖入舞台中，放置在合适位置。

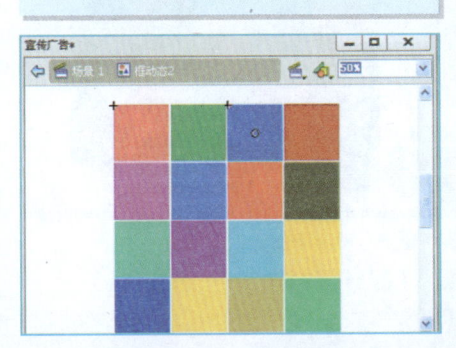

06 新建图片1图形元件，将"库"面板中的素材图片拖入舞台中。

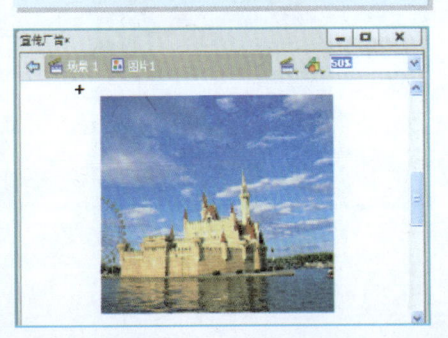

中文版 Flash CS6 动画设计与制作案例教程

07 新建图片1动画图形元件，将图片1图形元件拖入舞台中。打开"属性"面板，设置Alpha值为0%。

08 在第15帧处插入关键帧，设置Alpha值为100%。在第60帧处插入普通帧，在第1帧与15帧之间创建传统补间动画。

09 新建"元件3"图层，并将其拖入舞台中，放置在合适位置。选择图层，单击鼠标右键，在弹出的快捷菜单中执行"遮罩层"命令。

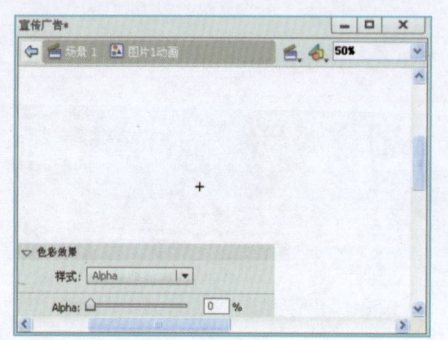

10 使用上述操作方法，新建多个图层，制作图片淡入的效果。依次将元件4至元件18图形元件拖入舞台中，放置在合适位置，并将其设置为"遮罩层"。

11 新建"图层17"，在第60帧处插入空白关键帧，将图片1图形元件拖入舞台中，依次在第76、134帧处插入关键帧。

12 使用"任意变形工具"逐步将图形进行放大，然后在各关键帧之间创建传统补间动画，再在第242帧处插入普通帧。

13 新建"图层18"，在第60帧处插入空白关键帧，在图片上绘制多个正方形，并设置"图层18"为"遮罩层"。

14 使用同样的操作方法新建图片2动画图形元件，并制作图片2动画的动画效果。

15 至此，"遮罩动画"制作完成，保存并按Ctrl+Enter组合键进行影片测试即可。

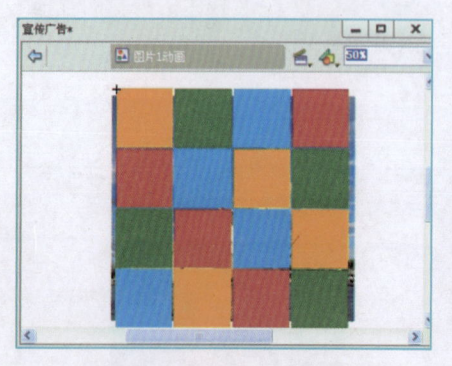

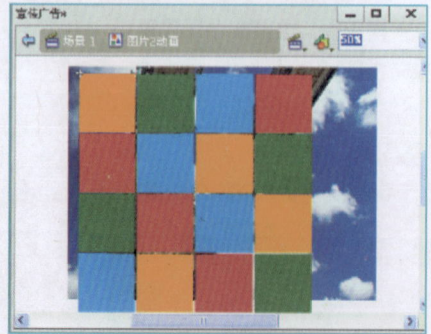

第6章 遮罩特效

实例104　翻开的折页

本实例介绍翻开的折页动画的制作方法。

文件路径：源文件\第6章\例104　　　视频文件：视频文件\第6章\例104.MP4

01 新建一个空白文档。将素材图片导入到"库"面板中，新建Symbol 1图形元件，在舞台中绘制图形。

02 新建Symbol 2影片剪辑元件，将Symbol 1图形元件拖入舞台中。

03 新建Symbol 3图形元件，使用"钢笔工具"在舞台中绘制图形，然后填充渐变色；使用"渐变变形工具"对渐变效果进行调整。

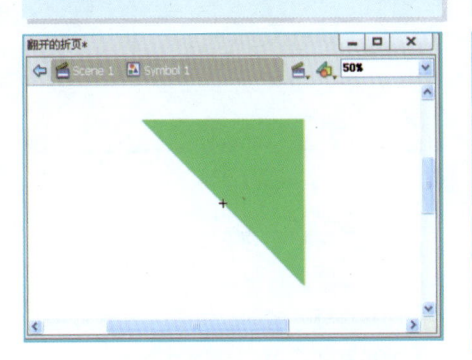

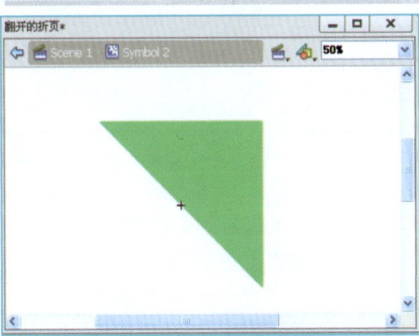

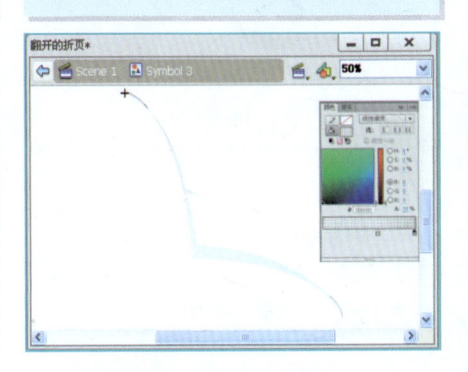

04 新建"图层3"，使用"钢笔工具"在舞台中绘制图形，设置填充颜色类型为线性渐变，使用"颜料桶工具"对其进行填充。

05 新建Symbol 4影片剪辑元件，将Symbol 3图形元件拖入舞台中。

06 新建球1图形元件，使用"椭圆工具"在舞台中绘制圆。

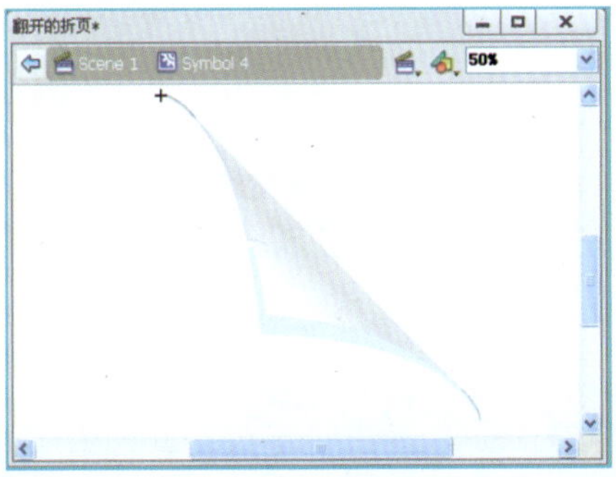

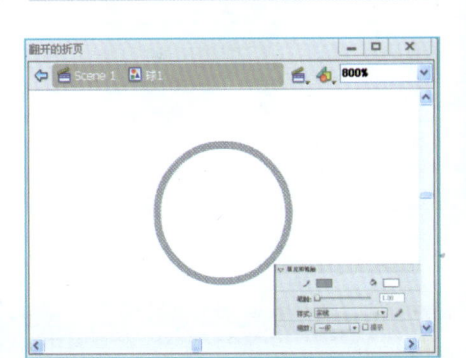

07 新建图层，设置填充颜色类型为线性渐变，色标颜色分别为#FFFFFF、#999999。使用"椭圆工具"在舞台中绘制图形，使用"渐变变形工具"进行调整。

08 新建球2图形元件，设置填充颜色为白色到蓝色#0099FF的线性渐变。使用"椭圆工具"在舞台中绘制球形。

09 新建按钮关按钮元件。将"库"面板中的球1图形元件拖入舞台中。在第2帧处插入空白关键帧，将球2图形元件拖入舞台中。复制第1帧然后粘贴到第4帧处。

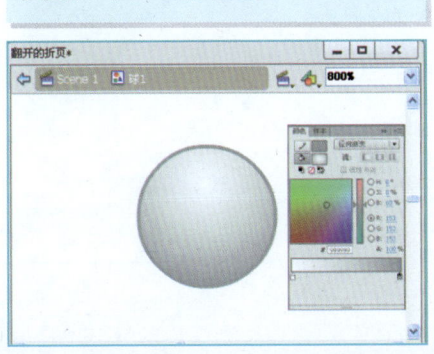

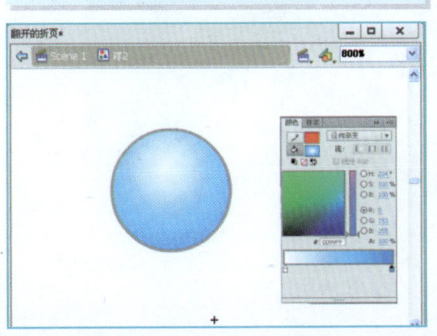

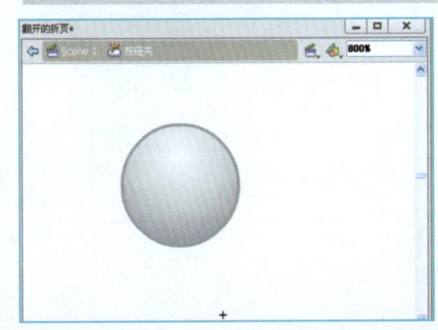

Flash CS6 | 123

10 新建图层，使用"文本工具"输入文本。在第2帧处插入关键帧。在"颜色"面板中更改文本填充颜色为白色，在第3帧处插入关键帧。

11 使用上述操作方法，制作按钮开影片剪辑元件。新建底图影片剪辑元件，将折页图1素材图片拖入舞台中。

12 返回主场景，将"库"面板中的底图影片剪辑元件拖入舞台中，在第41帧处插入普通帧。设置文档尺寸大小为250像素×250像素。

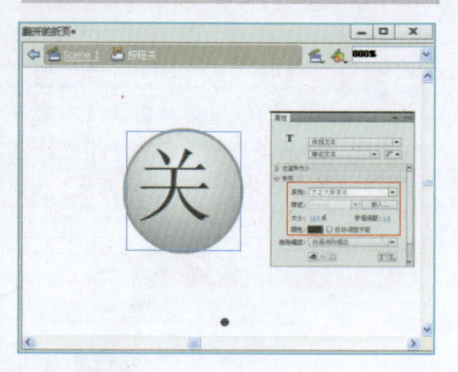

13 新建"图层2"，将Symbol3影片剪辑元件拖入舞台中的合适位置。

14 分别在第21、41帧处插入关键帧。在第21帧处将舞台中的图形向上移动，在各关键帧之间创建传统补间动画。

15 在"图层2"上单击鼠标右键，在弹出的快捷菜单中执行"遮罩层"命令。新建"图层3"，将Symbol4影片剪辑元件拖入舞台中的合适位置。

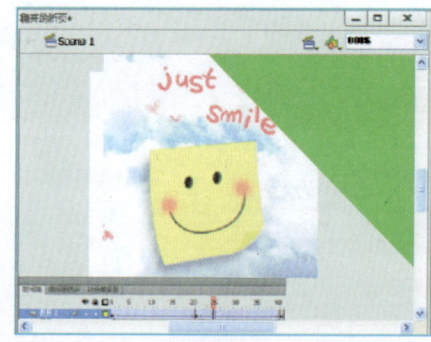

16 在第21、41帧处插入关键帧。在第21帧处，将舞台中的图形进行缩小并移动，在各关键帧之间创建传统补间动画。

17 新建"图层4"，将按钮关按钮元件拖入舞台中，在"属性"面板中设置实例名称为close_btn。

18 在第21帧处插入空白关键帧，将按钮开影片剪辑元件拖入舞台中的合适位置。在"属性"面板中设置实例名称为open_btn。在第22帧处插入空白关键帧。

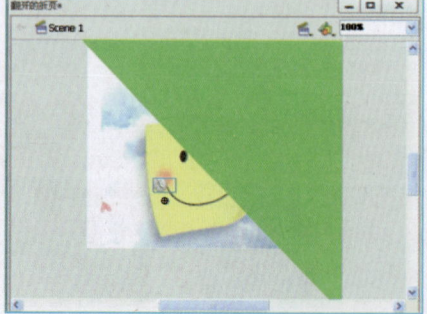

124 | Flash CS6

第6章 遮罩特效

19 新建"图层5"，在第1帧处按F9键打开"动作"面板，输入脚本。在第21帧处插入空白关键帧，在"动作"面板中输入脚本。

20 新建"图层6"，在第2帧处插入空白关键帧。在"属性"面板中设置标签名称为close。在第22帧处插入空白关键帧，设置标签名称为open。

21 至此，"翻开的折页"动画制作完成，保存并按Ctrl+Enter组合键进行影片测试即可。

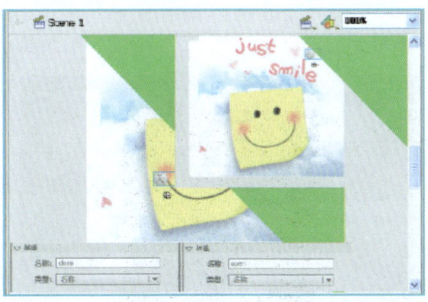

实例105 方格相册

本实例介绍方格相册的制作方法。

文件路径：源文件\第6章\例105

视频文件：视频文件\第6章\例105.MP4

01 新建一个空白文档。将素材图片导入到"库"面板中。新建but2按钮元件，将素材图片拖入舞台中，使用"矩形工具"在图片外绘制矩形框。

02 新建图形元件，将but2按钮元件拖入舞台中。

03 新建button影片剪辑元件，将Interpolation 1图形元件拖入舞台中。按F9键打开"动作"面板，在其中输入脚本"stop()；"。

04 在"图层1"的第5帧和第10帧处插入关键帧，并调整位置。在时间轴上选中第5关键帧，按F9键打开"动作"面板，在其中输入脚本"stop()；"，并在各关键帧的中间创建传统补间动画。

05 新建effect影片剪辑元件，使用"矩形工具"在图片外绘制矩形。

06 在第2帧和第3帧处插入关键帧，将第2帧处关键帧的填充颜色改为白色，其余"属性"不变。在第4帧处插入空白关键帧，在第35帧处插入帧。按F9键打开"动作"面板，在其中输入脚本"stop()；"。

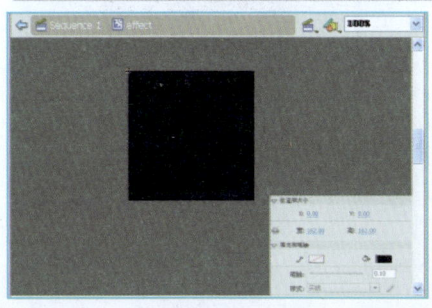

Flash CS6 | 125

07 新建"图层2",复制"图层1"的第1帧,按Ctrl+V组合键粘贴。在第14帧处插入空白关键帧,在第15帧、第16帧和第17帧处插入关键帧。

08 将第16帧的填充颜色改为白色。使用上述操作方法,新建剩余图层,并设置关键帧。

09 新建Images影片剪辑元件,将素材图片2拖入舞台的中心位置,按F9键打开"动作"面板,输入脚本"stop();"。

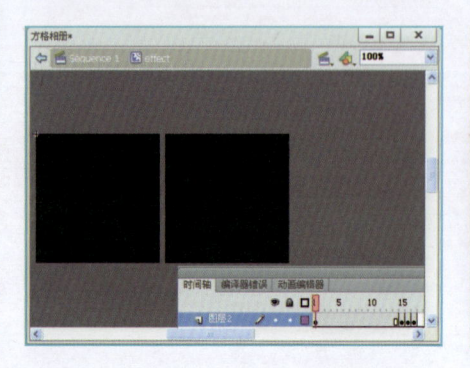

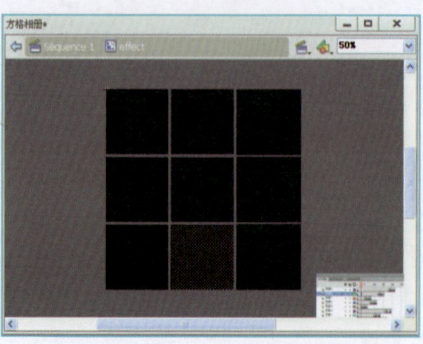

10 在"图层1"的第3帧处插入关键帧,在第4帧处插入帧。

11 新建"图层2",将影片剪辑元件effect拖入舞台中,在第4帧处插入帧。

12 新建"图层3",在第3帧处插入空白关键帧,按F9键打开"动作"面板,在其中输入脚本"stop();"。

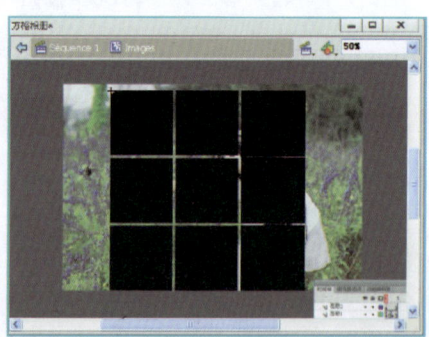

13 返回"场景1",新建"图层2",使用"矩形工具"在舞台左侧绘制白色矩形。

14 新建"图层3",将Images影片剪辑元件拖入舞台中,并放置在合适位置。

15 新建"图层4",将effect影片剪辑元件拖入舞台,并放置在合适位置。选择"图层3",单击鼠标右键,在弹出的快捷菜单中执行"遮罩层"命令。

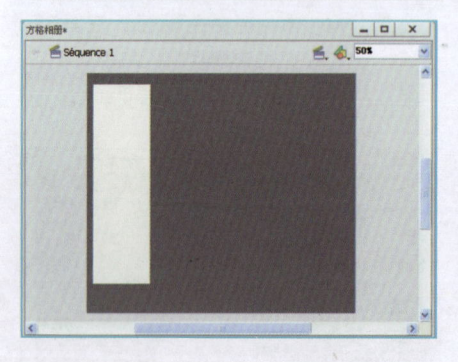

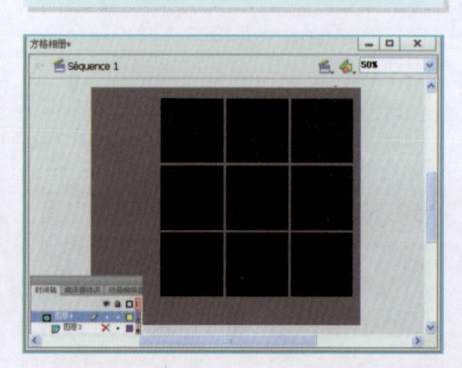

第6章　遮罩特效

16 新建"图层5"，将but2按钮元件拖入舞台中，并放置在合适位置。

17 新建"图层6"，在第1帧处按F9键打开"动作"面板，在其中输入脚本"stop();"。

18 至此，"方格相册"动画制作完成，保存并按Ctrl+Enter组合键进行影片测试。

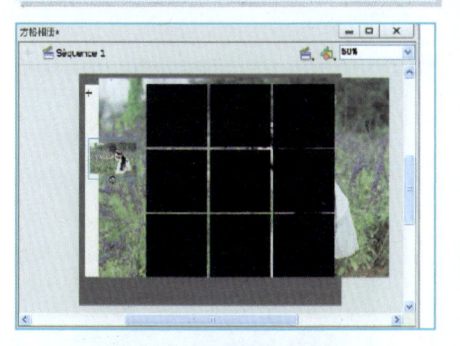

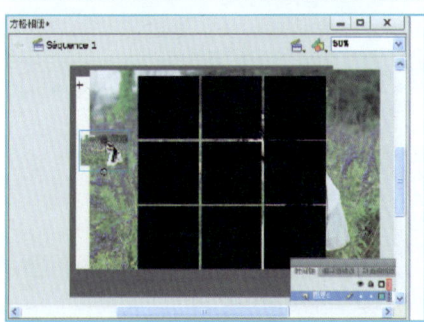

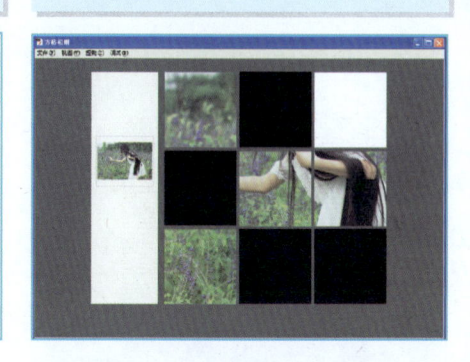

实例106　水中倒影

本实例介绍水中倒影的制作方法。

文件路径：源文件\第6章\例106　　　视频文件：视频文件\第6章\例106.MP4

01 新建一个空白文档。将素材图片导入到"库"面板中。新建dog图形元件，将素材图片拖入舞台中。

02 新建网格图形元件，使用"线条工具"在舞台中绘制直线，按Ctrl+C组合键复制多条线条，按Ctrl+Alt+9组合键按高度均匀分布。

03 返回"场景1"，在dog图层的第1帧处插入关键帧，将dog图形元件拖入舞台中，在第40帧处插入帧。

04 新建图层倒影，按Ctrl+C组合键复制"图层1"的关键帧，按Ctrl+V组合键粘贴"图层2"的第1帧，执行菜单中的"修改"命令，选择水平翻转之后再旋转90度。在"属性"面板中设置色彩效果参数。

05 复制"倒影"图层，粘贴到"图层"面板中，将透明度调低。

06 新建"遮罩层"，将图形元件网格拖入舞台中，并放置在合适位置。

Flash CS6 | 127

中文版 Flash CS6 动画设计与制作案例教程

07 在"遮罩层"单击鼠标右键，在弹出的快捷菜单中执行"遮罩层"命令。

08 在第40帧处插入关键帧，按F9键打开"动作"面板，在其中输入脚本，并在关键帧之间创建传统补间动画。

09 至此，"水中倒影"动画制作完成，保存并按Ctrl+Enter组合键进行影片测试即可。

实例107 马赛克展示

本实例介绍马赛克展示的制作方法。

文件路径：源文件\第6章\例107

视频文件：视频文件\第6章\例107.MP4

01 启动Flash CS6，新建一个空白文档，设置文档尺寸为800像素×200像素。将素材图片导入到"库"面板中。

02 新建图影片剪辑元件，将马赛克图1拖入舞台中。依次在第2、3帧处插入空白关键帧，分别将马赛克2和马赛克3拖入相应的舞台中。

03 新建"图层2"，在第1帧处打开"动作"面板，在其中输入脚本"stop()；"。新建方块影片剪辑元件，使用"矩形工具"在舞台中绘制一个小正方体。

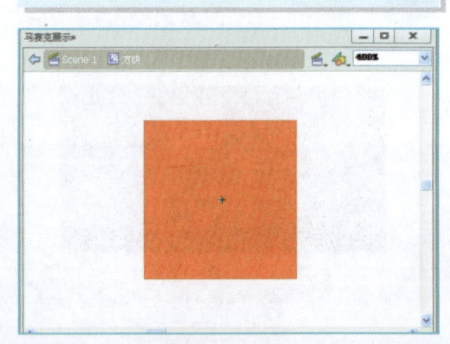

04 新建方块移动影片剪辑元件。在第2帧处插入空白关键帧，将方块影片剪辑元件拖入舞台中，使用"任意变形工具"将其缩小。

05 依次在第20、40、43、50帧处插入关键帧，并依次对各关键帧中的图形进行逐步放大，直至第50帧处还原为原始大小，然后在各关键帧之间创建传统补间动画。

06 新建"图层2"，分别在第1帧和第50帧处插入关键帧，按F9键打开"动作"面板，在其中输入脚本"stop()；"。

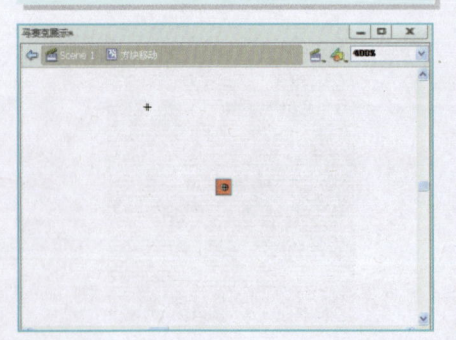

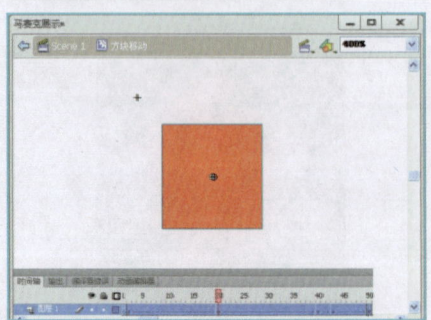

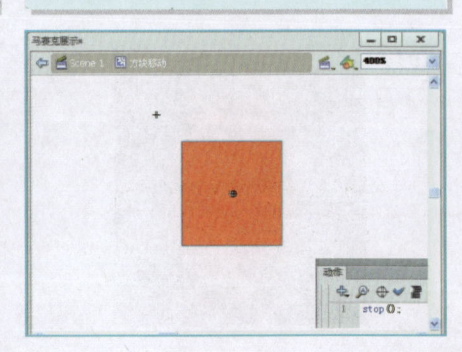

第6章　遮罩特效

07 新建mask和方块散影片剪辑元件，在方块散影片剪辑元件中，将方块移动影片剪辑元件拖入舞台中。

08 返回主场景，将图影片剪辑元件拖入舞台中，在"属性"面板中设置实例名称为back，使用"任意变形工具"将中心点移动至左上角。

09 新建"图层2"，将图影片剪辑元件拖入舞台中。在"属性"面板中设置实例名称为front，并放置在相同位置。

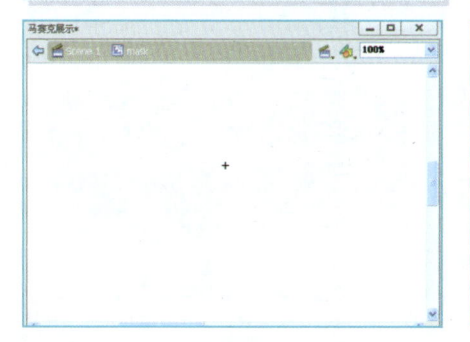

10 新建"图层3"，将mask影片剪辑元件拖入舞台中。在"属性"面板中设置实例名称为mask，并放置在舞台的左上角位置。

11 新建"图层4"，在"动作"面板中输入脚本。

12 至此，"马赛克展示"动画制作完成，保存并按Ctrl+Enter组合键进行影片测试即可。

实例108　移动的圈圈查看图像

本实例绍移动圈圈查看图像的制作方法。

文件路径：源文件\第6章\例108　　　视频文件：视频文件\第6章\例108.MP4

01 启动Flash CS6，新建一个空白文档，将素材图片导入到"库"面板中，新建图1和图2影片剪辑元件，并分别将相应的素材图片拖入元件中。

02 新建控制影片剪辑元件。在第1、2帧处插入空白关键帧。依次在"动作"面板中输入相应的脚本。

03 新建掩盖图形元件，使用"矩形工具"在舞台中绘制一个黑色长方体。

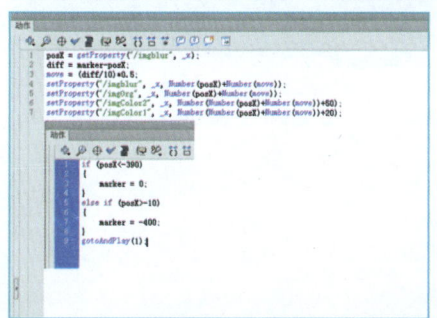

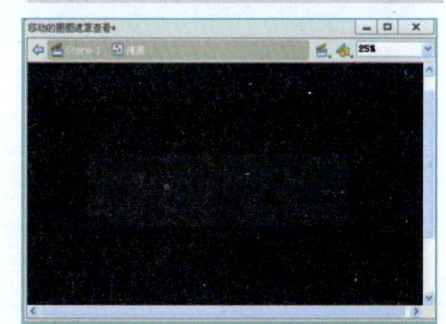

Flash CS6 | 129

04 返回主场景，将图2影片剪辑元件拖入舞台中的合适位置。在"属性"面板中设置实例名称为imgblur。

05 新建"图层2"，将掩盖图形元件拖入舞台中，放置在图形的上方。在"属性"面板中设置Alpha值为40%。

06 新建"图层3"，将图1影片剪辑元件拖入舞台中，与图2元件重合放置。在"属性"面板中设置实例名称为imgOrg。

07 新建"图层4"。使用"椭圆工具"绘制一个蓝色（#003366）正圆并放置在图形左方，将其设置为"遮罩层"。

08 新建"图层5"，将图1影片剪辑元件拖入舞台中，与图2和图1元件重合放置。在"属性"面板中设置实例名称为imgColor1。

09 新建"图层6"，将掩盖图形元件拖入舞台中，放置在图形的偏右方位置。在"属性"面板中设置色彩效果参数。

10 新建"图层7"，在舞台中绘制一个蓝色正圆，放置在图片的右方，单击鼠标右键，在弹出的快捷菜单中执行"遮罩层"命令。

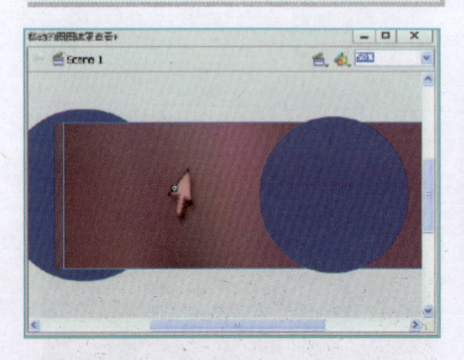

11 新建"图层8"，将图1影片剪辑元件拖入舞台中，与图2和图1元件重合放置。在"属性"面板中设置实例名称为imgColor2。

12 新建"图层9"，将掩盖图形元件拖入舞台中。在"属性"面板中设置色彩效果参数。

第6章　遮罩特效

13 新建"图层10"，在两个圆的中间绘制一个蓝色正圆，单击鼠标右键，在弹出的快捷菜单中执行"遮罩层"命令。

14 新建"图层11"，将控制影片剪辑元件拖入舞台中，打开"动作"面板，输入脚本。

15 至此，动画制作完成，保存并按Ctrl+Enter组合键进行影片测试即可。

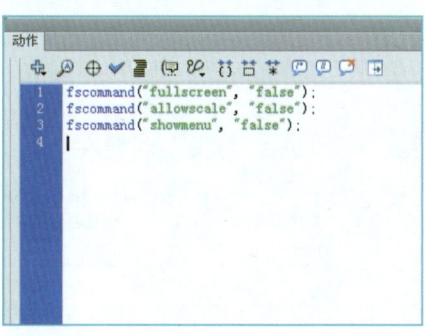

实例109　探宝地图

本实例介绍探宝地图的制作方法。

文件路径：源文件\第6章\例109

视频文件：视频文件\第6章\例109.MP4

01 新建一个空白文档，将相应的素材图片导入到"库"面板中。新建图片图片小影片剪辑元件，将素材拖入元件中。

02 新建大影片剪辑元件，将素材图片拖入舞台中。

03 新建圆影片剪辑元件，使用"椭圆工具"在舞台中绘制一个正圆。

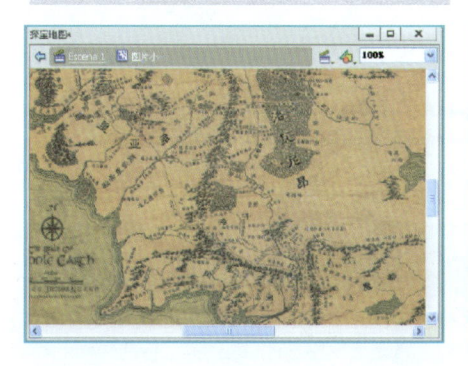

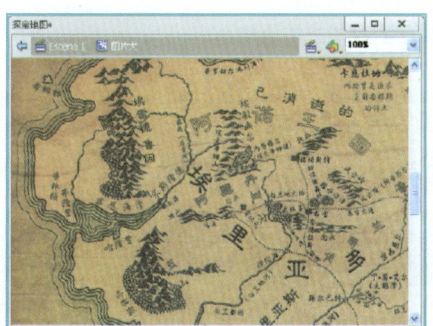

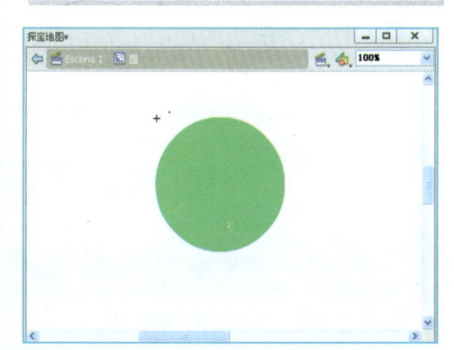

04 新建放大镜影片剪辑元件，使用"椭圆工具"在舞台中绘制放大镜的镜框。

05 新建"图层2"，使用"椭圆工具"在舞台中绘制圆。

06 新建"图层3"，使用"椭圆工具"在舞台中绘制圆。

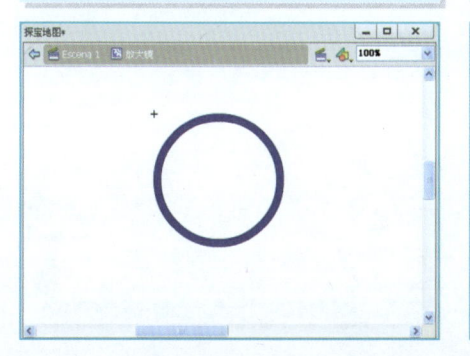

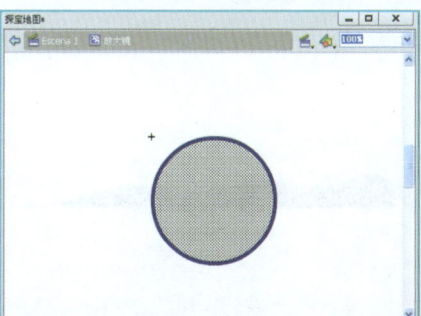

Flash CS6 | 131

07 返回主场景，将图片小影片剪辑元件拖入舞台中。在"属性"面板中设置实例名称为mapaSmall。

08 新建"图层2"，将图片大影片剪辑元件拖入舞台中，放置在图片的上方，在"属性"面板中设置实例名称为mapaBig。

09 新建"图层3"，将圆影片剪辑元件拖入舞台中，放置在图片的左上方位置。在"属性"面板中设置实例名称为mascara。设置"图层3"为"遮罩层"。

10 新建"图层4"，将放大镜影片剪辑元件拖入舞台中。在"属性"面板中设置实例名称为lupa，放置在圆的上方。

11 新建"图层5"，在第1帧处打开"动作"面板，输入脚本。

12 至此，"探宝地图"制作完成，保存并按Ctrl+Enter组合键进行影片测试。

> 提示：本实例是通过大小两张图片制作的遮罩动画效果。

实例110　烟雾迷蒙

本实例介绍烟雾迷蒙的制作方法。

文件路径：源文件\第6章\例110
视频文件：视频文件\第6章\例110.MP4

01 新建一个空白文档，将素材图片导入到"库"面板中。新建图影片剪辑元件，将素材图片拖入舞台中，并调整图片大小。

02 新建烟影片剪辑元件，使用"钢笔工具"在舞台中绘制图形。

03 返回主场景，在第82帧处插入空白关键帧，将图影片剪辑元件拖入舞台中。

第6章　遮罩特效

04 在第82帧与第141帧之间创建传统补间动画。打开"属性"面板，在"补间"卷展栏中设置"缓动"为–100。

05 新建"图层2"，将图影片剪辑元件拖入舞台中，在"属性"面板中设置Alpha值为31%。

06 新建"图层3"，将烟影片剪辑元件拖入舞台的左方。在第141帧处插入关键帧，将图形拖入舞台的中心位置。在第1帧与第141帧之间创建传统补间动画。

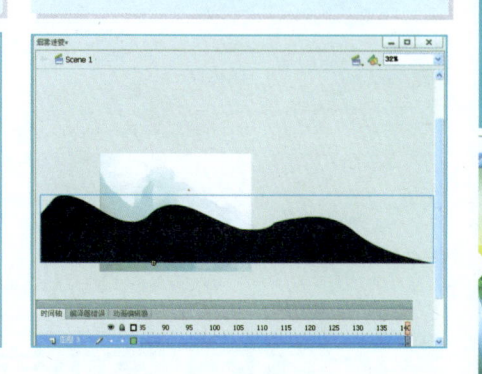

07 在"图层3"上单击鼠标右键，在弹出的快捷菜单中执行"遮罩层"命令。

08 新建"图层4"，在第141帧处插入空白关键帧。在"动作"面板中输入脚本"stop()"。

09 至此，"烟雾迷蒙"动画制作完成，保存并按Ctrl+Enter组合键进行影片测试。

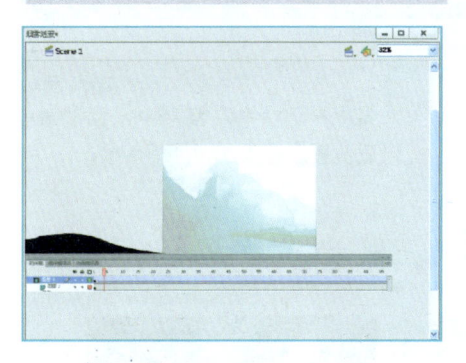

实例111　拉链拉开效果

本实例介绍拉链拉开效果的制作方法。

文件路径：源文件\第6章\例111

视频文件：视频文件\第6章\例111.MP4

01 启动Flash CS6，打开"拉链式打开素材.fla"文件。在"属性"面板中设置文档尺寸大小为750像素×600像素。

02 新建"Masked Layer 2-1"图层，将"库"面板中的元件拖入舞台中，在第27帧处插入普通帧。

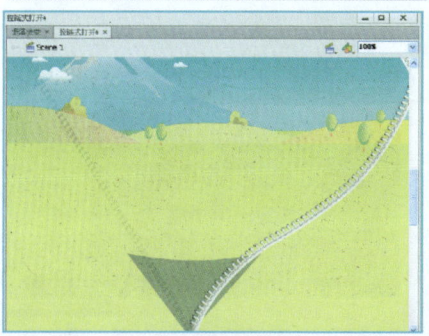

03 新建"图层2"，将元件拖入舞台中。设置图层为"遮罩层"，并调整图层顺序。

Flash CS6 | 133

04 新建"图层3",拖入图形到舞台中。新建图层,使用"钢笔工具"绘制路径,设置该图层为"引导层"。使用同样的方法制作其他效果。

05 新建"Action Layer"图层,在第15帧和第27帧处分别插入空白关键帧,打开"动作"面板,依次输入脚本。

06 至此,"拉链拉开效果"制作完成,保存并按Ctrl+Enter组合键进行影片测试即可。

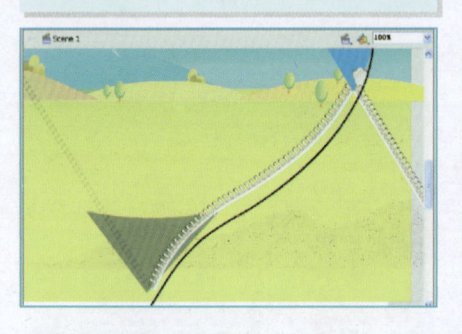

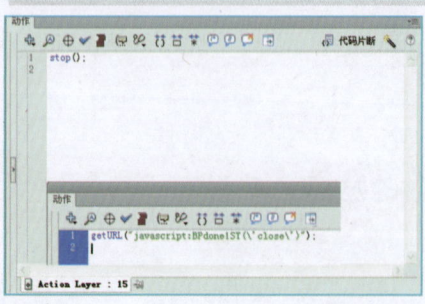

实例112 高山流水

本实例介绍运用"遮罩层"制作一幅唯美高山水流动态图的方法。

文件路径:源文件\第6章\例112

视频文件:视频文件\第6章\例112.MP4

01 新建一个空白文档,将素材图片导入到"库"面板中,新建图影片剪辑元件,将素材图片拖入舞台中,并调整大小。

02 新建元件3图形元件,使用"线条工具",设置颜色为黑色,在舞台中绘制直线。按Crl+C组合键复制多条线条,按Crl+Alt+7组合键按宽度均匀分布。

03 返回"场景1",将元件2图形元件拖入舞台中,并放置在合适位置。在第20帧处插入帧。

04 新建"图层2",将元件2图形元件拖入舞台中,并放置在合适位置。按Ctrl+B组合键将图形元件打散。使用"钢笔工具"选择勾选除了水以外的部分,将其删除。

05 新建"图层3",将图形元件3拖入舞台中,并放置在合适位置。在第20帧处插入关键帧,并在关键帧之间创建传统补间动画,单击鼠标右键,在弹出的快捷菜单中执行"遮罩层"命令。

06 至此,"高山流水"制作完成,保存并按Ctrl+Enter组合键进行影片测试即可。

> 制作高山流水需要将流水的部分抠取出来，否则制作的流水效果会有瑕疵。

实例113　滚动效果

本实例介绍运用多张图片和多个"遮罩层"制作图片随鼠标滚动效果的方法。

文件路径：源文件\第6章\例113　　　　视频文件：视频文件\第6章\例113.MP4

01 新建一个空白文档，将素材图片导入到"库"面板中。新建photo1影片剪辑元件，将素材图片拖入舞台中。

02 按照上述新建影片剪辑元件步骤，新建photo2到photo6。

03 新建Symbol 7影片剪辑元件，将photo3影片剪辑元件拖入舞台中。

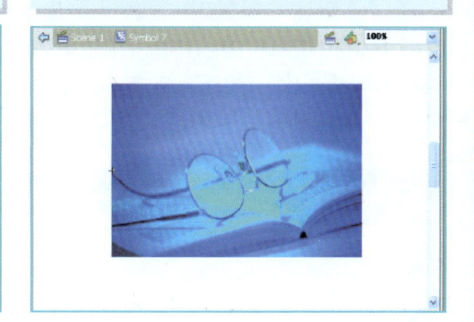

04 在"图层1"的第6帧和第11帧处插入关键帧，使用"任意变形工具"将中心点移动到左上角。设置第6帧的"色彩效果"中的色调为39%。

05 在第1帧、第6帧和第11帧处按F9键打开"动作"面板，在其中输入脚本，并在关键帧之间创建传统补间动画。

06 按照上述新建影片剪辑元件步骤，新建Symbol 8到Symbol 12。

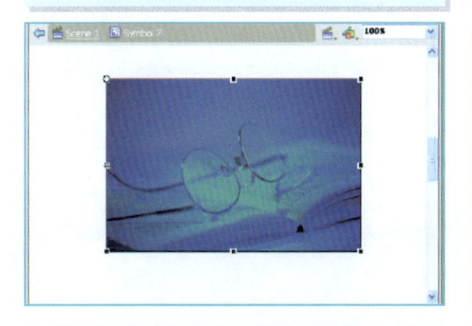

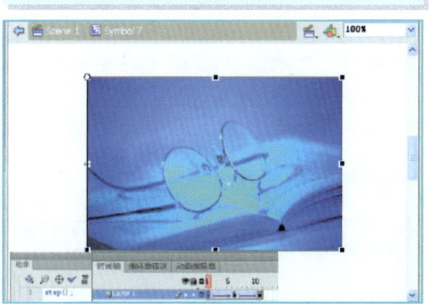

07 新建影片剪辑元件线，使用"线条工具"绘制一条红色直线。

08 新建按钮元件，插入关键帧，使用"矩形工具"在舞台中绘制一个矩形。

09 新建背景影片剪辑元件，使用"文本工具"，设置字符系列为(DINMittelschrift) 系统默认字体，大小为13点，颜色为黑色。

10 新建空白影片剪辑元件，在"属性"面板中设置实例名称为p01。

11 新建"图层2"，将空白剪辑元件和按钮元件拖入舞台中。按F9键打开"动作"面板，在其中输入脚本。

12 按照上述步骤设置其他按钮。修改空白影片剪辑元件的实例名称，并拖入舞台中，输入脚本。

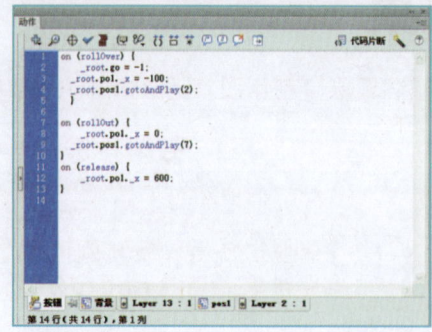

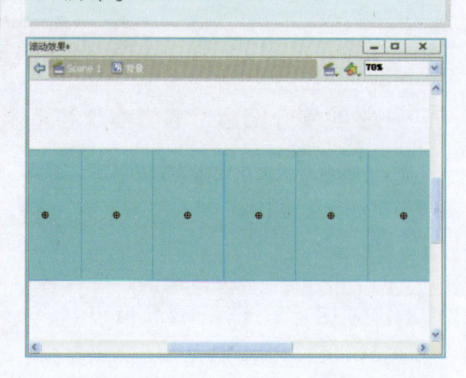

13 新建"图层3"，将线影片剪辑元件拖入舞台中。按F9键打开"动作"面板，在其中输入脚本。

14 返回"场景1"，新建"Layer 3"图层，将Symbol 12影片剪辑元件拖入舞台中。按F9键打开"动作"面板，在其中输入脚本。

15 新建"Layer 4"图层，将按钮元件拖入舞台中并选中图层。单击鼠标右键，在弹出的快捷菜单中执行"遮罩层"命令。

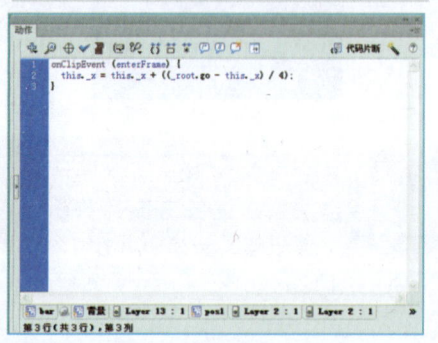

16 按照上述步骤建立其他图层遮罩效果。

17 新建"Layer 2"图层，将背景影片剪辑元件拖入舞台中。新建"Layer 11"图层，使用"线条工具"绘制框，并拖动此图层放置在"Layer 2"图层下方。

18 至此，"滚动效果"制作完成，保存并按Ctrl+Enter组合键进行影片测试即可。

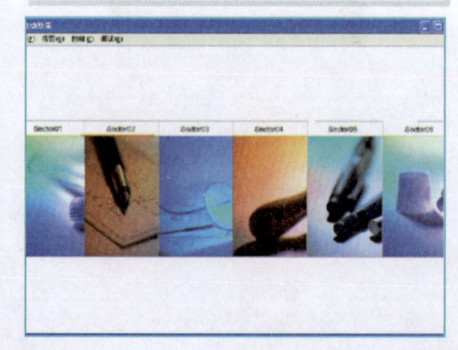

实例114 清晰放大镜

本实例介绍运用"遮罩层"制作放大镜效果的方法。

文件路径：源文件\第6章\例114

视频文件：视频文件\第6章\例114.MP4

第6章 遮罩特效

01 新建一个空白文档,将素材图片导入到"库"面板中。新建图影片剪辑元件,将素材图片拖入舞台中,并调整图片。

02 新建放大镜影片剪辑元件。使用"椭圆工具"在舞台中绘制两个椭圆,按Ctrl+B组合键打散,再叠放在一起,使用"矩形工具"绘制放大镜的手柄。

03 新建效果影片剪辑元件,将底图影片剪辑元件拖入舞台中。新建"图层2",将放大镜影片剪辑元件拖入舞台中,选中"图层2",单击鼠标右键,在弹出的快捷菜单中执行"遮罩层"命令。

04 新建"图层3",按F9键打开"动作"面板,在其中输入脚本。返回"场景1",将影片剪辑元件底图拖入舞台中。

05 选择舞台中的图片,打开"属性"面板,设置滤镜X、Y轴模糊值为15%,品质为低。新建"图层2",将效果影片剪辑元件拖入舞台中。

06 至此,"清晰放大镜"效果制作完成,保存并按Ctrl+Enter组合键进行影片测试。

实例115　倒计时

本实例介绍运用"遮罩层"制作倒计时效果的方法。

文件路径:源文件\第6章\例115　　　视频文件:视频文件\第6章\例115.MP4

01 启动Flash CS6,新建文件及图像影片剪辑元件。使用"椭圆工具"在舞台绘制两个椭圆,使用"线条工具"绘制两根垂直的直线。

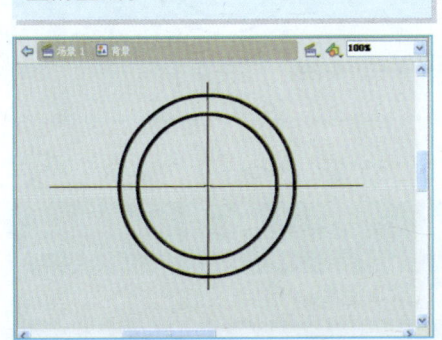

02 新建"图层2",使用"椭圆工具"和"矩形工具"绘制卡通摄像机。在第5帧和第10帧处插入关键帧,在第9帧处插入帧,将第10帧的填充颜色改为#666666。

03 新建1图形元件,使用"文本工具"输入文本。按照上述步骤新建数字2~9的其他图形元件。

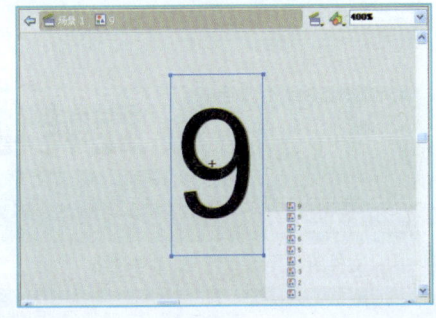

Flash CS6 | 137

中文版 Flash CS6 动画设计与制作案例教程

04 新建杂点影片剪辑元件，在第1帧到第20帧处分别插入空白关键帧。使用"刷子工具"在舞台绘制杂乱的几个点和一条无形状的线。

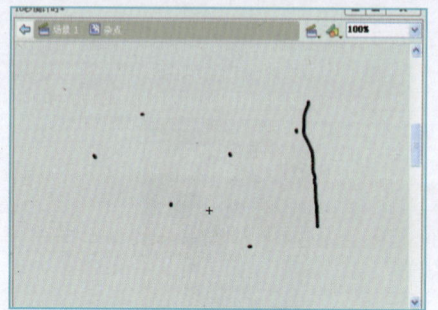

05 返回"场景1"，将背景图形元件拖入舞台中，在第180帧处插入帧。

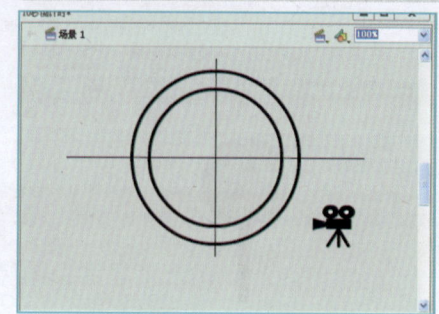

06 新建"图层9"，在第1帧和第17帧处插入关键帧。在第16帧处插入帧，将图形元件9拖入舞台中。

07 新建"图层8"，在第2帧和第39帧处插入关键帧。在第38帧处插入帧，将图形元件8拖入舞台中。

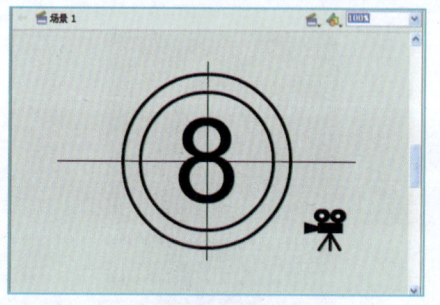

08 新建"遮罩8"图层，在第2帧到第17帧处分别插入空白关键帧。使用"多角形工具"，设置边数为3，在舞台上绘制三角形，并调整位置。

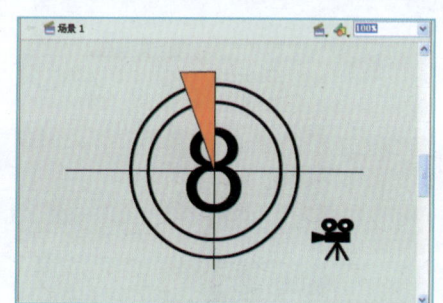

09 从第3帧后面的空白关键帧复制前面帧，调整大小和位置即可。选中"遮罩8"图层，单击鼠标右键，在弹出的快捷菜单中执行"遮罩层"命令。

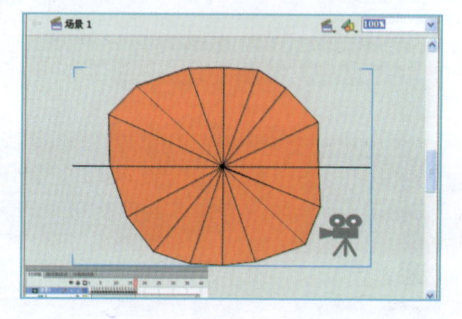

10 新建"线"图层，在第2帧到第16帧处插入关键帧。在第17帧处插入空白关键帧。使用"线条工具"在舞台上绘制线，调整相应关键帧的位置。按照上述步骤新建其他层和层的遮罩及线的移动效果。

11 新建"开始"图层，在第171帧和第180帧处插入关键帧，在第169帧处插入帧。使用"文本工具"输入文本，设置字符系列为Arial，大小为48点，颜色为黑色。

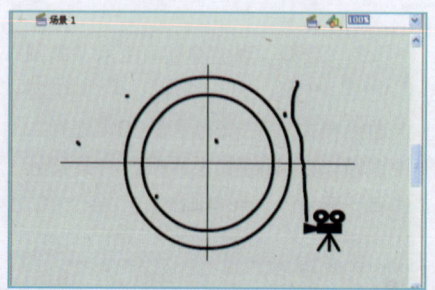

12 新建"杂点"图层，将杂点影片剪辑元件拖入舞台中。在"杂点"图层的第180帧处插入空白关键帧。至此，"倒计时"效果制作完成，保存并按Ctrl+Enter组合键进行影片测试即可。

实例116　旋转地球

本实例介绍使用"遮罩层"制作地球旋转效果的方法。

文件路径：源文件\第6章\例116

视频文件：视频文件\第6章\例116.MP4

138 | Flash CS6

第6章 遮罩特效

01 新建空白文档，将素材图片导入到"库"面板中。新建beijing图形元件，使用"椭圆工具"在舞台绘制圆，并设置"颜色"面板参数。新建bgimge影片剪辑元件，在第1帧和第20帧处插入关键帧，将beijing图形元件拖入舞台中。

02 新建xingyun图形元件，将yun素材图片拖入舞台中。新建bg图形元件，在"Layer 1"图层的第1、30、60、90、120帧处插入关键帧，将xingyun图形元件拖入舞台中，在两个关键帧之间创建传统补间动画。新建"Layer 2"图层，将bgimage影片剪辑元件拖入舞台中。

03 新建block图形元件，使用"椭圆工具"，设置笔触颜色为#000000，Alpha值为50%，两个色标颜色为白色，左边Alpha值为100%，右边Alpha值为0%。新建guangquan图形元件，将block图形元件拖入舞台中。新建"Layer 2"图层，使用"椭圆工具"绘制外圆圈。

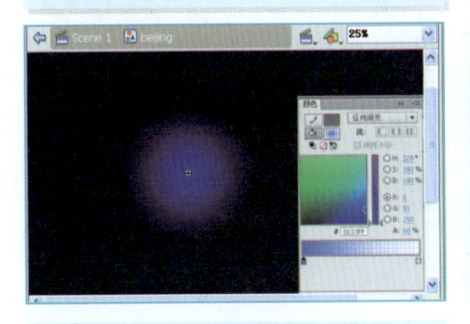

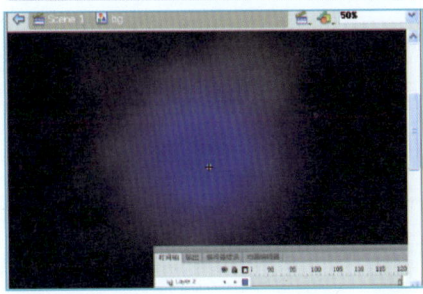

04 新建guangyun影片剪辑元件，使用"椭圆工具"绘制圆，使用同样的方法新建其他图形元件和影片剪辑元件。

05 新建qiuti、earthmap、allmap图形元件，在qiuti图像元件绘制椭圆并设置参数，将素材图片拖入earthmap中。将earthmap图形元件拖入allmap图形元件中。

06 新建donghua影片剪辑元件，新建图层，拖入影片剪辑元件和图形元件，制作"遮罩层"。

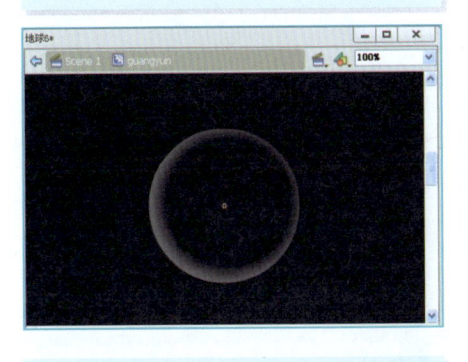

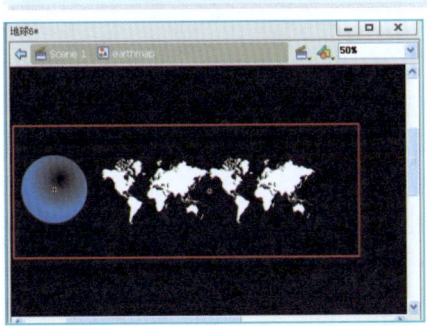

07 制作all影片剪辑元件的动画效果，在allLayer2的第40帧处输入脚本"stop();"。

08 返回"Scene 1"场景，将all影片剪辑元件拖入舞台中。

09 至此，"旋转地球"效果制作完成，保存并按Ctrl+Enter组合键进行影片测试即可。

实例117　彩色遮罩

本实例介绍彩色遮罩的制作方法。

文件路径：源文件\第6章\例117　　　视频文件：视频文件\第6章\例117.MP4

中文版 Flash CS6 动画设计与制作案例教程

01 新建空白文档，将素材图片导入到"库"面板中新建元件。将背景素材图片拖入舞台中，在第414帧处插入帧。新建"Layer 2"图层，在第265帧和第266帧处插入关键帧。

02 将sprite 151影片剪辑元件拖入舞台中，新建图层，在第161帧处插入关键帧，将shape 139拖入舞台中，在第235帧处插入帧。使用相同的方法新建"遮罩层"。

03 按照上述操作方法新建另外"遮罩图层"的动画效果。至此，"彩色遮罩"效果制作完成，保存并按Ctrl+Enter组合键进行影片测试即可。

实例118 动态遮罩

本实例介绍使用遮罩效果和脚本语言制作动态遮罩效果的方法。

文件路径：源文件\第6章\例118

视频文件：视频文件\第6章\例118.MP4

01 新建空白文档，将素材图片导入到"库"面板中，将素材图片拖入舞台中，新建mc1影片剪辑元件。在第2、30、80、100帧处分别插入关键帧。

02 使用"矩形工具"和"椭圆工具"绘制关键帧图形，在关键帧之间创建传统补间形状。新建"图层2"，在第100帧处插入空白关键帧，并输入脚本。

03 新建mc2影片剪辑元件，将mc1影片剪辑元件拖入舞台中，按F9键打开"动作"面板，在其中输入脚本。

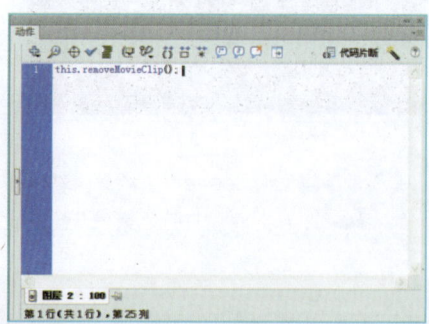

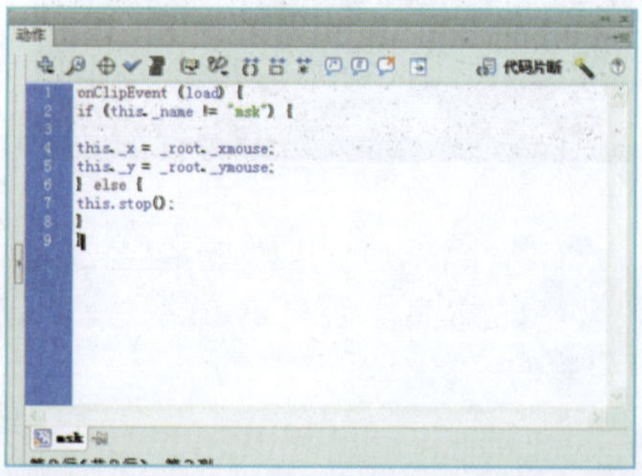

04 返回"场景1"，新建"图层2"和"图层3"，将1.png和mc2拖入舞台中。设置"图层3"为"遮罩层"。

05 新建"图层4"，使用"文本工具"输入文本。新建"bgmusic"图层，将音乐素材拖入舞台中。新建"action"图层，输入脚本。

06 至此，"动态遮罩"效果制作完成，保存并按Ctrl+Enter组合键进行影片测试即可。

140 | Flash CS6

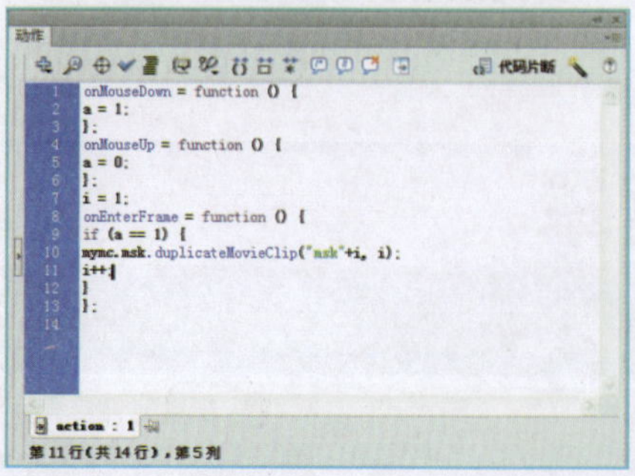

第7章
鼠标特效

本章将结合文本和图像的应用来学习Flash交互功能,主要介绍视觉特效中的Flash鼠标特效。

实例119　鼠标倒雪花

本实例介绍的是移动花瓶的鼠标时，花瓶中则会倒出雪花的制作方法。

文件路径：源文件\第7章\例119

视频文件：视频文件\第7章\例119.MP4

01 设置文档尺寸大小为650像素×388像素，背景颜色为黑色，将需要的素材导入到舞台中，并调整大小。

02 新建snow影片剪辑元件。使用"椭圆工具"绘制一个正圆，然后绘制一个椭圆，并使用"选择工具"调整椭圆形状。使用"任意变形工具"调整椭圆的位置及中心点。打开"变形"面板，单击"约束"按钮，设置旋转为60，单击5次重置选区和变形按钮。

03 在"库"面板中设置AS链接为snow。新建snow2影片剪辑元件，绘制椭圆。设置AS链接为snow2。新建图形1至图形3，分别绘制图形。新建元件7影片剪辑元件，将图形1图形元件拖入舞台中，在第6帧处插入帧。

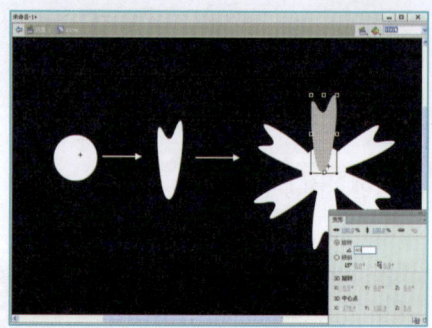

> **提示**：使用"选择工具"的同时按住Ctrl或者Alt键可以将椭圆拖出一个尖角。

04 新建"图层2"，将元件2图形元件拖入舞台中。在第4帧处插入空白关键帧，将图形3图形元件拖入舞台中。新建鼠标影片剪辑元件，将元件7影片剪辑元件拖入舞台中。

05 返回"场景1"，将背景素材拖入舞台中。新建"图层2"，将鼠标影片剪辑元件拖入舞台中，设置实例名称为mo。新建"图层3"，在第1帧处输入脚本。

06 至此，"鼠标倒雪花"制作完成，保存并测试影片即可。

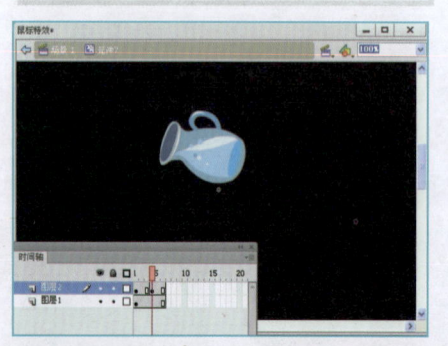

实例120　鼠标控制白马跑动

本实例介绍在云端飞奔而去的白马动画的制作方法。

文件路径：源文件\第7章\例120

视频文件：视频文件\第7章\例120.MP4

第7章　鼠标特效

01 将素材导入到"库"面板中。新建马影片剪辑元件，并绘制马跑的逐帧动画。

02 返回"场景1"，将背景素材拖入舞台中。新建"图层2"，将马影片剪辑元件拖入舞台中。在第113帧处插入关键帧，调整马的位置及大小。选择元件，打开"动作"面板，输入脚本。

03 至此，"鼠标控制白马跑动"制作完成，保存并测试影片即可。

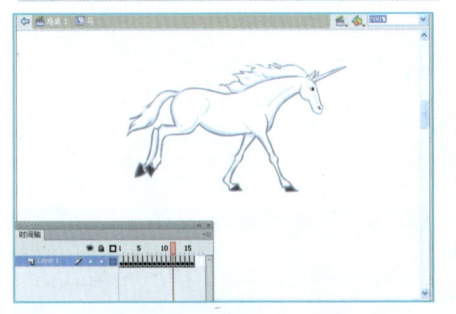

实例121　自由控制远近

本实例介绍自由控制远近动画的制作方法。

文件路径：源文件\第7章\例121

视频文件：视频文件\第7章\例121.MP4

01 将素材导入到"库"面板中。新建元件1影片剪辑元件，将背景素材拖入舞台中。

02 新建元件2影片剪辑元件。使用"矩形工具"绘制一个矩形。新建元件3影片剪辑元件，绘制一个矩形方格。

03 新建元件4按钮元件，在第4帧处插入关键帧，绘制一个矩形。返回"场景1"，将元件1影片剪辑元件拖入舞台中，设置实例名称为imgM。

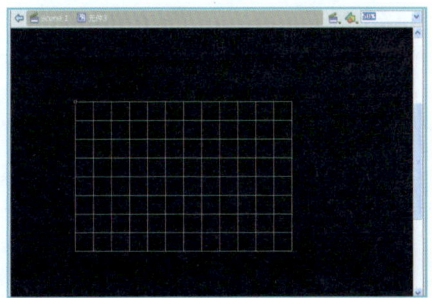

04 新建"图层2"，并设置为"遮罩层"。将元件2影片剪辑元件拖入舞台中的合适位置，设置实例名称为mask。新建"图层3"，将元件3影片剪辑元件拖入舞台中和元件2重合。

05 新建"图层4"，将元件4按钮元件拖入舞台中，设置实例名称为btn。新建"图层5"，打开"动作"面板，输入脚本。

06 至此，"自由控制远近"制作完成，保存并测试影片即可。

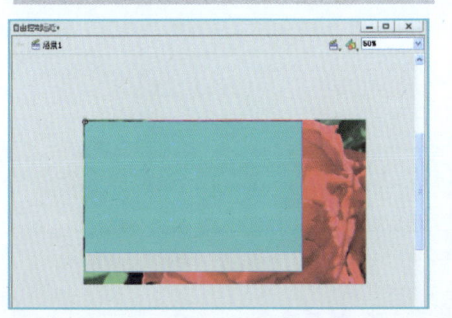

Flash CS6 | 143

实例122　鼠标控制汽车行驶

本实例介绍鼠标控制汽车行驶动画的制作方法。

文件路径：源文件\第7章\例122　　　视频文件：视频文件\第7章\例122.MP4

01 将素材导入到"库"面板中，新建汽车影片剪辑元件，将素材图片拖入舞台中。

02 返回"场景1"，将背景图片拖入舞台中。新建"图层2"，将汽车影片剪辑元件拖入舞台中。打开"动作"面板，输入脚本。

03 至此，"鼠标控制汽车行驶"制作完成，保存并测试影片即可。

实例123　舞动的蝶群

本实例介绍舞动的蝶群动画的制作方法。

文件路径：源文件\第7章\例123　　　视频文件：视频文件\第7章\例123.MP4

01 将素材导入到"库"面板中，新建蝴蝶影片剪辑元件，将蝴蝶素材拖入舞台中并打散。使用"套索工具"，在附属工具中使用"魔术棒工具"，将蝴蝶背景选中并删除。在第6帧、第9帧处插入关键帧，分别压缩图形。

02 新建飞行影片剪辑元件，将蝴蝶影片剪辑元件拖入舞台中。选择"图层1"，单击鼠标右键，在弹出的快捷菜单中执行"插入传统运动引导层"命令，为图层添加"引导层"。使用"钢笔工具"绘制路径。在"图层1"中制作蝴蝶沿路径运动的动画。

03 在第31帧处插入空白关键帧，输入脚本"stop(); "。新建群蝶影片剪辑元件，将飞行影片剪辑元件拖入舞台中多次，并调整方向与大小。新建动作影片剪辑元件，将群蝶影片剪辑元件拖入舞台中，设置实例名称为aa。

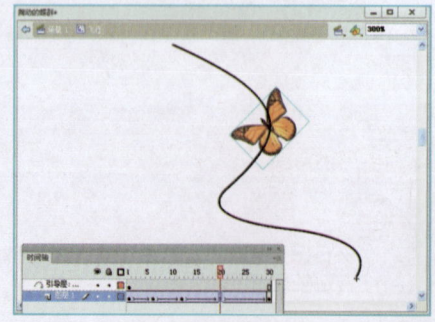

第7章　鼠标特效

04 新建"图层2",在第1帧和第6帧处分别插入空白关键帧。依次打开"动作"面板,输入脚本。

05 在第4帧处插入空白关键帧,按F9键打开"动作"面板,输入脚本。

06 返回"场景1",将背景拖入舞台中。新建"图层2",将动作影片剪辑元件拖入舞台中。至此,"舞动的蝶群"制作完成,保存并测试影片即可。

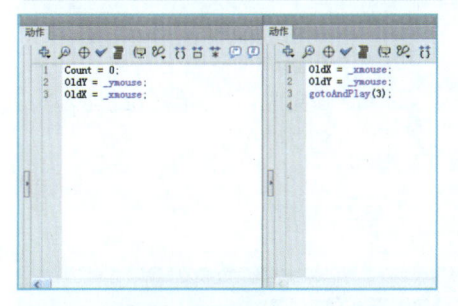

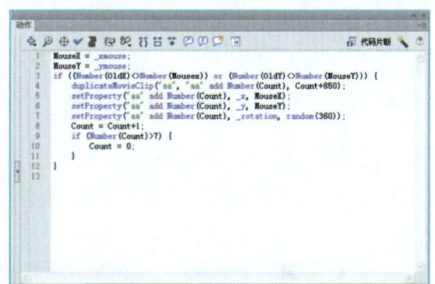

实例124　显微放大镜

本实例介绍显微放大镜动画的制作方法。

文件路径:源文件\第7章\例124

视频文件:视频文件\第7章\例124.MP4

01 新建元件1图形元件,使用"椭圆工具"绘制一个椭圆。新建元件2按钮元件,在第1帧处将元件1图形元件拖入舞台中,设置Alpha值为10。新建"图层2",使用"绘图工具"绘制放大镜轮廓。

02 新建元件3影片剪辑元件,将元件2按钮元件拖入舞台中。新建元件4影片剪辑元件,将素材图片拖入舞台中。新建元件5影片剪辑元件,将元件4影片剪辑元件拖入舞台中。

03 新建"图层2"。使用"椭圆工具",绘制一个椭圆。选择"图层2",单击鼠标右键,在弹出的快捷菜单中执行"遮罩层"命令,设置该图层为"遮罩层"。

04 返回"场景1",将元件4影片剪辑元件拖入舞台中并缩小元件。新建"图层2",将元件5影片剪辑元件拖入舞台中,设置实例名称为meng。新建"图层3",将元件3影片剪辑元件拖入舞台中,设置实例名称为jing。

05 新建"图层4",在第1帧和第2帧处插入空白关键帧,依次打开"动作"面板,输入脚本。

06 至此,"显微放大镜"制作完成,保存并测试影片即可。

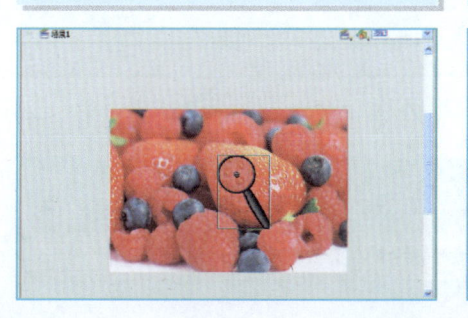

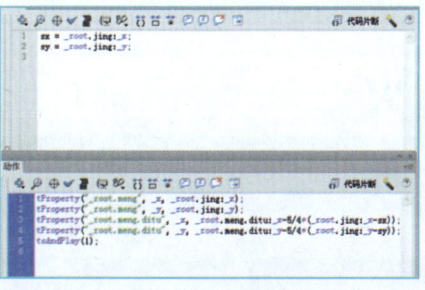

Flash CS6 | 145

中文版 Flash CS6 动画设计与制作案例教程

实例125　点击出现水波

本实例介绍点击出现水波动画的制作方法。

文件路径：源文件\第7章\例125　　视频文件：视频文件\第7章\例125.MP4

01 设置文档尺寸大小为500像素×360像素，"帧频"为70。将素材图像导入到"库"面板中，并在"库"面板中的设置其AS链接为picer1。

02 将素材图片拖入舞台中，在"动作"面板中输入脚本。

03 至此，"点击出现水波"制作完成，按Ctrl+Enter组合键进行影片测试即可。

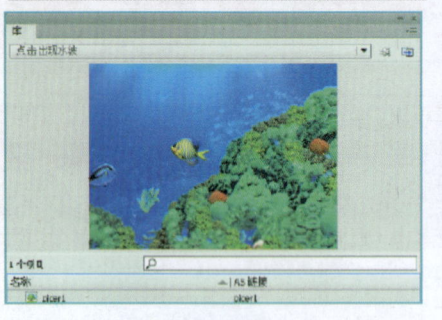

实例126　查看环绕的图片

本实例介绍查看环绕的图片动画的制作方法。

文件路径：源文件\第7章\例126　　视频文件：视频文件\第7章\例126.MP4

01 新建元件1影片剪辑元件，在第2帧至第13帧处插入空白关键帧，分别将素材图片添加到相应关键帧的舞台中。

02 新建元件2影片剪辑元件。在舞台中绘制一个椭圆。返回"场景1"，将元件1影片剪辑拖入舞台中，设置实例名称为v0，选择元件，输入脚本。新建"图层2"，将元件2影片剪辑元件拖入舞台中，设置实例名称为earth。

03 新建"图层3"，在第1帧处输入脚本。至此，此动画制作完成，保存并测试影片即可。

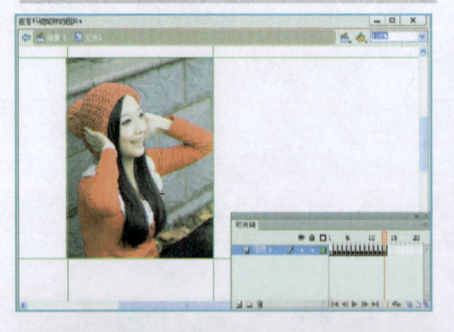

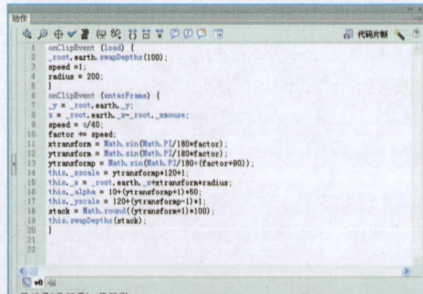

实例127　鼠标点火

本实例介绍鼠标点火动画的制作方法。

文件路径：源文件\第7章\例127　　视频文件：视频文件\第7章\例127.MP4

第7章　鼠标特效

01 新建元件1影片剪辑元件，绘制一个打火机。新建元件2和元件3影片剪辑元件，分别绘制手和拇指。新建元件4影片剪辑元件，将元件1拖入舞台中。新建"图层2"，将元件2拖入舞台中。

02 新建元件5影片剪辑元件，将元件3拖入舞台中。在第4帧、第7帧处分别插入关键帧。调整中心点的位置，并调整每帧元件的位置。新建"图层2"，在第1、4、7帧处分别插入关键帧，输入脚本"stop();"。

03 新建元件6按钮元件，绘制图形。在第2帧至第4帧处插入关键帧，分别调整每帧的图形。新建"图层2"，绘制椭圆。在第3帧处插入关键帧，调整图形。

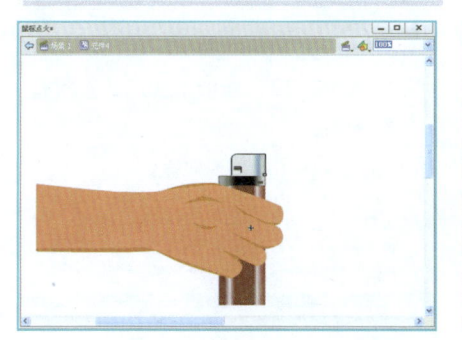

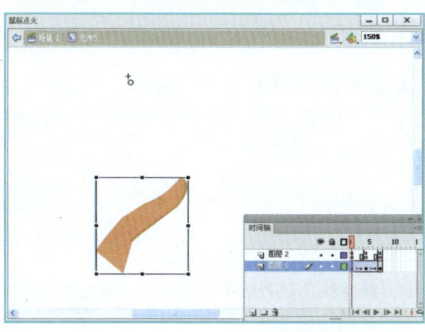

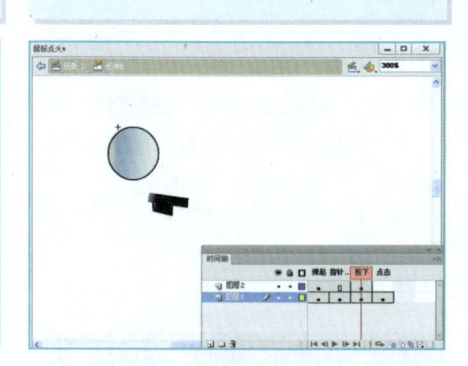

04 新建火光影片剪辑元件，在第1帧至第3帧处分别绘制火光。在第1帧处输入脚本"stop();"。在第4帧处插入空白关键帧，输入脚本"gotoAndStop(1);"。

05 新建火影片剪辑元件，在第5帧处插入关键帧，绘制图形。分别新建图层，绘制火的内外焰。在"图层3"的第1帧输入脚本"stop();"。在第16帧处插入空白关键帧，输入脚本"gotoAndPlay(5);"。

06 返回"场景1"，使用"矩形工具"绘制一个矩形。在第105帧处插入帧。新建"图层2"，将元件4影片剪辑元件拖入舞台中。新建"图层3"，将其拖到"图层2"的下方，设置实例名称为sz。

07 新建"图层4"，将其放置到"图层3"的下方。将元件6按钮元件拖入舞台中。选择元件，打开"动作"面板，输入脚本。

08 新建"图层5"，将其拖动到"图层4"的下方。将火影片剪辑元件拖入舞台中，在第67帧处插入空白关键帧。在"属性"面板中设置实例名称为fire。新建"图层6"，将火光影片剪辑元件拖入舞台中，设置实例名称为spark。

09 新建"图层7"，将其放置到顶层。使用"文本工具"输入文本。新建"图层8"，在第3帧和第105帧处插入空关键帧，输入脚本"stop();"。在第1帧处输入脚本。至此，此动画制作完成，保存并测试影片即可。

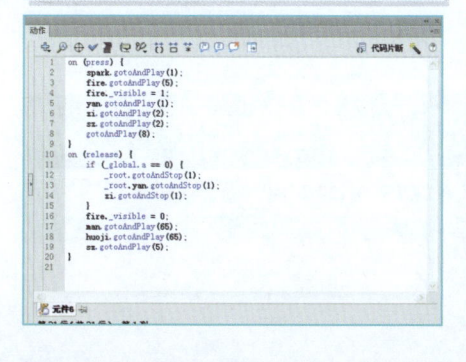

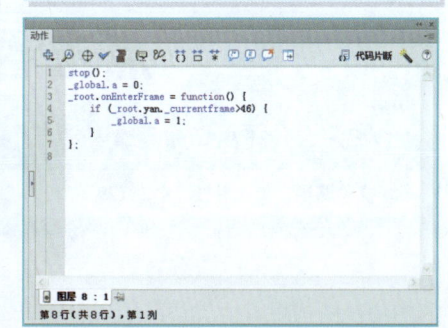

实例128　鼠标燃放烟花

本实例介绍鼠标燃放烟花动画的制作方法。

文件路径：源文件\第7章\例128　　　视频文件：视频文件\第7章\例128.MP4

01 新建元件1图形元件，绘制图形。新建元件2图形元件，绘制烟雾。新建元件3影片剪辑元件，将元件2图形元件拖入舞台中。新建"图层2"，将元件1图形元件拖入舞台中。在第16帧处输入脚本"stop();"。

02 新建元件4影片剪辑元件。在第1帧处绘制图形。在第2帧处插入关键帧，并向上移动图形。在第3帧处插入空白关键帧，将元件3影片剪辑元件拖入舞台中，设置实例名称为fire。打开"动作"面板，输入脚本。

03 在第16帧处插入空白关键帧，输入脚本。新建"图层2"，将"库"面板中的声音素材拖入舞台中。

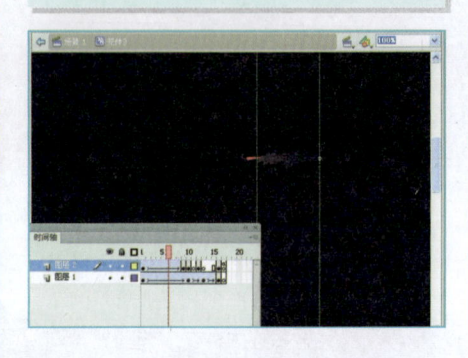

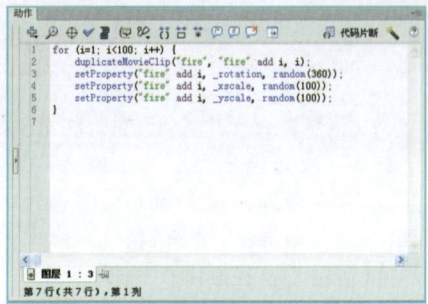

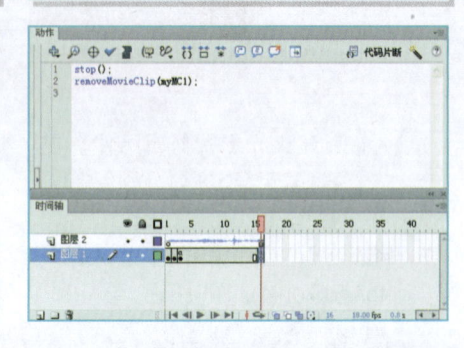

04 返回"场景1"，将背景素材拖入舞台下方。新建图层2，在第3帧处插入空白关键帧。将元件4拖入舞台中，设置实例名称为myMC。在第4帧处插入关键帧。在第3帧和第4帧处分别打开"动作"面板，输入脚本。

05 新建"图层3"，在第1帧处输入脚本。新建控制按钮元件，在第4帧处绘制矩形。返回"场景1"，在"图层3"的第2帧处将控制按钮元件拖入舞台中，输入脚本"stop();"。选择按钮，然后输入脚本。

06 至此，"鼠标燃放烟花"制作完成，保存并测试影片即可。

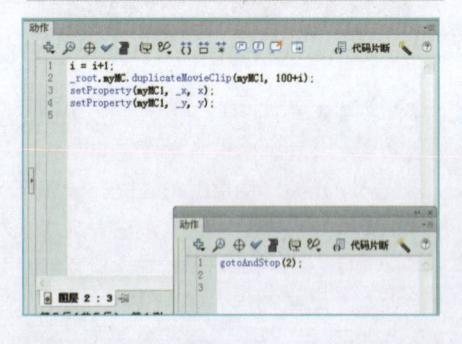

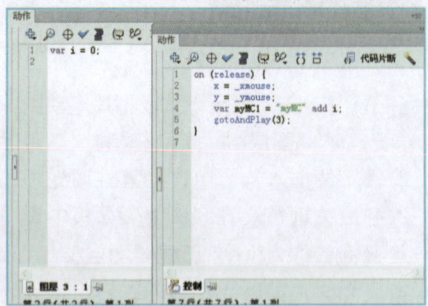

实例129　点击看美女

本实例介绍点击看美女动画的制作方法。

文件路径：源文件\第7章\例129　　　视频文件：视频文件\第7章\例129.MP4

第7章 鼠标特效

01 新建元件1图形元件，绘制一个黑色的矩形块。新建元件2按钮元件，将元件1图形元件拖入舞台中。新建元件3影片剪辑元件，将元件2按钮元件拖入舞台中，输入脚本。

02 在第25帧处插入关键帧，设置Alpha值为0，设置第184帧元件色彩效果样式为无。返回"场景1"，将背景素材拖入舞台中。新建"图层2"，将元件3影片剪辑元件拖入舞台中多次。

03 至此，"点击查看美女"制作完成，保存并测试影片即可。

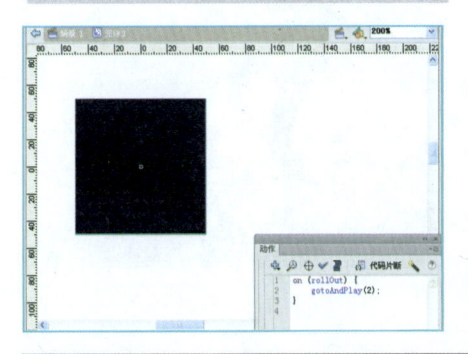

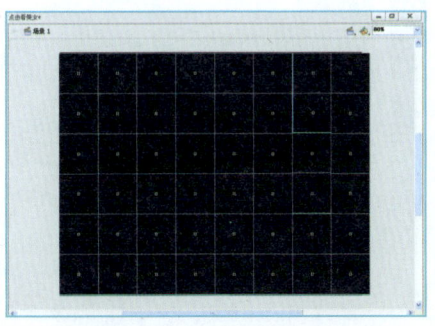

提示：将影片剪辑元件拖入舞台多次，并放置在合适位置，直至将所有图片覆盖即可。

实例130　跟随鼠标移动的鱼

本实例介绍跟随鼠标移动的鱼的动画的制作方法。

文件路径：源文件\第7章\例130　　　视频文件：视频文件\第7章\例130.MP4

01 新建元件1至元件3影片剪辑元件，分别绘制图形，设置AS链接分别为Qi、Ti、Tou。

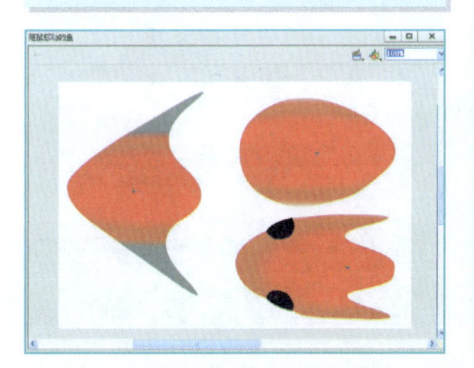

02 返回"场景1"，将背景拖入舞台中。新建"图层2"，打开"动作"面板，在其中输入脚本。

03 至此，"跟随鼠标移动的鱼"的动画制作完成，保存并测试影片即可。

实例131　避开鼠标的文字

本实例介绍避开鼠标的文字动画的制作方法。

文件路径：源文件\第7章\例131　　　视频文件：视频文件\第7章\例131.MP4

01 新建一个空白文档，设置帧频为30，将素材导入到舞台中。

02 选择第1帧，打开"动作"面板，在其中输入脚本。

03 至此，"避开鼠标的文字"制作完成，保存并测试影片即可。

实例132　鼠标特效

本实例介绍鼠标特效动画的制作方法。

文件路径：源文件\第7章\例132

视频文件：视频文件\第7章\例132.MP4

01 将背景素材导入到"库"面板中，新建元件1图形元件，使用"多角星形工具"和"选择工具"绘制图形。新建元件2影片剪辑元件，将元件1图形元件拖入舞台中。在第20帧处插入关键帧，设置Alpha值为0。

02 返回"场景1"，将背景素材拖入舞台中。新建"图层2"，将元件2影片剪辑元件拖入舞台，设置实例名称为a_mc。在第5帧处插入关键帧。新建"图层3"，在第1帧至和第2帧处分别插入空白关键帧，并输入脚本。

03 在第3帧处插入空白关键帧，输入脚本"gotoAndPlay(2);"。至此，"鼠标特效"制作完成，保存并测试影片即可。

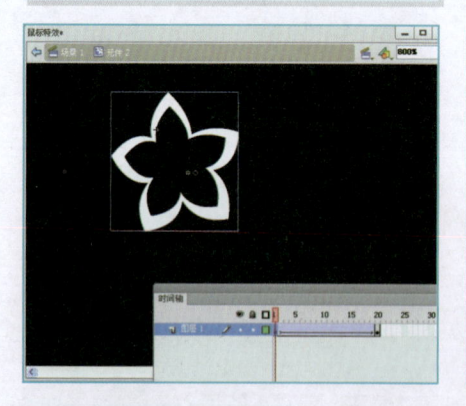

实例133　点燃蜡烛

本实例介绍点燃蜡烛动画的制作方法。

文件路径：源文件\第7章\例133

视频文件：视频文件\第7章\例133.MP4

第7章　鼠标特效

01 新建一个空白文档，将背景素材导入到"库"面板中。新建元件1影片剪辑元件，绘制图形。

02 新建元件2按钮元件。使用"线条工具"绘制一条直线，使用"选择工具"调整线条。在第4帧处插入帧。

03 新建元件3影片剪辑元件，绘制火的逐帧动画。

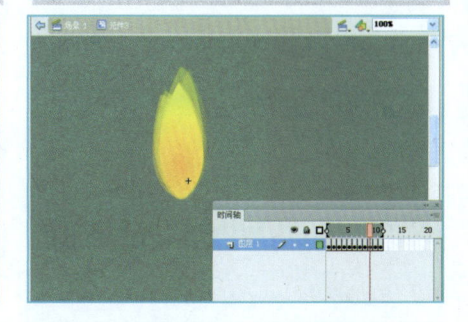

04 新建元件4影片剪辑元件，将元件1和元件2拖入舞台中。在第2帧处插入关键帧，将元件2删除并添加元件3。在第4帧处插入关键帧。在第1帧和第4帧处分别插入脚本"stop();"。

05 新建元件5影片剪辑元件。将元件3影片剪辑元件拖入舞台中，然后绘制线条。返回"场景1"，将背景素材拖入舞台中。新建"图层2"，将元件4和元件5拖入舞台中，设置元件5的实例名称为a。在第1帧处输入脚本。

06 至此，"点燃蜡烛"制作完成，保存并测试影片即可。

实例134　旋转效果

本实例介绍旋转效果动画的制作方法。

文件路径：源文件\第7章\例134　　视频文件：视频文件\第7章\例134.MP4

01 新建元件1按钮元件。绘制一个笔触颜色为灰色，填充颜色为白色的矩形。在第2帧和第4帧插入关键帧。新建元件2影片剪辑元件，将元件1按钮元件拖入舞台中，并选择按钮，打开"动作"面板，输入脚本。

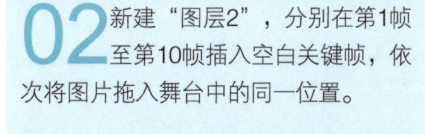

02 新建"图层2"，分别在第1帧至第10帧插入空白关键帧，依次将图片拖入舞台中的同一位置。

03 新建元件3影片剪辑元件，将元件2拖入舞台中，设置实例名称为rotographic。新建"图层2"，在第2帧和第3帧处分别插入空白关键帧，并打开"动作"面板，输入脚本。

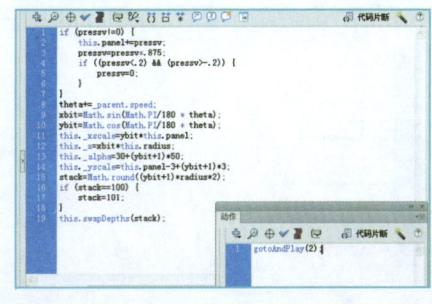

中文版 Flash CS6 动画设计与制作案例教程

04 新建元件4影片剪辑元件，使用"文本工具"输入文本。新建元件5影片剪辑元件，将元件4拖入舞台，设置实例名称为title。在第5帧处插入帧。

05 新建"图层2"，在第1帧和第2帧处插入空白关键帧，输入脚本。在第3帧处插入空白关键帧，输入脚本"gotoAndPlay(_currentframe-1);"，在第4帧处输入脚本"stop();"。

06 返回"场景1"，将背景拖入舞台中。新建"图层2"，将元件5影片剪辑元件拖入舞台中，设置实例名称为r1。至此，此动画制作完成，保存并测试影片即可。

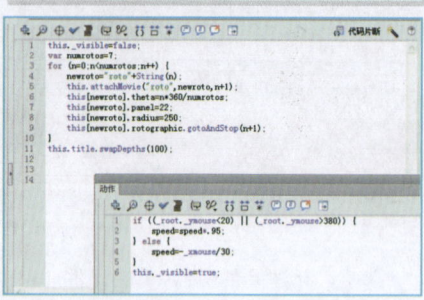

实例135　鼠标翻书效果

本实例介绍鼠标翻书效果动画的制作方法。

文件路径：源文件\第7章\例135
视频文件：视频文件\第7章\例135.MP4

01 新建阴影影片剪辑元件，绘制阴影。新建书页影片剪辑元件。将"库"面板中的素材图片拖入舞台中，并将阴影影片剪辑元件拖入舞台中。在"库"面板中设置as链接为book001。

02 新建书底影片剪辑元件，绘制一个矩形。新建书影片剪辑元件，将书底元件拖入舞台中，设置实例名称为bg。新建阴影2影片剪辑元件，将其拖入到书底影片剪辑元件中，设置实例名称为center_s。

03 新建元件1按钮元件，在第1帧绘制矩形。在第4帧处插入关键帧。进入书影片剪辑元件中，新建"图层3"，将按钮元件拖入舞台中4次，设置实例名称为tr_btn。

04 新建空白影片剪辑元件，将其拖入到书影片剪辑元件的舞台中，设置实例名称为dot。新建图层，打开"动作"面板，输入脚本。

05 返回"场景1"，将背景拖入舞台中。新建"图层2"，将书影片剪辑元件拖入舞台中，设置实例名称为book_mc。新建"图层3"，打开"动作"面板，输入脚本。

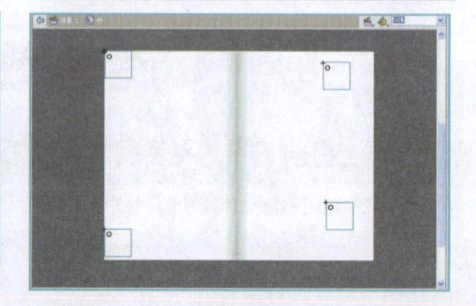

06 至此，"鼠标翻书效果"制作完成，保存并测试影片即可。

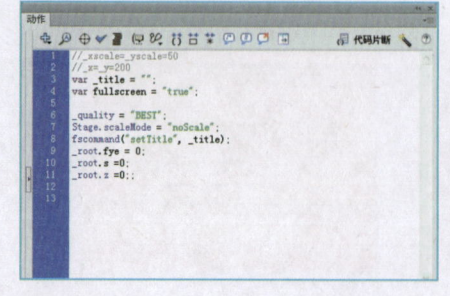

152 | Flash CS6

第7章　鼠标特效

实例136　鼠标冒泡

本实例介绍鼠标冒泡动画的制作方法。

文件路径：源文件\第7章\例136　　　视频文件：视频文件\第7章\例136.MP4

01 新建元件1影片剪辑元件。使用"椭圆工具"绘制泡泡。新建元件2影片剪辑元件，将元件1拖入舞台中。在第30帧插入关键帧，设置Alpha值为0。在帧与帧之间创建传统补间动画。

02 返回"场景1"，将背景拖至舞台中。新建"图层2"，将元件2影片剪辑元件拖入舞台中，设置实例名称为mc。新建"图层3"，在第1帧处输入脚本。

03 至此，"鼠标冒泡"制作完成，保存并按Ctrl+Enter组合键测试影片即可。

实例137　抖动鼠标

本实例介绍抖动鼠标动画的制作方法。

文件路径：源文件\第7章\例137　　　视频文件：视频文件\第7章\例137.MP4

01 新建元件1影片剪辑元件，绘制小手。返回"场景1"，将背景拖入舞台中。新建"图层2"，将元件1影片剪辑元件拖入舞台中，设置实例名称为mc_mouse。选择元件，输入脚本。

02 新建"图层2"，在第1帧处输入脚本。在第2帧处插入关键帧，输入脚本"gotoAndPlay(1);"。

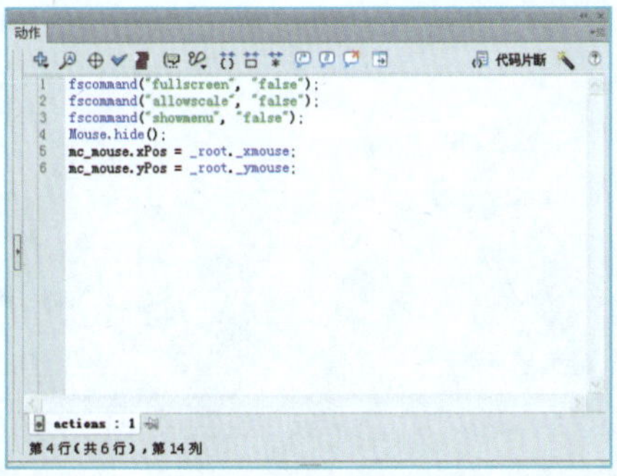

03 至此，"抖动鼠标"制作完成，保存并按Ctrl+Enter组合键测试影片即可。

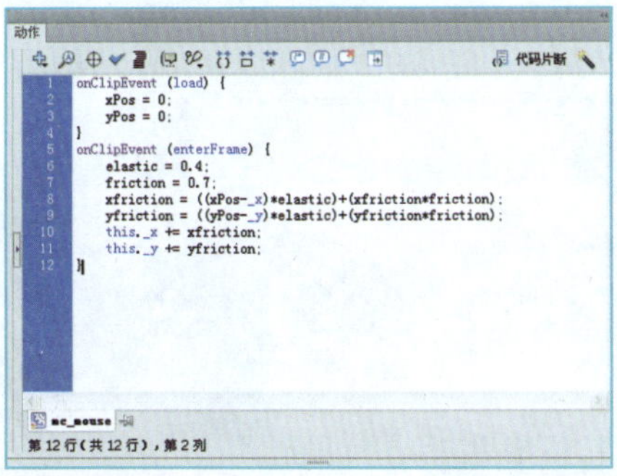

Flash CS6 | 153

第8章
导航栏特效

Flash的导航简洁大气、色彩轻快、切换流畅，能让网页整体有"动"起来的效果。这些导航的制作方法都很简单，本章进行具体介绍。

第8章 导航栏特效

实例138　浮动图片导航

本实例介绍浮动图片导航的制作方法。

文件路径：源文件\第8章\例138

视频文件：视频文件\第8章\例138.mp4

01 新建一个空白文档，将背景素材导入到"库"面板中，将其转换为图形元件。返回"场景1"，将bg图形元件拖入舞台中，制作bg元件动画效果。

02 新建"mask"图层，在第14帧和第27帧处插入关键帧。将图形元件拖入舞台中。选择第27帧，在"属性"面板中设置色彩效果，在帧与帧之间创建传统补间动画。

03 新建"line"图层，在第21帧和第31帧处插入关键帧，将line图形元件拖入舞台中，在关键帧之间创建传统补间动画。

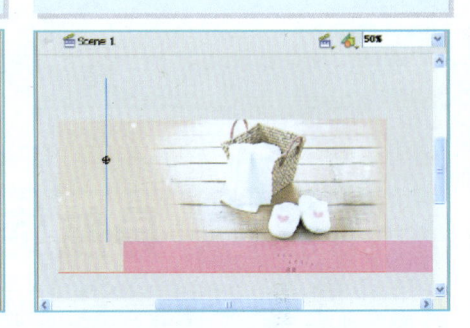

04 新建3个菜单图层，分别将素材拖入相应图层的舞台中。

05 新建"as"图层，在第1帧处按F9键打开"动作"面板，在其中输入脚本。

06 至此，"浮动图片导航"制作完成，保存并按Ctrl+Enter组合键进行影片测试即可。

实例139　空间导航

本实例介绍空间导航动画的制作方法。

文件路径：源文件\第8章\例139

视频文件：视频文件\第8章\例139.mp4

01 新建空白文档，将素材图片导入到"库"面板中。将bg素材图片拖入舞台中，在第10帧处插入帧。

02 新建菜单背景和菜单图层，将sprite 3和sprite 129影片剪辑元件拖入舞台中。

03 新建sprite 133影片剪辑元件并将其拖入舞台中。新建图层，插入空白关键帧，输入脚本。

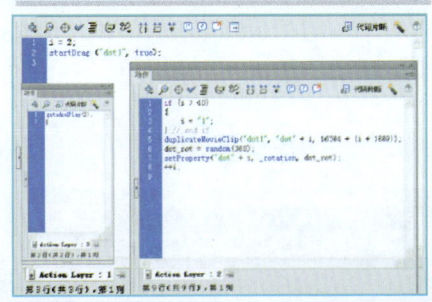

Flash CS6 | 155

04 返回"Scene 1"场景，新建鼠标效果和"logo"图层，分别在第1帧处插入关键帧。将sprite 133和sprite 182影片剪辑元件拖入舞台中。

05 新建"as"图层，在第1帧和第10帧处插入空白关键帧，按F9键打开"动作"面板，在其中输入脚本。

06 至此，"空间导航"制作完成，保存并按Ctrl+Enter组合键进行动画测试即可。

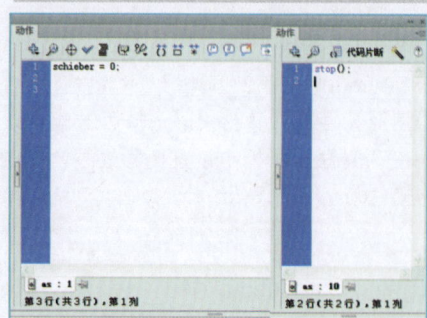

实例140　导航旋转效果

本实例介绍导航旋转效果动画的制作方法。

文件路径：源文件\第8章\例140

视频文件：视频文件\第8章\例140.mp4

01 启动Flash CS6，新建一个空白文档，将素材图片导入到"库"面板中。

02 新建按钮元件，使用"文本工具"，打开"属性"面板，在其中设置参数，并在舞台中输入文本。

03 在第2帧处插入关键帧，使用"任意变形工具"将文本放大。第4帧处插入关键帧，使用"矩形工具"绘制矩形。

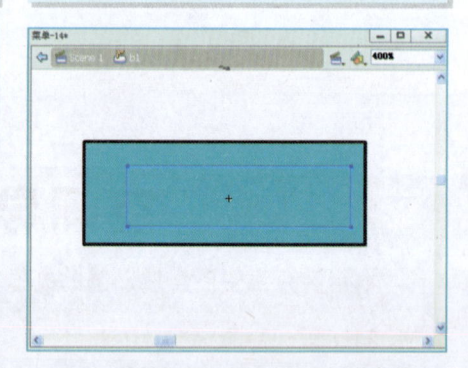

04 按照上述步骤建立其他按钮元件。

05 新建m1影片剪辑元件，将元件1按钮元件拖入舞台中。

06 按照上述步骤建立其他影片剪辑元件。

156 | Flash CS6

第8章　导航栏特效

07 返回主场景，新建"按钮"图层，将所有按钮元件拖入舞台中，并调整位置，在第8帧处插入帧。

08 新建"as"图层，在第1帧和第8帧处按F9键打开"动作"面板，在其中分别输入脚本。

09 至此，"导航旋转效果"制作完成，保存并按Ctrl+Enter组合键测试影片即可。

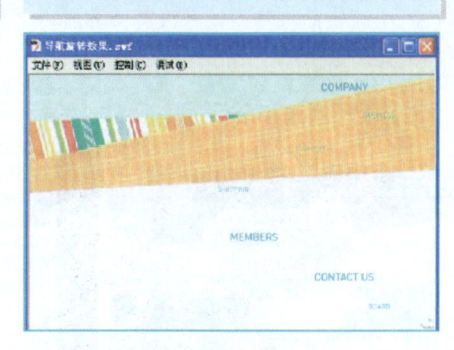

实例141　玻璃菜单

本实例介绍玻璃菜单动画的制作方法。

文件路径：源文件\第8章\例141

视频文件：视频文件\第8章\例141.mp4

01 新建一个空白文档，将素材图片导入到"库"面板中。新建click按钮元件，在第1帧处插入空白关键帧，在第4帧处插入关键帧。使用"矩形工具"在该帧处绘制一个矩形。

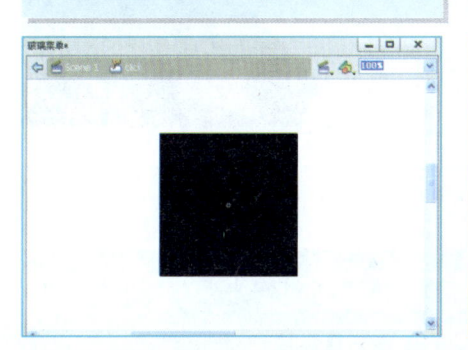

02 新建背景影片剪辑元件，将素材图片拖入舞台中。新建矩形影片剪辑元件。使用"矩形工具"绘制一个大小为56像素×344像素，笔触颜色为无，填充颜色为黑色的矩形。

03 新建矩形2影片剪辑元件。使用"矩形工具"绘制一个大小为15像素×345像素的矩形。在"颜色"面板中设置笔触颜色为无，填充颜色为黑色到透明的线性渐变。复制出一个矩形，将两个矩形组合。

04 使用"文本工具"在舞台中输入文本。在"属性"面板中添加发光滤镜和投影滤镜，并设置相应的参数。

05 返回主场景，将背景影片剪辑元件拖入舞台中，设置实例名称为mainpi。为元件添加投影滤镜，并设置参数。在第10帧处插入关键帧，设置第1帧处的元件Alpha值为0%。在帧与帧之间创建传统补间动画。

06 新建"图层2"，将loader影片剪辑元件拖入舞台中。设置实例名称为blurpic，在"属性"面板中添加模糊滤镜，并设置相应的参数。

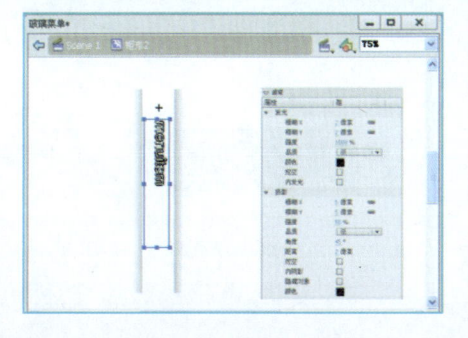

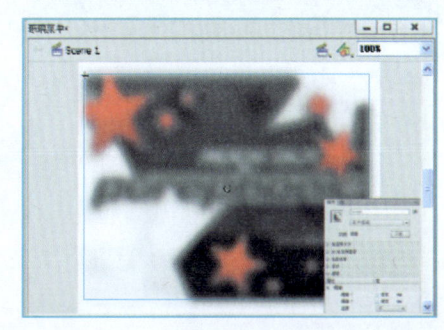

Flash CS6 | 157

中文版 Flash CS6 动画设计与制作案例教程

07 新建"图层3",将矩形影片剪辑元件拖入舞台中最右侧,设置实例名称为menuMask。在第10帧处插入普通帧,设置该图层为"遮罩层"。

08 新建"图层4",将矩形2影片剪辑元件拖入舞台中,设置实例名称为menushadow。在"属性"面板中设置X位置为627,Y位置为32。

09 新建"图层5",在第10帧处插入空白关键帧。将click按钮元件拖入舞台中4次,分别设置实例名称为home、about、contact、info。

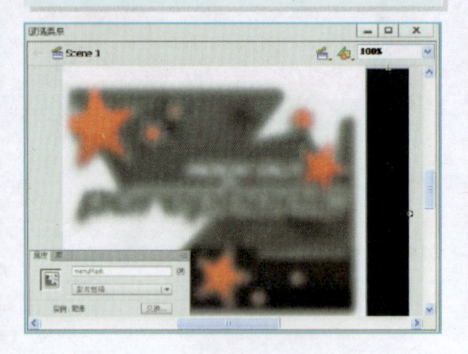

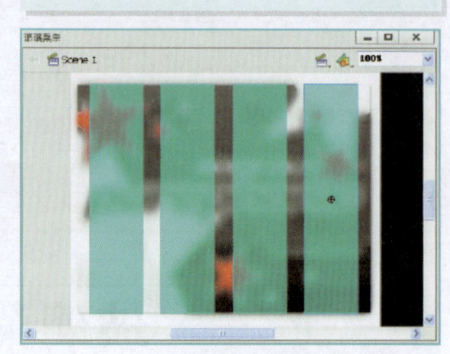

10 选择按钮元件,打开"动作"面板,为其添加脚本。

11 为另外两个按钮元件添加脚本。在第10帧处输入脚本"stop();"。

12 至此,"玻璃菜单"制作完成,保存并按Ctrl+Enter组合键进行影片测试即可。

实例142 滑动选单

本实例介绍滑动选单动画的制作方法。

文件路径:源文件\第8章\例142

视频文件:视频文件\第8章\例142.mp4

01 新建一个空白文档,将素材图片导入到"库"面板中。新建线1图形元件,使用"线条工具"在舞台中绘制图形。

02 新建image1至image5图形元件,将素材图片拖入舞台中。新建线2图形元件,使用"线条工具"绘制两条直线,并调整位置。

03 新建图形元件1、2、3,在元件1中使用"矩形工具"绘制矩形,并填充为白色。

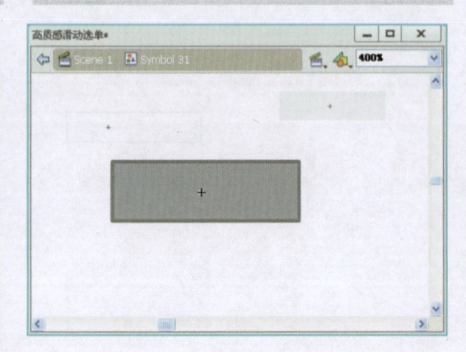

158 Flash CS6

第8章 导航栏特效

04 新建B1按钮元件，将图形元件1拖入舞台中，输入文本"公司主页"。在第2帧和第3帧处插入空白关键帧。在第4帧处插入关键帧。

05 在"库"中直接复制B1按钮元件，得到B2至B10按钮元件，改变相应的文本。使用同样的方法新建B-1至B-6按钮元件。

06 新建box1图形元件，使用"矩形工具"绘制矩形，设置Alpha为0%。新建symbol 1图形元件，使用"矩形工具"，设置笔触颜色为白色，填充颜色为#A13B15到#FFFFFF的径向渐变，在舞台中绘制矩形。

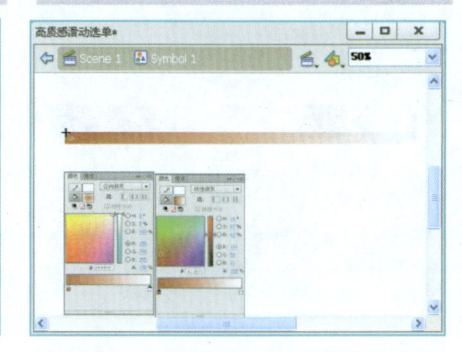

07 新建box2图形元件，使用"矩形工具"绘制矩形，设置笔触颜色为白色，填充颜色为红色到黑色的径向渐变。新建box-2影片剪辑元件，将box2图形元件拖入舞台中。新建竖线图形元件，绘制图形。

08 新建box3影片剪辑元件，使用"文本工具"绘制文本框。新建"图层2"，将box-2影片剪辑元件拖入舞台中。新建"图层3"，在第1帧处按F9键打开"动作"面板，在其中输入脚本。

09 分别新建line 1和line 2图形元件。使用"线条工具"在舞台中绘制直线。新建line-1影片剪辑元件，在第85帧、第86帧、第142帧、第143帧处插入关键帧，将line1和line2图形元件拖入舞台中，并在关键帧之间创建传统补间动画。使用同样的方法新建line-2影片剪辑元件。

10 新建line 3影片剪辑元件，新建4个图层，将line-1、line-2影片剪辑元件拖入对应的图层，并调整位置。返回"场景1"，在第2帧处插入关键帧，将线1影片剪辑元件拖入舞台中，在第215帧处插入帧。

11 新建"图层2"，在第77帧处插入关键帧，将image1影片剪辑元件拖入舞台中。在第78帧至第94帧处分别插入关键帧形成逐帧动画，分别调整每帧中元件的位置。

12 在第115帧至第148帧处分别插入关键帧形成逐帧动画，调整每帧元件的位置。在帧与帧之间创建传统补间动画。

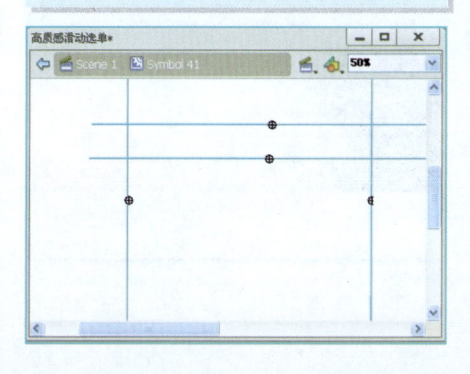

中文版 Flash CS6 动画设计与制作案例教程

13 按照上述步骤，新建"图层3"到"图层6"，从"库"中将相应的图形元件拖入舞台中，设置关键帧和创建传统补间动画。

14 新建"图层7"，在第2帧和第39帧处插入关键帧，将线2影片剪辑元件拖入舞台中。新建"图层8"，在第2帧处插入关键帧，将symbol 32按钮元件拖入舞台中的合适位置。

15 新建"图层9"，在第2帧处插入关键帧，将line 3按钮元件拖入舞台中的合适位置。新建"图层10"，在第2帧处插入关键帧，将box1影片剪辑元件拖入舞台中的合适位置。

16 新建"图层11"，将symbol 12影片剪辑元件拖入舞台中，将后面的帧都删除。新建"图层12"，在第2帧处插入关键帧，将symbol 46影片剪辑元件拖入舞台中的合适位置。

17 新建"图层13"，在第2帧、第20帧、第39帧、第58和第115帧处插入关键帧，将symbol 1影片剪辑元件拖入舞台中的合适位置。按上述步骤新建"图层14"至"图层16"，并设置相应的关键帧。

18 新建"Action Layer"图层，在第1帧和第2帧处插入关键帧，按F9键打开"动作"面板，在其中输入脚本。

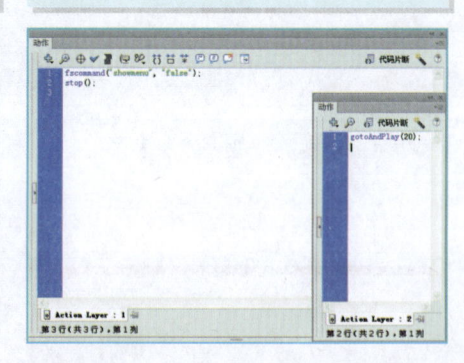

19 在"Action Layer"图层的第20、39、58、77、96、115、132帧处分别插入空白关键帧。按F9键打开"动作"面板，在其中输入脚本"stop();"。

20 新建"Label Layer"图层，设置第21、40、59、78、97帧的实例名称为Image1至Image5。设置第116帧和第133帧的实例名称为back5、back4。

21 至此，"滑动选单"制作完成，保存并按Ctrl+Enter组合键进行影片测试即可。

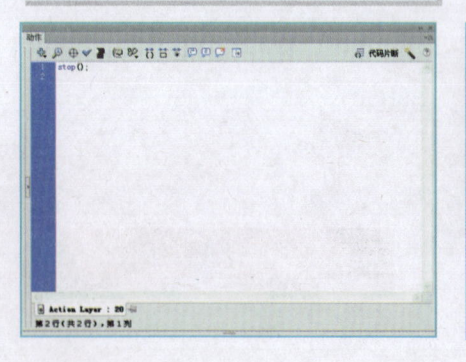

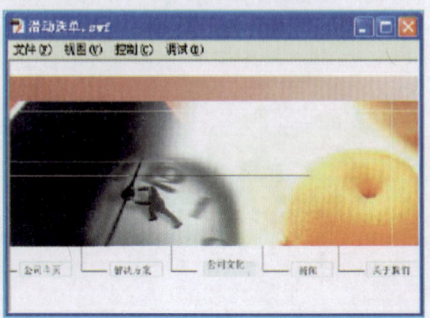

160 | Flash CS6

实例143　简易导航菜单

本实例介绍简易导航菜单动画的制作方法。

文件路径：源文件\第8章\例143　　　视频文件：视频文件\第8章\例143.mp4

01 新建空白文档，导入素材图片。新建mainText影片剪辑元件，在第1帧至第5帧处插入空白关键帧。使用"文本工具"在每帧的舞台中输入不同的文本。

02 新建线条影片剪辑元件。使用"线条工具"在舞台中绘制一条竖线。新建bg按钮元件，使用"矩形工具"在舞台中绘制白色矩形。

03 新建1按钮元件，使用"文本工具"输入文本"公司历史"。在第2帧和第4帧处分别插入关键帧，选择第2帧，设置文本颜色为#00B6E7。在第4帧处绘制黑色矩形。

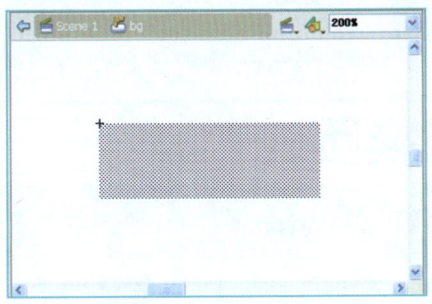

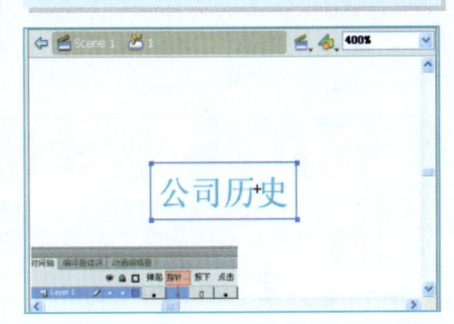

04 在"库"面板中选择1按钮元件，单击鼠标右键，在弹出的快捷菜单中执行"直接复制"命令，得到按钮元件，在相应的元件中修改文本。

05 新建menu1影片剪辑元件，将bg按钮元件拖入舞台中。新建"图层2"，在第3帧和第10帧处插入关键帧，将按钮元件1拖入舞台中。

06 设置第3帧中元件的Alpha的值为0%，第10帧中元件的Alpha的值为100%。在帧与帧之间创建传统补间动画。

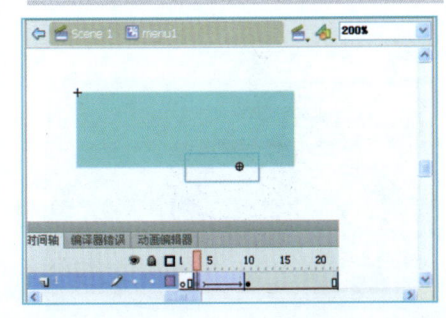

07 按照上述步骤，新建"图层2"至"图层4"。新建"mask"图层，使用"矩形工具"在舞台上绘制黑色矩形。选择"mask"图层，单击鼠标右键，在弹出的快捷菜单中执行"遮罩层"命令。

08 新建"mainText"图层和"line"图层，在第10帧处插入关键帧，分别将mainText和line影片剪辑元件拖入舞台中的合适位置。

09 选择第10帧的图形，使用"任意变形工具"将其拉长到合适高度，并在关键帧之间创建传统补间动画。

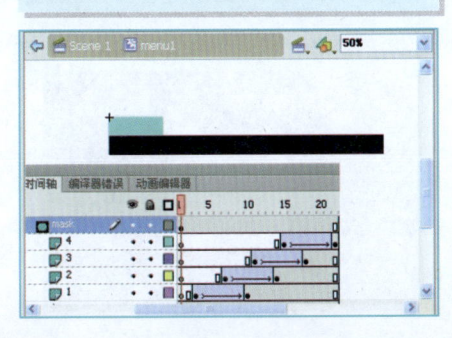

10 按照上述步骤新建其他menu影片剪辑元件。返回"Scene 1"场景，重命名"图层1"为bg，将素材图片拖入舞台中。

11 新建"图层2"，将5个menu影片剪辑元件拖入舞台中的合适位置。新建"action"图层，按F9键打开"动作"面板，在其中输入脚本。

12 至此，"简易导航菜单"制作完成，保存并按Ctrl+Enter组合键进行影片测试即可。

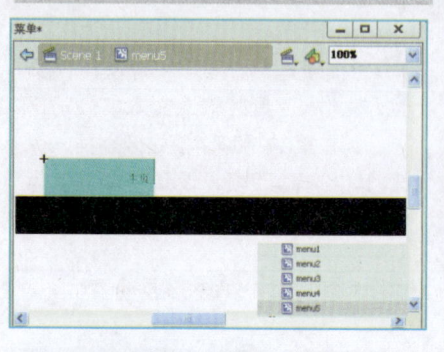

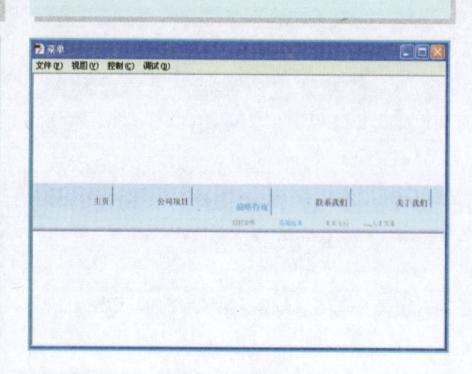

实例144 数字切换页

本实例介绍使用脚本制作数字切换页面的方法。

文件路径：源文件\第8章\例144　　　视频文件：视频文件\第8章\例144.mp4

01 启动Flash CS6，新建一个空白文档。在"文档设置"对话框中设置相应参数。新建Symbol 1图形元件，使用"矩形工具"绘制一个黑色圆角矩形。

02 新建Symbol 2影片剪辑，将Symbol 1图形元件拖入舞台。新建Symbol 15影片剪辑，使用"文本工具"创建动态文本，输入"01"，设置文本参数。

03 在第2帧至第10帧处插入关键帧，在第2帧处改变文本内容为"02"，在第3帧处改变文本内容为"03"，依此类推，直到第10帧文本内容为"10"。

04 新建Symbol 16影片剪辑，将Symbol 2影片剪辑拖入舞台中，在第10帧处插入关键帧，打散元件，改变其色调为红色。在第1帧到第10帧之间创建传统补间动画。

05 新建"图层2"，将Symbol 15影片剪辑拖入舞台中。在"属性"面板中设置实例名称为txt，在第10帧处插入关键帧。新建"图层3"，在"动作"面板中输入脚本"stop();"。

06 新建Symbol 17图形元件。使用"矩形工具"绘制一个高度和宽度都为30像素的正方形，填充颜色为白色。新建Symbol 18影片剪辑，将Symbol 17图形元件拖入舞台中。

第8章 导航栏特效

07 新建Symbol 19影片剪辑，将Symbol 18影片剪辑拖入舞台中。在"属性"面板中设置实例名称为pic。

08 新建Symbol 20图形元件。使用"矩形工具"绘制一个大小为480像素×217像素，填充颜色为#99CCFF的圆角矩形。

09 新建Symbol 21影片剪辑元件。返回主场景，将Symbol 21影片剪辑元件拖入舞台中，设置实例名称为movie。

10 新建"图层2"，将Symbol 20图形元件拖入舞台中，并设置"图层2"为"遮罩层"。

11 新建"图层3"，按F9键打开"动作"面板，在其中输入脚本。

12 将"数字切换页"文件名称保存在和image、js文件夹同一级的文件夹中。至此，"数字切换页"制作完成，保存并按Ctrl+Enter组合键进行测试即可。

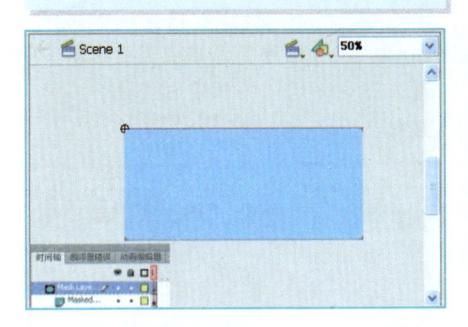

实例145 文化公司导航

本实例介绍文化公司导航动画的制作方法。

文件路径：源文件\第8章\例145

视频文件：视频文件\第8章\例145.mp4

01 新建空白文档，导入素材图片，新建bg影片剪辑元件。使用"矩形工具"，设置笔触颜色为白色，左右色标颜色为#699DCF、#80E9EE，在舞台中绘制矩形。

02 新建Button按钮元件，在第4帧处插入关键帧。使用"矩形工具"，设置笔触为无，填充色为白色，绘制矩形。

03 新建Symbol 1影片剪辑元件，将素材图片image1拖入舞台中。

中文版 Flash CS6 动画设计与制作案例教程

04 新建submenu1影片剪辑元件，在"Layer1"图层的第2帧处插入关键帧。使用"铅笔工具"，设置笔触为白色，填充颜色为无，样式为点状线，在舞台上绘制宽度为70，高度为47的形状，在第28帧处插入帧。

05 在"Layer1"图层的第14帧处插入关键帧。使用上述设置的"铅笔工具"绘制一个闭合的矩形，在第2帧和第14帧之间创建传统补间形状，设置"缓动"为−100，"混合"为分布式。

06 新建"Layer2"图层。使用"椭圆工具"，设置笔触为白色，颜色类型为径向渐变。色标颜色为#FFFFFF、#CACACA，第二个色标的Alpha值为0%。使用"文本工具"输入文本，设置颜色为白色。

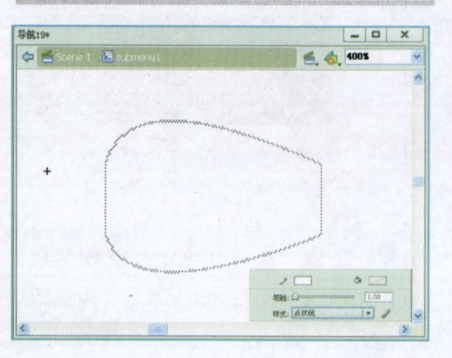

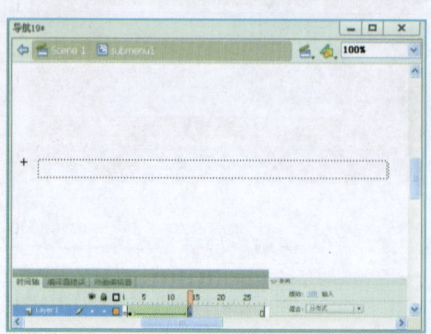

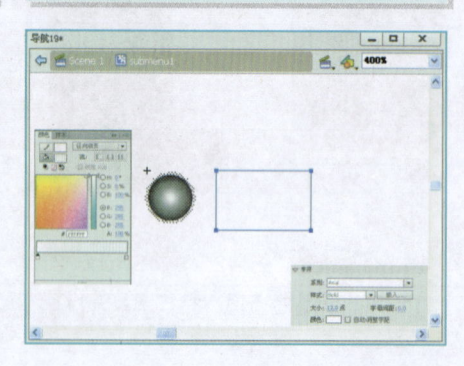

07 新建"Layer3"图层，在第17帧处插入关键帧，设置文本参数，输入文本"公司历史""公司文化""公司近况""公司项目""公司职员"。

08 新建"hit"图层，在第1帧处插图关键帧，将按钮元件Button拖入舞台中，并移动至合适位置。

09 新建"图层4"，在第17帧处插入关键帧，将按钮元件Button拖入舞台中，并放置在合适位置，然后使用"任意变形工具"调整其大小。

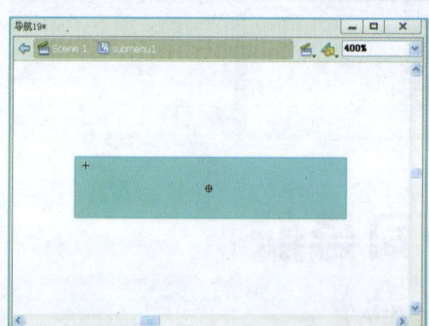

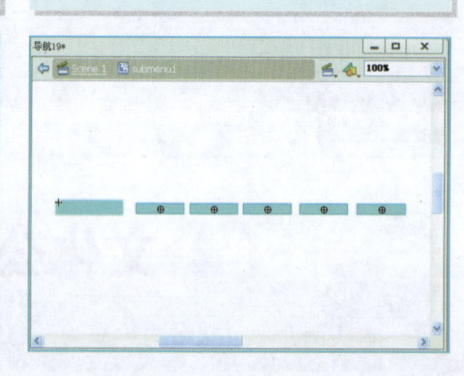

10 新建"图层5"，在第1帧和第28帧处插入关键帧。按F9键打开"动作"面板，在其中输入脚本"stop();"。

11 在"库"面板中选中元件，单击鼠标右键，在弹出的快捷菜单中执行"直接复制"命令，将复制的元件重命名为submenu2，依次复制4次，改变里面的文本。

12 新建menu影片剪辑元件，在第1、4、7、11、15、19帧处插入关键帧。在第1帧处，使用"线条工具"绘制一条白色的直线，并调整所在关键帧的弯曲度。

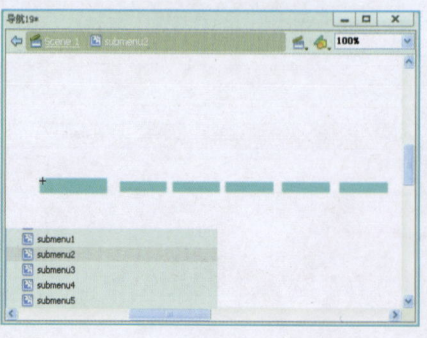

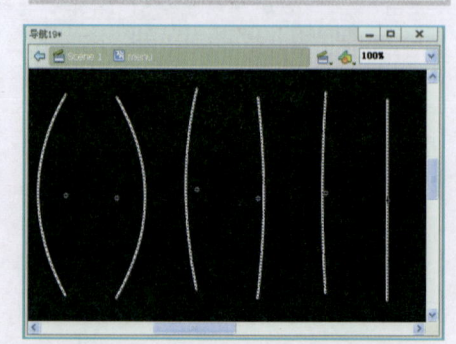

第8章 导航栏特效

13 在"Layer 1"图层中的两关键帧之间创建传统补间形状,设置"缓动"为0,"混合"为分布式,在第64帧处插入帧。

14 新建"submenu1"图层,在第24、28、29、30帧处插入关键帧,将submenu1影片剪辑元件拖入舞台中,调整关键帧之间的位置,并在第24帧和第28帧之间创建传统补间动画。

15 按照上述步骤,新建其他"submenu"图层。新建"Layer 3"图层,在第64帧处插入空白关键帧,按F9键打开"动作"面板,在其中输入脚本"stop();"。

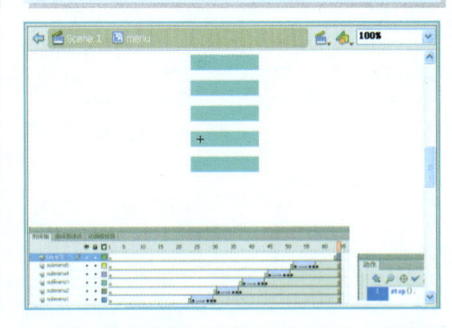

16 新建"image"和"text"图层,在各图层的第1帧处插入关键帧,将相应的影片剪辑元件拖入舞台中。在"text"图层中设置文本参数,并输入文本"麓山研究咨询"。

17 新建"logo"和"menu"图层,在图层第1帧处插入关键帧,将tushu素材图片和menu影片剪辑元件拖入舞台中。在"logo"层的第1关键帧处输入文本"图书出版"。

18 至此,"文化公司导航"制作完成,保存并按Ctrl+Enter组合键进行动画测试即可。

实例146 横向下拉菜单

本实例主要介绍运用按钮元件和影片剪辑元件创建传统补间动画来制作横向下拉菜单动画的方法。

文件路径:源文件\第8章\例146   视频文件:视频文件\第8章\例146.mp4

01 新建空白文档,导入素材图片,重命名"图层1"为bg,将素材图片拖入舞台。

02 新建btbg影片剪辑元件,在第1帧和第60帧处插入关键帧。使用"矩形工具",填充颜色为黑色,在舞台中绘制矩形,将第1关键帧的Alpha值设置为0%,第60帧的Alpha值100%。

03 在两个关键帧之间创建传统补间形状,设置"缓动"为100,"混合"为分布式。新建"Layer 2"图层,在第60帧处插入关键帧,按F9键打开"动作"面板,在其中输入脚本"stop();"。

Flash CS6 | 165

04 新建mtext1影片剪辑元件。使用"文本工具",打开"属性"面板,在"字符"卷展栏中设置字符系列为(Bauhaus-Heavy)系统默认字体,大小为12.0点,颜色为#798D53,输入文本"主页"。

05 在"库"面板中选中元件,单击鼠标右键,在弹出的快捷菜单中执行"直接复制"命令,将复制的元件重命名为mtext2,依次复制5次,改变里面的文本。

06 新建m1影片剪辑元件,在第1、15、20帧处插入关键帧,使用"矩形工具",在第1帧画出颜色为黑色的矩形;在第15帧画出颜色为#CFEDC0的矩形;在第20帧画两个矩形,颜色为#798D53和黑色。

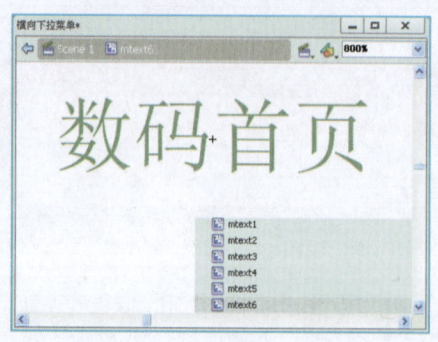

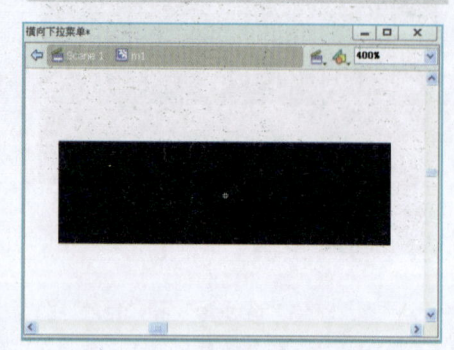

07 在两个关键帧之间创建传统补间形状,设置"缓动"为-100,"混合"为分布式。在第15帧和第20帧之间设置"缓动"为100,"混合"为分布式。

08 新建"Layer 2"图层,在第1帧和第20帧处插入关键帧,将mtext1影片剪辑元件拖入舞台。在第20帧处使用"任意选取工具"调整大小。

09 在两个关键帧之间创建传统补间动画。选中"库",单击鼠标右键,在弹出的快捷菜单中执行"直接复制"命令,选择直接复制元件重命名为m2,依次复制5次,改变里面的文本。

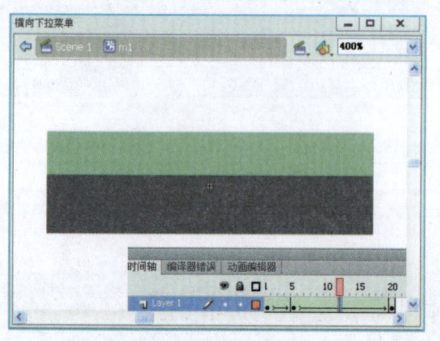

10 新建sm11按钮元件,在第2帧处插入关键帧。使用"文本工具"输入文本"公司文化",在第4帧处插入帧。

11 新建"pLayer 2"图层,在弹起、指针处插入关键帧。选择"文本工具",设置文本参数,然后输入"公司文化"。

12 选中元件,单击鼠标右键,在弹出的快捷菜单中执行"直接复制"命令,将元件重命名为按钮sml2,依次复制22次,改变里面的文本,建立其他按钮元件。

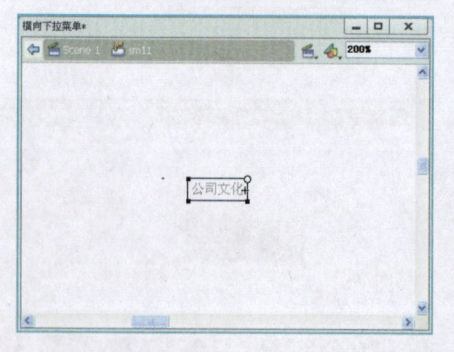

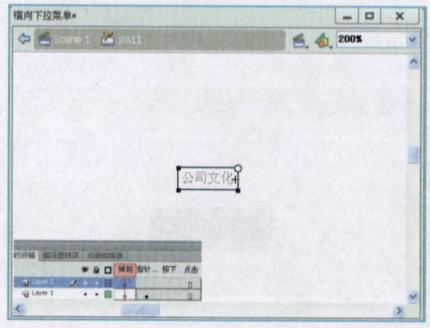

第8章 导航栏特效

13 新建sm1影片剪辑元件，将影片剪辑元件sbar拖入舞台中，并打开"属性"面板，设置颜色效果的Alpha值为0%，使用"直线工具"和"椭圆工具"绘制图形。

14 新建"pLayer 2"图层，将按钮元件sm11、sm12、sm13拖入舞台中并调整位置。

15 按照上述步骤新建sml2、sml3、sml4、sml5、sml6。

16 返回"Scene 1"场景，新建"subbar"图层，将影片剪辑元件sml1、sml2、sml3、sml4、sml5、sml6拖入舞台中。

17 新建"black"图层，使用"矩形工具"，在舞台中绘制颜色为黑色的矩形。

18 新建"menu"图层，将影片剪辑元件sm1到sm6拖入舞台中。

19 新建"line"图层，使用"矩形工具"，设置笔触颜色为黑色，填充颜色为白色，在舞台中绘制颜色为黑色的矩形框。

20 新建"as"图层，按F9键打开"动作"面板，在其中输入脚本。

21 至此，"横向下拉菜单"制作完成，保存并按Ctrl+Enter组合键进行动画测试即可。

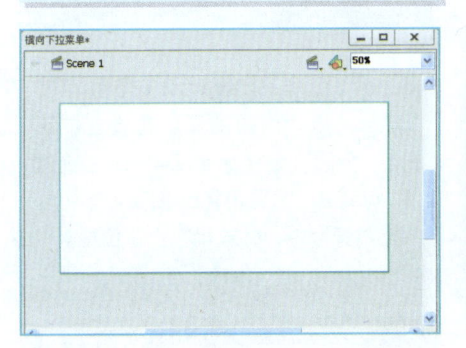

> **提示**：在"库"面板中直接复制元件，然后在复制的元件中修改部分内容，可以使制作更方便快捷，为用户节约时间。

实例147 下拉菜单

本实例介绍运用建立影片剪辑元件和按钮元件的方法制作下拉列表动画。

文件路径：源文件\第8章\例147   视频文件：视频文件\第8章\例147.mp4

01 新建空白文档，新建mcBg影片剪辑元件，使用"矩形工具"在舞台上绘制三个矩形。第一个矩形颜色为#A16487，第二个颜色为#CC7EB1，第三个设置笔触为白色，颜色类型为径向渐变，色标颜色为#AB6785、#FFA8D0。

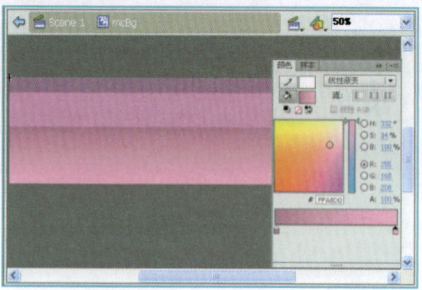

02 新建mcBlank影片剪辑元件，使用"矩形工具"在舞台中绘制矩形，并设置颜色为#D6D6D6，设置Alpha的值为0%。新建mcSubBg影片剪辑元件，在舞台中绘制一个白色矩形，使用"任意变形工具"进行变形。

03 新建mcSubBgL影片剪辑元件，将影片剪辑元件mcBlank拖入舞台中。新建"Layer 2"图层，使用"钢笔工具"绘制形状，并填充为白色。按此步骤新建mcSubBgL影片剪辑元件。

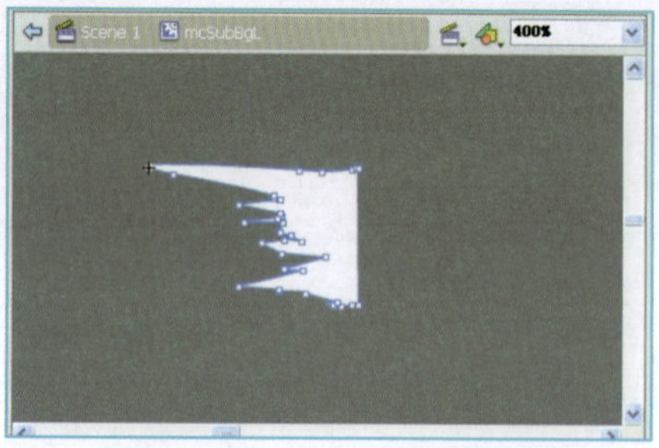

04 新建mcSubBgGroup影片剪辑元件，将mcBlank、mcSubBgL和mcSubBgL影片剪辑元件拖入舞台中。

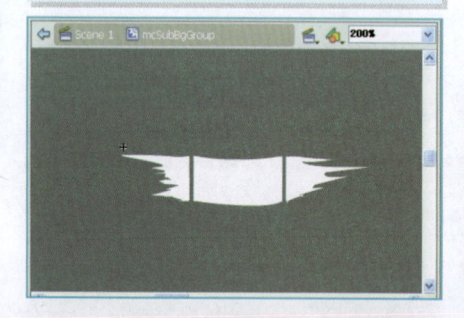

05 新建mcMenu1影片剪辑元件，将mcBlank影片剪辑元件拖入舞台中。新建"Layer 2"图层，使用"文本工具"，设置文本参数，输入文本"主页"。

06 选中"库"中的元件，单击鼠标右键，在弹出的快捷菜单中执行"直接复制"命令，将元件重命名为mcMenu2。依次复制4次，改变里面的文本，建立其他影片剪辑元件。

07 新建btnBlank按钮元件，使用"矩形工具"在舞台中绘制一个黑色矩形。

08 新建mcSub1影片剪辑元件，使用"文本工具"，打开"属性"面板，在"字符"卷展栏中设置字符系列为Times New Roman，大小为14点，颜色为#1D4958，输入文本"01""02""03""04"。

09 新建"Layer 2"图层，使用"椭圆工具"在舞台中绘制4个椭圆，颜色为#1D4958。新建"Layer 3"图层，将btnBlank按钮元件拖入舞台中，并放置在合适位置。

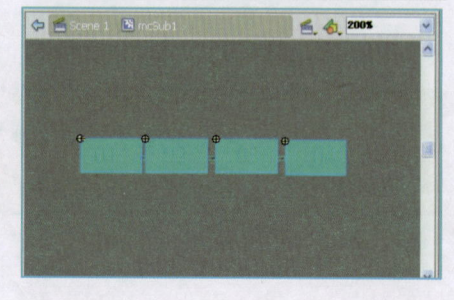

第8章　导航栏特效

10 选中"库",单击鼠标右键,在弹出的快捷菜单中执行"直接复制"命令,将复制的元件重命名为mcSub2。依次复制4次,改变里面的文本,建立其他影片剪辑元件。

11 返回"Scene 1"场景,重命名"Layer 1"图层为bg,将影片剪辑元件mcBg拖入舞台中。

12 新建subBg_shadow和subBg图层,将影片剪辑元件mcSubBgGroup拖入舞台中,在"subBg_shadow"图层中将其填充为黑色。

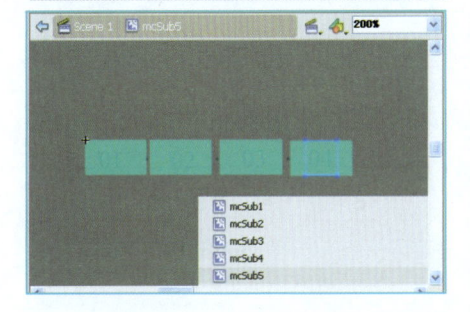

13 新建"sub"和"menu"图层,将相应的影片剪辑元件拖入舞台中,并移动至合适位置。

14 新建"actions"图层,按F9键打开"动作"面板,在其中输入脚本。

15 至此,"下拉菜单"制作完成,保存并按Ctrl+Enter组合键进行动画测试即可。

实例148　下拉线式菜单

本实例介绍使用创建影片剪辑元件和输入脚本制作下拉线式菜单动画效果的方法。

文件路径:源文件\第8章\例148　　　视频文件:视频文件\第8章\例148.mp4

01 新建一个空白文档。将素材图片导入到"库"面板中。新建"bg"图层,使用"矩形工具",打开"属性"面板,设置笔触颜色为#1D4958,颜色样式为线性渐变。色标颜色为#E2E2E2、#CCCCCC,使用"部分选取工具"调整右下部分形状。

02 新建circle影片剪辑元件。使用"椭圆工具",设置笔触颜色为#1D4958,颜色样式为径向渐变。色标颜色为#F6F6F6、#FCFCFC、#FCFCFC、#FCFCFC,后面两个色标的Alpha值为30%和0%。

03 新建"Layer 2"图层。使用"矩形工具",设置笔触颜色为无,填充颜色为白色,在椭圆的正中心绘制一个宽度和高度均为8的正方形。

Flash CS6 | 169

04 新建t1影片剪辑元件，使用"文本工具"输入文本"HOME"，并设置文本参数。选中"库"，单击鼠标右键，在弹出的快捷菜单中执行"直接复制"命令，选择直接复制元件重命名影片剪辑元件为t2，依次复制4次，改变里面的文本。建立其他影片剪辑元件。

05 新建"te1"图层，在第2帧处插入关键帧，将影片剪辑元件t1拖入舞台中。选择第2帧，单击舞台上的字，打开"属性"面板，设置颜色效果的Alpha值为0%。

06 在第6、10帧处插入关键帧，将t1影片剪辑元件拖入舞台中。在第10帧处使用"任意变形工具"将文字调小，并在各关键帧之间创建传统补间动画和设置补间参数。

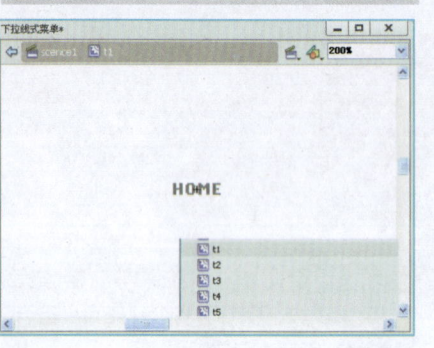

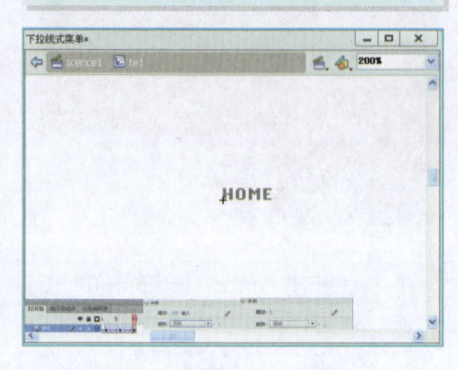

07 新建"as"图层，在第1帧和第10帧处插入关键帧，按F9键打开"动作"面板，在其中输入脚本"stop();"。

08 选中"库"中的元件，单击鼠标右键，在弹出的快捷菜单中执行"直接复制"命令，重命名影片剪辑元件为te2，依次复制4次，改变里面的文本。建立其他影片剪辑元件。

09 新建home影片剪辑元件，重命名"Layer 1"图层为photo，将素材图片拖入舞台中，在第15帧处插入帧。

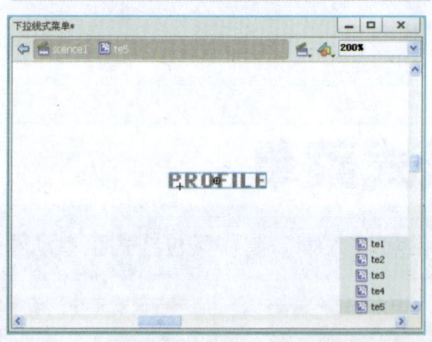

10 新建"mask"图层，在第1、7、15帧处插入关键帧。使用"矩形工具"在舞台中绘制矩形，颜色为#0033CC。在第7帧和第15帧处使用"任意变形工具"调整大小，并移动至合适位置。

11 在各关键帧之间创建传统补间形状。打开"属性"面板，设置第1帧和第7帧的补间"缓动"为−77，"混合"为分布式，设置第7帧和第10帧的补间"缓动"为100，"混合"为分布式，设置"mask"图层为"引导层"。

12 新建"as"图层，在第1帧和第15帧处插入关键帧，按F9键打开"动作"面板，在其中输入脚本"stop();"。

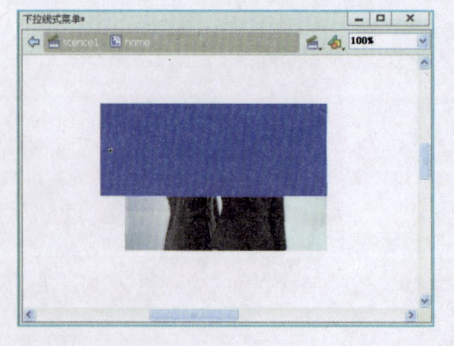

13 按照上述新建home影片剪辑元件的步骤新建其他菜单的影片剪辑元件。

14 新建menu1影片剪辑元件。使用"椭圆工具"绘制钟表图形，选择不同工具新建menu2到menu5。

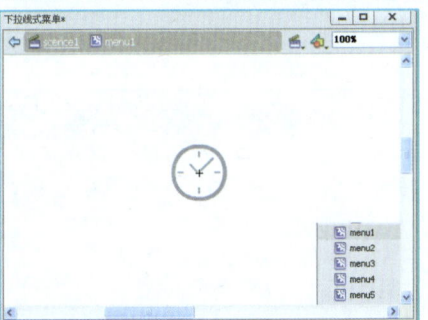

15 返回"scene 1"场景，新建"circle"图层，将影片剪辑元件circle拖入舞台中。打开"属性"面板，设置Alpha的值为30%。

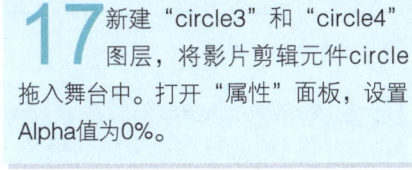

16 新建"circle2"图层，将影片剪辑元件circle拖入舞台中。

17 新建"circle3"和"circle4"图层，将影片剪辑元件circle拖入舞台中。打开"属性"面板，设置Alpha值为0%。

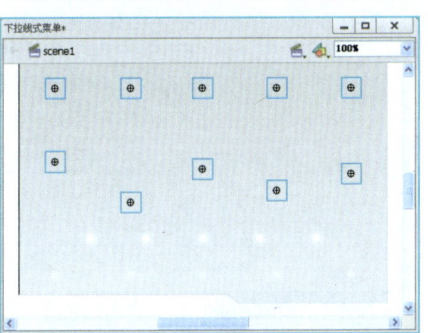

18 新建"text"图层，将影片剪辑元件t1至t5依次拖入舞台中的左上角。新建"sm"图层，将影片剪辑元件sm拖入舞台中。

19 新建"image"图层，将mask组里面的影片剪辑元件拖入舞台中。新建"menu"图层，将menu组里面的影片剪辑元件拖入舞台中。

20 新建"action"图层，按F9键打开"动作"面板，在其中输入脚本。

21 至此，"下拉线式菜单"制作完成，保存并按Ctrl+Enter组合键进行动画测试即可。

实例149　科技公司导航

本实例介绍科技公司导航动画的制作方法。

文件路径：源文件\第8章\例149

视频文件：视频文件\第8章\例149.mp4

中文版 Flash CS6 动画设计与制作案例教程

01 新建空白文档，将素材图片导入到"库"面板中。新建cn1影片剪辑元件，使用"文本工具"输入文本"海航科技"。新建cn影片剪辑元件，输入文本"海航科技"，颜色为黑色，将两层打散叠放一起。

02 新建slogan影片剪辑元件，使用"文本工具"输入文本"高服务、高质量、高科技、高人才"。新建word_1-word_3影片剪辑元件，并输入文本。

03 新建word11影片剪辑元件，使用"文本工具"输入文本"主页"。新建word1影片剪辑元件，输入文本，将其与"图层1"叠放在一起。按此步骤建立其他文字影片剪辑元件。

04 新建pic1r和 pic1影片剪辑元件，将相应的素材图片拖入舞台中。按此步骤创建xiaoguo文件组中其他的影片剪辑元件。

05 新建but_area按钮元件。在第4帧处插入关键帧，使用"矩形工具"在舞台上绘制矩形。

06 新建but_1影片剪辑元件，在"Layer 1"图层中，将Word1影片剪辑元件拖入舞台中。新建"Layer 2"图层，将dots.png素材图片拖入舞台中。

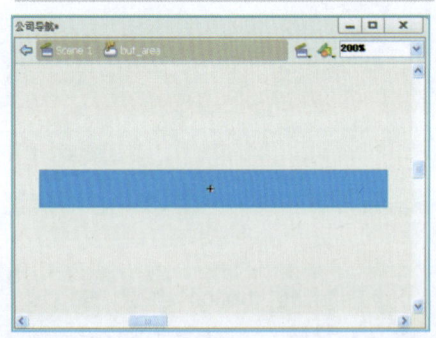

07 新建"Layer 3"图层，在第2帧处插入关键帧，将line_d.png素材图片拖入舞台中，在第16帧处插入关键帧。新建"Layer 6"图层，在第2、9、16帧处插入关键帧，使用"矩形工具"在舞台中绘制矩形。

08 在关键帧之间创建传统补间，设置"Layer 6"图层为"遮罩层"。新建"Layer 4"图层，将but_area按钮元件拖入舞台中，并移动至合适位置。

09 新建"Layer 5"图层，在第1帧和第9帧处插入空白关键帧，按F9键打开"动作"面板，在其中输入脚本"stop();"。在两个关键帧处设置实例名称为s1和s2。

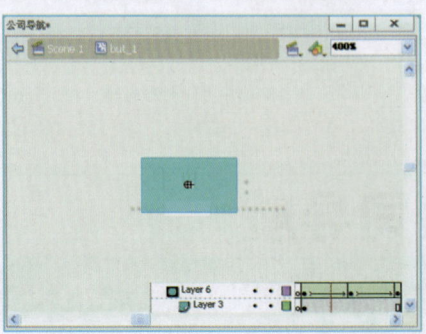

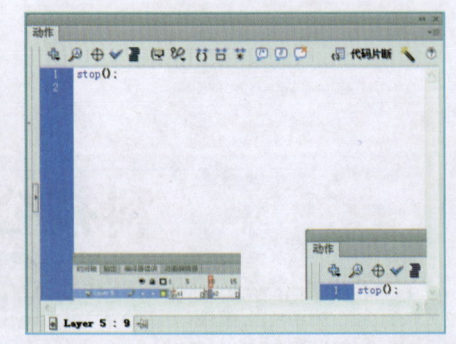

第8章 导航栏特效

10 按照建立but_1影片剪辑元件的步骤建立mask组其他的影片剪辑元件。

11 新建obj和obj1影片剪辑元件，将obj.png素材图片拖入舞台中。

12 新建loading影片剪辑元件使用"文本工具"输入文本，在第2帧处插入帧。在第3帧插入关键帧。在文本后面绘制圆点，后面依次插入帧和关键帧。

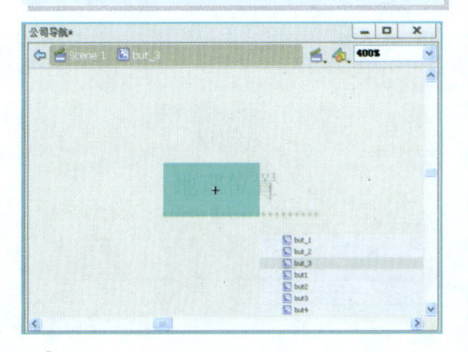

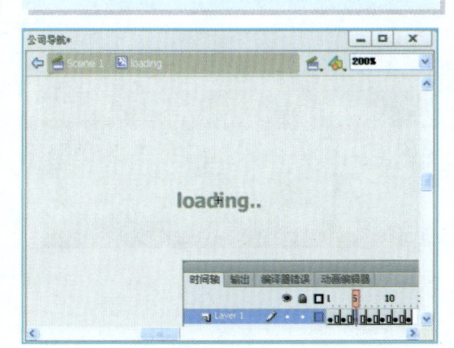

13 新建loader和loader1影片剪辑元件。新建图层，将loading和obj影片剪辑元件拖入舞台中。新建bkgr影片剪辑元件，使用"矩形工具"绘制矩形。

14 返回"Scene 1"场景，将bkgr影片剪辑元件拖入舞台中，设置第2帧的Alpha值为0%，在关键帧之间创建传统补间动画，在第56帧处插入帧。

15 新建"Layer 2"图层，将obj影片剪辑元件拖入舞台中，在第2帧处插入空白关键帧，将obj1影片剪辑元件拖入舞台中，在关键帧之间创建传统补间动画。

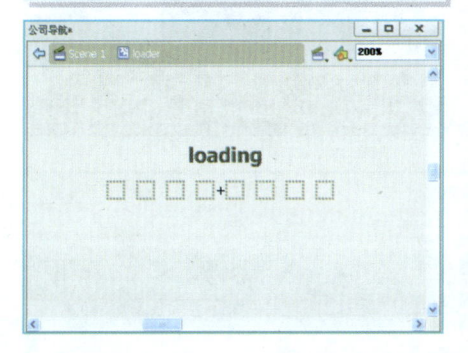

16 新建"Layer 3"图层，在第5、9、21帧处插入关键帧，使用"矩形工具"绘制矩形。将第5帧处的Alpha值设为0%，在各关键帧之间创建传统补间形状。按此步骤新建"Layer 4"到"Layer 6"图层。

17 新建"Layer 7"图层，在第21、22、28、35帧处插入关键帧，将but1影片剪辑元件拖入舞台中，调整好各关键帧的大小和位置，在关键帧之间创建传统补间动画。按照此步骤新建"Layer 8"到"Layer 10"图层。

18 新建"Layer 11"，在第38帧处插入关键帧。按F9键打开"动作"面板，在其中输入脚本。

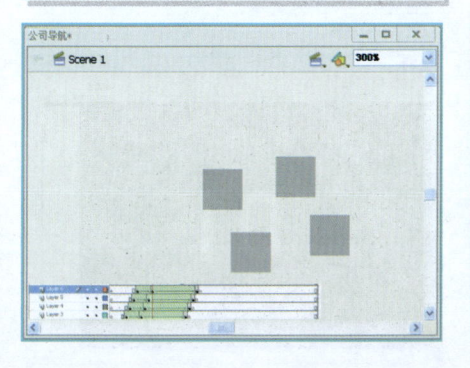

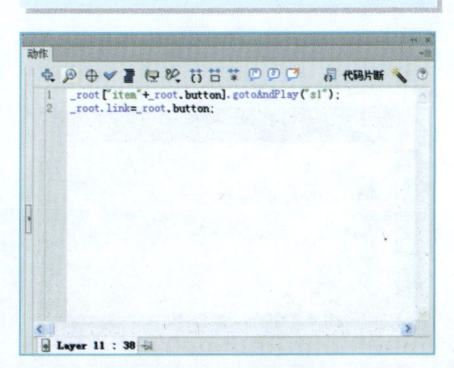

19 新建"Layer 12"图层，将slogan影片剪辑元件拖入舞台中，调整好各关键帧的大小和位置，在关键帧之间创建传统补间动画。

20 新建图层，在第36帧处插入关键帧，将cn影片剪辑元件拖入舞台中。新建图层，使用"椭圆工具"绘制椭圆，设置该图层为"遮罩层"，创建传统补间形状动画。

21 新建"Layer 16"图层，在第44帧和第48帧处插入关键帧，将but_1影片剪辑元件拖入舞台中，并在关键帧之间创建传统补间动画。

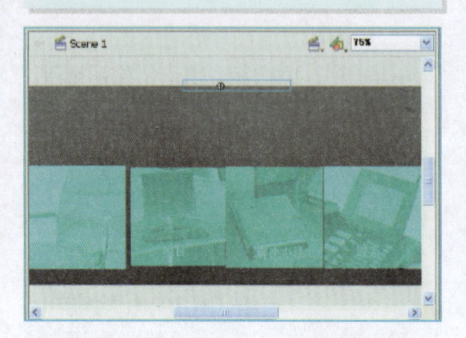

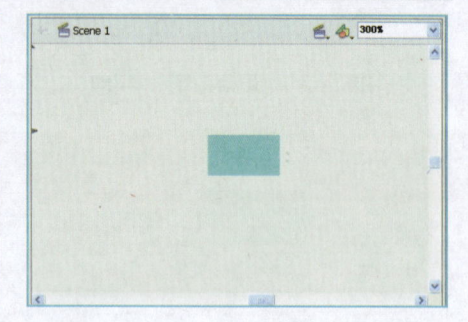

22 按照此种方法创建"Layer 17"和"Layer 18"图层。

23 新建图层，在第2、56帧处插入关键帧，打开"动作"面板，在其中输入脚本。

24 至此，"科技公司导航"制作完成，保存并按Ctrl+Enter组合键进行动画测试即可。

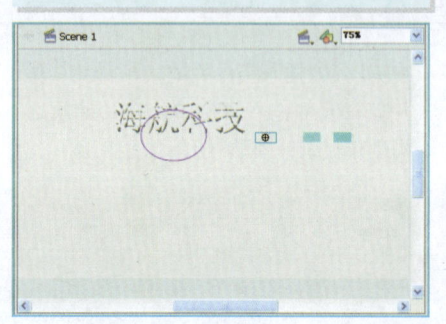

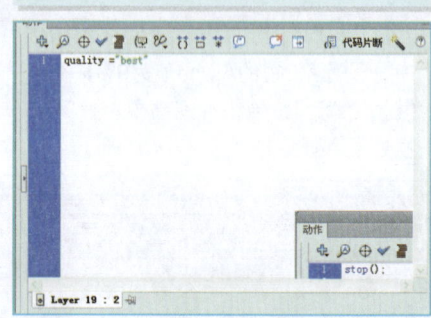

实例150　伸展菜单

本实例介绍伸展菜单动画的制作方法。

文件路径：源文件\第8章\例150　　　视频文件：视频文件\第8章\例150.mp4

01 新建空白文档，将素材图片导入到"库"面板中。新建Symbol 1图形元件，将素材图片拖入舞台中。新建btn_squre按钮元件，在弹起处插入空白关键帧，使用"矩形工具"在舞台中绘制矩形。

02 新建btn_01按钮元件，在弹起处插入关键帧。使用"矩形工具"绘制矩形，填充颜色为#FF0000。使用"文本工具"输入文本"01"。

03 新建01按钮元件，在弹起处插入关键帧。使用"文本工具"输入文本"01"。选中"库"，单击鼠标右键，在弹出的快捷菜单中执行"直接复制"命令，将复制的元件重命名02影片剪辑元件。复制32次，并依次修改相应元件中的文本。

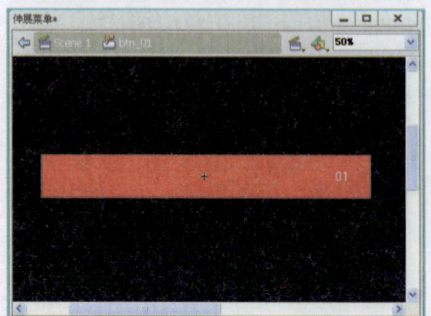

第8章 导航栏特效

04 选中"库",单击鼠标右键,在弹出的快捷菜单中执行"直接复制"命令,将复制的元件重命名为影片剪辑元件btn_02。依次复制7次,并修改相应元件的文本和矩形颜色。

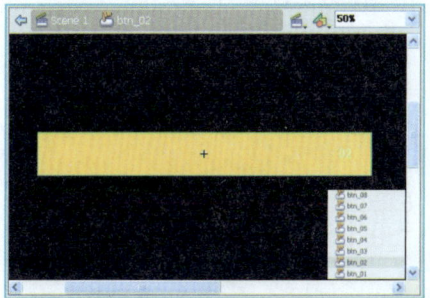

05 新建sub01影片剪辑元件,将btn_01按钮元件拖入舞台中。新建"Layer 2"图层,将按钮元件01、02、03、04拖入舞台中。按此步骤建立sub组中的其他影片剪辑元件。

06 新建menu01影片剪辑元件,将素材图片拖入舞台中。新建"Layer 2"图层,将btn_squre按钮元件拖入舞台中。按此步骤建立menu组中的其他影片剪辑元件。

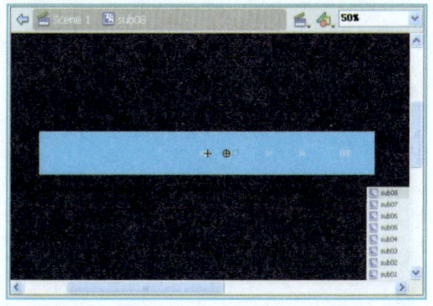

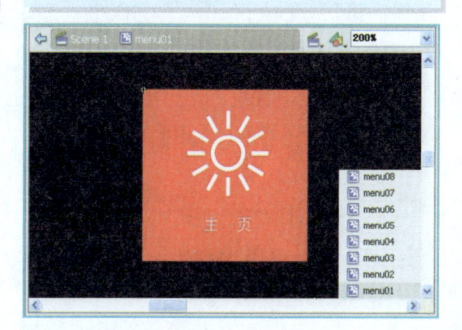

07 返回"Scene 1"场景,将Symbol 1影片剪辑元件拖入舞台中。新建"sub"图层,将sub1图元件拖入舞台中。新建"menu"图层,将menu组中的影片剪辑元件拖入舞台中。

08 新建"actions"图层,按F9键打开"动作"面板,在其中输入脚本。

09 至此,"伸展菜单"制作完成,保存并按Ctrl+Enter组合键进行动画测试即可。

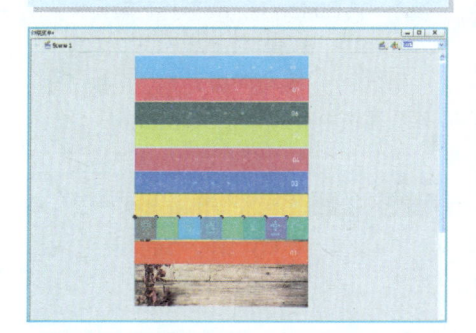

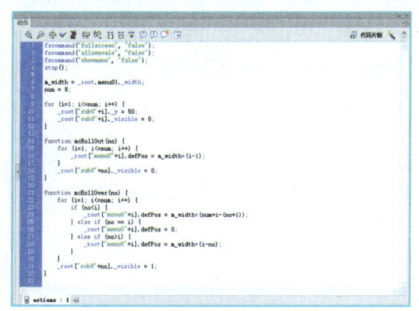

实例151 麓山文化公司导航

本实例介绍麓山文化公司导航动画的制作方法。

文件路径:源文件\第8章\例151

视频文件:视频文件\第8章\例151.mp4

01 新建一个空白文档,将素材图片导入到"库"面板中,在"库"中新建文件夹mask。新建mask 1到mask for slideshow影片剪辑元件。使用"矩形工具"和"椭圆工具"绘制遮罩的形状。

02 新建图形元件Portrait Logo。使用"钢笔工具"绘制图形,并填充为绿色。新建logo 2 clip影片剪辑元件,将图形元件Portrait Logo拖入舞台中。

03 新建button 1按钮元件,在弹起、指针处插入空白关键帧。使用"矩形工具"在舞台中绘制矩形,并填充为绿色。

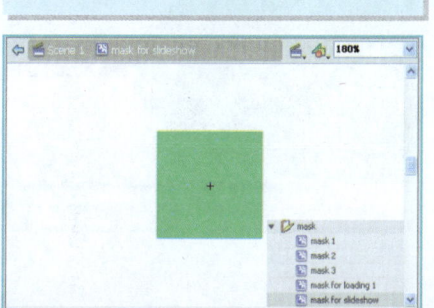

Flash CS6 | 175

04 新建Button Home影片剪辑元件，将button 1按钮元件拖入舞台。新建"Layer 2"图层，在第1、10、20帧处插入关键帧，绘制三角形；将第1帧和第20帧的Alpha值设为0%，第10帧的Alpha值设为100%；在关键帧之间创建传统补间动画。

05 新建"Layer 3"图层。使用"文本工具"输入文本"主页"。新建"Layer 4"图层，在第1帧和第10帧处插入空白关键帧，按F9键打开"动作"面板，在其中输入脚本"stop();"。

06 选中"库"，单击鼠标右键，在弹出的快捷菜单中执行"直接复制"命令，选择直接复制元件并重命名影片剪辑元件为Button About Us，依次复制5次，改变里面的文本。创建其他影片剪辑元件。

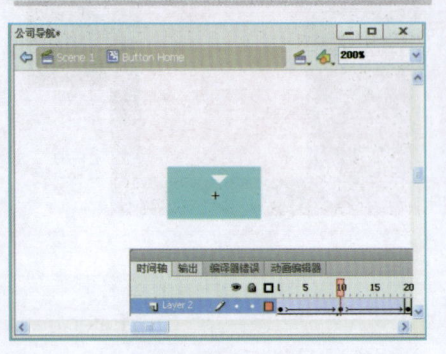

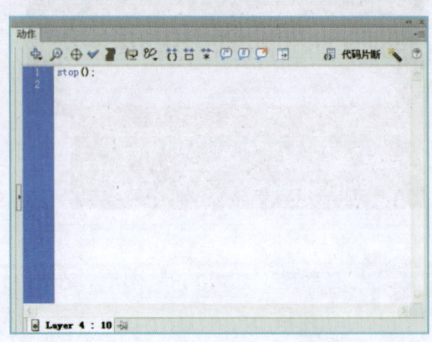

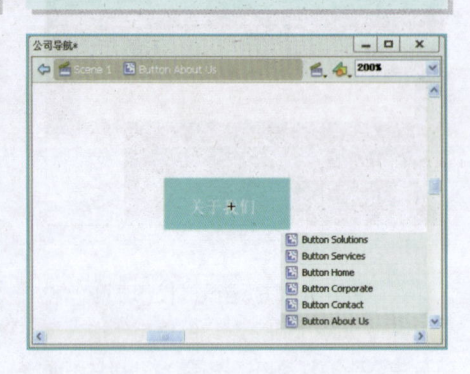

07 新建line影片剪辑元件，将素材图片拖入舞台中。新建menu all影片剪辑元件，在第20帧处插入帧。在帧与帧之间创建传统补间动画。

08 新建"Layer 2"图层，在第3、10帧处插入关键帧，将影片剪辑元件line拖入舞台中，在关键帧之间创建传统补间动画。按此步骤新建剩余图层。

09 从"Layer 7"图层开始将Button Home影片剪辑元件拖入舞台中。新建"Layer 12"图层，在第20帧处插入空白关键帧，在"动作"面板中输入脚本"stop();"。

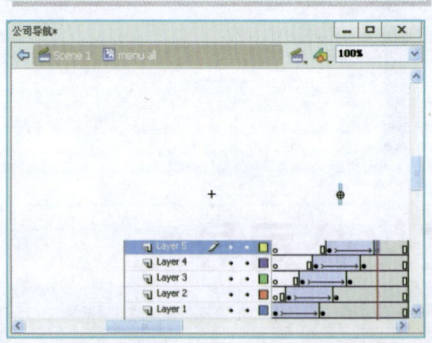

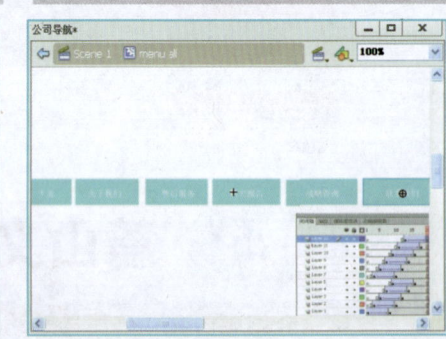

10 新建company和Service影片剪辑元件，使用"文本工具"输入文本。

11 新建loading clip影片剪辑元件。使用"矩形工具"在舞台中绘制矩形，在第100帧处插入帧。

12 新建图层，在第1帧和第100帧处插入关键帧。使用"椭圆工具"绘制椭圆，在关键帧之间创建传统补间动画。

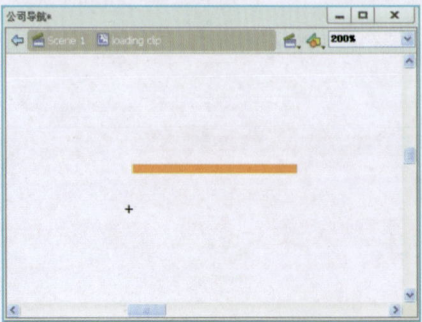

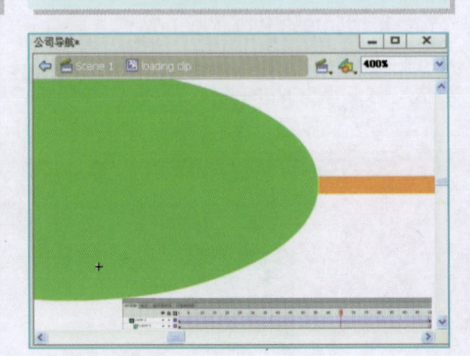

第8章　导航栏特效

13 新建"Layer 3"图层，将loading bitmap素材图片拖入舞台中。

14 新建1~5影片剪辑元件，将素材图片1~5拖入舞台中对应相应的影片剪辑元件。

15 新建clip copy1到clip copy5，将1~5影片剪辑元件拖入相应的影片剪辑元件中。

16 新建show 11影片剪辑元件，在第1帧和第15帧处插入关键帧，将影片剪辑元件5拖入舞台中，设置第1帧的Alpha值为0%，第15帧的Alpha值为100%，在关键帧之间创建传统补间动画。

17 新建"Layer 2"图层，在第15帧处插入空白关键帧，在"动作"面板中输入脚本"stop();"。按照上述步骤新建show 12~show 15影片剪辑元件，在第66帧处插入帧。

18 新建show 1 clip影片剪辑元件，将show 11影片剪辑元件拖入舞台中。新建"Layer 2"图层，在第1帧和第7帧处插入关键帧，设置第1帧的色彩效果为高级，在关键帧之间创建传统补间动画，设置"图层2"为"遮罩层"。

19 按照上述步骤创建其他遮罩图层。

20 新建"Layer 65"图层，在第67帧处插入关键帧，将clip copy1影片剪辑元件拖入舞台中。新建"Layer 66"图层，在第67帧处输入脚本。

21 按照建立show 1 clip影片剪辑元件的步骤建立show 2 clip~show 5 clip的影片剪辑元件。

Flash CS6 | 177

22 返回"Scene 1"场景，在第201帧处插入空白关键帧，输入脚本"stop();"，在第217帧处插入帧。新建"图层2"，在第9帧处插入关键帧，将素材图片拖入舞台中。

23 新建"Slideshow"图层，在第64帧处插入关键帧，将Slideshow影片剪辑元件拖入舞台中。

24 新建"Layer 3"图层，在第9帧处插入关键帧，使用"矩形工具"在舞台中绘制黑色矩形。新建"Layer 9"图层，在第9帧和第16帧处插入关键帧，将影片剪辑元件拖入舞台中，在关键帧之间创建传统补间动画。

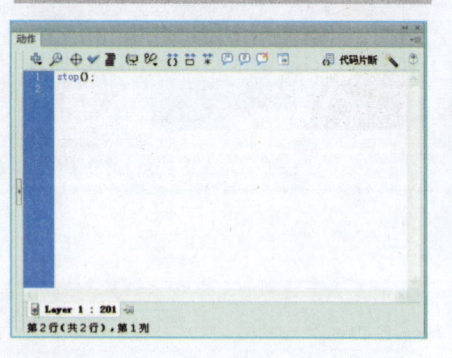

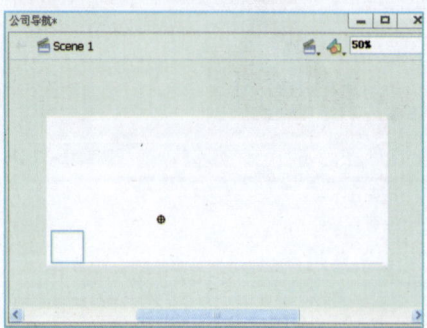

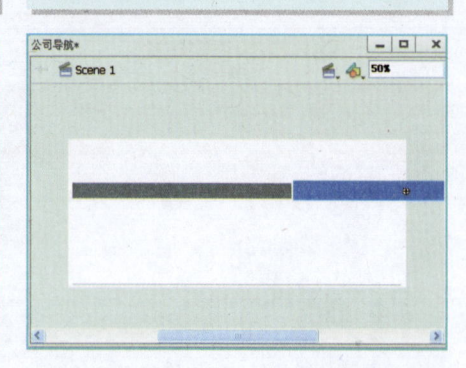

25 按照上述步骤建立其他遮罩层，新建"Layer 31"图层，在第16帧处插入关键帧，将menu all影片剪辑元件拖入舞台中。

26 新建"Logo"图层，将logo 2 clip影片剪辑元件拖入舞台中，制作动画效果。按此步骤建立"company"图层和"Service"图层。

27 新建"buildings"图层，在第30帧和第43帧处插入关键帧，将blue bg影片剪辑元件拖入舞台中，设置第30帧的Alpha值为0%，创建传统补间动画。

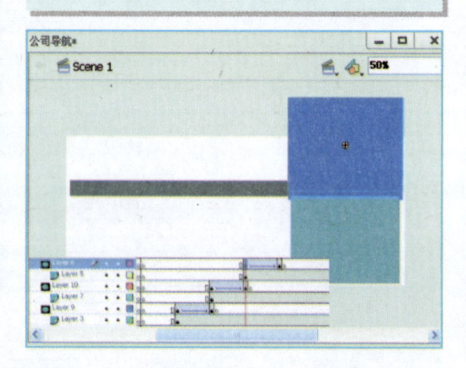

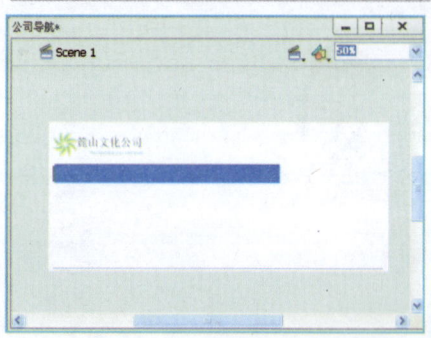

28 新建"Pre-loader"图层，将loading clip影片剪辑元件拖入舞台中。

29 新建图层，在第1帧处输入脚本。

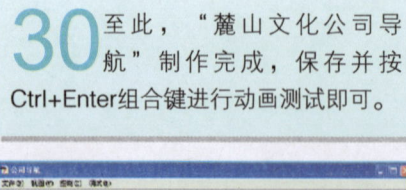

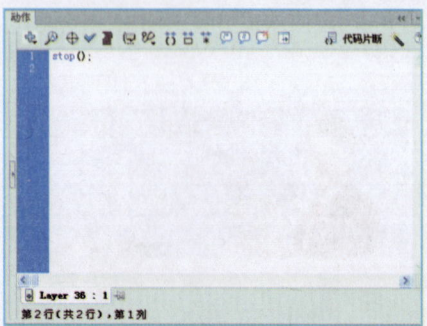

30 至此，"麓山文化公司导航"制作完成，保存并按Ctrl+Enter组合键进行动画测试即可。

实例152 运动菜单

本实例介绍运动菜单动画的制作方法。

文件路径：源文件\第8章\例152　　　视频文件：视频文件\第8章\例152.mp4

01 新建空白文档，将素材图片导入到"库"面板中，重命名为bg，将素材图片bg拖入舞台中。

02 新建Symbol 12按钮元件，使用"矩形工具"在舞台中绘制矩形。

03 新建"Layer 2"图层，在指针处插入关键帧。使用"矩形工具"绘制矩形，并使用"部分选取工具"进行调整。

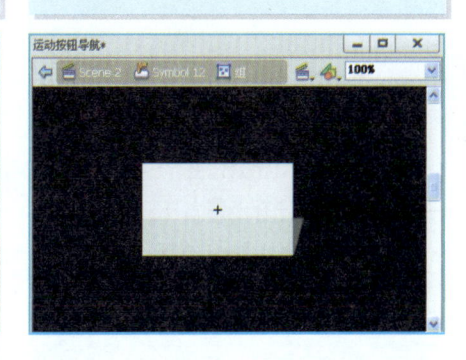

04 按照上述新建按钮元件步骤建立其他按钮元件。新建Symbol 28 2按钮元件，使用"矩形工具"在舞台中绘制矩形。

05 新建1影片剪辑元件，将Symbol 14按钮元件拖入舞台中。使用"文本工具"输入文本"主页"。按照此步骤建立元件组中的其他影片剪辑元件。

06 新建image1按钮元件，将影片剪辑元件1拖入舞台中。按照此步骤建立文字组中的其他影片剪辑元件。

07 新建text图形元件，使用"文本工具"在舞台输入文本。新建s1图形元件，使用"矩形工具"绘制矩形，并使用"部分选取工具"进行调整。

08 新建Kuang图形元件，使用"矩形工具"绘制矩形。新建Kuang1影片剪辑元件，选择直线绘制一个矩形，直线样式为虚线，填充色为红色。

09 新建menu影片剪辑元件，新建10个图层，将文字组中的影片剪辑元件和kuang1影片剪辑元件拖入每层的关键帧处。

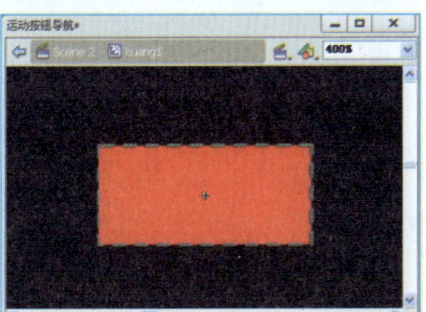

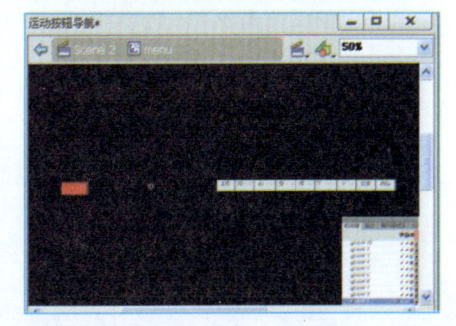

10 返回"Scene 1"场景，新建"mask"图层。使用"矩形工具"在舞台外面的下方绘制白色矩形。

11 新建"mask1"图层，将Kuang图形元件拖入舞台中，设置色彩效果的Alpha值为50%。

12 新建"menu"图层，将menu影片剪辑元件拖入舞台中。新建"mask3"图层，使用"矩形工具"在舞台外面绘制白色矩形。

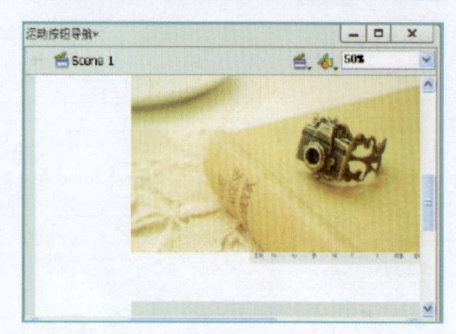

13 新建"text"图层，将text图形元件拖入舞台中。

14 新建"as"图层，按F9键打开"动作"面板，在其中输入"stop();"，在所有图层的第9帧处插入帧。

15 至此，"运动菜单"制作完成，保存并按Ctrl+Enter组合键进行动画测试即可。

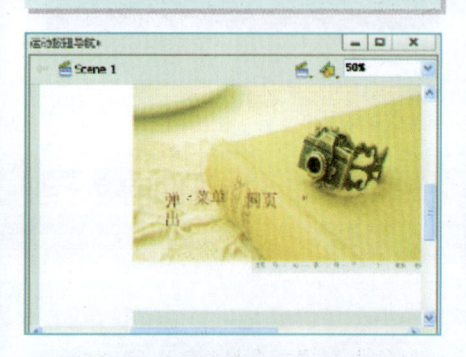

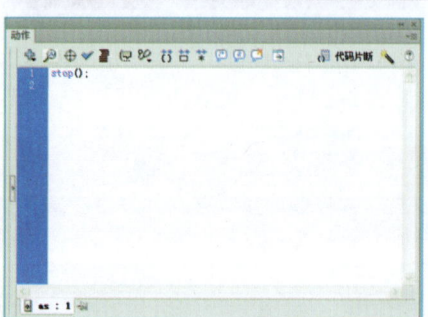

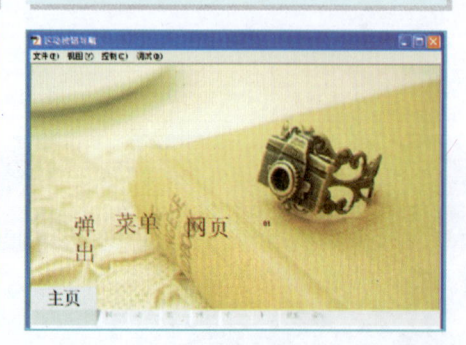

实例153 汽车导航

本实例介绍汽车导航动画的制作方法。

文件路径：源文件\第8章\例153
视频文件：视频文件\第8章\例153.mp4

01 新建空白文档，将素材图片导入到"库"面板中，新建menu和menu bg影片剪辑元件，将menu-slat和butt-gray素材图片拖入舞台中。

02 新建blue影片剪辑元件，使用"矩形工具"在舞台中绘制矩形，颜色为#0F527C。新建logo和logo11影片剪辑元件，将logo1和logo2素材图片拖入舞台中。

03 新建s2影片剪辑元件，使用"文本工具"输入文本"汽车"。新建影片剪辑元件s1，使用"文本工具"输入文本"汽车"，将影片剪辑元件s2拖入舞台打散叠放一起，按照上述步骤新建s3和s4。

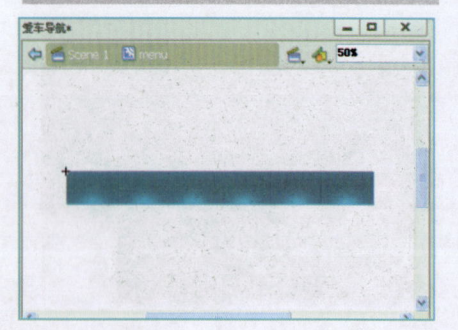

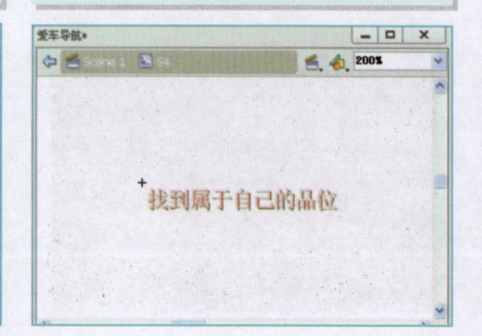

第8章 导航栏特效

04 新建t1、t2影片剪辑元件,将roll1、roll2素材图片拖入舞台中。新建t3影片剪辑元件,在第1到第6帧处插入空白关键帧,将素材图片p2-butt1到p2-butt6拖入舞台中。新建"Layer 2"图层,在第1帧处按F9键打开"动作"面板,在其中输入脚本"stop();"。

05 按照上述步骤,新建"text"和"textmask"图层,使用"文本工具",在关键帧处输入相应的文本。新建Symbol7影片剪辑元件。新建"menu bg"图层,在第5、8、15、20帧处分别插入关键帧,将影片剪辑元件menu bg拖入舞台中,在关键帧之间创建传统补间动画,在第30帧处插入帧。

06 新建"mask"图层,使用"矩形工具"在舞台中绘制矩形,颜色为#00FF66,并设置该层为"遮罩层"。

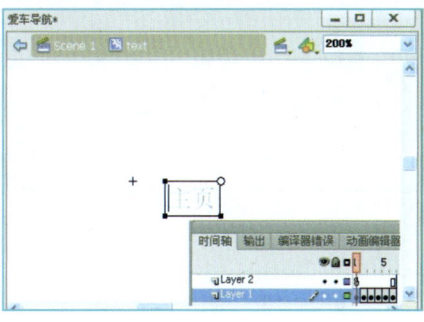

07 新建"text1""text""t2"图层,在各图层的第1、5、15、20、25帧处插入关键帧,将text和t2影片剪辑元件拖入舞台中,并在关键帧之间创建传统补间动画。

08 新建"textmask"图层,在第5、15、20帧处插入关键帧,将影片剪辑元件t1拖入舞台中。

09 新建"tag"图层,在第1、5、15、20、25帧处插入关键帧,将textmask影片剪辑元件拖入舞台中,在关键帧之间创建传统补间动画。

10 新建"tag1"图层,在第5、15、20帧处插入关键帧,将影片剪辑元件t3拖入舞台中。新建"Button"图层,将button1影片剪辑元件拖入舞台中。

11 新建"as"图层,在第1帧和第15帧处插入关键帧,按F9键打开"动作"面板,输入脚本。打开"属性"面板,设置第1帧和第15帧的实例名称为over和out。

12 新建"action"图层,在第1帧处插入空白关键帧,按F9键打开"动作"面板,输入脚本,复制帧并粘贴到第5、8、15、20、25、30帧处。

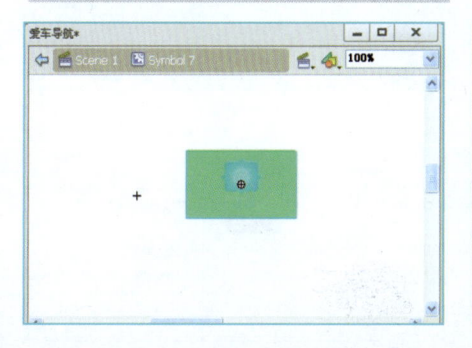

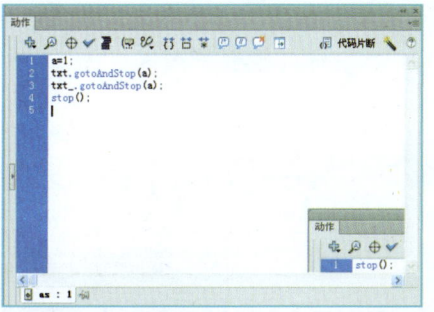

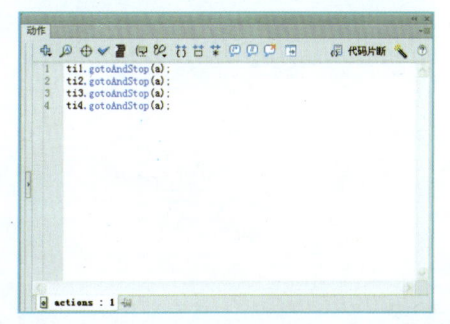

Flash CS6 | 181

13 新建Symbol5影片剪辑元件，重命名"Layer 1"为"butt2"图层，在第1、5、10帧处插入关键帧，将Symbol 7影片剪辑元件拖入舞台中，在两个关键帧之间创建传统补间动画。

14 复制"butt2"图层，粘贴5个图层，每个图层在上一层基础上向后移动两帧，在所有图层的第35帧处插入帧。新建"as"图层，按F9键打开"动作"面板，输入脚本"stop()；"。

15 返回"Scene1"场景，新建"menubg"、"menu"和"qiche"图层，将menubg、Symbol 5影片剪辑元件和pic2素材图片拖入舞台中。

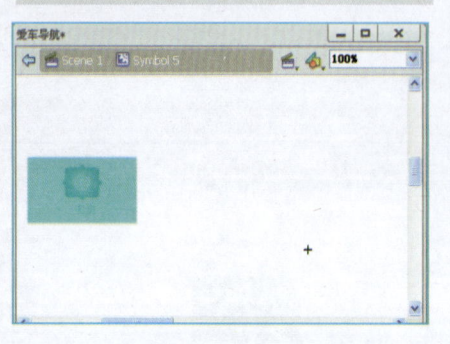

16 新建"blue"、"logo1"、"logo2"、"text"、"text2"图层，将相应的影片剪辑元件拖入舞台中。

17 新建"as"图层，按F9键打开"动作"面板，输入脚本。

18 至此，"汽车导航"制作完成，保存并按Ctrl+Enter组合键进行动画测试即可。

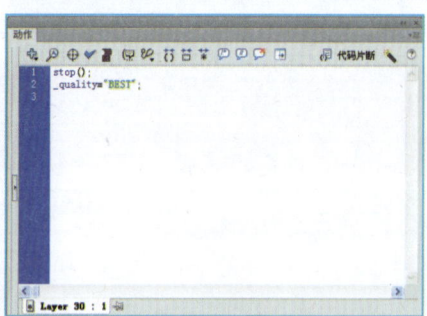

实例154　公司导航

本实例介绍公司导航动画的制作方法。

文件路径：源文件\第8章\例154　　　视频文件：视频文件\第8章\例154.mp4

01 新建空白文档，将素材图片导入到"库"面板中。新建bg影片剪辑元件，使用"矩形工具"绘制矩形。

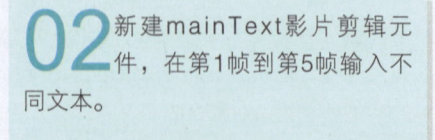

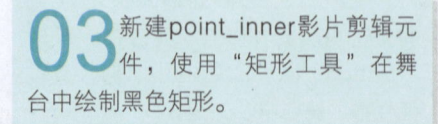

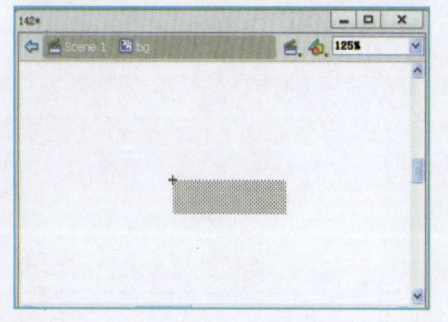

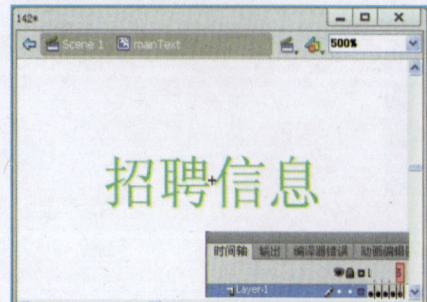

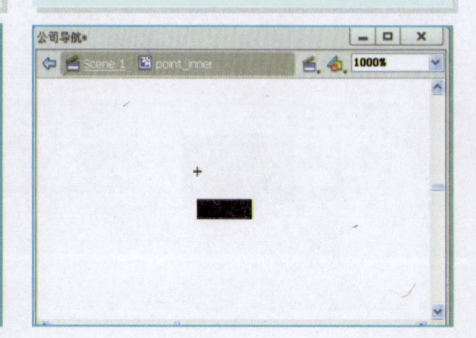

02 新建mainText影片剪辑元件，在第1帧到第5帧输入不同文本。

03 新建point_inner影片剪辑元件，使用"矩形工具"在舞台中绘制黑色矩形。

182 | Flash CS6

第8章 导航栏特效

04 新建point影片剪辑元件，将point_inner影片剪辑元件拖入舞台中。在第8、15帧处插入关键帧，设置第8帧的Alpha值为50%，在两个关键帧之间创建传统补间动画。

05 新建11按钮元件，使用"文本工具"输入文本"公司文化"，在第2帧处修改文本颜色为蓝色。

06 在"库"面板中，选择直接复制，得到12按钮元件。依次复制14次，并分别修改相应的文本。

07 新建"sub btn"图层，将文字按钮元件拖入舞台中。

08 新建"sub"影片剪辑元件，新建"bg"图层，使用"矩形工具"在舞台中绘制矩形，根据文字多少调整矩形大小。

09 新建"White-bg"图层，将影片剪辑元件bg拖入舞台中，使用"矩形工具"在舞台中绘制白色矩形，并调整大小。

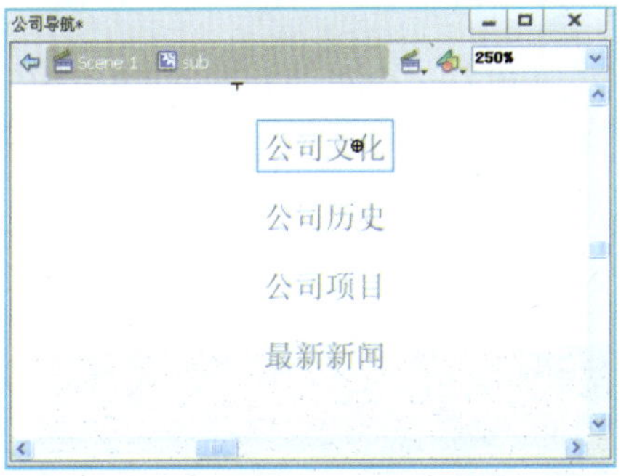

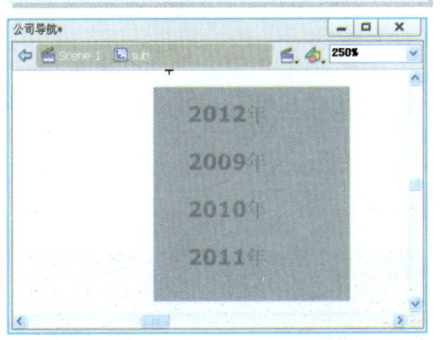

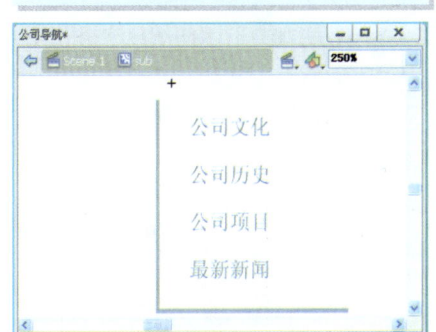

10 新建"point"图层，将影片剪辑元件point拖入舞台中。新建menu影片剪辑元件。新建"sub"图层，在第3帧和第12帧处插入关键帧，将sub btn影片剪辑元件拖入舞台中，在两个关键帧之间创建传统补间动画。

11 新建"shadow"图层，使用"矩形工具"在舞台中绘制矩形。新建"bg"图层，将bg影片剪辑元件拖入舞台中。新建"mainText"图层，在第1、5、8帧处分别插入关键帧，将影片剪辑元件mainTex拖入舞台中。

12 设置第8帧的色彩效果样式为色调，并设置其参数。新建"as"图层，按F9键打开"动作"面板，输入脚本。返回"Scene 1"场景，新建"bg"图层，将素材图片bg拖入舞台中。

13 新建"menu"图层,将影片剪辑元件menu拖入舞台中。

14 新建"as"图层,按F9键打开"动作"面板,输入脚本。

15 至此,"公司导航"制作完成,保存并按Ctrl+Enter组合键进行动画测试即可。

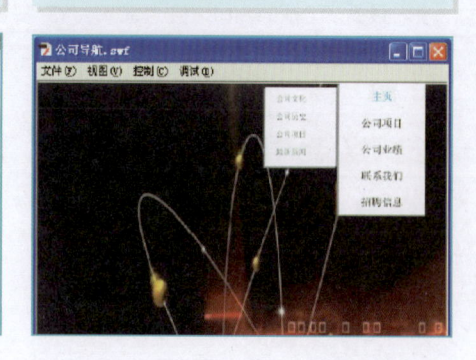

实例155 设计公司导航

本实例介绍设计公司导航动画的制作方法。

文件路径:源文件\第8章\例155

视频文件:视频文件\第8章\例155.mp4

01 新建一个空白文档,将素材图片导入到"库"面板中。新建"bg"图层,将素材图片bg拖入舞台中。

02 新建p影片剪辑元件,使用"矩形工具",设置填充颜色为透明到白色的线性渐变。

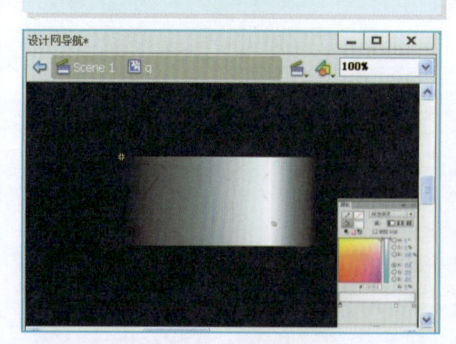

03 新建pp_over影片剪辑元件,使用"矩形工具"在舞台中绘制矩形,设置填充颜色为红色线性渐变。

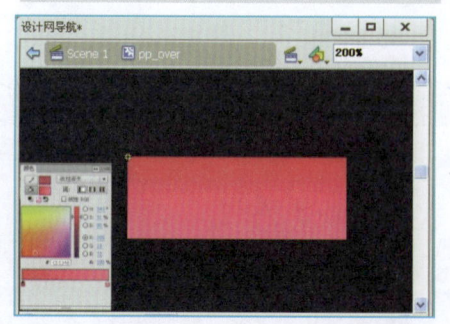

04 新建pp_out影片剪辑元件,使用"矩形工具"在舞台中绘制矩形,设置笔触颜色为#B12550,样式为线性渐变,两个色标的颜色分别为#310013、#DF3263。

05 新建pp_outside影片剪辑元件,将pp_out影片剪辑元件拖入舞台中,设置色彩效果样式为色调。

06 新建"Layer 2"图层,将pp_out影片剪辑元件拖入舞台中。新建"Layer 3"和"Layer 4"图层,将pp_over影片剪辑元件拖入舞台中,设置色彩效果样式为色调。

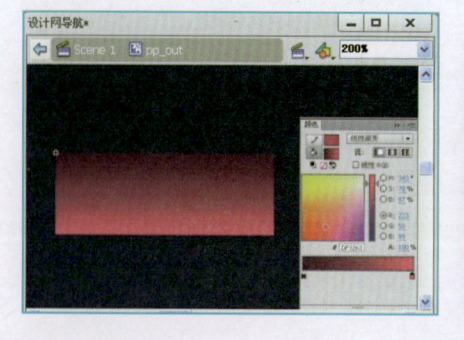

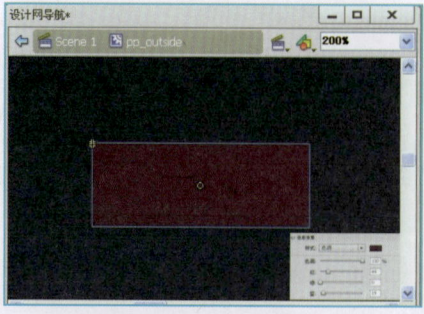

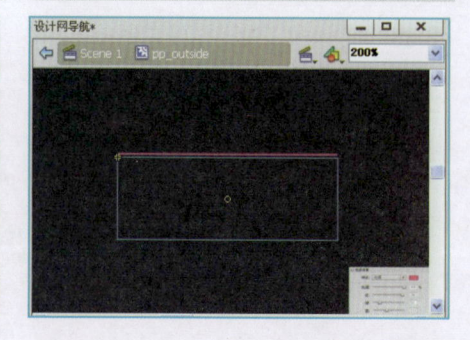

第8章 导航栏特效

07 新建l影片剪辑元件，将素材图片拖入舞台中。新建"Layer 5"图层，将l影片剪辑元件拖入舞台中。

08 新建txt影片剪辑元件，在第1到第6帧处插入空白关键帧，使用"文本工具"在不同帧处输入文本"主页"。新建"Layer 2"图层，在第1帧处输入脚本。

09 新建 txt01、txt02、txt03 影片剪辑元件,使用"文本工具"输入文本"时尚设计"。新建 txt001、txt002、txt003影片剪辑元件，将txt01、txt02、txt03影片剪辑元件拖入舞台中。

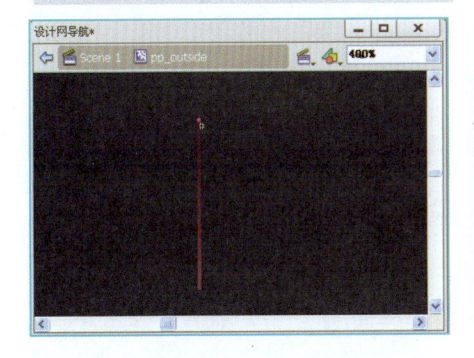

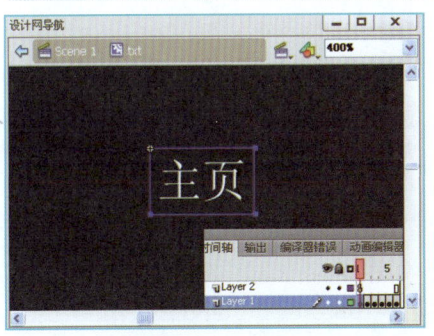

10 新建hit按钮元件，使用"矩形工具"在舞台中绘制矩形，颜色为#990033。

11 新建load影片剪辑元件，在第1帧和第100帧处插入关键帧，使用"矩形工具"，设置颜色，在关键帧之间创建补间形状。

12 新建"Layer 2"图层，使用"文本工具"输入文本"Loading..."。新建"Layer 3"图层，在第1帧处输入脚本"stop();"。

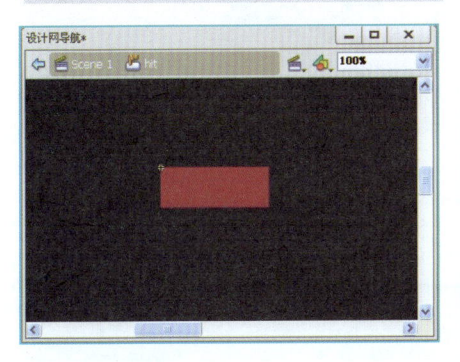

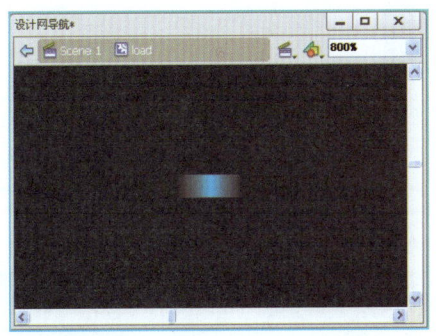

13 新建menu1影片剪辑元件，在第1、25、31、38、48帧处分别插入关键帧，将pp_out影片剪辑元件拖入舞台中，在第31帧处设置色彩效果样式为色调，并创建传统补间动画。

14 新建"Layer 2"，在第48、55、67帧处插入关键帧，将q影片剪辑元件拖入舞台，设置第67帧的Alpha值设置为0%，在关键帧之间创建传统补间动画。

15 新建"Layer 3"，在第1、5、11、19帧处插入关键帧，将pp_out影片剪辑元件拖入舞台中，在关键帧之间创建传统补间动画。

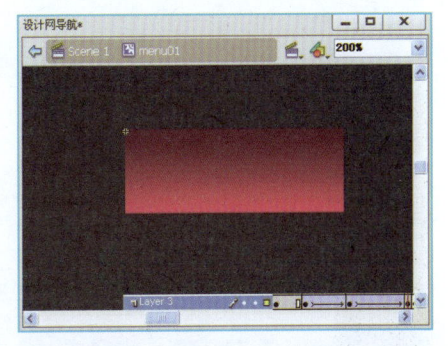

中文版 Flash CS6 动画设计与制作案例教程

16 新建图层，插入关键帧，拖入影片剪辑元件，创建补间动画，制作按钮的遮罩和滚动效果。

17 新建"图层16"，在第1帧和第20帧处插入空白关键帧，输入脚本，设置实例名称。

18 返回"Scene 1"场景，新建图层，分别将建立的影片剪辑元件插入关键帧并创建传统补间动画。

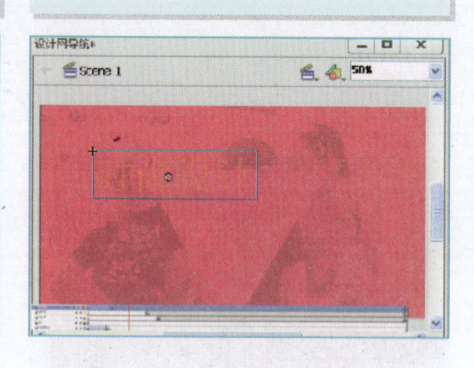

19 新建图层，分别将建立的影片剪辑元件插入关键帧并创建传统补间动画。

20 新建图层，在各图层中输入文本。在"as1"图层输入脚本"stop();"。

21 至此，"设计公司导航"制作完成，保存并按Ctrl+Enter组合键进行动画测试即可。

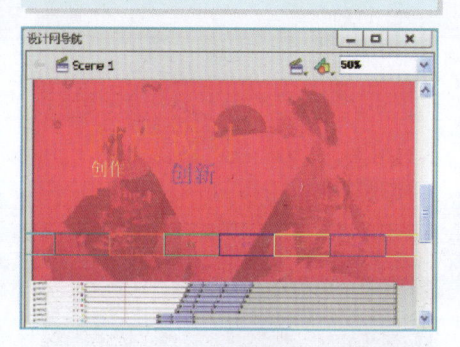

实例156　经典浮动导航

本实例介绍经典浮动导航动画的制作方法。

文件路径：源文件\第8章\例156　　　视频文件：视频文件\第8章\例156.mp4

01 新建一个空白文档，将素材图片导入到"库"面板中。新建Button按钮元件，使用"矩形工具"和"线条工具"绘制按钮。

02 在"库"面板中直接复制元件，依次复制两次并重命名元件，改变各元件中的关键帧内容。

03 新建MENU1和MENU2影片剪辑元件，使用"文本工具"输入文本。新建ws影片剪辑元件，在第1帧和第10帧处插入关键帧，使用"矩形工具"绘制矩形，创建传统补间形状，在第15帧处插入帧。

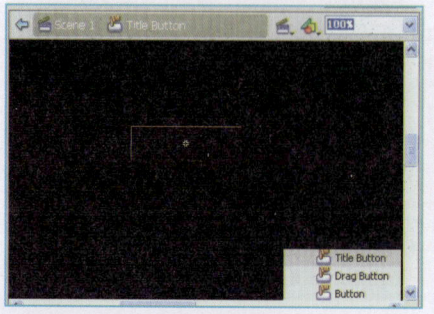

186 | Flash CS6

第8章 导航栏特效

04 新建"图层2",将Button按钮元件拖入舞台中,使用"文本工具"在按钮上输入文本,在第15帧处插入关键帧。新建"图层3",使用"矩形工具"绘制矩形,并设置该层为"遮罩层"。

05 新建"图层4",使用"文本工具"在按钮上输入文本,使用"矩形工具"绘制矩形。新建"图层5",将Button按钮元件拖入舞台中。新建"图层6",在第1帧处输入脚本"stop();"。

06 在"库"面板中直接复制元件,依次复制5次,建立其他影片剪辑元件,依次修改各元件中的内容。新建DM和DC影片剪辑元件,利用插入关键帧和创建传统补间形状来制作menu效果。

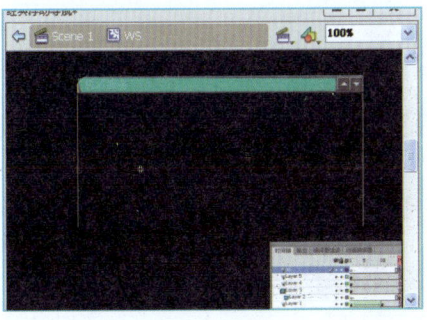

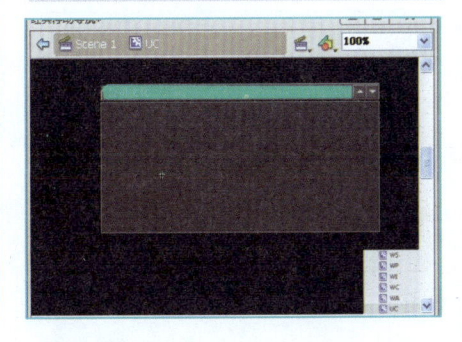

07 新建图层,将menu组的影片剪辑元件拖入舞台中,使用"文本工具"输入文本。

08 新建"as"图层,按F9键打开"动作"面板,输入脚本。

09 至此,"经典浮动导航"制作完成,保存并按Ctrl+Enter组合键进行动画测试即可。

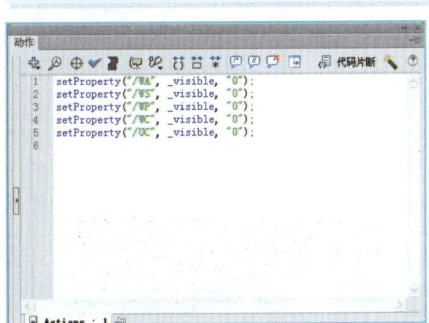

实例157 个人简历导航

本实例介绍个人简历导航动画的制作方法。

文件路径:源文件\第8章\例157
视频文件:视频文件\第8章\例157.mp4

01 新建空白文档,将素材图片导入到"库"面板中,新建text1、text2图形元件,使用"文本工具"输入文本。

02 新建文本影片剪辑元件,将text1图形元件拖入舞台中,设置关键帧的Alpha值,在两个关键帧之间创建传统补间动画。

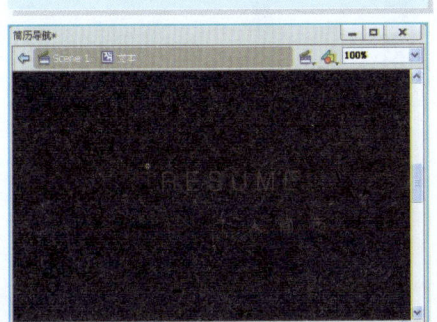

03 将text2图形元件拖入舞台中,设置关键帧的Alpha值,在两个关键帧之间创建传统补间动画。新建"Layer 3"图层,在第51帧处插入空白关键帧,输入脚本"stop();"。

Flash CS6 | 187

中文版 Flash CS6 动画设计与制作案例教程

04 新建kuang图形元件，使用"矩形工具"和"线条工具"绘制框。新建图形元件，使用"矩形工具"绘制矩形，并复制多个矩形放置在舞台中。新建图形元件，使用"矩形工具"在舞台中绘制矩形。

05 新建1图形元件，将0图形元件拖入舞台。使用"文本工具"输入文本，直接复制该图形元件并粘贴到"库"中，修改其中的矩形背景颜色和文本。

06 新建button按钮元件，使用"椭圆工具"绘制矩形。新建Symbol 15按钮元件，使用"矩形工具"绘制矩形。新建Symbol 1按钮元件，使用"文本工具"输入文本。

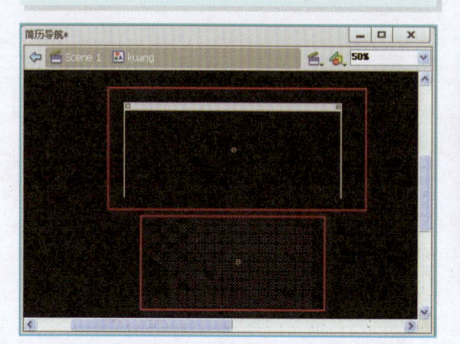

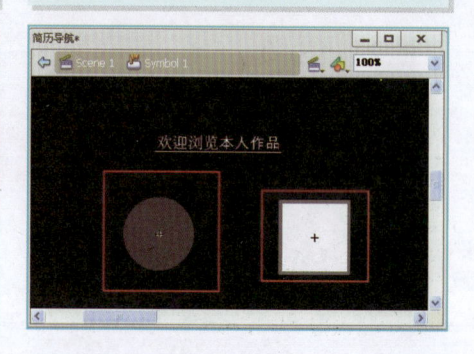

07 新建导航影片剪辑元件，使用"线条工具"绘制直线，将图形元件拖入其他图层的舞台中，在"图层9"的第1帧处输入脚本"stop();"。

08 返回"Scene 1"场景，将素材图片拖入舞台中，在第21帧处插入帧。新建"文本"图层，将元件拖入舞台中，在第12帧处插入帧。

09 新建5个图层，将kuang图形元件拖入舞台中，在第19帧处插入关键帧，在不同的图层输入导航栏里的相应内容。

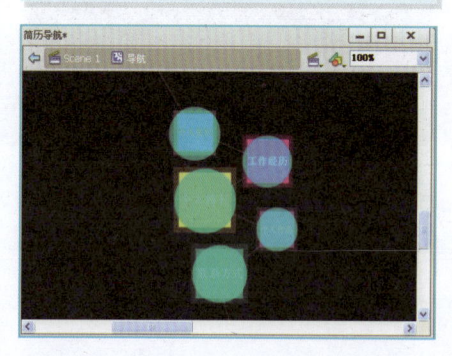

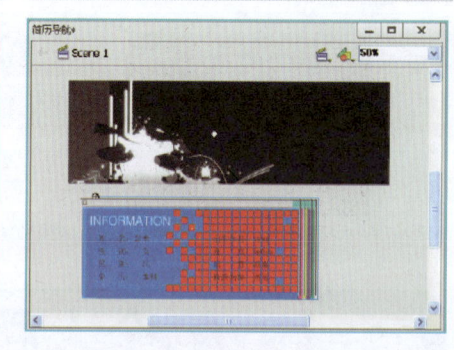

10 新建"menu"图层，将影片剪辑元件导航拖入舞台中。

11 新建"action"图层，在第19帧和第21帧处插入空白关键帧，输入脚本。

12 至此，"个人简历导航"制作完成，保存并按Ctrl+Enter组合键进行动画测试即可。

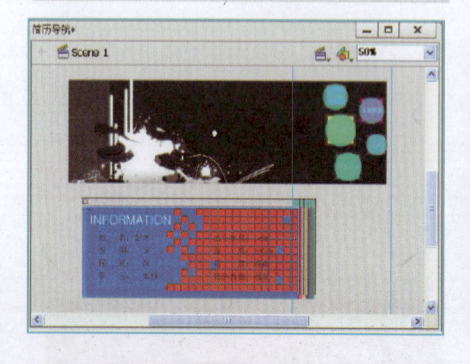

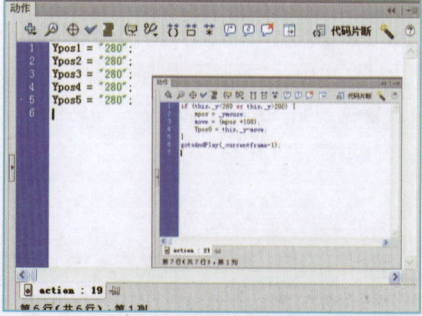

第9章
商业广告

使用Flash软件制作商业广告具有亲和力和交互性优势，能更好地满足受众的需要。而Flash中单击、选择等动作决定动画的运行过程和结果，使广告更加人性化，更有趣味。比起传统的广告和公关宣传，通过Flash进行产品宣传有着信息传递效率高、受众接受度高、宣传效果好的显著特点。

中文版 Flash CS6 动画设计与制作案例教程

实例158　电脑宣传广告

本实例介绍电脑宣传广告动画的制作方法。

文件路径：源文件\第9章\例158　　　视频文件：视频文件\第9章\例158.MP4

01 打开"电脑宣传广告素材.fla"文件，重命名"图层1"为"背景"，将背景素材拖入舞台中，在第1110帧处插入帧。

02 新建"电脑"图层，在第3帧、第20帧处插入关键帧，将电脑影片剪辑元件拖入舞台中。制作实例由无变清晰、向舞台中心运动的动画。

03 在第17帧处插入关键帧，使用"任意变形工具"将元件缩小，在"属性"面板中设置其Alpha值为99%。

04 新建"山水"图层，在第596帧处将山水影片剪辑元件拖入舞台中，在第596帧与第607帧之间制作山水浮现的动画。

05 新建"动画"图层，在第850帧处插入关键帧。将动画影片剪辑元件拖入舞台中的合适位置。

06 在第1084帧、第1093帧处分别插入关键帧，在第1084帧与第1093帧之间创建传统补间动画，制作实例由上向下闪白的动画。

07 新建"字幕"图层，在第17帧处插入关键帧，将字幕影片剪辑元件拖入舞台中的合适位置。

08 在第117、118、119帧处插入关键帧，分别设置其Alpha值，制作字幕闪烁的动画。

09 新建"动"图层，将动影片剪辑元件添加到第575帧至第596帧，并创建传统补间动画，制作实例向下移动的动画。

第9章 商业广告

10 新建"字符"图层，在第188帧处插入关键帧。将字符影片剪辑元件拖入舞台中的合适位置。

11 新建"电脑2"图层，将电脑2影片剪辑元件添加到第575帧至第596帧之间，分别调整元件的位置，并创建传统补间动画。

12 新建"动画3"图层，在第427帧处插入关键帧，将动画3影片剪辑元件拖入舞台中的合适位置。

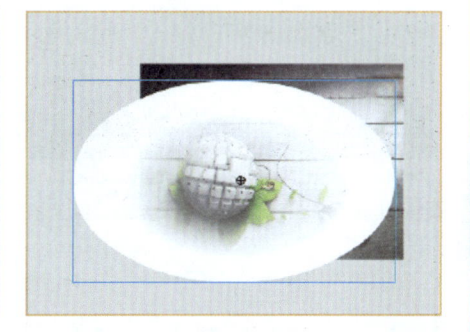

13 新建"字2"图层，在第617帧处插入关键帧。将字2影片剪辑元件拖入舞台中，设置字体参数的动画。

14 新建"Ation"图层，在第1帧、第2帧和第1093帧处打开"动作"面板，并分别输出脚本。

15 至此，"电脑宣传广告"制作完成，保存并按Ctrl+Enter组合键进行影片测试即可。

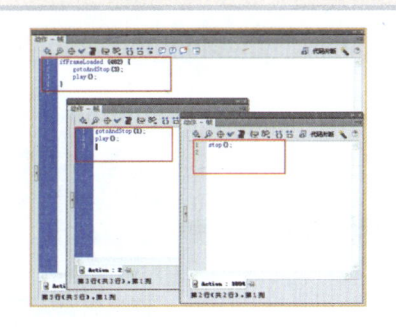

实例159 汽车广告

本实例介绍汽车广告动画的制作方法。

文件路径：源文件\第9章\例159

视频文件：视频文件\第9章\例159.MP4

01 新建文档尺寸大小为360像素×150像素，背景颜色为黑色的文件。新建文字图形元件，使用"文本工具"输入文本。

02 新建光晕影片剪辑元件，在舞台中绘制一个颜色为橙色到透明白色的径向渐变椭圆。

03 新建文字动态影片剪辑元件。将光晕元件拖入舞台中，在第36帧处插入关键帧，将图形移至舞台的右方，在第1帧与第36帧之间创建传统补间动画。

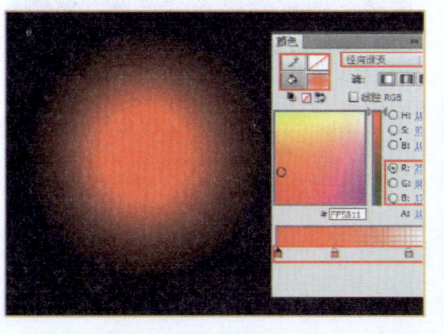

Flash CS6 | 191

中文版 Flash CS6 动画设计与制作案例教程

04 添加光晕元件到第39帧至第49帧之间，在第39帧与第49帧之间创建传统补间动画，制作光晕由橙变白、由小变大的动画。

05 在第72、95帧处插入关键帧。分别在"属性"面板中设置其Alpha值，制作光晕由有变无的动画。

06 新建"图层2"，将文字图形元件添加至第1帧与第20帧之间，制作文字向上运动的动画。设置"图层2"为"遮罩层"。

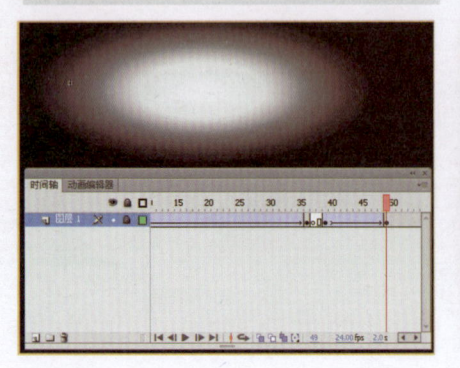

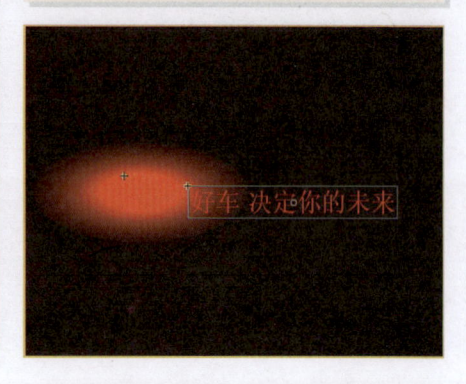

07 新建登峰上市影片剪辑元件，使用"文本工具"输入文字"登峰上市"。

08 新建汽车影片剪辑元件，重命名"图层1"为"阴影"，绘制一个颜色为黑色到透明的径向渐变椭圆。

09 新建"汽车"图层，将素材图片拖入舞台中的合适位置。为该图层添加"遮罩层"并绘制遮罩。

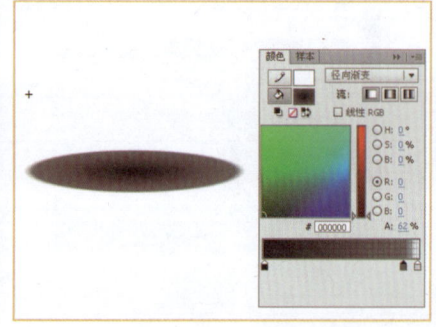

10 返回主场景，重命名"图层1"为"背景"。在第91帧处插入关键帧，将背景图片拖入舞台中的合适位置，在第249帧处插入普通帧。

11 新建"汽车"图层，将文字动态影片剪辑拖入舞台中，在第96帧和第107帧处插入空白关键帧。

12 在第107帧处将汽车影片剪辑拖入舞台中，在第137帧处插入关键帧，将元件移至舞台的右边，在第107帧与137帧之间创建传统补间动画。

192 | Flash CS6

第9章　商业广告

13 新建"登峰上市"图层。将登峰上市影片剪辑元件添加到第143帧至第157帧之间，制作字体向左移动的动画。

14 新建图层，将Fordlogo图形元件添加到第217帧至第223帧之间，制作由黑景进入动画的效果。

15 至此，"汽车广告"制作完成，保存并按Ctrl+Enter组合键进行影片测试即可。

实例160　信用卡大奖广告

本实例介绍信用卡大奖广告动画的制作方法。

文件路径：源文件\第9章\例160
视频文件：视频文件\第9章\例160.MP4

01 打开"信用卡大奖广告素材.fla"文件，设置文档尺寸大小为776像素×227像素。

02 依次将"库"面板中的所有素材分别转换为影片剪辑元件。将"库"面板中的素材拖入舞台中，在第177帧处插入普通帧。

03 新建"口红"图层。将图形橙口1图形元件添加到第128帧至第148帧之间，制作图形向下移动的动画。

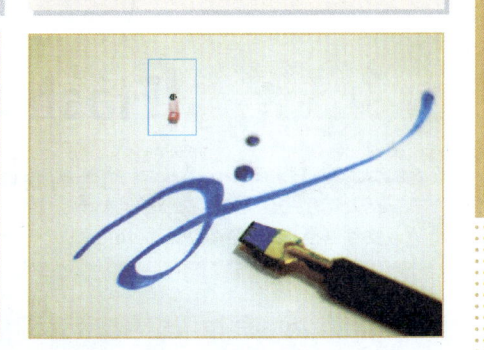

04 将图形橙鼠图形元件添加到第161帧至第169帧之间，并创建传统补间动画，制作鼠标移动的动画。

05 使用同样的方法，将图形蓝鼠2图形元件拖入舞台中，制作出鼠标下落的动画。

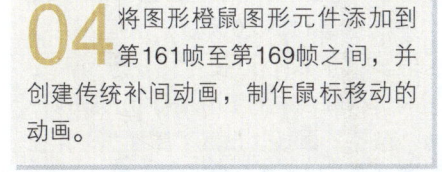

06 新建"其他"文件夹，新建"down"图层，将down影片剪辑元件添加到第1帧至第20之间，制作实例向下运动的动画。

Flash CS6 | 193

中文版 Flash CS6 动画设计与制作案例教程

07 在第109帧、第136帧处插入关键帧，在第109帧与第136帧之间创建传统补间动画，制作元件向下移动的动画。

08 在第149帧处插入空白关键帧。将3000元影片剪辑元件添加到第150帧至第156帧之间，制作文字向下掉落的动画。

09 新建"图标1"图层，在第20帧处插入关键帧，将icon1影片剪辑元件添加到舞台中。

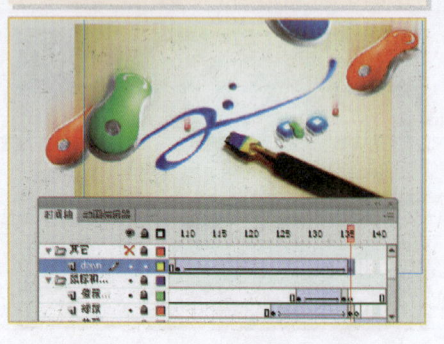

10 新建"终极"图层，在第153帧处插入关键帧，将终极影片剪辑元件拖入舞台中。

11 在第136帧处插入空白关键帧。新建"脚本"图层，在第153帧处插入关键帧，打开"动作"面板，输入脚本"stop();"。

12 至此，"信用卡大奖广告"制作完成，保存并按Ctrl+Enter组合键进行影片测试即可。

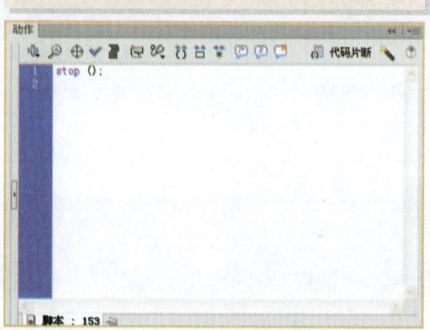

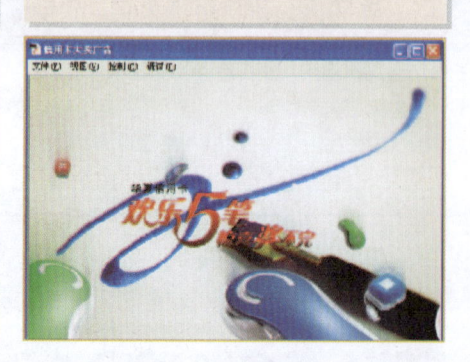

实例161　Flash大赛

本实例介绍Flash大赛动画的制作方法。

| 文件路径：源文件\第9章\例161 | 视频文件：视频文件\第9章\例161.MP4 |

01 新建一个空白文档。将素材图片导入到"库"面板中，新建开心比赛图形元件。使用"线条工具"，设置笔触高度为10，在舞台中绘制字体。

02 新建"图层2"，在第1帧处使用"文本工具"输入文本"全国Flash大赛"。新建全国Flash图形元件。使用上述操作方法，制作全国Flash大赛文字的立体效果。

03 新建星星闪影片剪辑元件，使用"钢笔工具"绘制星星，在第10、20帧处分别插入关键帧。在第10帧处使用"任意变形工具"将舞台中的图形进行放大。打开"颜色"面板，设置"属性"，并在关键帧之间创建补间形状动画。

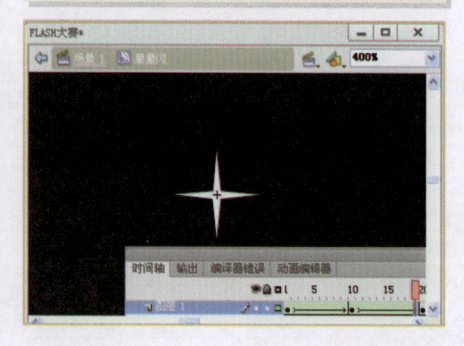

194　Flash CS6

第9章　商业广告

04 在第21帧处插入空白关键帧，新建星星群闪影片剪辑元件，将星星闪影片剪辑元件拖入舞台中，在第200帧处插入普通帧。

05 新建"图层2"至"图层7"。在第10帧处插入空白关键帧，将星星闪影片剪辑元件拖入舞台中。在"图层3"的第20帧处插入空白关键帧。

06 将星星闪影片剪辑元件拖入舞台中。使用上述操作方法依次将星星闪元件拖入其他图层的舞台中，并移动至不同位置。

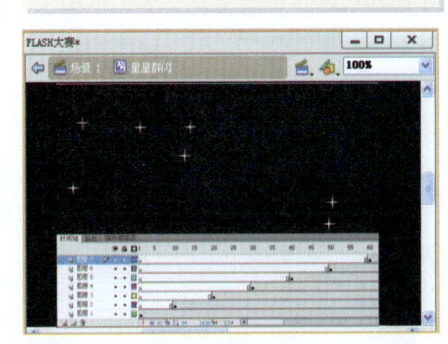

07 返回主场景，将素材图像拖入舞台中，在第40帧处插入帧。新建"图层2"，将全国Flash图形元件拖入舞台中。

08 新建"图层3"和"图层4"。在第1帧处将开心比赛图形元件和星星群闪影片剪辑元件拖入各层舞台中的合适位置。

09 至此，"Flash大赛"制作完成，保存并按Ctrl+Enter组合键进行影片测试即可。

实例162　彩妆广告

本实例介绍彩妆广告动画的制作方法。

文件路径：源文件\第9章\例162
视频文件：视频文件\第9章\例162.MP4

01 新建空白文档，将"彩妆广告"素材图片导入到"库"面板中，将"背景"素材拖入舞台中，在第86帧处插入帧。

02 新建图层，使用"矩形工具"绘制一个舞台大小的渐变色矩形。新建图层，在第31帧处插入关键帧，将动影片剪辑元件拖入舞台中。

03 新建图层，在第73帧处插入关键帧。将闪光影片剪辑元件拖入舞台中的合适位置。新建图层，在第73帧处插入关键帧。将遮罩图形元件拖入舞台中，并设置该图层为"遮罩层"。

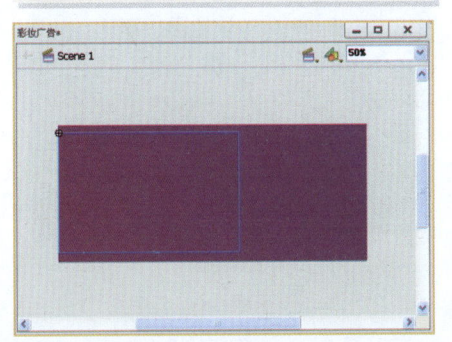

Flash CS6 | 195

中文版 Flash CS6 动画设计与制作案例教程

04 新建图层，将"库"面板中的边框影片剪辑元件拖入舞台中的合适位置。新建图层，将边框上影片剪辑元件拖入舞台中的合适位置。

05 新建图层，将"库"面板中的loading影片剪辑元件拖入舞台中的合适位置。在第2帧处插入关键帧，将loading copy影片剪辑元件拖入舞台中的合适位置。

06 在第10帧处插入关键帧，调整元件的位置，并在"属性"面板中设置相应的参数。新建图层，在第2帧处插入关键帧。将遮罩2影片剪辑元件拖入舞台中。

07 在第9帧、第16帧和第32帧处分别插入关键帧，调整元件的位置。在帧与帧之间创建补间动画。

08 新建两个图层，在第24帧处插入关键帧。将亮光影片剪辑元件和遮罩3拖入舞台中的合适位置，将"Layer 7"图层设置为"遮罩层"。

09 新建图层，在第52帧处插入关键帧。将logo影片剪辑元件拖入舞台中，在第60帧、第65帧和第86帧处分别插入关键帧，并调整元件的位置，在帧与帧之间创建传统补间动画。

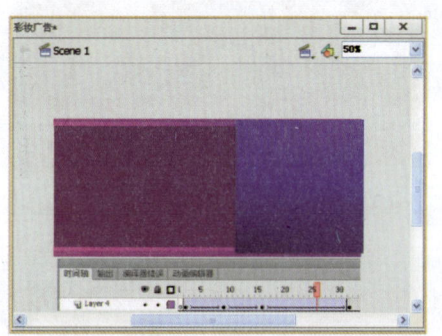

10 新建图层，在第52帧处插入关键帧。将遮罩4影片剪辑元件拖入舞台中的合适位置，设置该图层为"遮罩层"。

11 新建图层，在第46帧、第86帧处插入关键帧。将字影片剪辑元件拖入舞台中，在第86帧处调整元件的位置。在关键帧之间创建传统补间动画。

12 新建图层，在第72帧处插入关键帧。将花影片剪辑元件拖入舞台中。设置相应的参数，在第86帧处插入关键帧，并设置相应的参数。

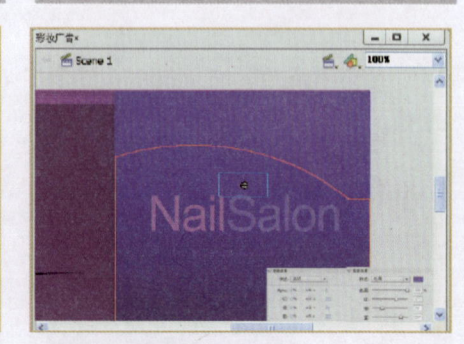

第9章　商业广告

13 新建图层，在第1帧和第86帧处打开"动作"面板，分别输入脚本"stop();"。

14 新建图层，在第10帧和第20帧处插入关键帧。在第10帧和第20帧处，分别将"库"面板中的声音素材拖入舞台中。

15 至此"彩妆广告"制作完成，保存并按Ctrl+Enter组合键进行影片测试即可。

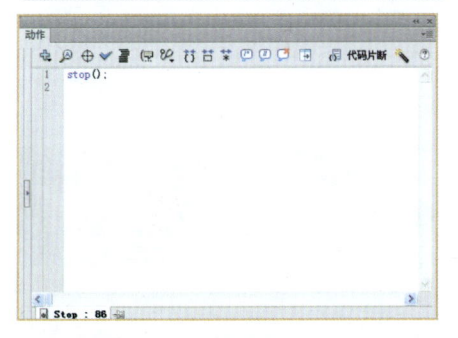

实例163　广告公司形象动画

本实例介绍广告公司形象动画的制作方法。

文件路径：源文件\第9章\例163
视频文件：视频文件\第9章\例163.MP4

01 将素材转换为图形元件。新建"星星"影片剪辑元件，使用"多边形工具"和"线条工具"绘制星星，填充颜色为白色，在第15帧处插入关键帧，使用"任意变形工具"将其放大。在第1帧与第15帧之间创建补间形状动画。

02 新建"图层2"和"图层3"，在"图层2"的第20帧和"图层3"的第40帧处插入关键帧。将"图层1"中的星星复制粘贴在"图层2"和"图层3"中。使用"任意变形工具"调整大小。在两个关键帧之间创建补间形状动画。

03 返回主场景，在第315帧处插入关键帧。在第50帧处插入关键帧。将"库"面板中的素材拖入舞台中。

04 新建"人物"图层，在第65帧处插入关键帧。将元件2图形元件拖入舞台中，按两次Ctrl+B组合键将其打散，在第75帧处插入关键帧。在帧与帧之间创建补间形状动画。

05 新建"文本1"图层，在第80帧处插入关键帧，使用"文本工具"输入文本。新建"图像2"图层，在第135帧处插入关键帧，将元件3图形元件拖入舞台中，并将其打散。

06 在第155帧处插入关键帧，调整图形的位置。在第135帧和第155帧之间创建补间形状动画。新建"文本2"图层，在第180帧处插入关键帧，使用"文本工具"输入文本。

Flash CS6 | 197

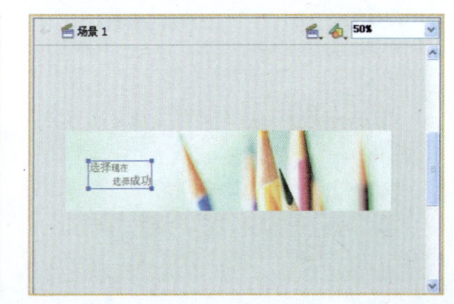

中文版 Flash CS6 动画设计与制作案例教程

07 新建"星星"图层,将星星影片剪辑元件拖入舞台中。新建"矩形1"图层,使用"矩形工具"绘制矩形。在第30帧处插入关键帧,使用"任意变形工具"调整。

08 在第50帧和第65帧处分别插入关键帧,调整矩形的颜色及大小。在帧与帧之间创建补间形状动画。使用上述操作方法,新建"矩形2"。

09 至此,"广告公司形象动画"制作完成,保存并按Ctrl+Enter组合键进行影片测试即可。

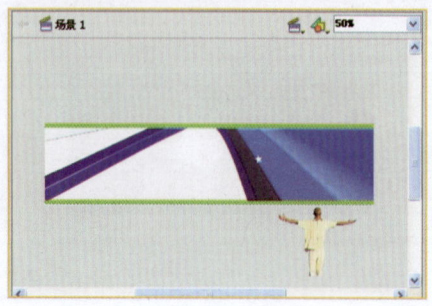

实例164 过渡广告

本实例介绍过渡广告动画的制作方法。

文件路径:源文件\第9章\例164   视频文件:视频文件\第9章\例164.MP4

01 新建空白文档,将素材图片导入到"库"面板中。新建图层,将绘制好的草坪图形元件拖入舞台中的合适位置。

02 在第62、64、65帧处分别插入关键帧。在第64帧处使用"任意变形工具"将元件放大。在第62帧和第65帧之间创建传统补间动画。在第65帧处再次将元件放大。

03 新建图层,在第5帧处插入关键帧。将"库"面板中的卡通人图形元件拖入舞台。在第6帧至第8帧、第52帧至第61帧处分别插入关键帧,将图形元件依次拖入舞台中。

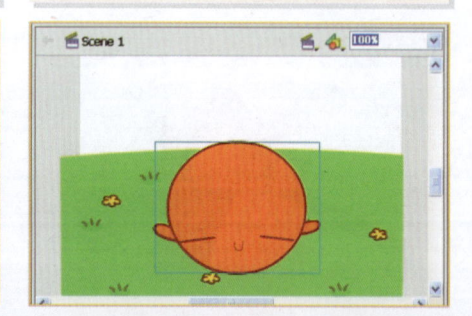

04 新建图层,在第62帧处插入关键帧。将广告牌图形元件拖入舞台,在第64帧处插入关键帧,使用"任意变形工具"调整大小。在第62帧与第64帧之间创建传统补间动画。在第65帧处插入关键帧,将元件放大。

05 新建图层,在第51帧处插入关键帧,将"库"面板中的图形元件拖入舞台中。新建图层,在第21帧和第25帧处插入关键帧,将相应的元件拖入舞台中。选中第24帧,将其转换为空白关键帧。

06 新建两个图层,使用上述操作方法,创建关键帧并将相应的元件拖入舞台中。新建图层。将遮罩元件拖入舞台中。在第75帧和第85帧处插入关键,调整元件的大小,将其设置为"遮罩层"。

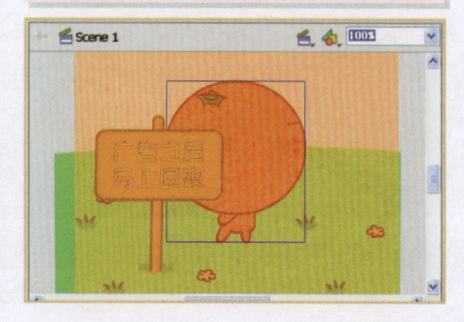

198 | Flash CS6

第9章　商业广告

07 新建图层，在第106帧处插入空白关键帧，打开"动作"面板，输入脚本。

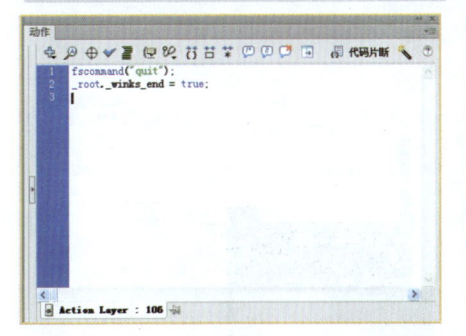

08 新建图层，将"库"面板中的streamsound0声音素材拖入舞台中。

09 至此，"过渡广告"制作完成，保存并按Ctrl+Enter组合键进行影片测试即可。

实例165　水墨广告

本实例介绍水墨广告动画的制作方法。

文件路径：源文件\第9章\例165

视频文件：视频文件\第9章\例165.MP4

01 新建空白文档，将素材图片导入到"库"面板中。新建maobi影片剪辑元件拖入舞台中。按照此步骤建立其他影片剪辑元件。

02 返回"场景1"，新建"bi"图层，在第1、5、31、46帧处分别插入关键帧，将影片剪辑元件拖入舞台中。第1帧与第5帧之间、第31帧和第46帧之间创建传统补间动画。

03 复制"bi"图层，重命名为"bi-ty"图层，打开"属性"面板，设置第1、5、31帧的Alpha值为20%，第46帧的Alpha值为0%。

04 新建"mozhi"图层，在第11帧至第14帧处分别插入关键帧，使用"钢笔工具"绘制图形，在第14帧处将影片剪辑元件mozhi拖入舞台中，使用"任意变形工具"调整各关键帧的大小。

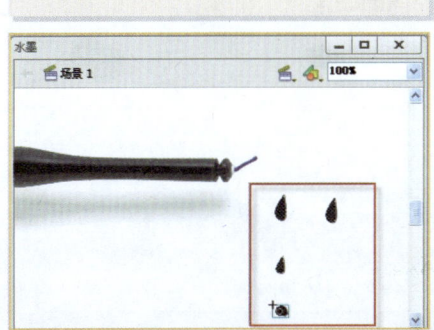

05 在第26、52、56帧处插入关键帧，将影片剪辑元件mozhi拖入舞台中。使用"任意变形工具"调整各关键帧的大小。在第14帧和第26帧、第52帧和第56帧之间创建传统补间动画。

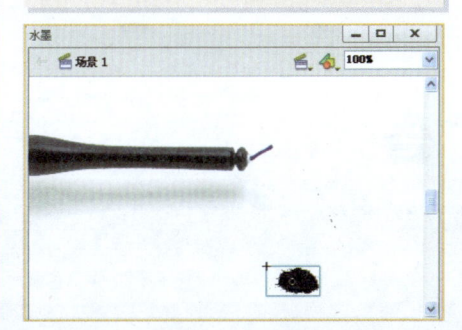

06 新建"anliu"图层，在第29帧处插入关键帧，将按钮元件touming拖入舞台中。在第30帧处插入空白关键帧，将按钮元件enter拖入舞台中，并删除第30帧后面所有的帧。

中文版 Flash CS6 动画设计与制作案例教程

07 新建"shu"图层，在第56帧和第59帧处插入关键帧，将shu影片剪辑元件拖入舞台中并调整其在舞台的位置，在两个关键帧之间创建传统补间动画。

08 新建"shu-zz"图层，在第56帧和第59帧处插入关键帧，将shujuan影片剪辑元件拖入舞台中并调整其在舞台的位置，在两个关键帧之间创建传统形状。

09 在第62帧、第71帧和第83帧处插入关键帧，使用"矩形工具"绘制矩形，设置"颜色"面板参数，在关键帧之间创建传统补间形状，在第92帧处插入帧。

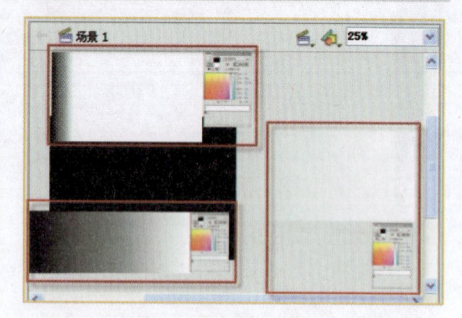

10 新建"hehua"图层，在第95帧和第120帧处插入关键帧，将hehua影片剪辑元件拖入舞台中，单击第95帧舞台上的元件。打开"属性"面板，设置参数，在关键帧之间创建传统补间形状。

11 新建"lianzi"图层，将影片剪辑元件lian-zi拖入舞台中。新建"wenzi"图层，在第122帧和第136帧处插入关键帧，将影片剪辑元件wenzi拖入舞台中，在关键帧之间创建传统补间动画。

12 新建"bi"图层，在第139帧和第144帧处插入关键帧，将影片剪辑元件b+y拖入舞台中，在关键帧之间创建传统补间动画，设置第139帧的Alpha值为0%。

13 新建"ms"图层，在第150帧和第156帧处插入关键帧，将影片剪辑元件ms拖入舞台中，在关键帧之间创建传统补间动画，设置第139帧的Alpha值为0%。

14 新建"music"图层，将"库"面板中的声音素材拖入舞台中。

15 至此，"水墨广告"制作完成，保存并按Ctrl+Enter组合键进行影片测试即可。

实例166 鞋业广告

本实例介绍鞋业广告动画的制作方法。

文件路径：源文件\第9章\例166　　视频文件：视频文件\第9章\例166.MP4

第9章 商业广告

01 新建空白文档，将素材图片导入到"库"面板中。新建"Layer 1"和"Layer 2"图层，将"库"面板中相应的素材拖入舞台中，在"Layer 2"图层中的第626帧处插入帧。

02 新建"Layer 3"图层，将shape 32图形元件拖入舞台中，在第16帧和第38帧处插入关键帧，将shape 26图形元件拖入舞台中，设置第139帧的Alpha值为0%，在关键帧之间创建传统补间动画。

03 在第626、633、640、641帧处分别插入关键帧，将图形元件shape5拖入舞台中，在各关键帧处打开"属性"面板并设置各自参数，在两个关键帧之间插入传统补间动画。

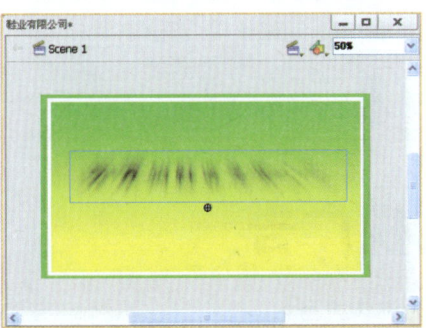

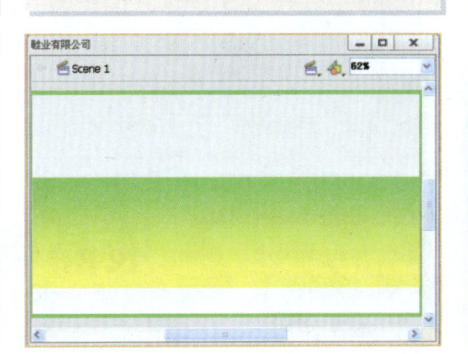

04 新建"Layer 4"图层，在第27帧和第38帧处插入关键帧，将text 29图形元件拖入舞台中，设置第27帧的Alpha值为0%。

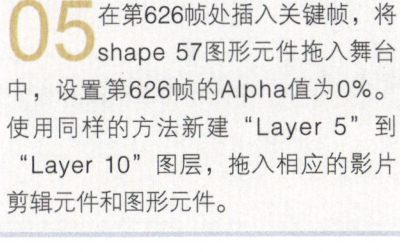

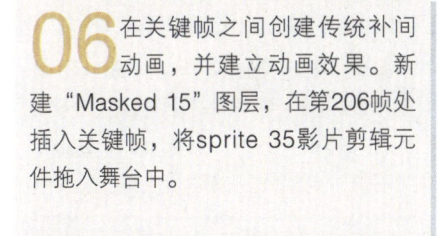

05 在第626帧处插入关键帧，将shape 57图形元件拖入舞台中，设置第626帧的Alpha值为0%。使用同样的方法新建"Layer 5"到"Layer 10"图层，拖入相应的影片剪辑元件和图形元件。

06 在关键帧之间创建传统补间动画，并建立动画效果。新建"Masked 15"图层，在第206帧处插入关键帧，将sprite 35影片剪辑元件拖入舞台中。

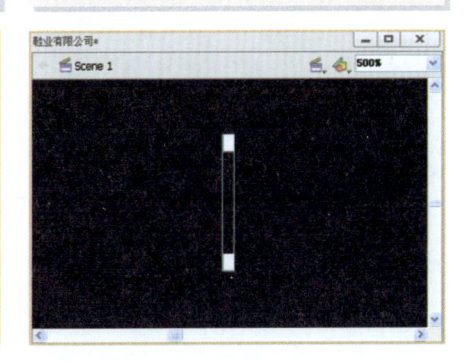

07 新建Masked14，在第27帧处插入关键帧，将sprite 34影片剪辑元件拖入舞台中，并设置"属性"面板的参数，复制多层制作粒子效果的动画。

08 新建"Mask Layer 14"图层和"music"图层，将"库"面板中的声音素材拖入舞台中，并设置该层为"遮罩层"。

09 新建"Layer 11"到"Layer 25"图层，插入关键帧，拖入相应的影片剪辑元件和图形元件，创建传统补间动画，制作出文字和图片更换的动画。

10 新建"Label Layer"图层，在第1帧处插入空白关键帧，设置实例名称为loop。

11 新建"Action Layer"图层，在第1、2、14、735帧处分别插入空白关键帧，并输入脚本。

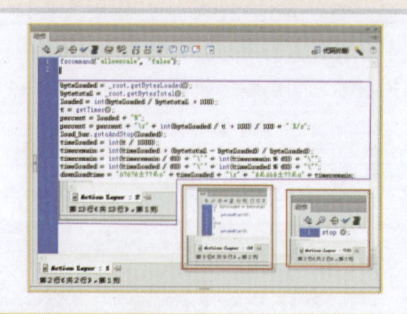

12 至此，"鞋业广告"制作完成，保存并按Ctrl+Enter组合键进行影片测试即可。

实例167　液晶电视广告

本实例将介绍液晶电视广告动画的制作方法。

文件路径：源文件\第9章\例167

视频文件：视频文件\第9章\例167.MP4

01 新建空白文档，将素材图片导入到"库"面板中，将素材图片转换为元件。新建lcd1、ball和文字影片剪辑元件的动画效果。

02 返回"场景1"，新建"背景"图层，将素材图片拖入舞台中。新建"球"图层，将ball影片剪辑元件拖入舞台中。

03 新建图层，将玻璃和流光影片剪辑元件拖入舞台中并移动至合适位置。

04 新建"光线前"、"lcd"和"光线后"图层，将光线前、lcd1、光线后影片剪辑元件拖入舞台中并移动至合适位置。

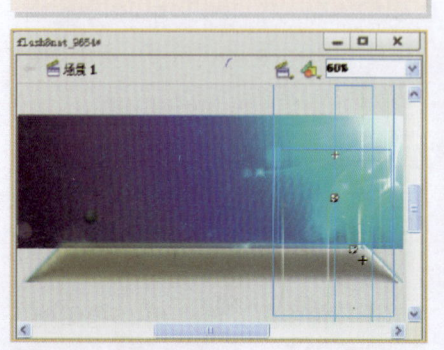

05 新建"文字1"、"文字2"和"文字3"图层，将文字1、文字2和文字3影片剪辑元件拖入舞台中。

06 至此，"液晶电视广告"制作完成，保存并按Ctrl+Enter组合键进行影片测试即可。

第9章　商业广告

实例168　化妆品广告

本实例介绍化妆品广告动画的制作方法。

文件路径：源文件\第9章\例168
视频文件：视频文件\第9章\例168.MP4

01 新建空白文档，将素材图片导入到"库"面板中，并将素材图片转换为元件。新建sprite 11影片剪辑元件的动画效果。

02 返回"Scene 1"场景，在第1、3、49、50、309帧处分别插入关键帧。将sprite 2影片剪辑元件拖入舞台中，设置第1、3、49帧的色彩效果，在第1帧和第3帧、第3帧到第49帧之间创建传统补间动画。

03 新建"Layer 3"图层，在第220、230、262、263、309帧处分别插入关键帧，将shape 17影片剪辑元件拖入舞台中，在第270帧处插入帧。设置第230、262、263、309帧的色彩效果。在第220帧和第230帧、第230帧到第262帧之间创建传统补间动画。

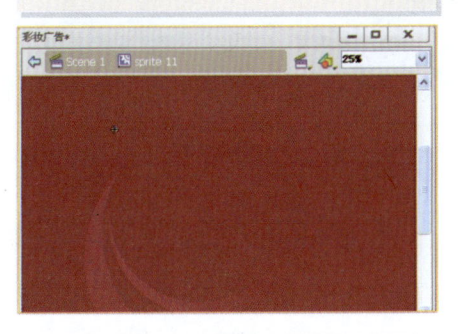

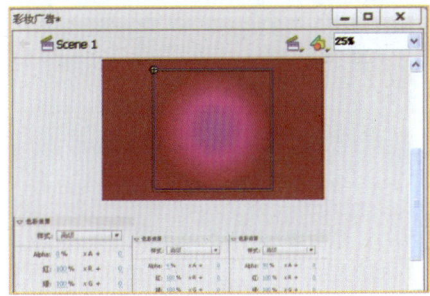

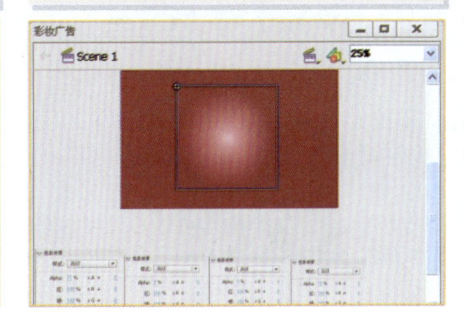

04 按照上述步骤新建"Layer 4"至"Layer 8"图层。新建"mask 1"图层，在第224、261、262帧处插入关键帧。将shape3图像元件拖入舞台中，在第224帧和第261帧之间创建传统补间动画。

05 新建"mask 2"图层，在第221帧处插入关键帧，将shape21图形元件拖入舞台中，并设置该层为"遮罩层"。按照上述步骤新建"mask 3"图层和"mask 4"图层。

06 新建"Layer 10"图层，在第273、291、292帧处分别插入关键帧，将shape28图形元件拖入舞台中，在第273帧和第291帧之间创建传统补间动画。

07 新建"Layer 11"图层和"Layer 12"图层，在相应的位置插入关键帧，创建传统补间动画制作放大的效果。

08 新建"Action"图层，在第309帧处插入空白关键帧，输入脚本"stop();"。

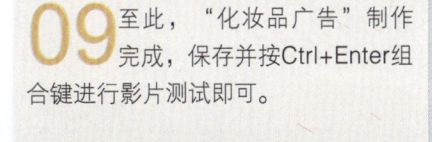

09 至此，"化妆品广告"制作完成，保存并按Ctrl+Enter组合键进行影片测试即可。

实例169 房地产广告

本实例介绍房地产广告动画的制作方法。

文件路径：源文件\第9章\例169　　　视频文件：视频文件\第9章\例169.MP4

01 新建空白文档，将素材图片导入到"库"面板中，并将素材图片转换为元件。新建"music"图层，在第24帧处插入空白关键帧，将音乐素材sound拖入舞台中，在第200帧处插入帧。

02 新建"底部(图)"图层和"顶部(细线)"图层，将素材图片拖入舞台中。在"顶部"图层用"矩形工具"绘制矩形，并将填充颜色的Alpha值设为0%。

03 新建"云底"图层，在第39帧和第55帧处插入关键帧，将云底影片剪辑元件拖入舞台中。设置第39帧的Alpha值为0%，在两个关键帧之间创建传统补间动画。

04 新建"云"和"鹤"图层，在两个图层的第121帧处分别插入关键帧，然后将云和鹤影片剪辑元件拖入舞台中。

05 新建"楼盘"图层，在第66帧处插入关键帧，将fangzi影片剪辑元件拖入舞台中，在第82帧处插入帧。

06 新建"mask1"图层，在第66帧和第82帧处插入关键帧，使用"矩形工具"在舞台上绘制矩形。在第82帧处使用"任意变形工具"调整矩形大小，并设置该层为"遮罩层"。

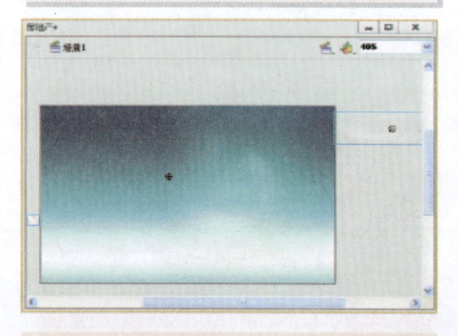

07 按照新建"楼盘"图层和"遮罩层"的方法新建其他遮罩层。

08 新建"logo"图层，在第134帧处插入关键帧，将素材图片文字拖入舞台中。新建"load"图层，在第1、3、5、7、11帧处分别插入关键帧。

09 将文字过度影片剪辑元件拖入舞台中，设置各帧的Alpha值。在第7帧和第11帧之间创建传统补间动画，将前面复制的关键帧粘贴到第31帧处。

第9章 商业广告

10 新建"load 1"图层，在第7和第16帧处插入关键帧，将文字影片剪辑元件拖入舞台中，在两个关键帧之间创建传统补间动画，将复制的帧粘贴到第29帧处。

11 新建"Action"图层，在第22、23、24帧处分别插入空白关键帧，并输入脚本。新建"封顶"图层，使用"矩形工具"绘制矩形填充画面外的黑色。

12 至此，"房地产广告"制作完成，保存并按Ctrl+Enter组合键进行影片测试即可。

第10章
贺卡动画

贺卡是人们相互表示问候的一种卡片，用来表达对亲人和朋友的美好祝福。贺卡逐渐由原来的纸卡形式转变成如今的电子动画形式，使得形象更加生动，增添了欢快喜庆的气氛。

第10章　贺卡动画

实例170　端午节贺卡

本实例介绍端午节贺卡动画的制作方法。

文件路径：源文件\第10章\例170

视频文件：视频文件\第10章\例170.MP4

01 新建空白文档，将素材图片导入到"库"面板中，将素材图片转换为元件。新建倒影图形元件，将背景素材拖入舞台中，将其打散并删除多余的部分。

02 新建山水影片剪辑元件，将背景1图形元件拖入舞台中。新建图层，将倒影图形元件拖入舞台中的合适位置。新建图层，将波纹图形元件拖入舞台中的合适位置，并设置该图层为"遮罩层"。

03 返回主场景，将山水影片剪辑元件拖入舞台中。在第58帧处插入普通帧。新建图层，在第10帧处插入关键帧，将粽子影片剪辑元件拖入舞台中的合适位置。

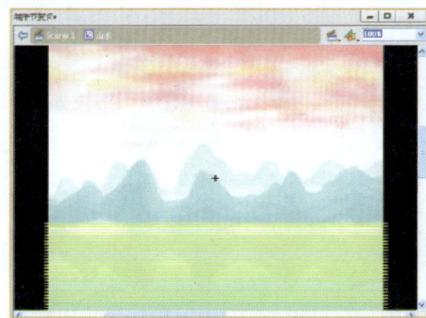

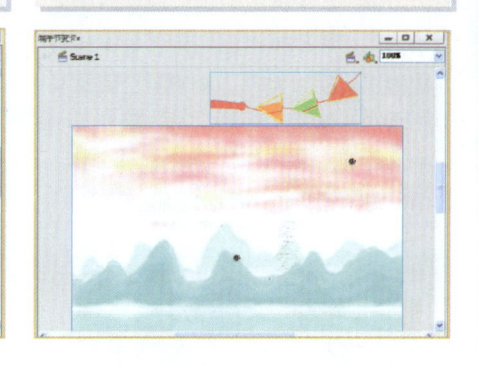

04 在第14帧处插入关键帧，将元件向下移动。在第16帧、第18帧、第20帧处插入关键帧，依次调整元件的位置。在各关键帧之间创建传统补间动画。

05 新建"粽子2"图层，在第21帧处插入关键帧。将粽子图形元件拖入舞台中，在该图层插入关键帧。新建图层，根据粽子运动的方向绘制线条，将该图层移动到下一层。

06 使用上述操作方法，新建不同的图层，将相应的元件拖入舞台中的合适位置，插入关键帧并调整元件的位置。新建图层，绘制一个中心透明的白色矩形框。

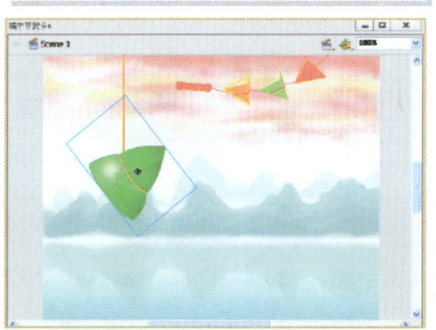

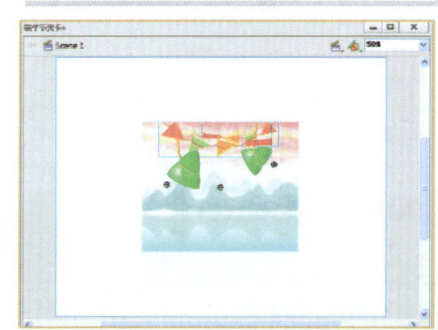

07 新建图层，将元件拖入舞台中，打开"属性"面板，设置实例名称。

08 新建图层，在第58帧处输入脚本"stop();"。

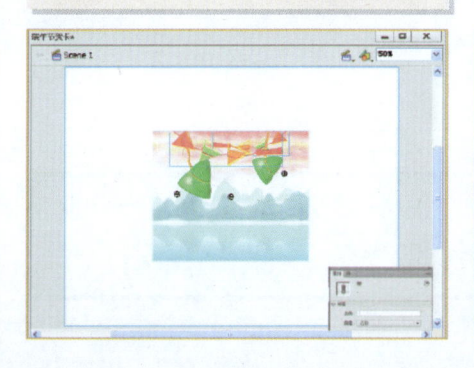

09 至此，"端午节贺卡"制作完成，保存并按Ctrl+Enter组合键进行影片测试即可。

Flash CS6 | 207

电子贺卡的制作不是很复杂，只需掌握基本操作就可以很容易制作出飘零的电子贺卡。准备素材，制作贺词，组合动画然后添加一些吸引人的动画即可完成。

实例171　中秋节贺卡

本实例介绍中秋节贺卡动画的制作方法。

文件路径：源文件\第10章\例171　　　视频文件：视频文件\第10章\例171.MP4

01 新建空白文档，将素材图片导入到"库"面板中，将素材图片转换为元件。新建渐变背景图形元件，使用"矩形工具"绘制一个渐变色的矩形，并使用"渐变变形工具"调整矩形。

02 返回主场景，将渐变背景图形元件拖入舞台中。在第239帧处插入关键帧，将渐变背景1替换成渐变背景2图形元件，在第496帧处插入普通帧。

03 新建"月"图层，将月亮影片剪辑元件拖入舞台中。在第238帧处插入关键帧，调整元件的位置。在帧与帧之间创建传统补间动画。

04 在第239帧、第429帧和第496帧处插入关键帧，分别调整元件的位置，在帧与帧之间创建传统补间动画。新建寺角图形元件，将素材拖入舞台中。

05 返回场景，新建"寺角"图层。在第239帧处插入关键帧，将寺角影片剪辑元件拖入舞台中。

06 在第429帧处插入关键帧，调整元件的位置。在帧与帧之间创建传统补间动画。在第430帧处插入关键帧，在"属性"面板中单击交换元件按钮，选择闪光影片剪辑元件。

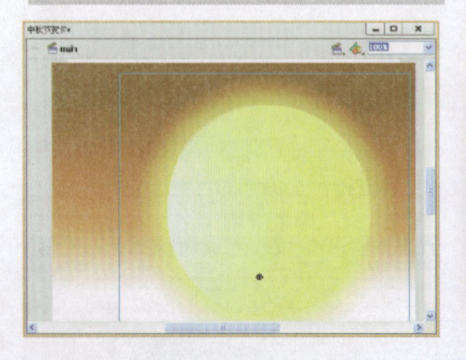

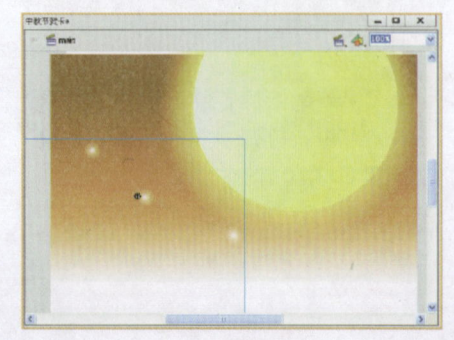

> 交换元件能将元件的"属性"复制，是动画制作中简单快捷的功能之一。

第10章 贺卡动画

07 新建图层，将山池图形元件拖入舞台中的合适位置，在第238帧处插入关键帧，并调整元件的位置。在第239帧处插入关键帧，将闪光影片剪辑元件拖入舞台中。

08 新建图层，将音乐素材拖入舞台。新建图层，在第1帧处打开"动作"面板，输入脚本"stop();"。

09 至此，"中秋节贺卡"制作完成，保存并按Ctrl+Enter组合键进行影片测试即可。

实例172 妇女节贺卡

本实例介绍妇女节贺卡动画的制作方法。

文件路径：源文件\第10章\例172　　　　视频文件：视频文件\第10章\例172.MP4

01 新建空白文档，将素材图片导入到"库"面板中，将素材图片转换为元件。返回"Scene 1"场景，将相应的背景素材拖入舞台中，在第400帧处插入帧。

02 新建图层，将shape 53图形元件拖入舞台中，在第160帧处插入空白关键帧，将sprite 141影片剪辑元件拖入舞台中，在第279帧处插入帧。

03 新建图层，将shape 53图形元件拖入舞台中，在第159帧处插入帧。在第280帧处插入空白关键帧，将sprite 202影片剪辑元件拖入舞台中，在第400帧处插入帧。

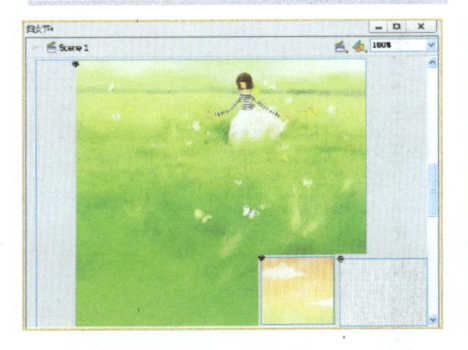

04 新建图层，将相应的花朵素材拖入舞台中，在第159帧处插入帧。

05 新建图层，在第360帧和第374帧处插入关键帧，将sprite 210影片剪辑元件拖入舞台中，设置元件的滤镜效果。

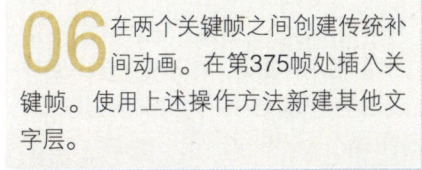

06 在两个关键帧之间创建传统补间动画。在第375帧处插入关键帧。使用上述操作方法新建其他文字层。

Flash CS6 | 209

07 新建图层，在第160帧处插入空白关键帧，将sprite 148影片剪辑元件拖入舞台中。在第279帧处插入帧。按照此步骤创建"草丛"图层。

08 新建图层，将sprite 59影片剪辑元件拖入舞台中，在第279帧处插入帧。按照此步骤创建花瓣飘落的另一层。

09 新建图层，将shape 61图形元件拖入舞台中。在第160帧处插入空白关键帧，将sprite 55影片剪辑元件拖入舞台中，在第279帧处插入帧。

10 使用同样的方法新建图层，制作需要的动画效果。新建图层，将音乐素材拖入舞台中。

11 新建图层，在第1帧和第400帧处插入空白关键帧，并输入相应脚本。

12 至此，"妇女节贺卡"制作完成，保存并按Ctrl+Enter组合键进行影片测试即可。

实例173　春节贺卡

本实例介绍春节贺卡动画的制作方法。

文件路径：源文件\第10章\例173　　　视频文件：视频文件\第10章\例173.MP4

01 新建空白文档，将素材图片导入到"库"面板中，将素材图片转换为元件，返回"场景1"，在第2帧处插入关键帧，将sprite 104影片剪辑元件拖入舞台中，并制作动画效果。

02 在第100帧处插入关键帧，在第186帧处插入空白关键帧，将sprite 89影片剪辑元件拖入舞台中，在第300帧处插入帧。

03 新建图层，在第186帧处插入关键帧，将shape 95影片剪辑元件拖入舞台中。新建图层，在第186帧处插入关键帧，将shape 121影片剪辑元件拖入舞台中。按照此步骤建立其他元素图层。

第10章 贺卡动画

04 新建遮罩和被遮罩层，制作字联"新年快乐"的动画效果。

05 新建图层，在第2帧处插入关键帧，将相应的素材拖入舞台中。

06 新建图层，制作背景和文字的动画效果。

07 新建图层，制作文字和音乐动画效果。

08 新建图层，在第300帧处插入空白关键帧，输入脚本"stop();"。

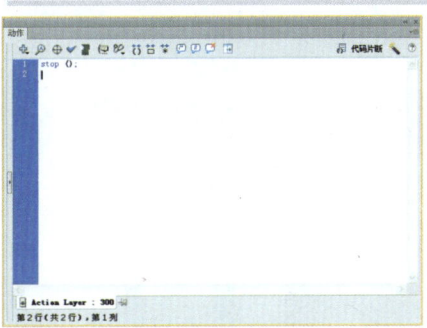

09 至此，"春节贺卡"制作完成，保存并按Ctrl+Enter组合键进行影片测试即可。

实例174 生日贺卡一

本实例介绍生日贺卡动画的制作方法。

文件路径：源文件\第10章\例174　　　视频文件：视频文件\第10章\例174.MP4

01 新建空白文档，将素材图片导入到"库"面板中。新建背景图像元件，使用"矩形工具"绘制黑色矩形和粉红到白色渐变的矩形。

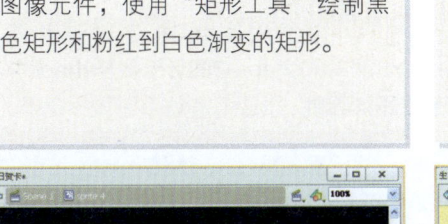

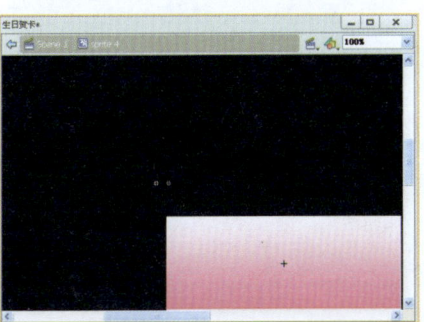

02 新建蜡烛图形元件，结合"钢笔工具""线条工具"和"颜料桶工具"绘制蜡烛柱。新建烛光图形元件，使用"椭圆工具"绘制从黄色到透明的线性渐变椭圆。

03 新建"图层2"，使用"钢笔工具"绘制图形。使用"颜料桶工具"为其填充颜色，并调整到合适位置。新建"图层3"，使用"钢笔工具"绘制图形，并为其填充颜色。

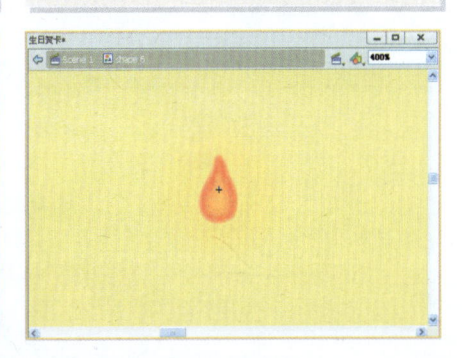

Flash CS6 | 211

中文版 Flash CS6 动画设计与制作案例教程

04 新建烛光影片剪辑元件，将烛光图形元件拖入舞台中。新建元件5图形元件，使用"矩形工具"绘制一个黑色到透明的线性渐变矩形，使用"渐变变形工具"调整其渐变色。

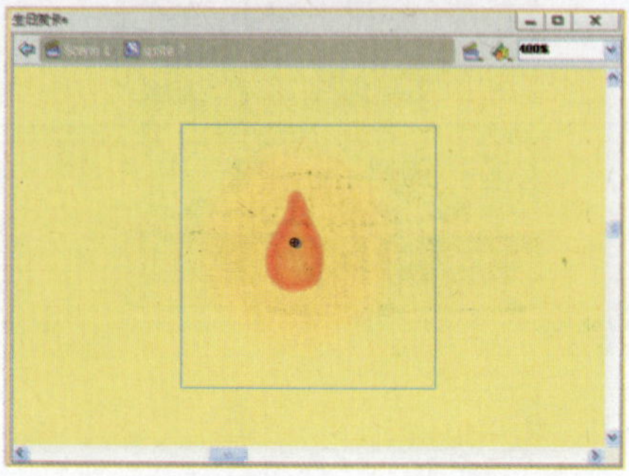

05 新建元件9影片剪辑元件，在32帧处插入普通帧。在第1帧处将蜡烛图形元件拖入舞台中。新建"图层2"，将烛光影片剪辑元件拖入舞台中的合适位置。

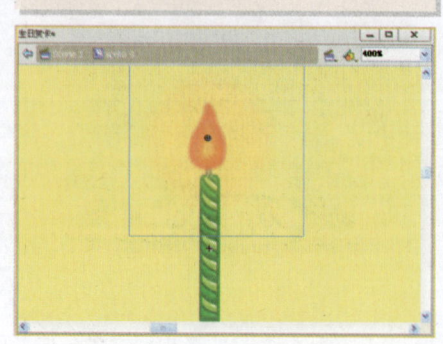

06 在第2帧和第8帧处插入关键帧。在第8帧处，使用"变形工具"将图形进行旋转调整，在关键帧之间创建传统补间动画。使用上述操作方法，新建其他关键帧。

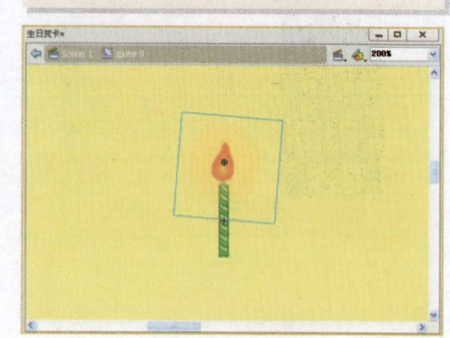

07 新建"图层3"，在第1帧处将元件5图形元件拖入舞台中的合适位置。新建蜡烛2至蜡烛5图形元件，更改蜡烛颜色，新建music影片剪辑元件。

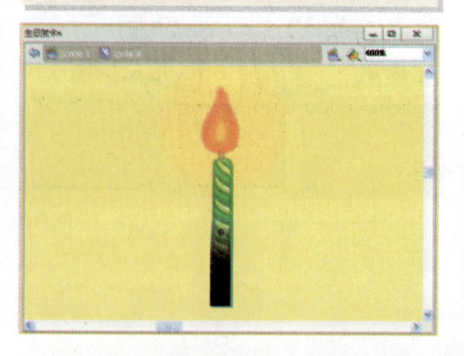

08 新建蜡烛总影片剪辑元件，创建5个图层。在各个图层中将蜡烛至蜡烛5影片剪辑元件拖入舞台中的合适位置。新建蛋糕影片剪辑元件，将"库"面板中的蛋糕素材拖入舞台中。

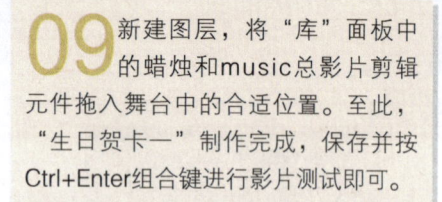

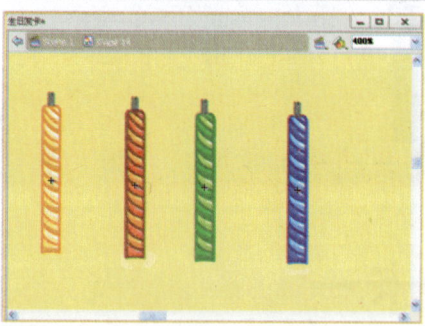

09 新建图层，将"库"面板中的蜡烛和music总影片剪辑元件拖入舞台中的合适位置。至此，"生日贺卡一"制作完成，保存并按Ctrl+Enter组合键进行影片测试即可。

实例175 新年贺卡

本实例介绍新年贺卡动画的制作方法。

文件路径：源文件\第10章\例175   视频文件：视频文件\第10章\例175.MP4

01 新建空白文档，将素材图片导入到"库"面板中。新建shape 1图形元件，使用"线条工具"绘制一条垂直直线。

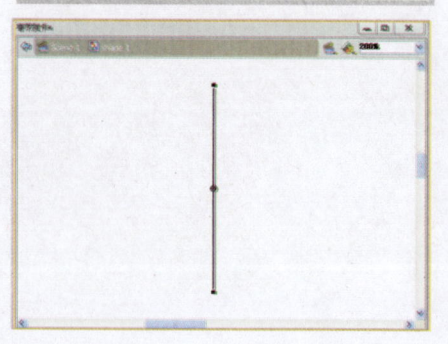

02 新建shape2图形元件，使用"椭圆工具"绘制椭圆。新建图层，绘制图形。

03 使用上述操作方法新建shape 3图形元件至shape 7图形元件。

第10章 贺卡动画

04 新建sprite 8影片剪辑元件，在每一层制作需要的动画效果。

05 返回"Scene 1"场景，将背景素材和sprite 8影片剪辑元件拖入舞台中。

06 至此，"新年贺卡"制作完成，保存并按Ctrl+Enter组合键进行影片测试即可。

实例176 圣诞节贺卡

本实例介绍圣诞节贺卡动画的制作方法。

文件路径：源文件\第10章\例176　　　视频文件：视频文件\第10章\例176.MP4

01 新建空白文档，将素材图片导入到"库"面板中。新建鹿图形元件，调整鹿的奔跑动作。

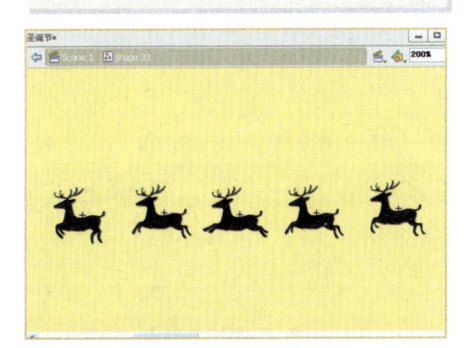

02 新建"所有星星"图层，使用"钢笔工具"绘制五角星。新建影片剪辑元件，制作星星闪光的效果。

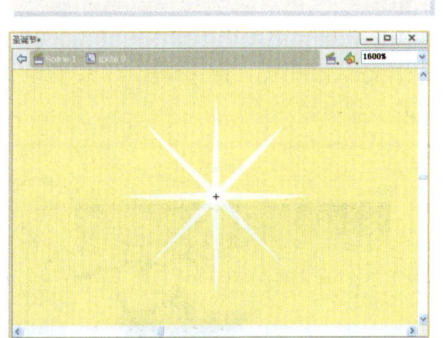

03 新建sprite 30影片剪辑元件，制作鹿跑动画效果。

04 新建shape 5图形元件，使用"椭圆工具"绘制椭圆，设置颜色面板的参数。

05 返回"Scene 1"场景，新建图层，在各图层的第1帧处插入关键帧，将相应的图形元件或影片剪辑元件拖入舞台中。

06 至此，"圣诞节贺卡"制作完成，保存并按Ctrl+Enter组合键进行影片测试即可。

Flash CS6 | 213

实例177 清明节卡片

本实例介绍清明节卡片的制作方法。

文件路径：源文件\第10章\例177　　　视频文件：视频文件\第10章\例177.MP4

01 新建空白文档，将素材图片导入到"库"面板中，将素材图片转换为元件。返回"Scene 1"场景。新建图层，插入关键帧，将4张背景素材图片拖入舞台中，在第552帧处插入帧。

02 新建图层，在第1帧和第9帧处插入关键帧，将shape 3图形元件拖入舞台中，在关键帧之间插入传统补间动画，在后面的帧插入关键帧，制作文字的动画效果。

03 新建图层，插入关键帧，制作shape 3图形元件在舞台上的效果，打开"属性"面板，设置关键帧的色彩效果。新建图层，在第396帧处插入关键帧，将sprite 37影片剪辑元件拖入舞台中。

04 新建3个图层，在第281帧处插入关键帧，将相应的影片剪辑元件拖入舞台中。新建图层，在第396帧和第404帧处插入关键帧，将shape 3图形元件拖入舞台中。

05 在关键帧之间插入传统补间动画，在后面的帧插入关键帧，制作按钮的动画效果。新建图层，在第405帧处插入关键帧，将shape 3图形元件拖入舞台中，设置色彩效果参数。

06 新建图层，在第281帧处插入关键帧，将sprite 27影片剪辑元件拖入舞台中。新建图层，制作shape 3图形元件在舞台上的效果。

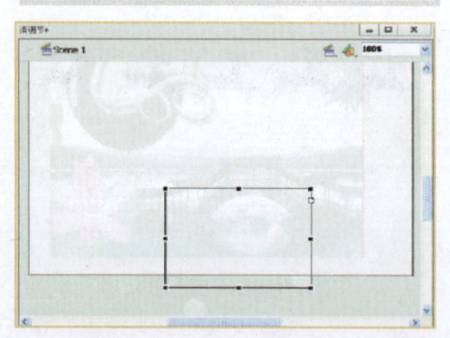

07 新建图层，将相应的影片剪辑元件拖入舞台中。新建图层，将音乐素材拖入舞台中。

08 新建"as"图层，在第552帧处插入空白关键帧，输入脚本"stop();"。

09 至此，"清明节卡片"制作完成，保存并按Ctrl+Enter组合键进行影片测试即可。

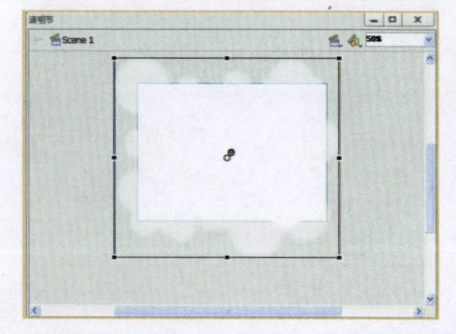

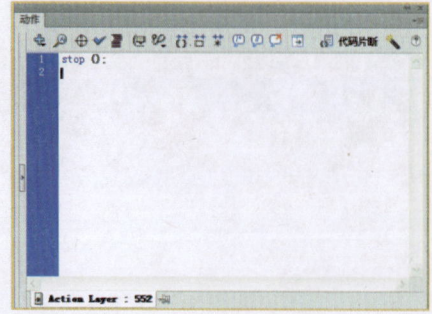

第10章 贺卡动画

实例178 母亲节贺卡

本实例介绍母亲节贺卡动画的制作方法。

文件路径：源文件\第10章\例178　　　　视频文件：视频文件\第10章\例178.MP4

01 新建空白文档，将素材图片导入到"库"面板中，将素材图片转换为元件。返回"Scene 1"场景。新建图层，将sprite 3影片剪辑元件拖入舞台中，在第340帧处插入帧。

02 新建图层，在第87帧和第112帧处插入关键帧，将sprite 35影片剪辑元件拖入舞台中，设置关键帧的Alpha值，在两关键帧之间创建传统补间动画，在第113帧处插入关键帧。

03 新建图层，在第222帧和第252帧处插入关键帧，将sprite 40影片剪辑元件拖入舞台中，设置关键帧的Alpha值，在两关键帧之间创建传统补间动画，在第253帧处插入关键帧。

04 新建3个图层，将相应的影片剪辑元件拖入舞台中的合适位置。

05 新建其他图层，制作需要的动画效果。新建图层，将音乐素材拖入舞台中。

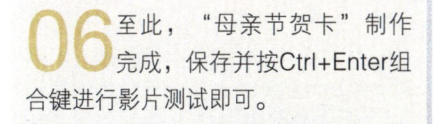

06 至此，"母亲节贺卡"制作完成，保存并按Ctrl+Enter组合键进行影片测试即可。

实例179 六一儿童节贺卡

本实例介绍六一儿童节贺卡动画的制作方法。

文件路径：源文件\第10章\例179　　　　视频文件：视频文件\第10章\例179.MP4

Flash CS6 | 215

01 新建空白文档，将素材图片导入到"库"面板中，将素材图片转换为影片剪辑元件。返回"场景1"，新建3个图层，制作图片元件在舞台上的动画效果。

02 新建两个图层，在第296帧处插入关键帧，制作文字动画效果。新建"as"图层，输入脚本"stop();"。

03 至此，"六一儿童节贺卡"制作完成，保存并按Ctrl+Enter组合键进行影片测试即可。

实例180 教师节贺卡

本实例介绍教师节贺卡动画的制作方法。

文件路径：源文件\第10章\例180　　　视频文件：视频文件\第10章\例180.MP4

01 新建空白文档，新建元件，返回"Scene 1"场景。新建图层，在第229、275、276帧处插入关键帧，将sprite 34影片剪辑元件拖入舞台中。在第229帧和第275帧之间创建者传统补间动画，在第337帧处插入帧。

02 新建图层，在第120帧和第228帧处插入关键帧，将shape 19影片剪辑元件拖入舞台中。在第120帧和第228帧之间创建者传统补间动画。按照此步骤新建"泡泡"图层。

03 新建两个图层，在第1帧至第119帧处插入关键帧，制作shape 1和shape 2影片剪辑元件在舞台上的动画效果。新建图层，制作泡泡动画。

04 新建多个引导和被引导层，制作泡泡在舞台的动画效果。

05 使用同样的方法，新建其他图层并制作相应的动画效果。新建"音乐"图层，将音乐素材拖入舞台中。新建"脚本"图层，输入脚本。

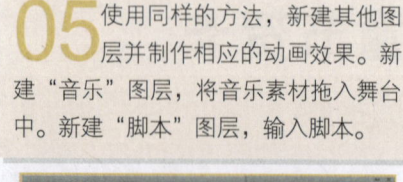

06 至此，"教师节贺卡"制作完成，保存并按Ctrl+Enter组合键进行影片测试即可。

216 | Flash CS6

实例181 感恩节贺卡

本实例介绍感恩节贺卡动画的制作方法。

文件路径：源文件\第10章\例181
视频文件：视频文件\第10章\例181.MP4

01 新建空白文档，将素材图片导入到"库"面板中，将素材图片转换为元件。返回"场景1"，新建"bg"图层，在第1帧处插入关键帧，将bg图形元件拖入舞台中，在第560帧处插入帧。

02 新建stars文件夹，新建5个图层，在每个图层插入关键帧，将Stymbol 5影片剪辑元件拖入舞台中。

03 新建"leaves"图层，在第1帧和第176帧处插入空白关键帧，将l1、l2、l3影片剪辑元件拖入舞台中，按F9键打开"动作"面板，在其中输入脚本。

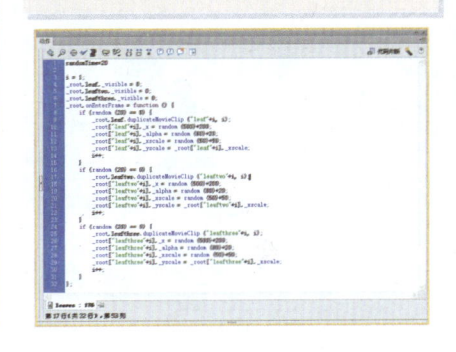

04 新建"main"图层，在第61帧处插入关键帧，制作mail图像元件飞舞的动画效果。新建"图层10"，绘制路径，制作mail的"引导层"。

05 新建"oldpic"图层，在第157、165、176帧处插入关键帧，将card1图形元件拖入舞台中，在第157帧和第165帧之间创建传统补间动画。

06 新建mask文件夹，新建遮罩和被遮罩图层，在第176帧处插入关键帧并绘制椭圆，制作椭圆由小到大的遮罩效果。

07 新建stars2文件夹，新建5个图层，在每个图层插入关键帧，将Stymbol 5影片剪辑元件拖入舞台中，制作动画效果。

08 新建其他图层，制作需要的动画效果。新建图层，将音乐素材拖入舞台中。

09 至此，"感恩节贺卡"制作完成，保存并按Ctrl+Enter组合键进行影片测试即可。

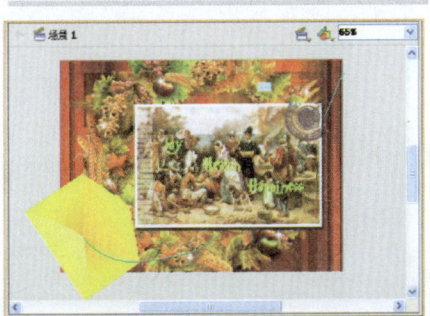

中文版 Flash CS6 动画设计与制作案例教程

实例182　五一劳动节贺卡

本实例介绍五一劳动节贺卡的制作方法。

文件路径：源文件\第10章\例182　　　视频文件：视频文件\第10章\例182.MP4

01 新建空白文档，将素材图片导入到"库"面板中，将素材图片转换为元件。返回"Scene 1"场景，将元件拖入舞台中，制作需要的动画效果。

02 新建图层，在第261帧和第271帧处插入关键帧，将Button78和Button76按钮元件拖入舞台中。新建图层，制作sprite 70影片剪辑元件的动画效果。

03 新建图层，将shape 36图形元件拖入舞台中。新建图层，制作小猪帮树浇水的整个过程动画效果。

04 新建图层，将shape 47图像元件拖入舞台中，制作动画效果。

05 新建其他图层，制作需要的动画效果。新建图层，将音乐素材拖入舞台中。

06 至此，"五一劳动节贺卡"制作完成，保存并按Ctrl+Enter组合键进行影片测试即可。

实例183　情人节贺卡

本实例介绍情人节贺卡动画的制作方法。

文件路径：源文件\第10章\例183　　　视频文件：视频文件\第10章\例183.MP4

第10章　贺卡动画

01 新建空白文档，使用"矩形工具"在舞台中绘制矩形，在第240帧处插入帧。

02 新建图层，将cloud图形元件拖入舞台中，并绘制多个房屋。新建图层，将angle影片剪辑元件拖入舞台中，并制作动画效果。

03 新建图层，将line影片剪辑元件拖入舞台中，制作在舞台上的动画效果。新建图层，将text03影片剪辑元件拖入舞台中，制作在舞台中的动画效果。

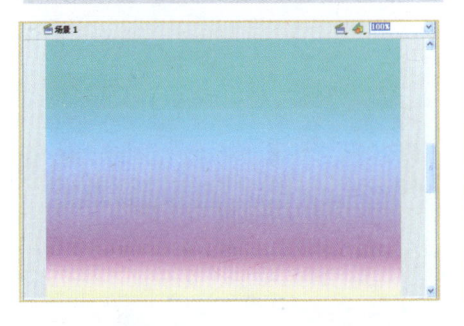

04 新建其他图层，制作需要的动画效果。

05 新建图层，在第240帧处插入空白关键帧，将按钮元件拖入舞台中，输入相应的脚本"stop();"。

06 至此，"情人节贺卡"制作完成，保存并按Ctrl+Enter组合键进行影片测试即可。

实例184　元旦节贺卡

本实例介绍元旦节贺卡动画的制作方法。

文件路径：源文件\第10章\例184

视频文件：视频文件\第10章\例184.MP4

01 新建空白文档，将素材图片导入到"库"面板中，并将素材图片转换为元件。返回"Scene 1"场景，将元件拖入舞台中，在第186帧处插入帧。

02 新建图层，在第157、186、187帧处插入关键帧，将sprite 31影片剪辑元件拖入舞台中，在第157帧和第186帧之间创建传统补间动画，在第316帧处插入帧。

03 按照上述步骤新建其他两个背景图片的动画效果。新建图层，使用"椭圆工具"绘制星光并制作星光动画。

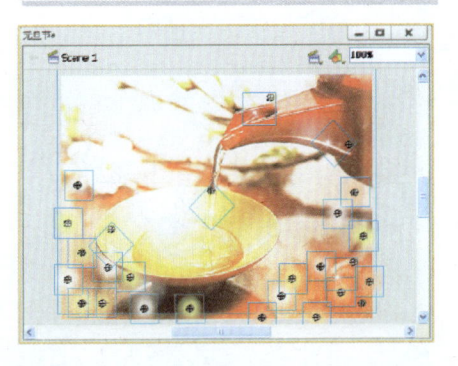

Flash CS6 | 219

04 新建图层，将按钮元件拖入舞台中。新建图层，将音乐素材拖入舞台中。

05 新建图层，在第1帧和第526帧处插入关键帧，输入脚本。

06 至此，"元旦节贺卡"制作完成，保存并按Ctrl+Enter组合键进行影片测试即可。

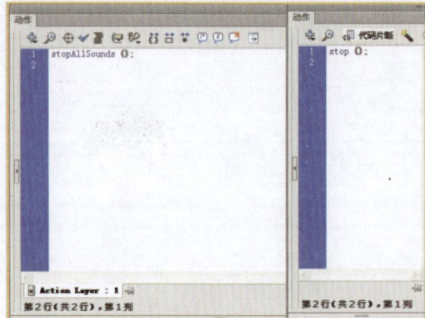

实例185　生日贺卡二

本实例介绍生日贺卡动画的制作方法。

文件路径：源文件\第10章\例185
视频文件：视频文件\第10章\例185.MP4

01 新建空白文档，将素材图片导入到"库"面板中，将素材图片转换为元件。返回"场景1"，新建图层，拖入背景素材，在第916帧处插入帧。

02 新建图层，分别将final_cake影片剪辑元件和desk图形元件拖入舞台中。新建"text"图层，在第314帧处插入关键帧。

03 将text影片剪辑元件拖入舞台中，新建mouse影片剪辑元件，在前3帧插入空白关键帧，输入脚本，完成之后拖入新建"mouse"图层的第1帧，并输入脚本。

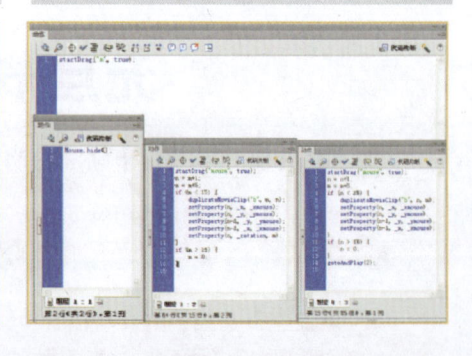

04 新建"声音"图层，将音乐素材拖入舞台中。新建"replay"图层，在第916帧处插入关键帧，将按钮元件拖入舞台中。

05 选择按钮元件，按F9键打开"动作"面板，在其中输入脚本。

06 至此，"生日贺卡二"制作完成，保存并按Ctrl+Enter组合键进行影片测试即可。

第11章
ActionScript 特效

ActionScript动作脚本是遵循ECMAscript第四版的Adobe Flash Player运行时环境的编程语言。本章主要介绍它在Flash内容和应用程序中实现交互性、数据处理以及其他功能的方法。使用ActionScript创建动画特效可对创建后的跟随对象进行排序和定位，利用数组存储数据信息，并从数据中提取产生运动特效的数据。

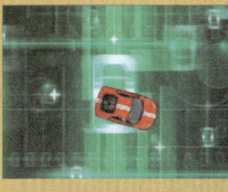

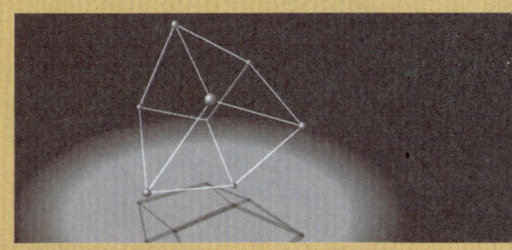

实例186　键盘控制汽车一

本实例介绍由空格键控制汽车行驶动画的制作方法。

文件路径：源文件\第11章\例186　　　视频文件：视频文件\第11章\例186.MP4

01 新建轮胎影片剪辑元件，绘制轮胎。在第15帧处将图形进行旋转，并创建补间动画。新建汽车影片剪辑元件，绘制车身，并将轮胎元件拖入舞台中。新建汽车动影片剪辑元件，将汽车元件拖入舞台中，在第50帧处插入关键帧，并向左移动元件。

02 返回"场景1"，将背景素材拖入舞台中。新建"图层2"，将汽车动影片剪辑元件拖入舞台中。选择舞台中的元件，打开"动作"面板，输入脚本。

03 至此，"键盘控制汽车一"制作完成，保存并按Ctrl+Enter组合键进行影片测试即可。

> **提示**：刚接触ActionScript的用户可以通过一些简单的实例进行入门学习，也可通过查看Flash CS6中的帮助文档来了解这方面的知识。

实例187　键盘控制汽车二

本实例介绍由键盘上的方向键控制汽车动画的制作方法。

文件路径：源文件\第11章\例187　　　视频文件：视频文件\第11章\例187.MP4

01 将素材图片导入到"库"面板中。新建元件1影片剪辑元件，将素材图片拖入到舞台中。设置元件的as链接为car。返回场景，将背景拖入舞台中，新建"图层2"，将元件1影片剪辑元件拖入舞台中，设置实例名称为car。在第1帧处输入脚本。

02 保存Flash文档。执行"文件"|"新建"命令，选择"ActionScript 文件"选项。在弹出的对话框中输入脚本，保存文档名为Car即可。

03 至此，"键盘控制汽车二"制作完成，保存并按Ctrl+Enter组合键进行影片测试即可。

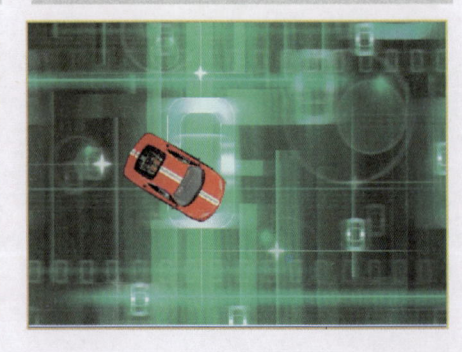

第11章　ActionScript特效

实例188　液晶电视机

本实例介绍液晶电视机动画的制作方法。

文件路径：源文件\第11章\例188　　　视频文件：视频文件\第11章\例188.MP4

01 新建元件1至元件10影片剪辑元件，并分别将素材拖入舞台中。

02 新建屏幕、底座和黑屏影片剪辑，并分别绘制电视机的部件。

03 新建按钮1按钮元件，绘制一个矩形。新建"图层2"，在第3帧处插入空白关键帧，并绘制绿色矩形框。

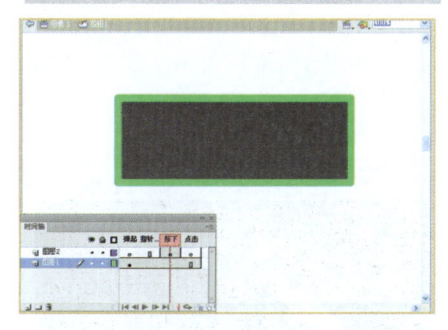

04 新建开关按钮元件，绘制图形。新建"图层2"，在第3帧处插入空白关键帧，并绘制绿色矩形。

05 返回"场景1"，将背景素材拖入舞台中。新建"图层2"，分别将屏幕、底座和黑屏影片剪辑元件拖入舞台中。

06 新建"图层3"，在第1帧处绘制黑色矩形。在第15帧至第105帧之间每隔10帧插入一个空关键帧，并依次将元件1至元件10拖入舞台中。

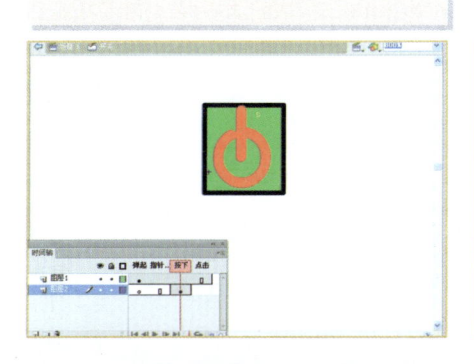

07 新建"图层4"，将开关按钮元件拖入舞台中，为元件添加斜角滤镜。在第1帧处输入脚本。在第15帧处插入关键帧，设置实例名称为off_btn。

08 新建"图层5"，将1按钮元件拖入舞台中，设置实例名称为ch_plus。在第15帧至第105帧之间每隔15帧插入一个关键帧，分别设置每个关键帧处的按钮1元件脚本。

09 新建"图层5"，将1按钮元件拖入舞台中，设置实例名称为ch_min。使用同样的方法创建关键帧并添加脚本。新建"图层6"，创建关键帧，并在每个关键帧处输入脚本"stop();"。至此，"液晶电视机"制作完成，保存并测试影片即可。

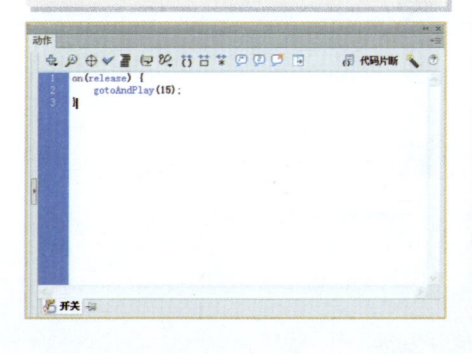

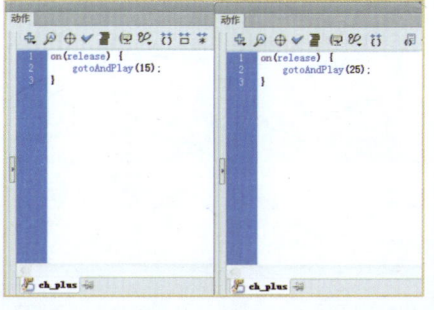

Flash CS6 | 223

实例189　纷飞的花瓣

本实例介绍纷飞的花瓣动画制作方法。

文件路径：源文件\第11章\例189　　　视频文件：视频文件\第11章\例189.MP4

01 新建元件1至元件3影片剪辑元件，分别绘制图形，作为花瓣。新建元件4影片剪辑元件，将元件1影片剪辑元件拖入舞台中。在第1帧至第218帧之间创建花瓣飘落的效果。新建"图层2"，在第218帧处插入空白关键帧，输入脚本。

02 新建元件5至元件6影片剪辑元件。使用同样的方法制作花瓣飘落动画。返回"场景1"，将背景素材拖入舞台中。新建"图层2"，将元件4至元件6影片剪辑元件分别拖入舞台中。新建"图层3"，在第1帧处输入脚本。

03 至此，"纷飞的花瓣"制作完成，保存并按Ctrl+Enter组合键进行影片测试即可。

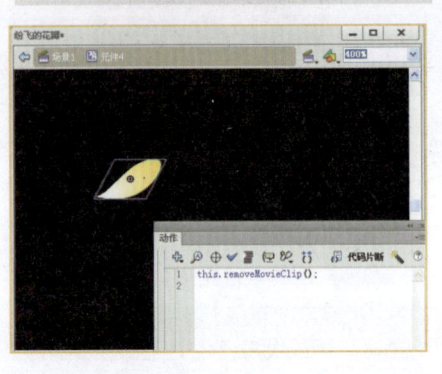

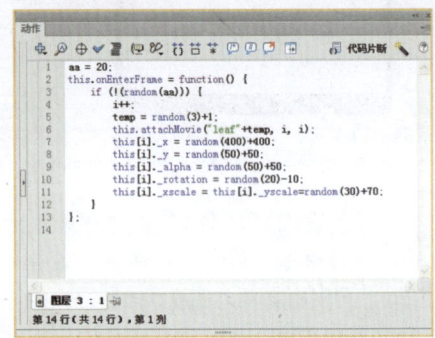

实例190　行为应用

本实例介绍使用鼠标控制移动素材动画的制作方法。

文件路径：源文件\第11章\例190　　　视频文件：视频文件\第11章\例190.MP4

01 将素材导入到"库"面板中，设置as链接为image1.jpg。新建影片剪辑元件，选择"矩形工具"，绘制白色矩形。新建图层，将素材图片拖入舞台中。

02 返回"场景1"，将背景拖入舞台中。新建"图层2"，将元件1影片剪辑元件拖入舞台中，设置实例名称为snapshot1，为元件添加渐变斜角滤镜。

03 选择元件，打开"动作"面板，在其中输入脚本。

第11章　ActionScript特效

04 使用同样的方法，将元件1拖入舞台中多次，分别修改实例名称和脚本。

05 新建"图层3"，在第1帧处打开"动作"面板，在其中输入脚本。

06 至此，动画制作完成，保存并按Ctrl+Enter组合键进行影片测试即可。

实例191　星光灿烂

本实例介绍星光灿烂动画的制作方法。

文件路径：源文件\第11章\例191　　　视频文件：视频文件\第11章\例191.MP4

01 新建点影片剪辑元件，使用"椭圆工具"在舞台中绘制径向渐变的正圆。新建星影片剪辑元件，将点影片剪辑元件拖入舞台中多次，使用"任意变形工具"依次进行调整，并移动至合适位置。

02 新建星动影片剪辑元件，将点影片剪辑元件拖入舞台中。新建"图层2"，将星影片剪辑元件拖入舞台中。

03 新建星主影片剪辑元件，将星动影片剪辑元件拖入舞台中。在"属性"面板中设置实例名称为star。返回主场景，将背景素材图像拖入舞台中。新建"图层2"，在第1帧处将星主影片剪辑元件拖入舞台中多次。

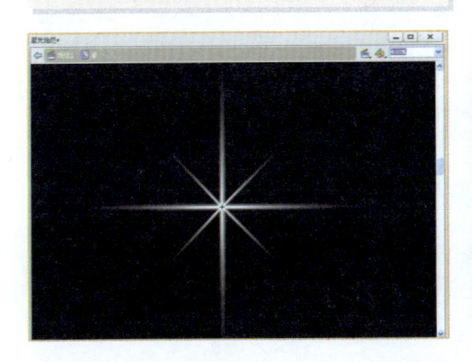

04 选择任意一个元件，打开"动作-影片剪辑"面板在其中输入脚本。

05 新建"图层3"，在第1帧处输入脚本。

06 至此，"星光灿烂"动画制作完成，保存并按Ctrl+Enter组合键进行影片测试即可。

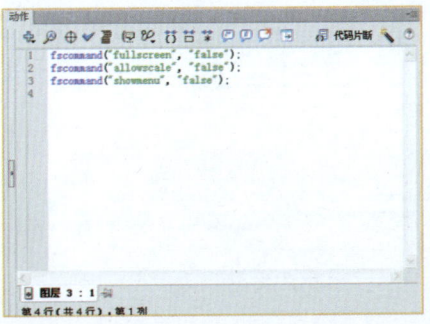

Flash CS6 | 225

实例192 智能计算器

本实例介绍智能计算器动画的制作方法。

文件路径：源文件\第11章\例192　　　视频文件：视频文件\第11章\例192.MP4

01 新建元件1按钮元件，使用"基本矩形工具"绘制矩形。新建元件2影片剪辑元件，将元件1影片剪辑元件拖入舞台中多次，选择最后一个元件，在"属性"面板中调整色彩效果。

02 为每个元件设置不同的实例名称。新建"图层2"，使用"文本工具"输入文本。然后拖动文本框，设置实例名称为txt，为文本添加发光滤镜。

03 新建"图层3"，在第1帧处打开"动作"面板，输入脚本。返回"场景1"，绘制图形。新建"图层2"，将元件2影片剪辑元件拖入舞台中。至此，动画制作完成，保存并测试影片即可。

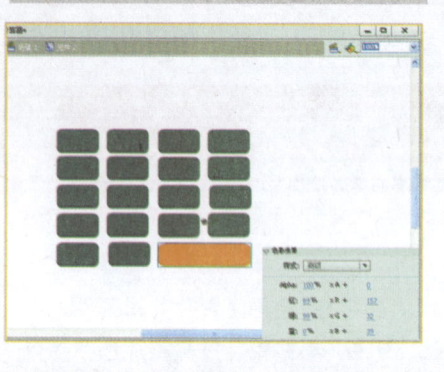

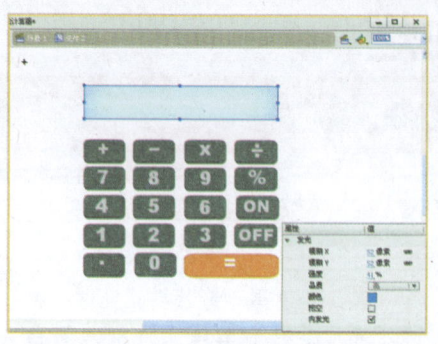

实例193 雪花飞扬

本实例介绍雪花飞扬动画的制作方法。

文件路径：源文件\第11章\例193　　　视频文件：视频文件\第11章\例193.MP4

01 新建雪点影片剪辑元件，设置AS链接为snow，使用"椭圆工具"在舞台中绘制一个白色正圆，作为雪点。在第2帧处插入普通帧。新建"图层2"，在第1帧和第2帧处分别输入脚本。

02 返回"场景1"，将背景素材图像拖入舞台中。新建"图层2"，在第1帧处打开"动作"面板，在其中输入脚本。

03 至此，"雪花飞扬"制作完成，保存并按Ctrl+Enter组合键进行影片测试即可。

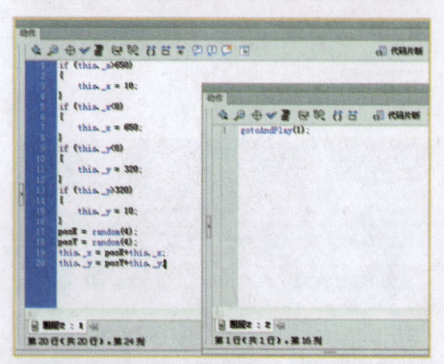

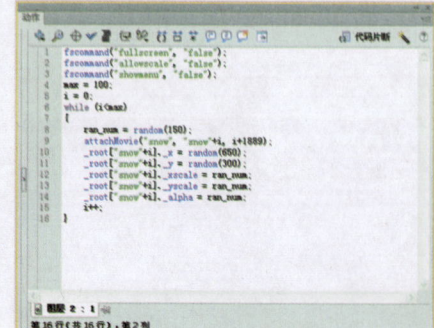

226 | Flash CS6

第11章　ActionScript特效

实例194　电子日历

本实例介绍电子日历动画的制作方法。

文件路径：源文件\第11章\例194
视频文件：视频文件\第11章\例194.MP4

01 新建元件1至元件4图形元件，分别绘制图形。新建元件5至元件8按钮元件。将元件1至元件4分别拖入相应的元件中。新建元件9按钮元件，绘制矩形。新建元件10影片剪辑元件，将元件9拖入舞台中，设置实例名称为hit。新建"图层2"，输入脚本。

02 新建元件11影片剪辑元件，将元件10拖入舞台中，设置实例名称为todayHilite。新建"图层2"，绘制文本框。新建元件13影片剪辑元件，绘制文本。新建"图层2"，将元件5至元件8按钮元件拖入舞台中。新建"图层3"，将元件11拖入舞台中。

03 选择按钮5和按钮6，打开"动作"面板，依次输入脚本。

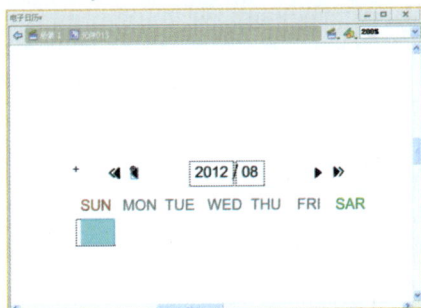

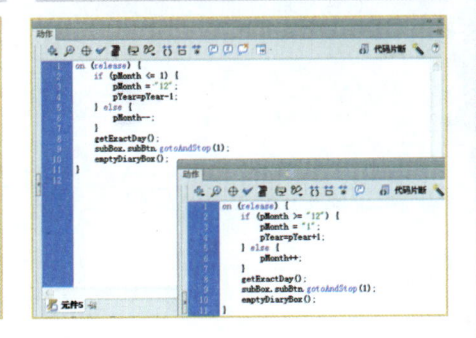

04 选择按钮7和按钮8，打开"动作"面板，依次输入脚本。

05 新建元件14影片剪辑元件，将背景素材拖入舞台中。新建"图层2"，绘制图形。新建"图层3"，将元件13影片剪辑元件拖入舞台中，设置实例名称为calender。在元件上添加脚本。

06 返回"场景1"，将元件14影片剪辑元件拖入舞台中，设置实例名称为c1。至此，"电子日历"制作完成，保存并测试影片即可。

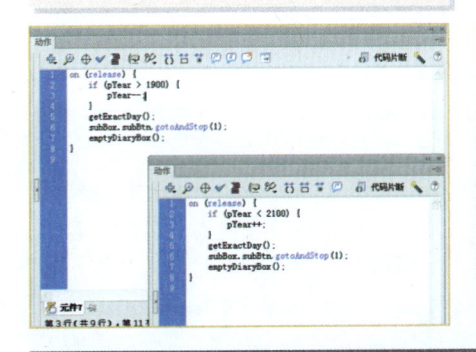

> **提示**：设置元件的实例名称便于后面程序中对对象的直接引用和控制。

实例195　简易绘图板

本实例介绍简易绘图板动画的制作方法。

文件路径：源文件\第11章\例195
视频文件：视频文件\第11章\例195.MP4

Flash CS6 | 227

01 新建笔影片剪辑元件，在工具栏中使用"绘图工具"绘制画笔。

02 新建橡皮擦影片剪辑元件，使用"基本矩形工具"绘制圆角矩形。新建其他各按钮元件。返回"场景1"，绘制图形。

03 新建"图层2"，将笔影片剪辑元件拖入舞台中，设置实例名称为kk。打开"动作"面板，在其中输入脚本。

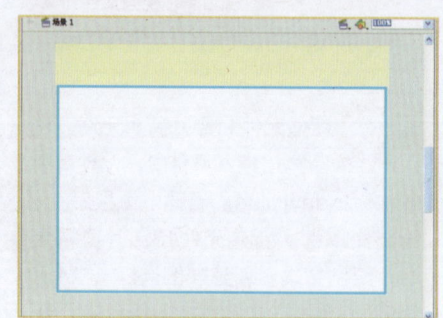

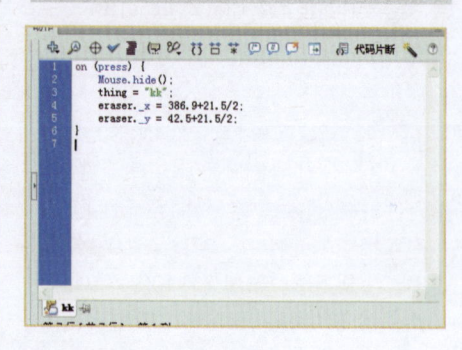

04 使用同样的方法将其他元件拖入舞台中，并分别设置实例名称及脚本。

05 新建"图层3"，在第1帧处打开"动作"面板，在其中输入脚本。

06 至此，"简易绘图板"制作完成，保存并测试影片即可。

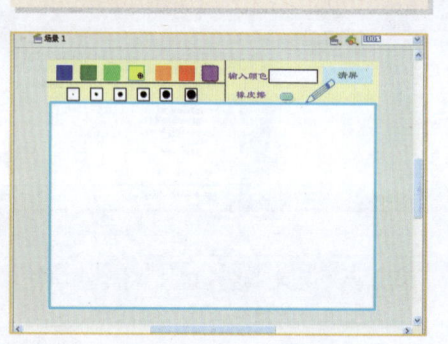

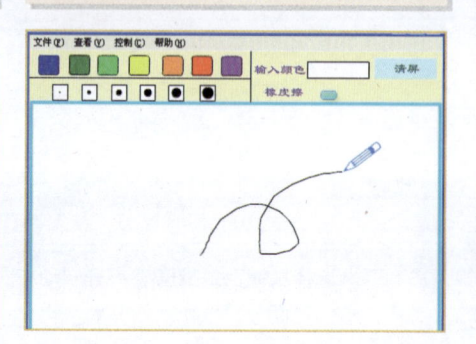

实例196　旋转立方体

本实例介绍旋转立方体动画的制作方法。

文件路径：源文件\第11章\例196　　　视频文件：视频文件\第11章\例196.MP4

01 新建元件，将图片1拖入舞台中，按Ctrl+B组合键打散图形。使用"线条工具"，按住Shift键，绘制45度角的直线。选择图形的上半部分，按Ctrl+X组合键剪切图形。

02 新建元件2，单击鼠标右键，在弹出的快捷菜单中执行"粘贴到当前位置"命令，将图形粘贴到舞台中。在"库"面板中设置分别设置元件1和元件2的AS链接为Mc1与Mc2。

03 使用同样的方法，新建其他元件并设置实例名称。返回"场景1"，在第1帧处输入脚本。至此，动画制作完成，保存并测试影片即可。

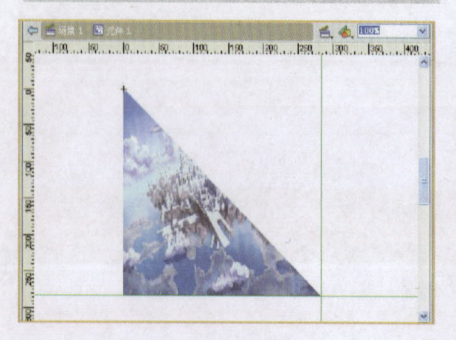

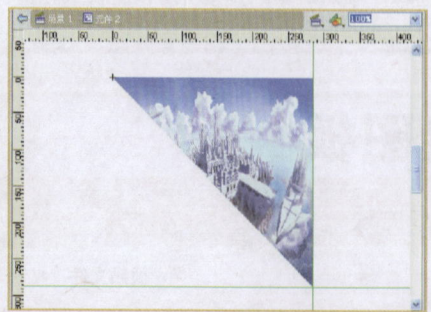

第11章　ActionScript特效

> 提示：执行"视图"|"标尺"命令可打开标尺功能，在标尺上拖出辅助线可帮助定位图形。

实例197　精美时钟

本实例介绍精美时钟动画的制作方法。

文件路径：源文件\第11章\例197　　　视频文件：视频文件\第11章\例197.MP4

01 新建元件1影片剪辑元件，使用"矩形工具"绘制矩形条作为指针，使用"选择工具"调整图形。设置填充色为白色到粉色（#FF33FF）线性渐变。

02 新建元件2影片剪辑元件，使用"线条工具"绘制直线。使用"自由变形工具"调整中心点。在"变形"面板中，单击4次"重置选区"和"变形"按钮。使用同样的方法绘制刻度盘。

03 返回"场景1"，将背景拖入舞台中。新建"图层2"，将元件2影片剪辑拖入舞台中。新建"图层3"，使用"文本工具"输入文本。

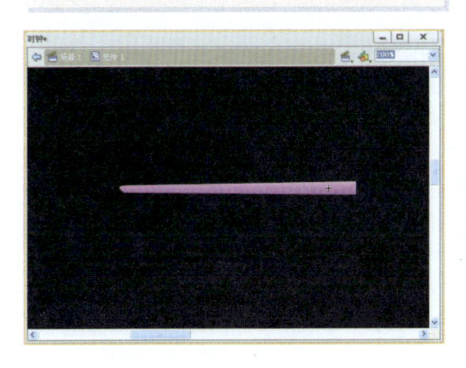

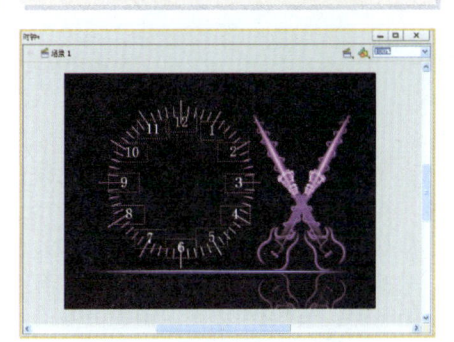

04 新建"图层4"，使用"椭圆工具"绘制椭圆。将元件1拖入舞台中3次，并分别调整指针的长度和粗细。在"属性"面板中，分别设置实例名称为shi、fen、miao。新建"图层5"，在第1帧处输入脚本。

05 在第2帧和第3帧处分别插入空白关键帧，按F9键打开"动作"面板，依次输入脚本。在第3帧处插入空白关键帧，输入脚本"gotoAndPlay(3);"。

06 至此，"精美时钟"制作完成，保存并按Ctrl+Enter组合键进行影片测试即可。

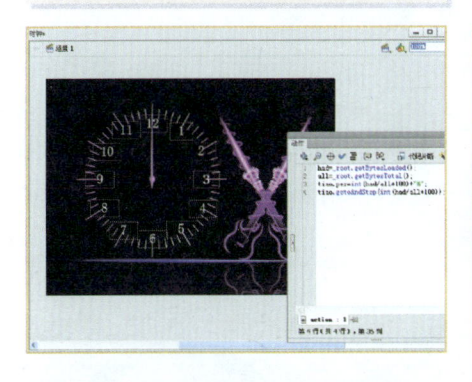

> 提示：使用"线条工具"绘制一条刻度线。在"变形"面板中设置角度为5°，然后单击"重制选区和变形"按钮复制出其他刻度。绘制出一个圆，将多余的线条删除即可得到刻度表。

实例198 电风扇

本实例介绍电风扇动画的制作方法。

文件路径：源文件\第11章\例198

视频文件：视频文件\第11章\例198.MP4

01 将背景素材导入到"库"面板中，设置背景颜色为灰色。新建元件1图形元件，使用"椭圆工具"和"线条工具"绘制图形。

02 新建元件2图形元件，使用"椭圆工具"绘制椭圆，使用"选择工具"对椭圆进行调整。设置填充颜色为蓝色的线性渐变。复制椭圆并调整位置。

03 新建风影片剪辑元件，将元件2图形元件拖入舞台中，在第17、31、45、60帧处分别插入关键帧，旋转元件，并创建补间动画。在第1帧处输入脚本"stop();"。在第60帧处输入脚本"gotoAndPlay(2);"。

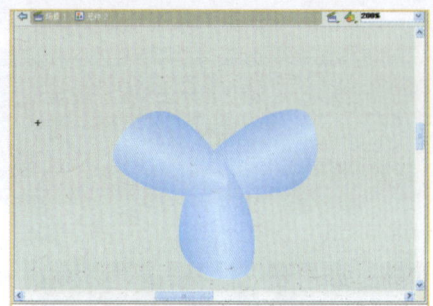

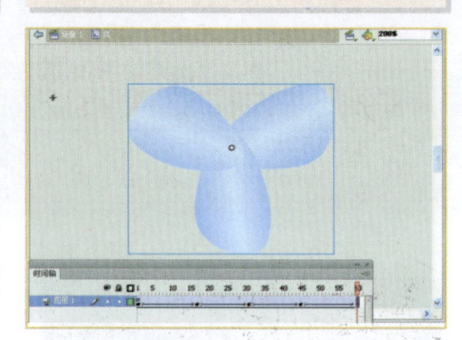

04 使用同样的方法创建风1至风3影片剪辑元件。新建元件7按钮元件，在第4帧处插入空白关键帧，绘制矩形。新建元件8影片剪辑元件，绘制4个矩形。新建"图层2"，并输入文本。

05 新建"图层3"，将元件7按钮元件拖入舞台中4次，分别选择各按钮元件，在"动作"面板中依次输入脚本。

06 返回"场景1"，将背景素材拖入舞台中。新建"图层2"，将元件1图形元件拖入舞台中。新建"图层3"，将风影片剪辑元件拖入舞台中，并设置实例名称为shan。

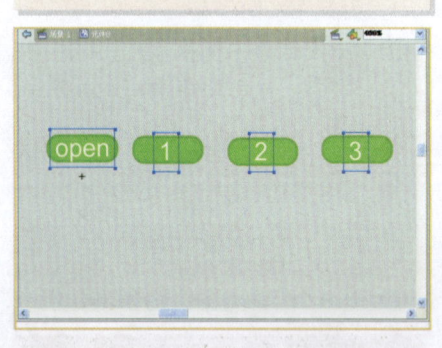

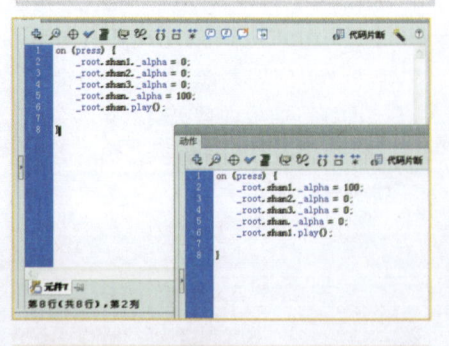

07 新建"图层4"至"图层6"，分别将风1至风3影片剪辑元件拖入相同图层的舞台中，并分别设置实例名称。

08 新建"图层7"，将元件8影片剪辑元件拖入舞台中。新建"图层8"，绘制椭圆。

09 至此，"电风扇"制作完成，保存并按Ctrl+Enter组合键进行影片测试即可。

第11章　ActionScript特效

实例199　调控色调效果

本实例调控色调效果动画的制作方法。

文件路径：源文件\第11章\例199　　　视频文件：视频文件\第11章\例199.MP4

01 新建元件1影片剪辑元件，将背景拖入舞台中。新建滑轨影片剪辑元件，使用"矩形工具"绘制矩形。

02 新建元件2按钮元件，绘制一个矩形。新建滑块1影片剪辑元件，将元件2按钮元件拖入舞台中。

03 使用同样的方法创建滑块2、滑块3影片剪辑元件。新建重置影片剪辑元件，使用"矩形工具"绘制矩形。使用"文本工具"绘制文本。返回"场景1"，将元件1拖入舞台中，设置实例名称为pic。

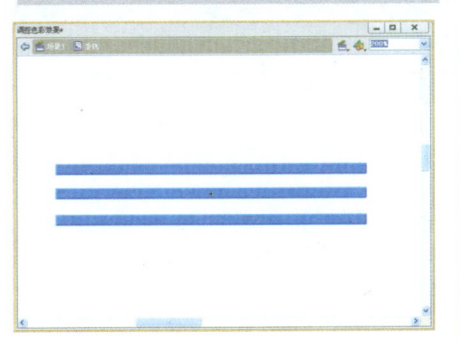

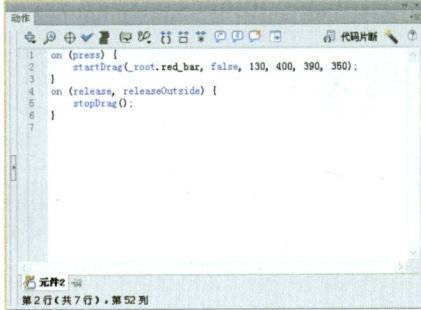

04 新建"图层2"，将各元件拖入舞台中，选择滑块1影片剪辑元件，设置实例名称为red_bar，并设置滑块2和滑块3的实例名称为gre_bar和blu_bar。使用"文本工具"输入文本。

05 选择重置影片剪辑元件，打开"动作"面板，在其中输入脚本。

06 在"图层2"的第1帧和第3帧处分别打开"动作"面板，在其中输入脚本。至此，动画制作完成，保存并测试影片即可。

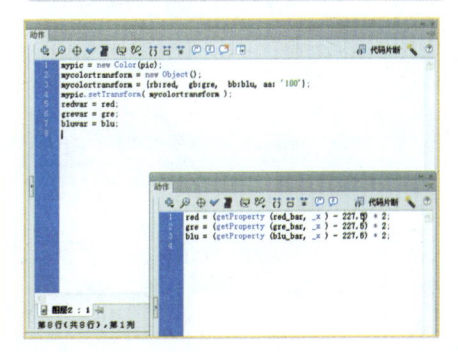

实例200　时间控制

本实例介绍时间控制动画的制作方法。

文件路径：源文件\第11章\例200　　　视频文件：视频文件\第11章\例200.MP4

> **提示**：当前时间与计算机时间是同步的。因此，改变计算机中的时间，测试动画的时间也会改变。

中文版 Flash CS6 动画设计与制作案例教程

01 新建元件1影片剪辑元件，使用"文本工具"输入文本。返回"场景1"，将背景素材拖入舞台中。新建"图层2"，将元件1影片剪辑元件拖入舞台中。

02 选择元件1，打开"动作"面板，在其中输入脚本。

03 至此，"时间控制"制作完成，保存并测试影片即可。

实例201　百变服装秀

本实例介绍百变服装秀动画的制作方法。

文件路径：源文件\第11章\例201　　视频文件：视频文件\第11章\例201.MP4

01 新建元件1按钮元件，在舞台中绘制图形，在第2帧处插入关键帧，将图形向右上方移动。

02 新建元件2影片剪辑元件，在第1帧至第8帧处的每一帧插入空白关键帧，并分别绘制图形。

03 新建"图层2"，将元件1拖入舞台中，设置实例名称为p_btn。复制元件1并将其水平翻转，设置实例名称为n_btn。

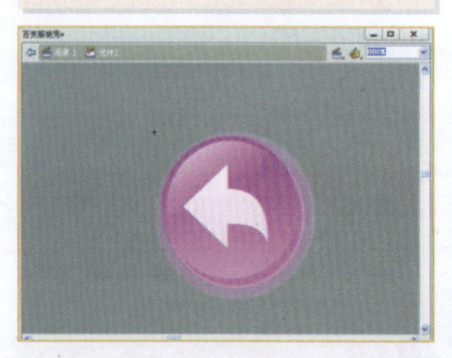

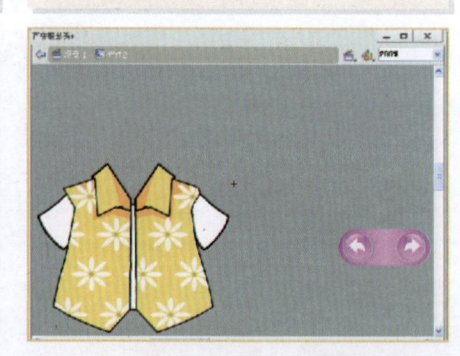

04 分别选中两个元件，打开"动作"面板，在其中依次输入脚本。

05 使用同样的方法新建元件3影片剪辑元件，分别绘制图形并将元件1影片元件拖入舞台中，为其添加脚本。

06 返回"场景1"，将背景拖入舞台中，将元件2和元件3拖入舞台中。至此，"百变服装秀"制作完成，保存并测试影片即可。

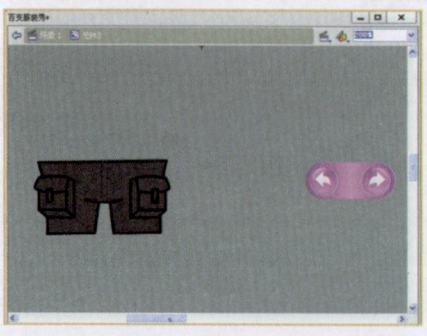

232 | Flash CS6

第11章　ActionScript特效

实例202　三维空间

本实例介绍三维空间动画的制作方法。

文件路径：源文件\第11章\例202

视频文件：视频文件\第11章\例202.MP4

01 新建元件1影片剪辑元件，绘制直线。新建元件2影片剪辑元件，绘制椭圆。

02 新建元件3影片剪辑元件，绘制阴影。新建元件4按钮元件，第4帧处绘制椭圆。新建元件5，将元件4拖入舞台中。返回"场景1"，绘制图形。

03 新建"图层2"，将"库"面板中的元件拖入舞台中，并分别设置实例名称为wire、vert、shadow、trail。

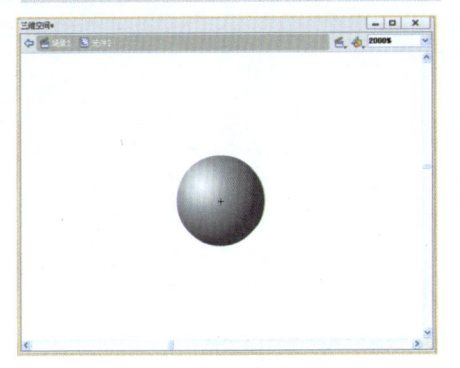

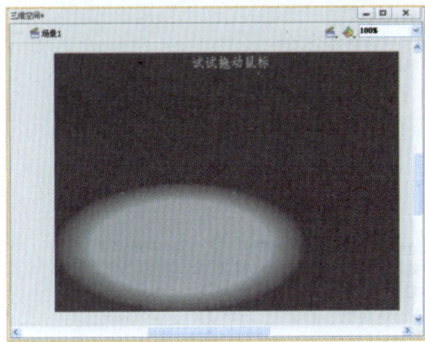

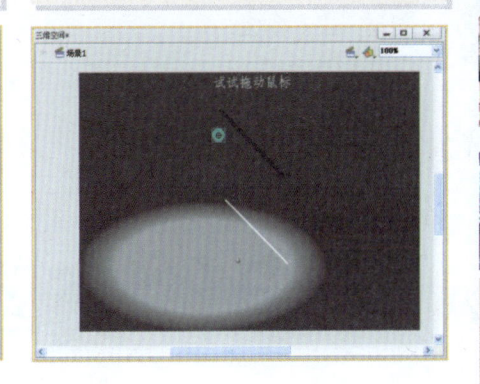

04 新建"图层3"，在第1帧处按F9键打开"动作"面板，在其中输入脚本。

05 在第2帧处插入空白关键帧，输入脚本。

06 在第3帧处输入脚本"gotoAndPlay (2);"。至此，"三维空间"制作完成，保存并测试影片即可。

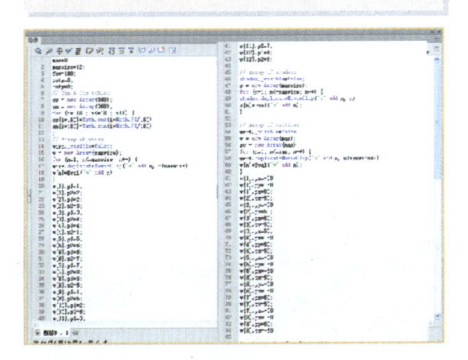

第12章
组件交互式动画

Flash组件最大的特点是开发者可以自定义组件，尤其是界面元素，使其更具有吸引力。本章主要介绍组件的应用和组件皮肤的修改方法。

第12章 组件交互式动画

实例203 判断是非

本实例介绍从"组件"面板中将相应的组件拖入舞台中,并调整好位置,然后添加程序来控制判断是非效果动画的制作方法。

文件路径:源文件\第12章\例203
视频文件:视频文件\第12章\例203.MP4

01 新建一个空白文档,将背景拖入舞台中。新建"图层2",使用"矩形工具"绘制矩形。

02 打开"组件"面板,将Label组件拖入舞台中。在"属性"面板中设置text的值为"你喜欢Flash吗?"。

03 在舞台中添加两个RadioButton组件。依次选择两个组件,并在"属性"面板中设置组件参数。

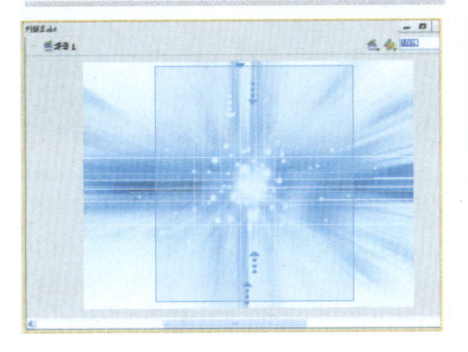

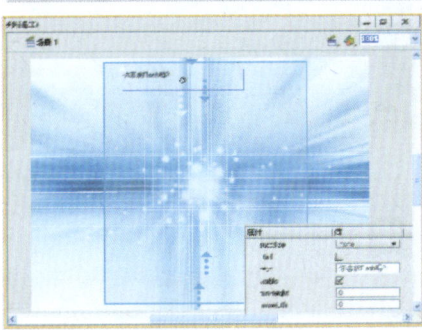

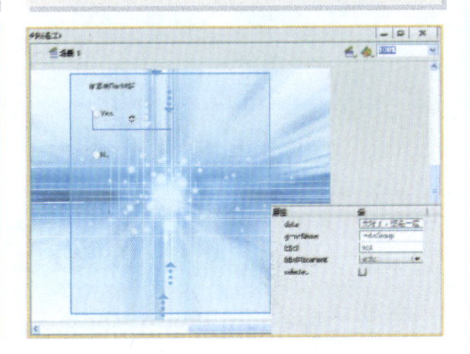

04 在舞台中添加TextArea组件,设置实例名称为tArea,并设置组件参数。

05 在第1帧处按F9键打开"动作"面板,在其中输入脚本。

06 至此,"判断是非"制作完成,保存并测试影片即可。

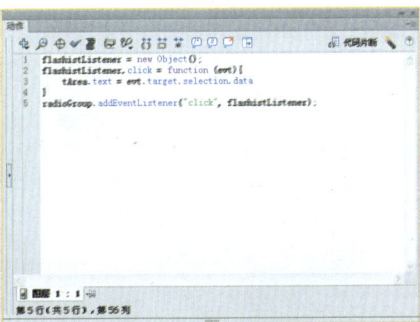

> **提示**:data是判断程序里的数据,label是显示在组件下拉列表中的名称。

实例204 打开本地文件

本实例介绍打开本地文件动画的制作方法。

文件路径:源文件\第12章\例204
视频文件:视频文件\第12章\例204.MP4

01 新建Flash文档，将背景拖入舞台中，使用"文本工具"输入文本。新建"图层2"，将TexInput组件拖入舞台中，设置实例名称为msg。将Button组件拖入舞台中，设置实例名称为btn，label值为浏览。

02 使用"文本工具"输入文本。在第1帧处按F9键打开"动作"面板，在其中输入脚本。

03 至此，"打开本地文件"制作完成，保存并按Ctrl+Enter组合键进行影片测试即可。

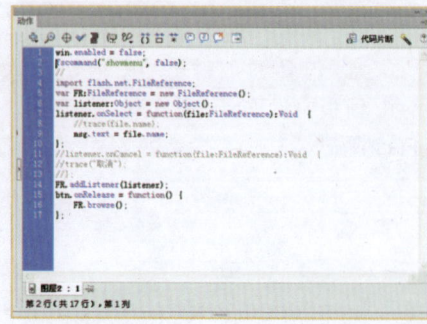

实例205　滚动窗口

本实例介绍滚动窗口动画的制作方法。

文件路径：源文件\第12章\例205　　　　视频文件：视频文件\第12章\例205.MP4

01 新建Flash文本，在"组件"面板中将ScrollPane组件拖入舞台中。

02 在"属性"面板中设置contentPath的值为图片的路径，并调整组件的大小。

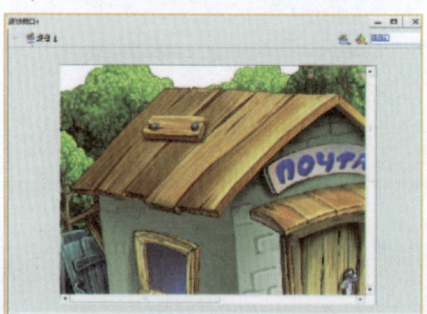

03 至此，"滚动窗口"制作完成，保存并测试影片即可。

> **提示**　在contentPath中输入图片的路径，系统会自动识别图像。若改变该图片的位置，则会出现错误。

实例206　Flash用户登录界面

本实例介绍Flash用户登录界面动画的制作方法。

文件路径：源文件\第12章\例206　　　　视频文件：视频文件\第12章\例206.MP4

第12章　组件交互式动画

01 将背景素材拖入舞台中。新建"图层2",在舞台中添加两个TextInput组件和一个Button组件,分别在"属性"面板中设置其参数。

02 在第1帧处按F9键打开"动作"面板,在其中输入脚本。

03 至此,"Flash用户登录界面"制作完成,保存并测试影片即可。

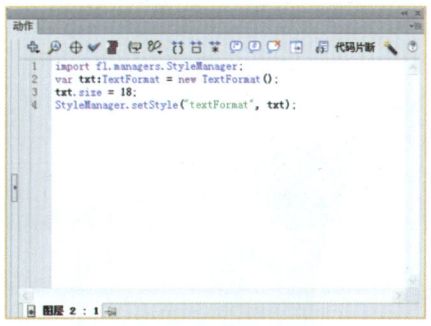

实例207　视频播放器

本实例介绍视频播放器动画的制作方法。

文件路径:源文件\第12章\例207　　　视频文件:视频文件\第12章\例207.MP4

01 新建一个Flash文档。打开"组件"面板,在Viedo文件夹中选择FLVPlayback组件拖入舞台中并调整大小。

02 进入"属性"面板,单击contentPath后的编辑按钮,在弹出的内容对话框中打开视频路径。单击skin后的编辑按钮,在弹出的对话框中选择外观。

03 至此,"视频播放器"制作完成,保存并测试影片即可。

实例208　趣味知识问答

本实例介绍趣味知识问答动画的制作方法。

文件路径:源文件\第12章\例208　　　视频文件:视频文件\第12章\例208.MP4

Flash CS6 | 237

中文版 Flash CS6 动画设计与制作案例教程

01 新建元件1图形元件，绘制矩形。新建元件2影片剪辑元件，绘制矩形，在第10帧处插入关键帧，拉伸矩形。新建"图层2"和"图层3"，将元件1拖入舞台中，制作动画效果。

02 新建"图层4"，在第10帧处插入关键帧，输入文本。新建"图层6"，绘制图形，并设置图层为"遮罩层"。

03 新建"图层5"，在"组件"面板中选择Button组件并拖入舞台中，设置label值为"开始答题"。打开"动作"面板，输入脚本。

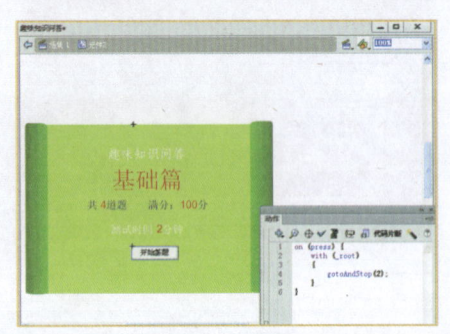

04 返回"场景1"，将背景素材拖入舞台中。新建"图层3"，将元件2影片剪辑元件拖入舞台中。

05 新建"图层4"，在第2帧处插入空白关键帧，使用"文本工具"输入文本。在舞台中添加两个TextIput组件，分别设置实例名称为input1和input2。

06 在第3帧处插入空白关键帧，使用"文本工具"输入文本。在舞台中添加4个RadioButton组件，分别在"属性"面板中设置组件参数。

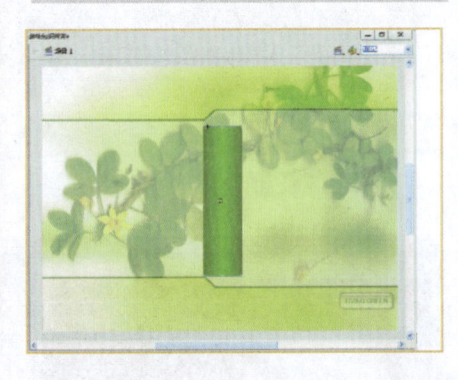

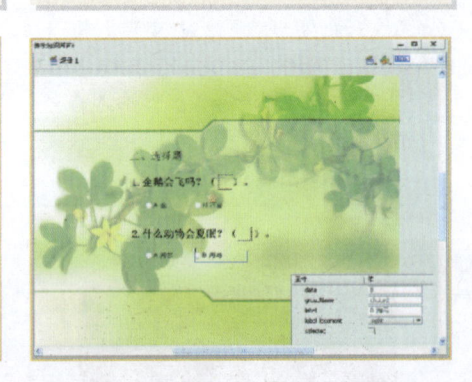

07 新建"图层5"，在第2帧处将Button组件拖入舞台中，设置label值为下一页，打开"动作"面板，在其中输入脚本。

08 在第3帧处插入空白关键帧，将两个Button组件拖入舞台中。选择一个组件，打开"动作"面板，在其中输入脚本。

09 选择另外一个组件，打开"动作"面板，在其中输入脚本。

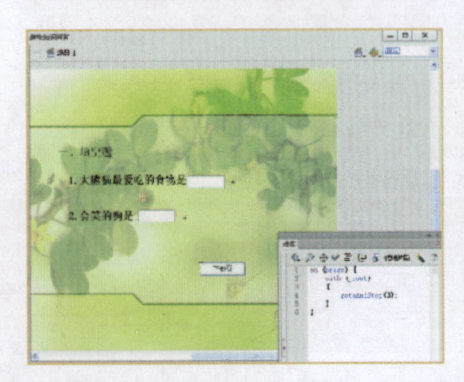

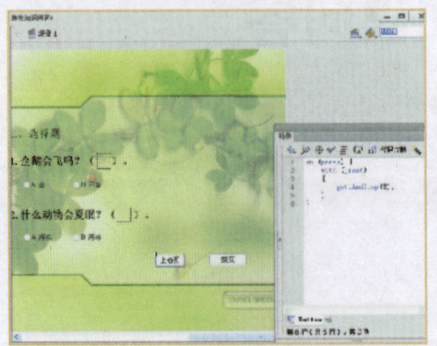

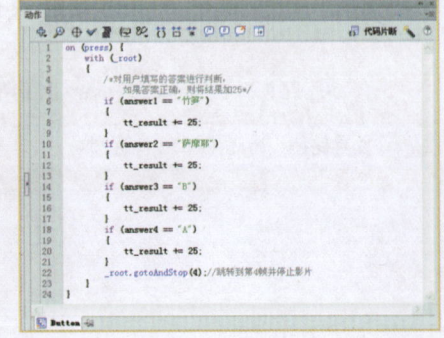

第12章 组件交互式动画

10 新建"图层6",在第4帧处插入空白关键帧,使用"文本工具"输入文本。将Button组件拖入舞台中,设置组件参数。打开"动作"面板,在其中输入脚本。

11 新建"图层7",在第1、2帧处分别插入空白关键帧。打开"动作"面板,依次输入脚本。

12 至此,"趣味知识问答"制作完成,保存并测试影片即可。

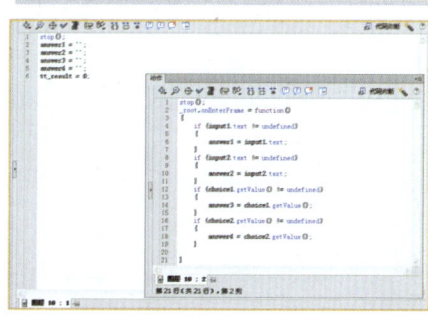

实例209 网站注册窗

本实例介绍网站注册窗动画的制作方法。

文件路径:源文件\第12章\例209　　　　视频文件:视频文件\第12章\例209.MP4

01 使用"矩形工具",在舞台中绘制矩形。新建元件1影片元件,绘制图形。将元件1拖入舞台中,为元件添加投影与模糊滤镜。

02 新建"图层2",使用"文本工具"输入文本。打开"组件"面板,选择TextArea,将其拖入舞台中。在"属性"面板中设置实例名称为agreement。

03 在"组件"面板中选择Button按钮,将其拖入舞台中2次,分别设置实例名称为accept和refuse,并分别在组件参数的label中设置值为我接受、我不接受。

04 在第1帧处按F9键打开"动作"面板,在其中输入脚本。

05 在第2帧处插入空白关键帧,使用"文本工具"输入多个文本并调整文本位置。

06 在舞台中添加TextInput组件,设置实例名称为myname。添加两个RadioButton组件,分别设置实例名称为male和female,再分别设置组件属性。

Flash CS6 | 239

07 在舞台中添加两个ComboBox组件，分别设置实例名称为mymonth和myday。在组件属性的deta和labels中设置值。

08 在舞台中添加6个CheckBox组件，分别设置实例名称，并在组件参数中修改label值。添加一个TextArea组件和一个Button组件。

09 在第2帧处打开"动作"面板，在其中输入脚本。

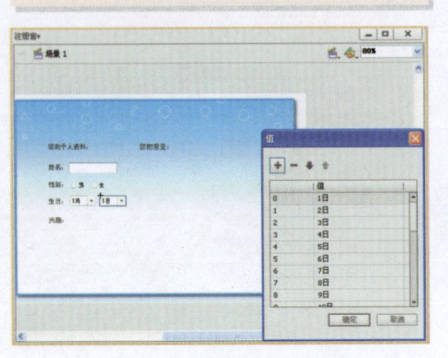

10 在第3帧处插入空关键帧，使用"文本工具"输入文本并添加TextArea和Button，分别设置实例名称为display和overbtn。

11 在第3帧处打开"动作"面板，在其中输入脚本。

12 至此，"网站注册窗"制作完成，保存并按Ctrl+Enter组合键进行影片测试即可。

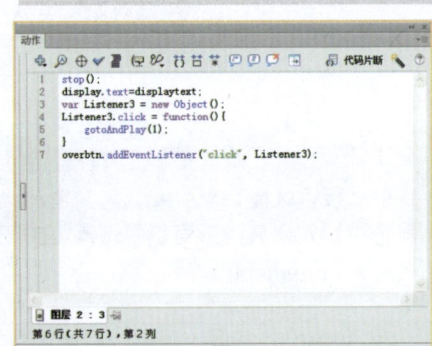

实例210 看图写单词

本实例介绍看图写单词动画的制作方法。

文件路径：源文件\第12章\例210
视频文件：视频文件\第12章\例210.MP4

01 将背景素材拖入舞台中。新建"图层2"，使用"矩形工具"绘制多个矩形。

02 新建"图层3"，在舞台中添加两个Button组件和一个TextIput组件，分别设置相应的组件属性。设置TextIput组件实例名称为a。

03 选择两个Button组件，分别打开"动作"面板，在其中输入脚本。

第12章 组件交互式动画

04 新建"图层4",在第1帧和第15帧处分别插入空白关键帧,并在舞台中绘制图形。

05 新建"图层5",在第5帧和第6帧处分别输入文本"祝贺你输入正确""很遗憾输入错误",在第7帧处插入空白关键帧。使用同样的方法,在第16帧和第17帧处输入文本。

06 新建"图层6",在第1帧处输入脚本"stop();"。至此,"看图写单词"制作完成,保存并测试影片即可。

实例211 个人信息调查表

本实例介绍个人信息调查表动画的制作方法。

文件路径:源文件\第12章\例211

视频文件:视频文件\第12章\例211.MP4

01 将背景素材拖入舞台中。新建"图层2",绘制一个矩形。

02 新建"图层3",将图标拖入舞台中,使用"文本工具"输入文本。

03 打开"组件"面板,在舞台中添加多个组件,并分别设置其组件参数。

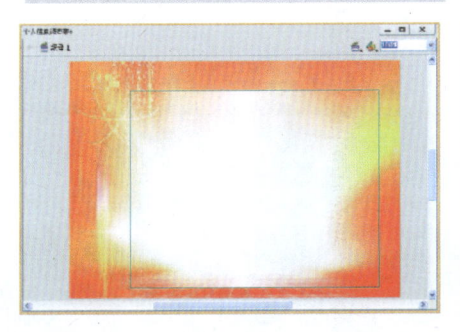

04 依次选中两个按钮组件,打开"动作"面板,在其中输入脚本。

05 在第3帧处插入空白关键帧,使用同样的方法,添加素材及组件。

06 选中按钮组件,打开"动作"面板,在其中输入脚本。

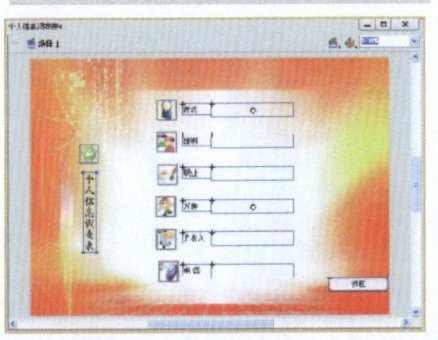

07 新建"图层3",在第1帧处打开"动作"面板,在其中输入脚本。

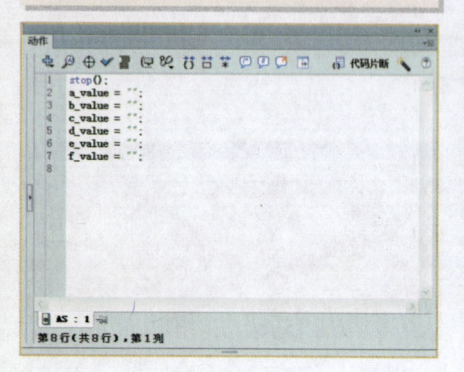

08 在第3帧处插入空白关键帧,打开"动作"面板,在其中输入脚本。

09 至此,"个人信息调查表"制作完成,保存并测试影片即可。

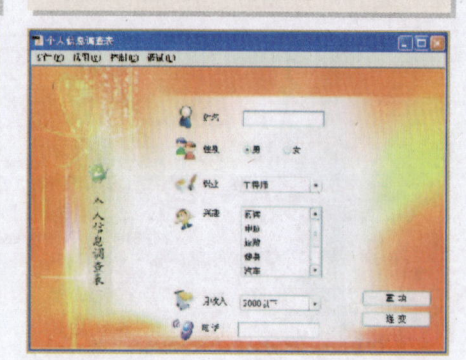

第13章
网站片头

好的网页片头具有简洁、大方、视觉冲击力强、效果突出等特点。做一个好的网站片头要紧扣公司本身的形象设计主题，首先要有好的想法，按照自己的思路设计出大致框架，并不断完善，制作出一个满意的片头。本章将对各种网站片头的设计与制作流程进行介绍。

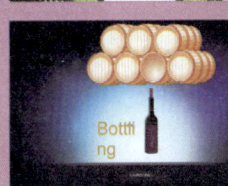

实例212　设计公司片头

本实例介绍设计公司片头动画的制作方法。

文件路径：源文件\第13章\例212

视频文件：视频文件\第13章\例212.MP4

01 新建空白文档，将素材图片导入到"库"面板中，将素材图片转换为元件。新建all影片剪辑元件，在第60帧和第66帧处插入关键帧，将sprite 178影片剪辑元件拖入舞台中，设置第60帧的Alpha值为0%，在关键帧之间创建传统补间动画。

02 新建"mask 1"图层，在第60帧处插入帧，将sprite 178影片剪辑元件拖入舞台中。新建"mask 2"图层，在第60帧至第64帧处分别插入关键帧，将shape178至shape181图形元件拖入舞台中，制作擦除的动画效果，并设置"mask 2"为遮罩层。

03 新建"Layer 1"图层，在第18帧处插入关键帧，将sprite 120影片剪辑元件拖入舞台中。新建"Layer 2"图层，在第1帧至第4帧处插入关键帧，将shape 103图形元件拖入舞台中，使用"任意变形工具"调整关键帧大小。

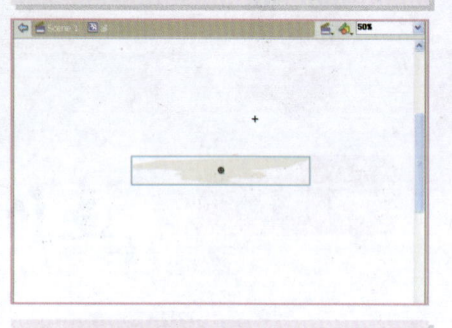

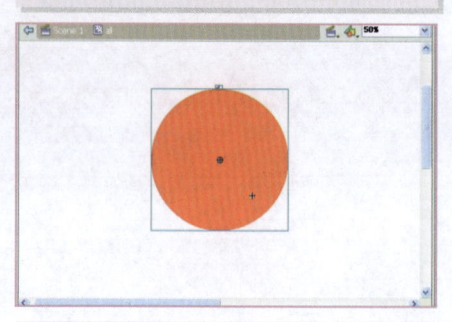

04 新建"Layer 3"图层，在第10、12、13帧处插入关键帧，将shape 108图形元件拖入舞台中，使用"任意变形工具"调整关键帧大小，在两个关键帧之间创建传统补间动画。

05 新建"Layer 4"图层，在第18帧处插入空白关键帧，将shape 110图像元件拖入舞台中。

06 使用上述操作方法完成剩余图层的动画效果。新建"Action Layer"图层，在第66帧处插入空白关键帧，输入脚本。新建"Stream Sound Layer"图层，将音乐素材拖入舞台中。

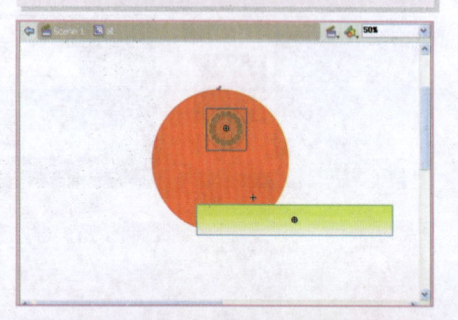

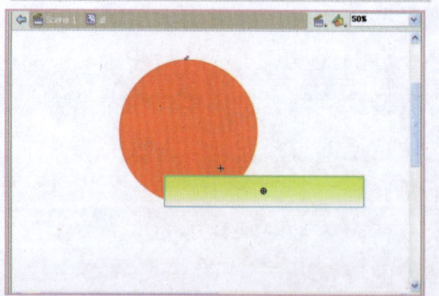

07 返回"Scene 1"场景，新建"Layer 1"图层，在第1帧和第2帧处插入空白关键帧。在第1帧处将sprite 101影片剪辑元件拖入舞台中。在第2帧处将all影片剪辑元件拖入舞台中，在第3帧处插入帧。

08 新建文字元件图形和按钮元件。新建menu影片剪辑元件，将图形元件和按钮元件拖入舞台中，制作menu影片剪辑元件的动画效果。

09 返回"Scene 1"，新建"menu"图层，在第3帧处插入空白关键帧，将menu影片剪辑元件拖入舞台中。

第13章 网站片头

10 新建"mask"图层，在第2帧处插入关键帧，将shape 210图形元件拖入舞台中。

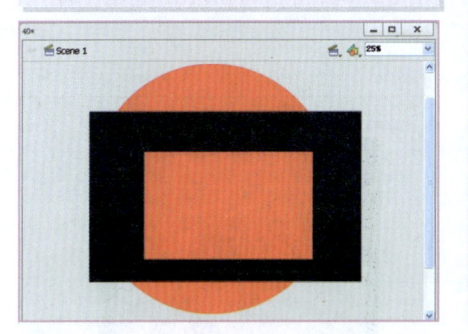

11 新建"action"图层，在第1、2、3帧处插入空白关键帧，输入脚本。

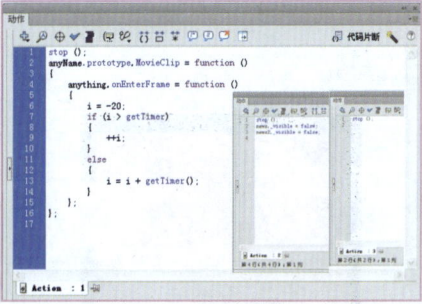

12 至此，"设计公司片头"制作完成，保存并按Ctrl+Enter组合键进行影片测试即可。

实例213　网页设计片头

本实例介绍网页设计片头动画的制作方法。

文件路径：源文件\第13章\例213　　　视频文件：视频文件\第13章\例213.MP4

01 新建空白文档，将素材图片导入到"库"面板中，并将素材图片转换为元件。新建"Layer 1"图层，在第1帧和第10帧处插入关键帧，将sprite 3影片剪辑元件拖入舞台中。

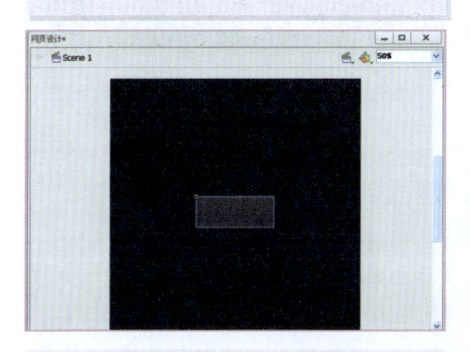

02 设置第10帧到第26帧的关键帧，制作sprite 3影片剪辑元件由小变大的动画效果。新建"Layer 2"图层，在第1帧至第5帧和第7帧处插入关键帧。

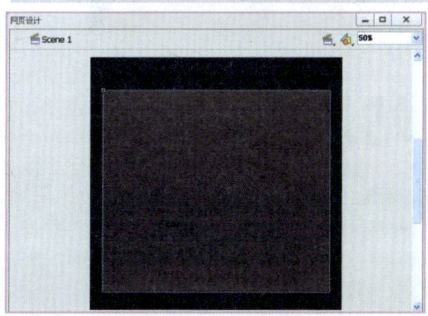

03 将sprite 9影片剪辑元件拖入舞台中，设置第5帧和第7帧的Alpha值为55%与0%，在第5帧和第7帧之间创建传统补间动画。在第8帧处插入关键帧，将sprite 146影片剪辑元件拖入舞台中。

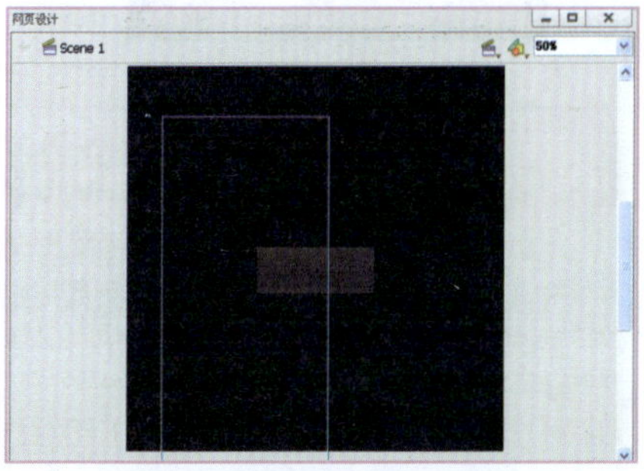

04 新建"Masked 1"图层，在第26至第33帧处插入关键帧，将sprite 166影片剪辑元件拖入舞台中。在第48帧处插入关键帧，调整各关键帧的位置，在关键帧之间创建传统补间动画。

05 新建"Mask 2"图层，在第26帧处插入关键帧，将sprite 148影片剪辑元件拖入舞台中，并设置该层为"遮罩层"，在第48帧处插入帧。

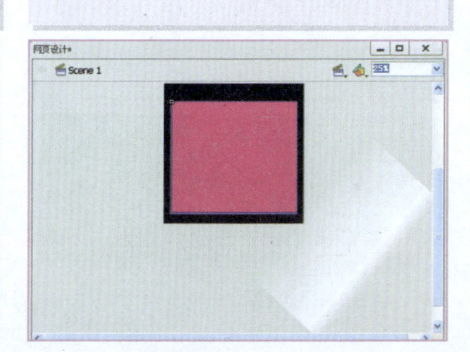

06 新建"Mask 3"图层，在第84帧处插入关键帧，将sprite 225影片剪辑元件拖入舞台中，在第168帧处插入帧。

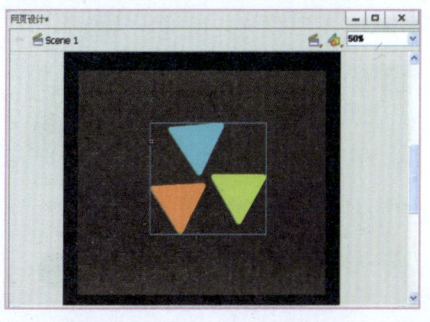

Flash CS6 | 245

07 新建"Mask 4"图层,设置第10帧至第26帧的关键帧,制作sprite 148影片剪辑元件由小变大的动画效果,并设置该层为"遮罩层"。

08 新建"Mask 5"图层,设置第62帧至第86帧的关键帧,制作sprite 166影片剪辑元件的动画效果。

09 新建"Mask 6"图层,设置第60帧至第86帧的关键帧,制作sprite 192影片剪辑元件的动画效果。

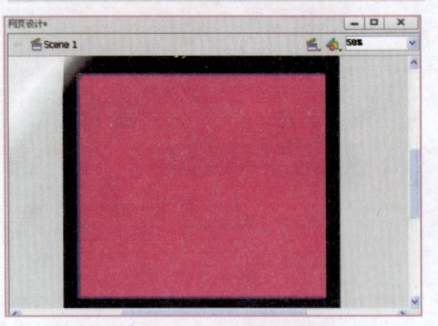

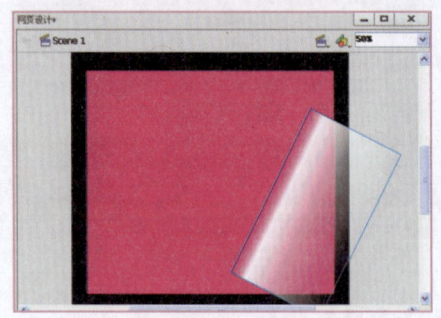

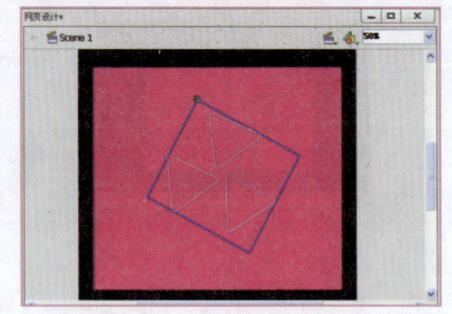

10 新建"Layer 3"到"Layer 5"图层,在第62帧处插入关键帧,将相应的影片剪辑元件拖入相应图层,并调整好关键帧的位置。

11 新建"Layer 6"图层,在第12帧至第27帧处制作sprite 159影片剪辑元件的动画效果。

12 至此,"网页设计片头"制作完成,保存并按Ctrl+Enter组合键进行影片测试即可。

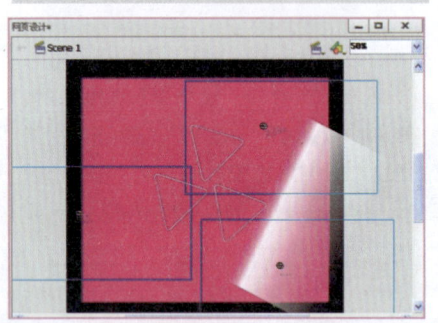

实例214 足球网站片头

本实例介绍足球网站片头动画的制作方法。

文件路径:源文件\第13章\例214
视频文件:视频文件\第13章\例214.MP4

01 新建空白文档,将素材图片导入到"库"面板中,新建qiu影片剪辑元件,使用"椭圆工具"绘制一个圆。返回"Scene 1"场景,新建"Layer 1"图层,使用"矩形工具"绘制绿色矩形。

02 新建"Layer 2"图层,在第2帧和第4帧处插入关键帧。将shape2和shape4图形元件拖入舞台左侧,调整好位置,并设置色彩效果,在两个关键帧之间创建传统补间动画。

03 在第5帧至第137帧之间插入空白关键帧。将"库"中的图形元件依次拖入舞台中,后面各关键帧的色彩效果值和第4关键帧相同,制作出人物踢球的动画效果。

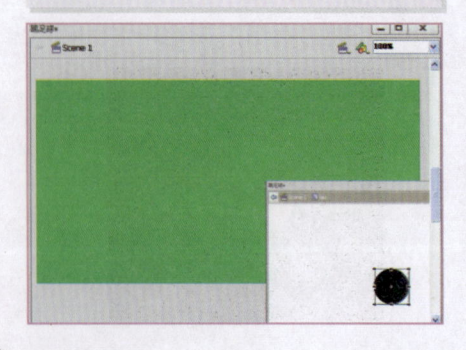

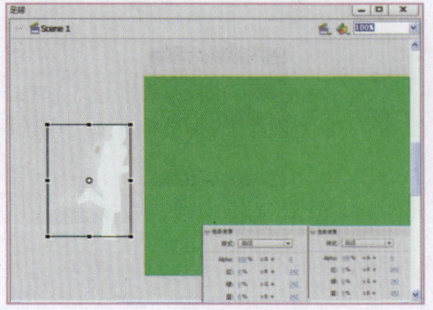

第13章 网站片头

04 复制"Layer 2"图层并重命名为"Layer 3"图层，将第2关键帧拖入第3帧，复制"Layer 3"图层并重命名为"Layer 4"图层，将第3关键帧拖入第4帧，设置各关键帧的色彩效果，并调整好各层之间的位置。

05 新建"Layer 5"图层，在第16、27、35、40、47、49、51、105、124、130、138帧处分别插入关键帧，将qiu影片剪辑元件拖入舞台中。

06 新建"Layer 5 Guid"图层，使用"笔刷工具"在舞台中绘制一条弯曲的线条，然后插入和"Layer 5"图层中相同的关键帧。在每帧关键帧处将qiu影片剪辑元件的中心点放置线上，并设置该层为"引导层"。

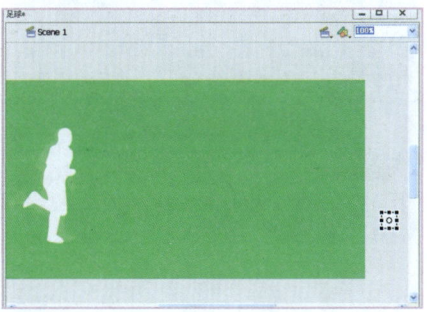

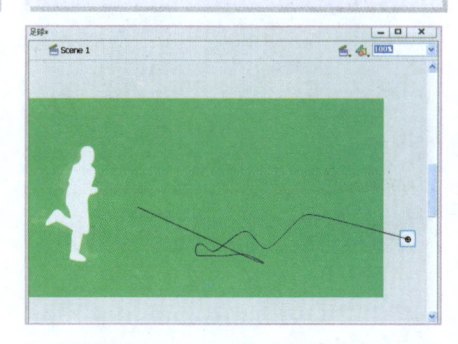

07 新建"yemian"图层，在第139帧处插入关键帧，将素材图片拖入舞台中。

08 新建"as"图层，在第139帧处插入空白关键帧，输入脚本"stop();"。

09 至此，"足球网站片头"制作完成，保存并按Ctrl+Enter组合键进行影片测试即可。

实例215　房地产网站片头

本实例介绍房地产网站片头动画的制作方法。

文件路径：源文件\第13章\例215　　视频文件：视频文件\第13章\例215.MP4

01 新建空白文档，将素材图片导入到"库"面板中，将素材图片转换为元件。新建all影片剪辑元件。新建"build"图层，在第41帧和第67帧处插入关键帧，将shape 28图形元件拖入舞台中。设置第41帧的色彩效果。

02 在关键帧之间创建传统补间动画，按照上述步骤新建其他"build"图层。新建"caodi"图层，在第1、10、13、31帧处插入关键帧，将sprite 17影片剪辑元件拖入舞台中，设置关键帧的色彩效果，在关键帧之间创建传统补间动画。

03 新建"kuang"图层，在第110帧至130帧之间插入空白关键帧，将图形元件shape220至shape231拖入舞台中制作kuang动画效果。新建"guang"图层，在第132帧处插入关键帧，将sprite 235影片剪辑元件拖入舞台中。

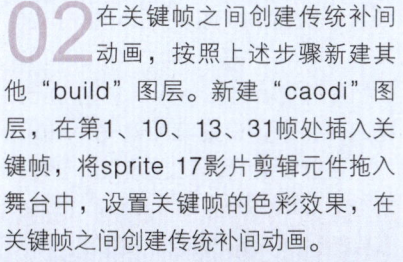

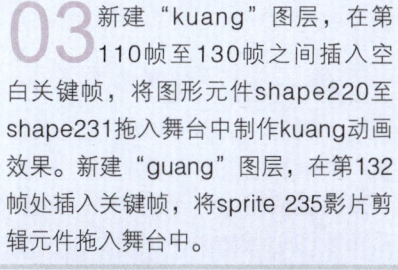

Flash CS6 | 247

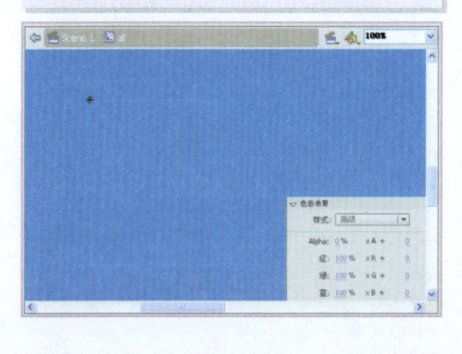

中文版 Flash CS6 动画设计与制作案例教程

04 新建"line"图层,在第121帧处插入关键帧,将lines元件拖入舞台中。新建"image"图层,在第217帧处插入关键帧,将image影片剪辑元件拖入舞台中。

05 新建"Masked 1"图层,在第210和第216帧处插入关键帧,将image影片剪辑元件拖入舞台中,设置帧的色彩效果,在两个关键帧之间创建传统补间动画。

06 新建"Mask1"图层,在第210帧和第243帧处插入关键帧,将shape图形元件拖入舞台中,并设置该层为"遮罩层"。按照上述步骤创建其他遮罩层。

07 返回"Scene 1"场景,将loading影片剪辑元件拖入舞台中,在第4帧处插入帧。在第5帧处插入空白关键帧。在第11帧处插入关键帧,将all影片剪辑元件拖入舞台中。

08 新建"Label"图层,在第5帧设置实例名称为gogo。新建"action"图层,在第4、10、11帧处分别插入空白关键帧,并输入相应的文本。

09 至此,"房地产网站片头"制作完成,保存并按Ctrl+Enter组合键进行影片测试即可。

实例216 插画创意网站片头

本实例介绍插画创意网站片头动画的制作方法。

文件路径:源文件\第13章\例216
视频文件:视频文件\第13章\例216.MP4

01 新建空白文档,将素材图片导入到"库"面板中,将素材图片转换为元件。新建"Layer 1"图层,在第1、3、4、36帧处插入关键帧,将shape 2图形元件拖入舞台中,设置关键帧的Alpha值。在第4帧和第36帧之间创建传统补间动画。

02 在第37帧处插入空白关键帧,在第104、108、109帧处插入关键帧,将shape 35图形元件拖入舞台中,设置第关键帧的Alpha值,在第104帧和第108帧之间创建传统补间动画。新建"Layer 2"图层,在第2帧和第20帧处插入关键帧。

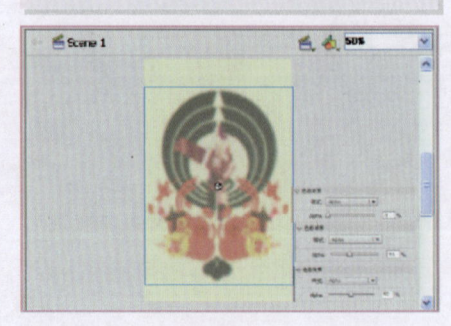

03 将sprite 4影片剪辑元件拖入舞台中,设置关键帧的Alpha值,在两个关键帧之间创建传统补间动画。在第21帧处插入空白关键帧。在第37、47、48帧处插入关键帧,将shape 6图形元件拖入舞台中,在两个关键帧之间创建传统补间动画。

248 | Flash CS6

第13章 网站片头

04 新建"Layer 3"图层,在第43帧处插入关键帧,将sprite 24影片剪辑元件拖入舞台中,复制该图层并重命名为"Layer 4",选择修改变形垂直翻转,调整关键帧的位置,在所有图层的第155帧处插入帧。新建"Masked 1"图层,在第76帧处插入关键帧。

05 将影片剪辑元件拖入舞台中,新建"Mask 1"图层,在第76、86、87帧处插入关键帧,将shape 27图形元件拖入舞台中,在两个关键帧之间创建传统补间动画,设置该层为"遮罩层"。复制这两层并重命名,对其进行变形垂直翻转操作,调整关键帧的位置,并设置关键帧的色彩效果。

06 新建"Layer 5"图层,在第145、150、151帧处插入关键帧,将sprite 48影片剪辑元件拖入舞台中,在两个关键帧之间创建传统补间动画。按照上述步骤新建"Layer 6"图层,创建shape 25图形元件从无到有的动画效果。复制该图层并重命名为"Layer 7",设置关键帧的色彩效果。

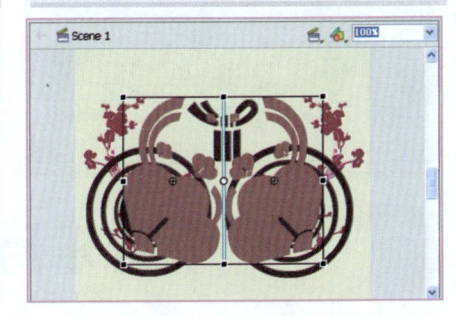

07 按照上述新建图层的步骤新建其他图层和遮罩层,制作图形元件和影片剪辑元件从无到有和颜色变换的动画效果。

08 新建"Action Layer"图层,在第1、2、36、155帧处分别插入空白关键帧,并输入相应脚本。

09 至此,"插画创意网站片头"制作完成,保存并按Ctrl+Enter组合键进行影片测试即可。

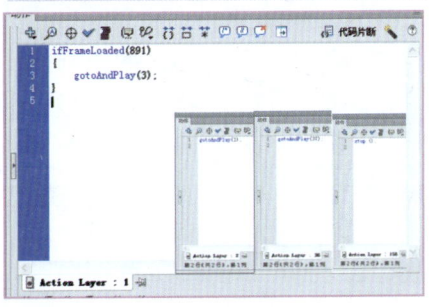

实例217 建筑公司网站片头

本实例介绍建筑公司网站片头动画的制作方法。

文件路径:源文件\第13章\例217　　　视频文件:视频文件\第13章\例217.MP4

01 新建一个空白文档,将素材图片导入到"库"面板中。新建图层,将shape 1影片剪辑元件拖入舞台中,在第180帧处插入帧。

02 新建图层,在第15帧处插入关键帧。将sprite 20影片剪辑元件拖入舞台中,在第166帧处插入帧,复制该图层多次,每7个图层为一组,调整好在舞台的位置,制作光从左至右的动画效果。

03 新建图层,插入关键帧,创建传统补间动画,制作text 48图形元件动画效果。新建图层,在第110帧处插入关键帧,创建传统补间动画,制作text 49图形元件的动画效果。

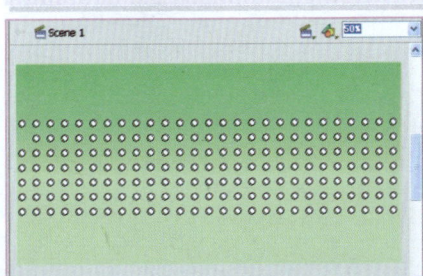

中文版 Flash CS6 动画设计与制作案例教程

04 新建其他图层，制作出logo和文字的动画效果。新建"Label Layer"图层，插入空白关键帧，设置实例名称。

05 新建"Action Layer"图层，在第1、14帧处分别插入空白关键帧，并输入相应文本。

06 至此，"建筑公司网站片头"制作完成，保存并按Ctrl+Enter组合键进行影片测试即可。

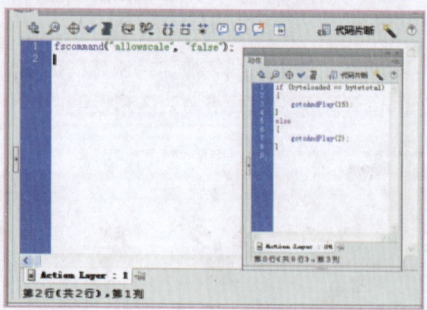

实例218 音乐网站片头

本实例介绍音乐网站片头动画的制作方法。

文件路径：源文件\第13章\例218　　　视频文件：视频文件\第13章\例218.MP4

01 新建一个空白文档，将需要的素材导入到"库"面板中，并转换为图形元件文字的影片剪辑元件。

02 返回"Scene 1"场景，新建图层，在第2、17帧处分别插入关键帧。使用"线条工具"绘制直线，在两个关键帧之间创建传统补间形状动画。

03 在第18帧处插入关键帧，将kuang图形元件拖入舞台中的合适位置。在第213帧处插入帧，在第215帧处插入空白关键帧，将素材图片拖入舞台中，在第241帧处插入帧。

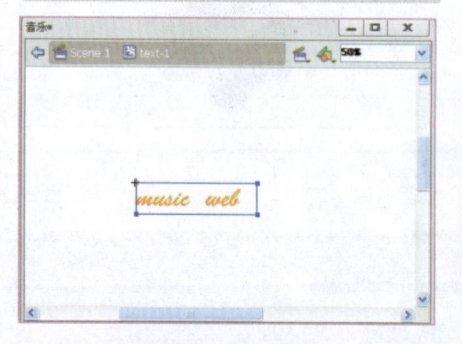

04 新建图层，在第18帧至第22帧、第73帧至第80帧、第202帧至第209帧处分别插入关键帧，将text1和text2影片剪辑元件拖入舞台中，创建传统补间动画，制作text1图形元件在舞台的动画效果。

05 新建图层，在第23帧至第37帧处分别插入关键帧，在第73帧和第74帧处插入关键帧，将text2图形元件拖入舞台中。制作text2的动画效果。

06 新建图层，在第2帧处插入关键帧，将mask影片剪辑元件拖入舞台中，并设置该层为"遮罩层"。

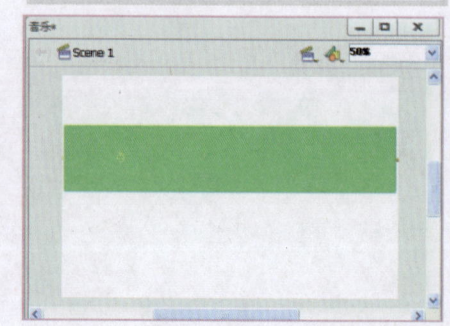

250 | Flash CS6

第13章 网站片头

07 新建两个文字图层，插入关键帧，将图形元件拖入舞台，制作文字的动画效果。新建图层中，将音乐素材拖入舞台中。

08 新建"as"图层，在第241帧处插入空白关键帧，输入脚本"stop();"。

09 至此，"音乐网站片头"制作完成，保存并按Ctrl+Enter组合键进行影片测试即可。

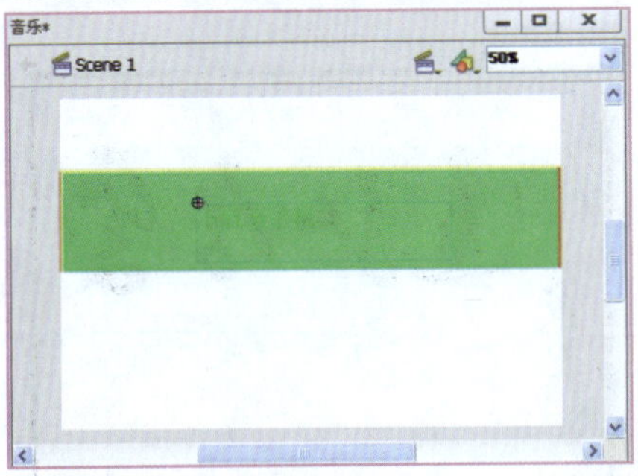

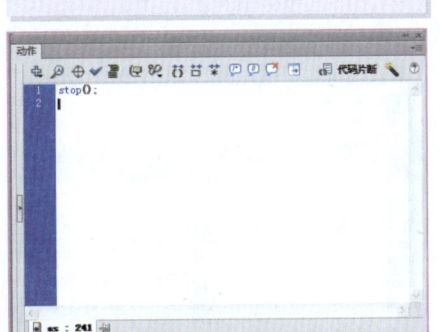

实例219 古典风格网站片头

本实例介绍古典风格网站片头动画的制作方法。

文件路径：源文件\第13章\例219
视频文件：视频文件\第13章\例219.MP4

01 新建空白文档，将素材图像导入到"库"面板中，将素材图片转换为元件。新建图层，在第1帧处插入素材图片，将shape2图形元件拖入舞台中，在第850帧处插入帧。

02 新建图层，在第33帧和第88帧处插入关键帧，将shape 10图形元件拖入舞台中。在两个关键帧之间创建传统补间动画。在第88帧至第92帧处插入关键帧，并设置关键帧的Alpha值中。

03 按照此步骤制作后面帧的动画效果。新建图层，在第35帧处插入关键帧，将sprite 16影片剪辑元件和sound 17声音素材拖入舞台中，在第155帧处插入帧。

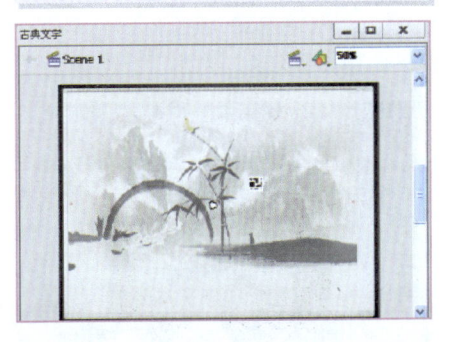

04 新建图层，在第235、249、250、352、263帧处分别插入关键帧，将sprite 27影片剪辑元件拖入舞台中，制作文字隐现的动画效果。在第380帧处插入关键帧，将text影片剪辑元件拖入舞台中。

05 新建图层，按照此步骤制作文字的动画效果。新建图层，在第842、849、850帧处分别插入关键帧，将button 1t影片剪辑元件拖入舞台中。

06 新建"masked"图层，在第105帧处插入关键帧，将sprite 24影片剪辑元件拖入舞台中，在第155帧处插入帧。按照上述步骤新建"mask"图层，并设置该图层为"遮罩层"。

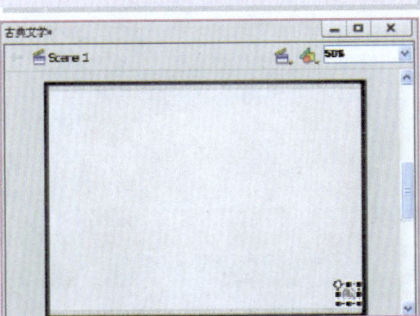

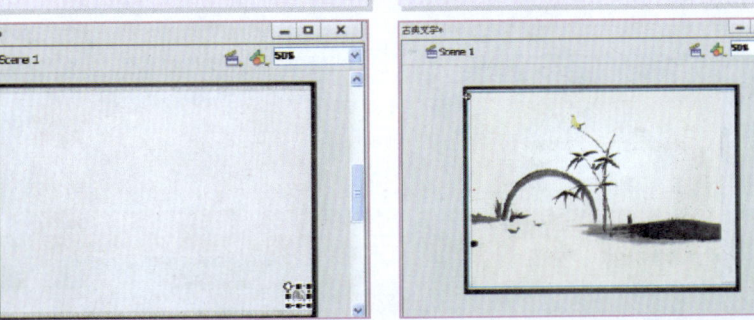

Flash CS6 | 251

中文版 Flash CS6 动画设计与制作案例教程

07 新建"mask"图层，在第105帧处插入关键帧，将sprite 21影片剪辑元件拖入舞台中，在第155帧处插入帧，并设置该图层为"遮罩层"。

08 新建"Action Layer"图层，在第1、5、28、850帧处分别插入关键帧，并输入相应文本。

09 至此，"古典风格网站片头"制作完成，保存并按Ctrl+Enter组合键进行影片测试即可。

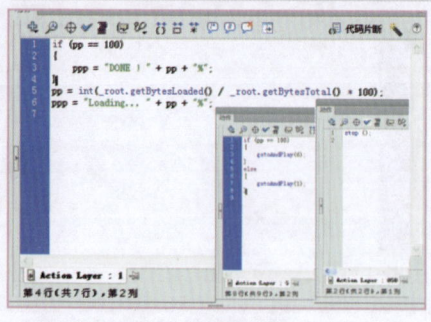

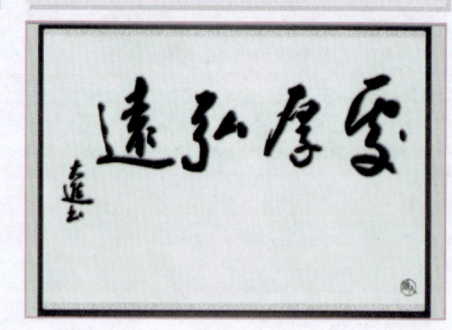

实例220 智能手机网站片头

本实例介绍智能手机网站片头动画的制作方法。

文件路径：源文件\第13章\例220
视频文件：视频文件\第13章\例220.MP4

01 新建空白文档，将素材图片导入到"库"面板中，将素材图片转换为元件。新建text图形元件，转换为影片剪辑元件，返回"Scene 1"场景，将bg素材图片拖入舞台中，在第381帧处插入帧。

02 新建"masked line"图层，在第50帧处插入关键帧，制作line影片剪辑元件在舞台中的动画效果。新建"mask"图层，在第50帧处插入关键帧，制作kuang图形元件在舞台中的动画效果，并设置该层为"遮罩层"。

03 新建"cellphone"图层，在第259帧至第289帧之间插入关键帧，制作cellphone2从无至有的动画效果。

04 新建"Masked Layer 7–6"图层，在第27帧至第115帧之间插入关键帧，制作cellphone的动画效果。在第259帧至第2875帧之间插入关键帧，制作line的动画效果。

05 新建"Mask Layer 6"图层，制作遮罩层的动画效果。按照上述步骤建立其他遮罩图层。

06 新建"text1"图层，在第313、317、324、325帧处分别插入关键帧。将text1–1影片剪辑元件拖入舞台中，制作文本从无到有的动画效果。

第13章　网站片头

07 按照上述步骤创建其他文本图层，并制作文本的动画效果。新建"Label Layer"图层，并设置关键帧的实例名称。

08 新建"Action Layer"图层，在第6帧和第381帧处插入关键帧，并输入相应脚本。新建"Sound"图层，将音乐素材拖入舞台中。

09 至此，"智能手机网站片头"制作完成，保存并按Ctrl+Enter组合键进行影片测试即可。

实例221　电影网站片头

本实例介绍电影网站片头动画的制作方法。

文件路径：源文件\第13章\例221

视频文件：视频文件\第13章\例221.MP4

01 新建空白文档，将素材图片导入到"库"面板中，将图片元素转换为元件。在"Scene 1"场景中新建图层，将素材图片拖入舞台中，在第113帧处插入帧。

02 新建图层，将bg影片剪辑元件拖入舞台。新建图层，在第84、91、102帧处分别插入关键帧，将line影片剪辑元件拖入舞台中，在两个关键帧之间创建传统补间动画。

03 新建图层，在第69、76、87帧处分别插入关键帧，将6 copy影片剪辑元件拖入舞台中，在两关键帧之间创建传统补间动画。

04 新建图层，在第55、76、73帧处分别插入关键帧，将r影片剪辑元件拖入舞台中，在两个关键帧之间创建传统补间动画。

05 新建图层，在第90帧和第100帧处插入关键帧，将picts影片剪辑元件拖入舞台中，在两关键帧之间创建传统补间动画。新建图层，在第90帧处插入关键帧。

06 将light影片剪辑元件拖入舞台。新建图层，在第31、38、49帧处分别插入关键帧，将cii影片剪辑元件拖入舞台中，在两关键帧之间创建传统补间动画。

Flash CS6 | 253

07 新建图层，在第43、60、61帧处分别插入关键帧，将6影片剪辑元件拖入舞台中，在两个关键帧之间创建传统补间动画。

08 新建图层，在第16、23、34帧处分别插入关键帧，将ppp影片剪辑元件拖入舞台中，在两关键帧之间创建传统补间动画。

09 新建图层，在第35帧至第63帧之间插入关键帧，将text影片剪辑元件拖入舞台中，制作文字的动画效果。

10 新建图层，在第2、9、20帧处分别插入关键帧，将mmenu影片剪辑元件拖入舞台中，在两关键帧之间创建传统补间动画。

11 新建图层，在第61、62、71、79帧处分别插入关键帧，将menu影片剪辑元件拖入舞台中。制作菜单的动画效果。

12 新建图层，在第74、81、89帧处分别插入关键帧，将b1影片剪辑元件拖入舞台中，在两个关键帧之间创建传统补间动画。

13 按照上述步骤，新建其他菜单图层。新建"music"图层，将音乐素材拖入舞台中。

14 新建"as"图层，在第113帧处插入空白关键帧，并输入相应脚本。

15 至此，"电影网站片头"制作完成，保存并按Ctrl+Enter组合键进行影片测试即可。

实例222 个人相册网站片头

本实例介绍个人相册网站片头动画的制作方法。

文件路径：源文件\第13章\例222

视频文件：视频文件\第13章\例222.MP4

第13章 网站片头

01 新建空白文档，将素材图片导入到"库"面板中，将素材图片转换为元件。新建图层，在第101帧处插入关键帧，将动态背景影片剪辑元件拖入舞台中。

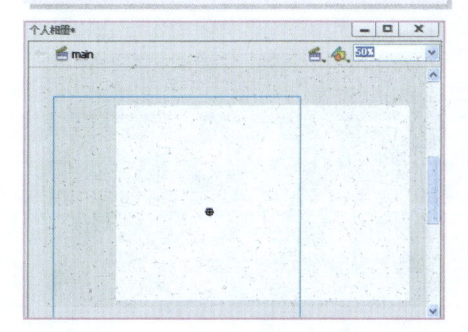

02 新建图层，在第34、50、64帧处分别插入关键帧，将曲边矩形图形元件拖入舞台中，在关键帧之间创建传统补间动画。

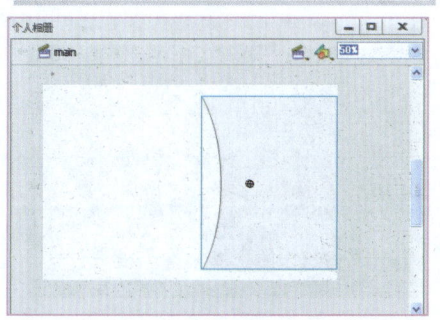

03 新建图层，在第56帧处插入关键帧，将圆角矩形A图形元件拖入舞台中。新建图层，在第56帧处插入关键帧，将winter_1素材图片拖入舞台中。

04 新建图层，在第56帧处插入关键帧，将相应的影片剪辑元件拖入舞台，并设置该层为"遮罩层"。新建图层，在第50、54、55帧处分别插入关键帧，将文字元件拖入舞台，在第50帧和第54帧之间创建传统补间动画。

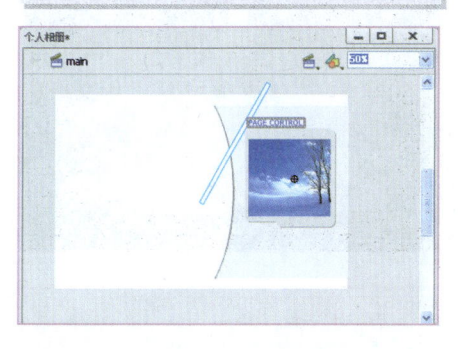

05 新建文件夹，重命名为上下矩形条，在文件夹里新建图层，制作上下矩形条的动画效果。新建图层，在第120帧处插入关键帧，将"精彩瞬间·永久保留"文件夹拖入舞台。

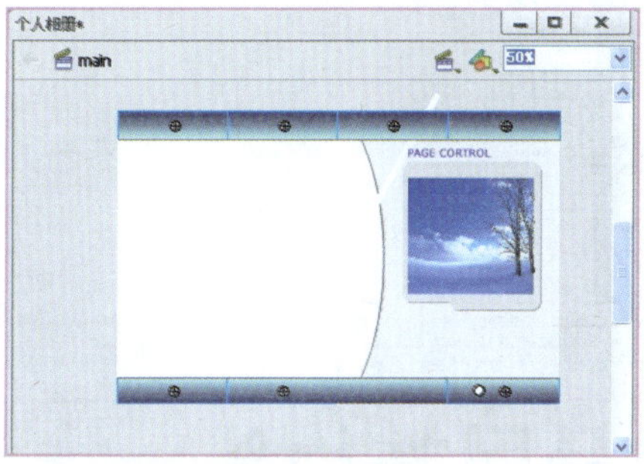

06 新建图层，在第18帧处插入关键帧，将动态标题影片剪辑元件拖入舞台。新建图层，将边框深灰图形元件拖入舞台。

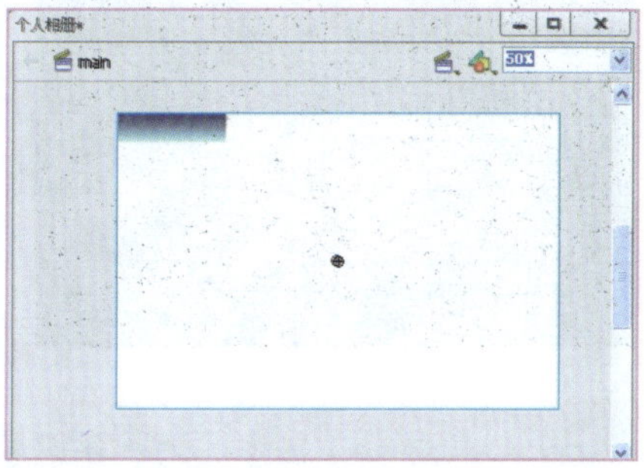

07 新建"蝴蝶与文字"图层，制作蝴蝶和文字在舞台中的动画效果。

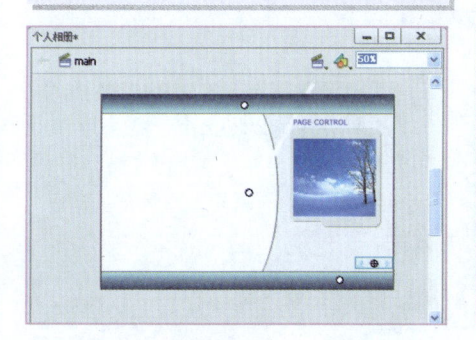

08 新建"as"图层，在第190帧处插入空白关键帧，并输入脚本"stop();"。

09 至此，"个人相册网站片头"制作完成，保存并按Ctrl+Enter组合键进行影片测试即可。

实例223　酒业网站片头

本实例介绍酒业网站片头动画的制作方法。

文件路径：源文件\第13章\例223　　　视频文件：视频文件\第13章\例223.MP4

01 新建空白文档，将素材图片导入到"库"面板中，将所有素材图片转换为元件。新建all影片剪辑元件，新建图层，制作出背景的动画效果。

02 新建其他图层，利用"遮罩层"和"引导层"，在关键帧之间创建传统补间动画，制作出整个all影片剪辑元件的动画效果。

03 返回"Scene 1"场景，新建图层，将sprite 2影片剪辑元件拖入舞台中，在第3帧处插入帧。新建图层，在第1帧处插入空白关键帧，将shape 3图形元件拖入舞台中。

04 在第2帧处插入帧，在第3帧处插入空白关键帧，将sprite 244影片剪辑元件拖入舞台中。新建其他图层，将相应的影片剪辑元件拖入舞台中。

05 新建"as"图层，在第1、2、3帧处插入空白关键帧，并输入相应脚本。

06 至此，"酒业网站片头"制作完成，保存并按Ctrl+Enter组合键进行影片测试即可。

实例224 体育用品网站片头

本实例介绍体育用品网站片头动画的制作方法。

文件路径：源文件\第13章\例224

视频文件：视频文件\第13章\例224.MP4

01 新建空白文档，将素材图片导入到"库"面板中，将其转换为元件。返回"Scene 1"场景，新建图层，在第170帧处插入关键帧，将sprite 208影片剪辑元件拖入舞台中。

02 新建图层，将sprite 87影片剪辑元件拖入舞台中。新建图层，在第88帧处插入关键帧，在帧之间创建传统补间动画。

03 新建图层，在第99帧处插入关键帧，将sprite 126影片剪辑元件拖入舞台中。新建图层，制作sprite 165影片剪辑元件在舞台的动画效果。

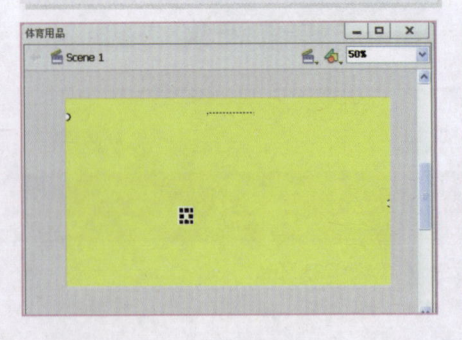

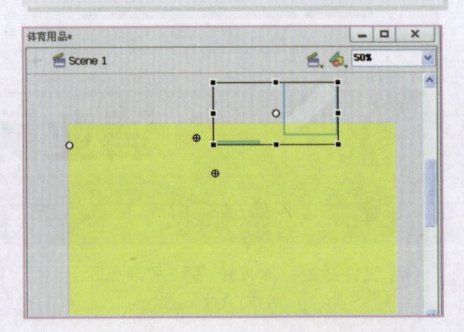

第13章 网站片头

04 新建其他图层，制作文字的动画效果，将相应的元件和音乐素材拖入舞台中。

05 新建"Action Layer"图层，在第1、2、515帧处分别插入空白关键帧，并输入脚本。

06 至此，"体育用品网站片头"制作完成，保存并按Ctrl+Enter组合键进行影片测试即可。

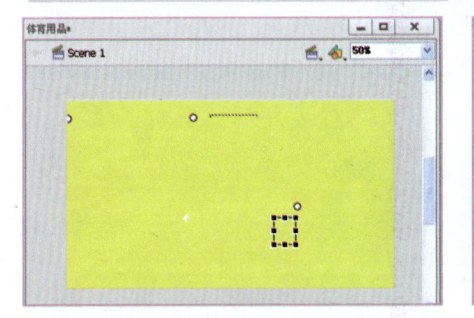

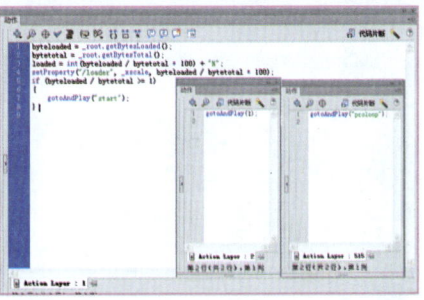

实例225 时装网站片头

本实例介绍时装网站片头动画的制作方法。

文件路径：源文件\第13章\例225

视频文件：视频文件\第13章\例225.MP4

01 新建空白文档，将素材图片导入到"库"面板中，将素材图片转换为元件。新建图层，在第1至第3帧插入关键帧，将shape 1图形元件拖入舞台中。

02 新建图层，在第1、3、55、65帧处分别插入关键帧，将sprite 4影片剪辑元件拖入舞台中。在第2帧处插入帧。在第66帧处插入空白关键帧。在第3帧至第55帧和第55帧至第65帧之间创建传统补间动画。

03 新建两个图层，将sprite 7和sprite 8影片剪辑元件拖入舞台，制作文字动画效果。新建两个图层，将shape 9图形元件和sprite 12影片剪辑元件拖入舞台中，制作文字动画效果。

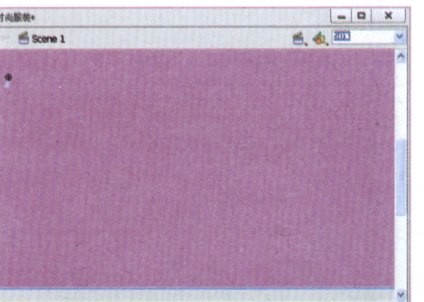

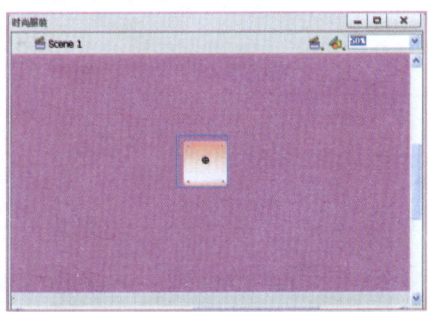

04 新建图层，在第58帧处插入关键帧，将sprite 25影片剪辑元件拖入舞台中，制作矩形的动画效果。新建被遮罩和遮罩层，在第212帧处插入关键帧，制作人物被遮罩的动画效果。

05 新建图层，在第212帧处插入关键帧，将sprite 130影片剪辑元件拖入舞台中，制作人移动的动画效果。新建图层，将sprite 68影片剪辑元件拖入舞台中，制作白光的动画效果。

06 新建图层，在第247帧处插入关键帧，将sprite 207和sprite 215影片剪辑元件拖入舞台中，制作圆圈和文字移动的动画效果。新建遮罩和被遮罩层，制作文字动画效果。

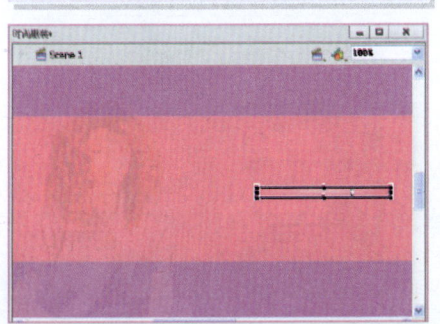

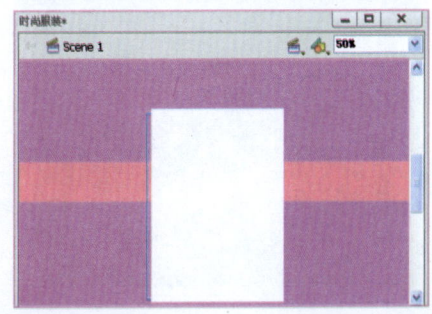

中文版 Flash CS6 动画设计与制作案例教程

07 新建其他剩余图层，插入关键帧，制作动画效果。新建"Label Layer"图层，设置帧的实例名称。

08 新建"Action Layer"图层，在第1、2、329帧处插入空白关键帧，并输入相应脚本。

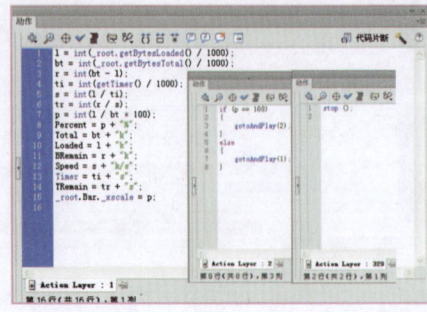

09 至此，"时装网站片头"制作完成，保存并按Ctrl+Enter组合键进行影片测试即可。

实例226　家居公司网站片头

本实例介绍家居公司网站片头动画的制作方法。

文件路径：源文件\第13章\例226　　　视频文件：视频文件\第13章\例226.MP4

01 新建空白文档，将素材图片导入到"库"面板中，将素材图片转换为元件。返回"Scene 1"场景，新建遮罩和被遮罩图层，制作图形元件动画效果，在第388帧处插入帧。

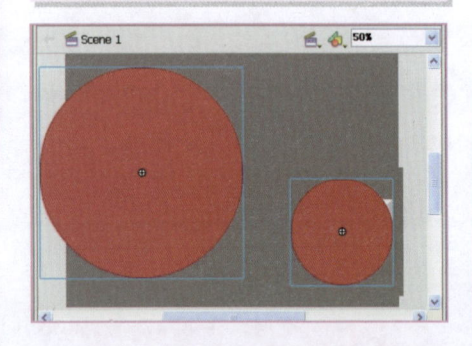

02 新建图层，在第17、36帧处分别插入空白关键帧，将shape 57图形元件拖入舞台中。在两关键帧之间创建传统补间动画。在第267帧处插入关键帧，将shape 111图形元件拖入舞台中。

03 新建遮罩和被遮罩图层，制作图形元件动画效果。新建4个图层，插入关键帧，制作文字元件在舞台的动画效果。

04 新建两个图层，制作冰箱两字和圆圈在舞台中的动画效果。新建两个图层，制作shape 65图形元件在舞台中的动画效果。

05 新建遮罩和被遮罩图层，制作shape 33图形元件在舞台中的动画效果。新建4个图层，制作shape 65图形元件在舞台中的动画效果。

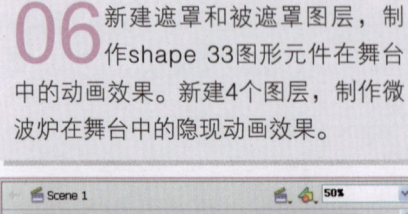

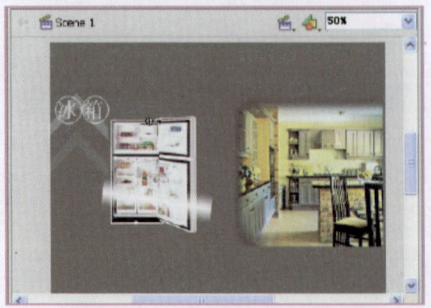

06 新建遮罩和被遮罩图层，制作shape 33图形元件在舞台中的动画效果。新建4个图层，制作微波炉在舞台中的隐现动画效果。

07 新建3组遮罩和被遮罩图层，制作shape 99和shape 33图形元件在舞台中的动画效果。新建两个图层，制作微波炉文字在舞台的动画效果。

08 新建图层，在第52帧和第64帧处插入关键帧，将shape 63图形元件拖入舞台中，在关键帧之间创建传统补间动画。

09 新建图层，在第1帧处插入空白关键帧，将shape 94图像元件拖入舞台中，在第172帧处插入帧。

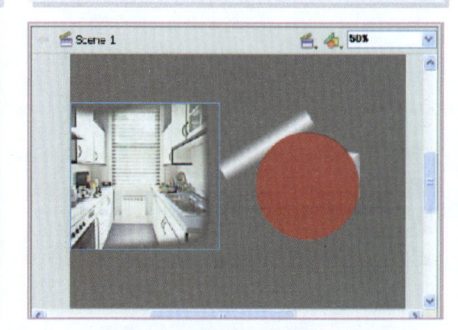

10 新建其他剩余图层，插入关键帧，制作动画效果。新建"Label Layer"图层，设置帧的实例名称。

11 新建"Action Layer"图层，在第1、2、14、288帧处分别插入空白关键帧，并输入相应脚本。

12 至此，"家居公司网站片头"制作完成，保存并按Ctrl+Enter组合键进行影片测试即可。

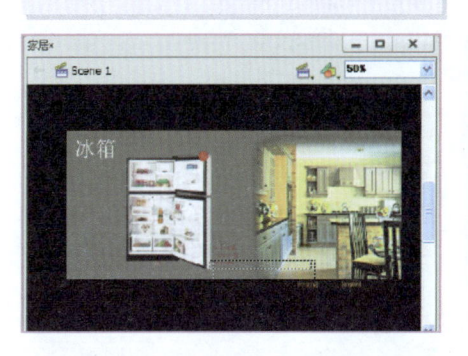

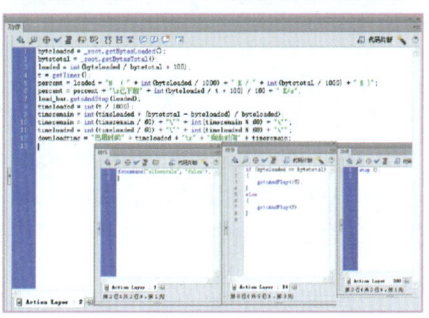

实例227　旅游网站片头

本实例介绍旅游网站片头动画的制作方法。

文件路径：源文件\第13章\例227　　　视频文件：视频文件\第13章\例227.MP4

01 新建新建空白文档，将素材图片导入到"库"面板中，将其转换为元件。返回"Scene 1"场景，新建"bg"和"Layer 1"图层，将image 1和image 2素材图片拖入舞台中，在第164帧处插入帧。

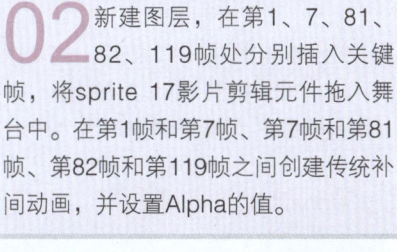

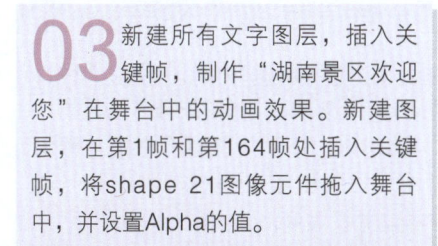

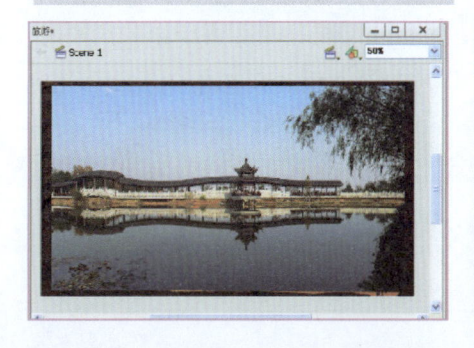

02 新建图层，在第1、7、81、82、119帧处分别插入关键帧，将sprite 17影片剪辑元件拖入舞台中。在第1帧和第7帧、第7帧和第81帧、第82帧和第119帧之间创建传统补间动画，并设置Alpha的值。

03 新建所有文字图层，插入关键帧，制作"湖南景区欢迎您"在舞台中的动画效果。新建图层，在第1帧和第164帧处插入关键帧，将shape 21图像元件拖入舞台中，并设置Alpha的值。

04 新建图层，在第1帧、第139帧和第164帧处插入关键帧，将shape 23图像元件拖入舞台中，并设置Alpha的值。

05 新建图层，在第1帧和第164帧处插入关键帧，将text1影片剪辑元件拖入舞台中，并设置Alpha的值。

06 至此，"旅游网站片头"制作完成，保存并按Ctrl+Enter组合键进行影片测试即可。

实例228　游戏网站片头

本实例介绍游戏网站片头动画的制作方法。

文件路径：源文件\第13章\例228
视频文件：视频文件\第13章\例228.MP4

01 新建新建空白文档，将素材图片导入到"库"面板中，将其转换为元件。新建图层，将shape 10图形元件拖入舞台中。

02 新建图层，在第72、81、91、92帧处插入空白关键帧，将sprite 76影片剪辑元件拖入舞台中，在关键帧之间创建传统补间动画，并设置Alpha的值。

03 新建图层，在第8帧处插入关键帧，将sprite 14影片剪辑元件拖入舞台中，在第23帧处插入帧。新建图层，在第8帧至第23帧处依次插入空白关键帧，制作红圈的动画效果，并设置该层为"遮罩层"。

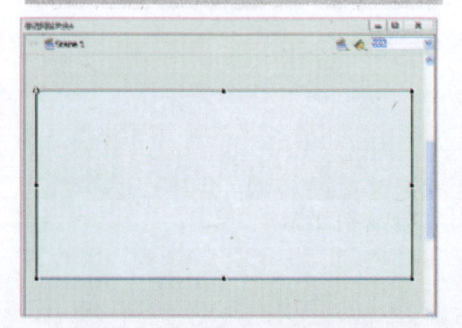

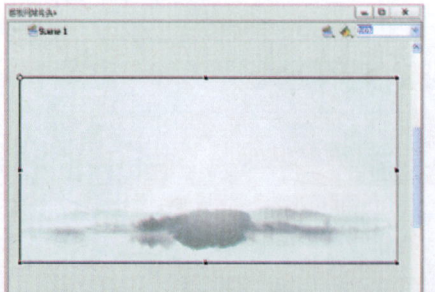

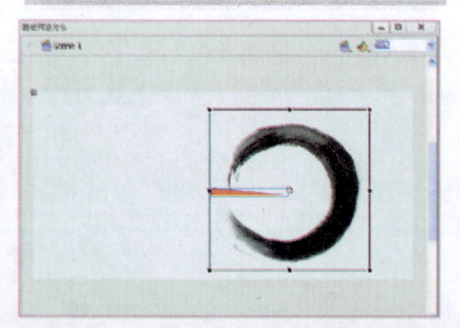

04 新建图层，在第107、114、124、125帧处插入关键帧，将sprite 86影片剪辑元件拖入舞台中，在关键帧之间创建传统补间动画，并设置Alpha的值。

05 新建图层，在第92、120、121帧处插入关键帧，将sprite 80影片剪辑元件拖入舞台中，在关键帧之间创建传统补间动画，并设置Alpha的值。

06 新建两个图层，在第24帧处插入关键帧，将sprite 14影片剪辑元件和shape 43图像元件拖入舞台中。

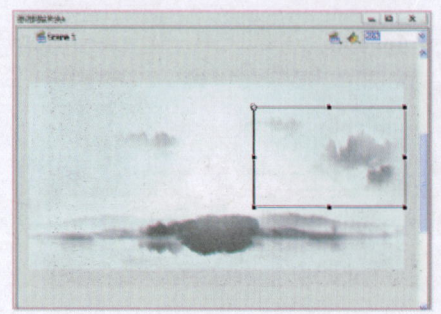

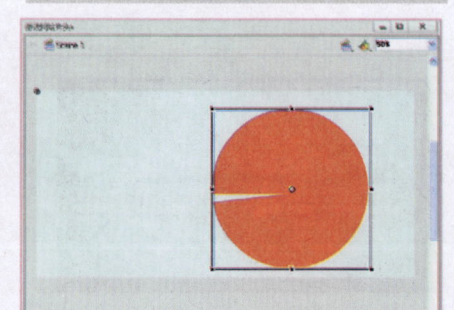

第13章 网站片头

07 新建图层，在第33帧至第57帧处依次插入关键帧，将sprite 49影片剪辑元件拖入舞台中，在关键帧之间创建传统补间动画。

08 新建图层，在第33帧至第57帧处依次插入关键帧，将sprite 70影片剪辑元件拖入舞台中，在关键帧之间创建传统补间动画，制作人物的动画效果。

09 新建两个图层，在第24帧处插入关键帧，将sprite39和shape 46影片剪辑元件拖入舞台中。

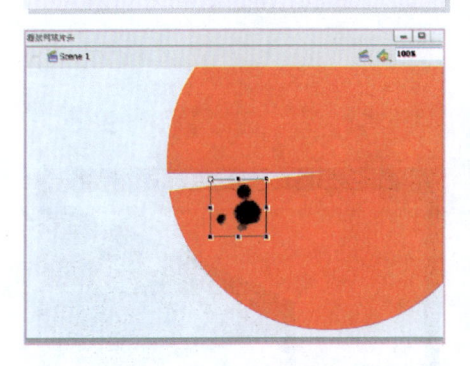

10 新建图层，在第57帧至第87帧处依次插入关键帧，将sprite 73影片剪辑元件拖入舞台中，在关键帧之间创建传统补间动画，制作人物的动画效果。新建图层，在第162帧处插入关键帧。

11 将sprite 141影片剪辑元件拖入舞台中，制作花瓣在舞台的动画效果。新建图层，在第147帧处插入关键帧，制作文字淡入动画的效果。新建图层，在第2帧处插入关键帧，在"属性"面板中设置帧标签为名称为loading，类型为名称。在第7帧处插入关键帧，设置帧标签为fading。新建图层，在第1帧、第2帧、第6帧、第282帧处分别插入关键帧，输入相应脚本。

12 至此，"游戏网站片头"制作完成，保存并按Ctrl+Enter组合键进行影片测试即可。

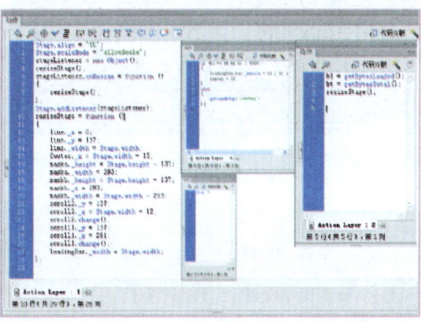

实例229 个人网站片头

本实例介绍个人网站片头动画的制作方法。

文件路径：源文件\第13章\例229　　　视频文件：视频文件\第13章\例229.MP4

中文版 Flash CS6 动画设计与制作案例教程

01 新建空白文档，将素材图片导入到"库"面板中，将素材图片转换为元件。新建图层，在第1、10、24帧插入关键帧，将pic20_mov影片剪辑元件拖入舞台中，在两个关键帧之间创建传统补间动画，在第159帧插入帧。

02 新建图层，在第60帧和第97帧插入关键帧，将obj5影片剪辑元件拖入舞台中，在两关键帧之间创建传统补间动画。

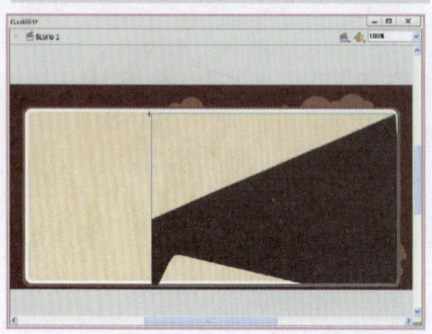

03 新建图层，在第26、41、60帧处插入关键帧，将pic17_mov影片剪辑元件拖入舞台中，在两个关键帧之间创建传统补间动画。新建图层，在第60帧处插入关键帧，使用"矩形工具"绘制矩形。

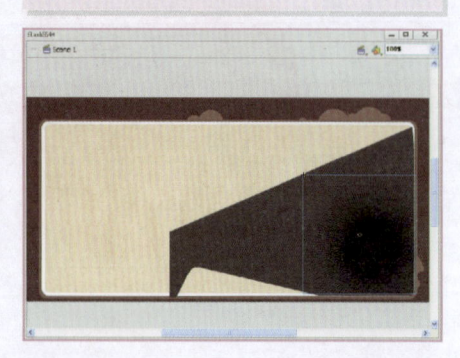

04 按照第2步的步骤新建图层，将pic16_mov影片剪辑元件拖入舞台中，在两关键帧之间创建传统补间动画。

05 新建图层，在第41帧和第71帧处插入关键帧，将pic18_mov影片剪辑元件拖入舞台中，在两关键帧之间创建传统补间动画。

06 新建图层，在第66、87、104帧处插入关键帧，将pic10_mov影片剪辑元件拖入舞台中，在两个关键帧之间创建传统补间动画。新建图层，在第66帧处插入关键帧，使用"笔刷工具"绘制图形。

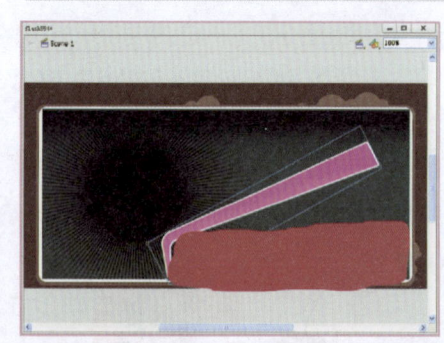

07 新建图层，制作图层需要的动画效果。新建图层，将音乐素材拖入舞台中，并调整音乐的位置。

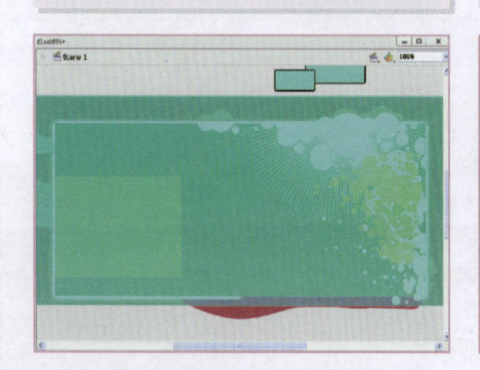

08 新建"as"图层，在第113帧和第159帧处插入空白关键帧，并输入脚本。

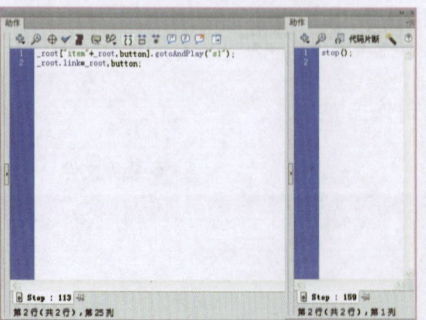

09 至此，"个人网站片头"制作完成，保存并按Ctrl+Enter组合键进行影片测试即可。

第14章
声音与视频

声音与视频都属于多媒体范畴，是开发交互式应用程序不可或缺的元素。本章通过实例介绍声音和视频的应用，以及在Flash中可以对声音进行精确控制的方法。

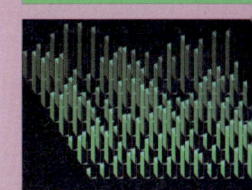

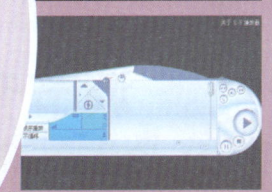

实例230　声音控制

本实例介绍声音控制动画的制作方法。

文件路径：源文件\第14章\例230　　　视频文件：视频文件\第14章\例230.MP4

01 新建空白文档，将素材导入到"库"面板中，制作背景效果。执行"窗口"|"公用库"|"Buttons"命令，打开"外部库"面板，将按钮拖入舞台中。

02 使用"文本工具"输入文本。选择按钮元件，分别设置实例名称为stopBt和playBt。

03 新建元件4影片剪辑元件，制作示波动画效果。设置"属性"面板中的循环为播放一次，并制作倒影效果，设置其Alpha值为20%。

04 返回"场景1"，新建图层，将影片剪辑元件拖入舞台中。

05 新建"as"图层，在第1帧处插入空白关键帧，并输入脚本。

06 至此，"声音控制"制作完成完成，保存并按Ctrl+Enter组合键进行影片测试即可。

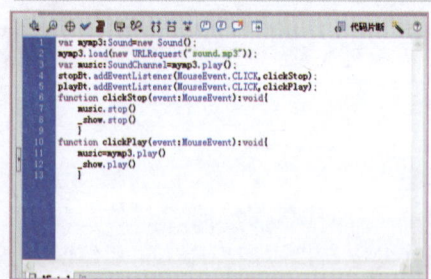

实例231　调节音量开关

本实例介绍调节音量开关动画的制作方法。

文件路径：源文件\第14章\例231　　　视频文件：视频文件\第14章\例231.MP4

01 新建空白文档，将音乐素材导入到"库"面板中。新建btn1，使用"矩形工具"绘制矩形。

02 返回"Scene 1"场景，将btn1拖入舞台中，使用"文本工具"输入文本。按F9键打开"动作"面板，在其中输入脚本。

03 至此，"调节音量开关"制作完成，保存并按Ctrl+Enter组合键进行影片测试即可。

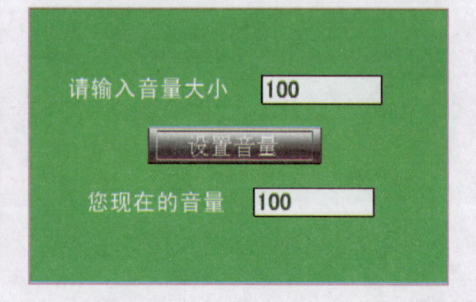

第14章　声音与视频

实例232　音乐播放条

本实例介绍音乐播放条动画的制作方法。

文件路径：源文件\第14章\例232　　　视频文件：视频文件\第14章\例232.MP4

01 新建空白文档，新建进度条和滑块影片剪辑元件，使用"矩形工具"绘制图形。新建按钮元件。

02 新建元件1影片剪辑元件，将进度条、滑块影片剪辑元件和按钮元件拖入舞台中。返回"场景1"，将元件1影片剪辑元件拖入舞台中。

03 至此，"音乐播放条"制作完成，保存并按Ctrl+Enter组合键进行影片测试即可。

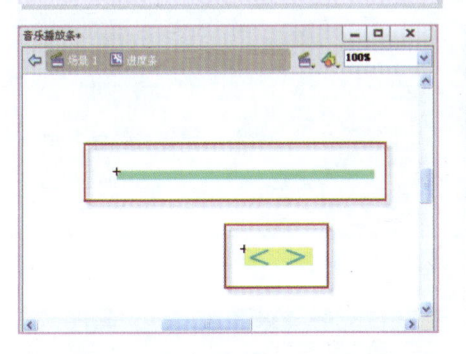

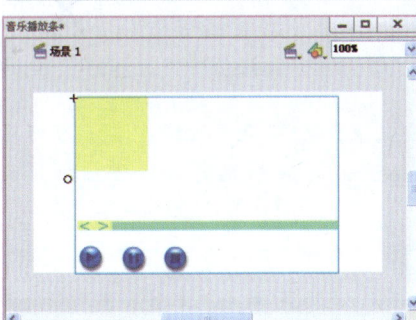

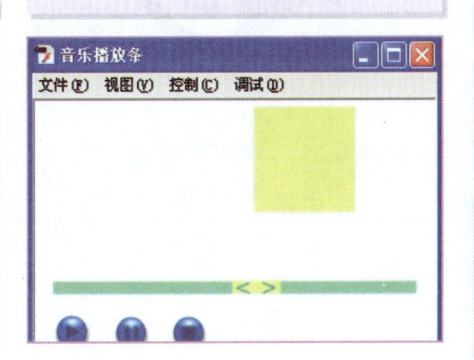

实例233　脉动音乐

本实例介绍脉动音乐动画的制作方法。

文件路径：源文件\第14章\例233　　　视频文件：视频文件\第14章\例233.MP4

01 新建空白文档，新建d图形元件，使用"矩形工具"绘制图形，使用"任意变形工具"进行调整，然后转换为影片剪辑元件。

02 返回"场景1"，新建图层，将音乐素材拖入舞台中。新建"as"图层，在第1帧处插入空白关键帧，并输入脚本。

03 至此，"脉动音乐"制作完成，保存并按Ctrl+Enter组合键进行影片测试即可。

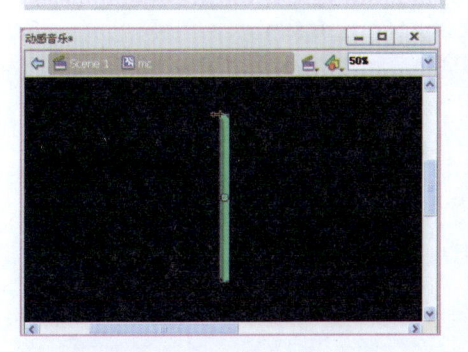

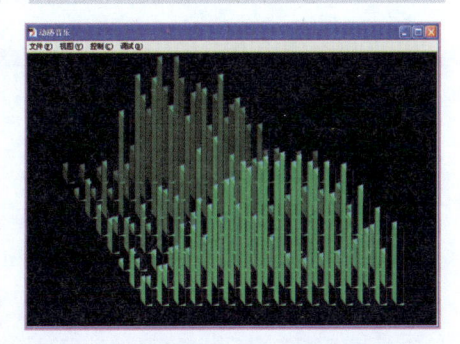

实例234　嵌入式声音控制

本实例介绍嵌入式声音控制动画的制作方法。

文件路径：源文件\第14章\例234　　　视频文件：视频文件\第14章\例234.MP4

中文版 Flash CS6 动画设计与制作案例教程

01 新建空白文档，将素材导入到"库"面板中。新建图形元件，使用"钢笔工具"绘制图形。

02 新建元件1和元件4影片剪辑元件，使用"矩形工具"和"线条工具"绘制图形，并设置色彩面板的参数。

03 新建元件2按钮元件，设置按钮的动画效果。

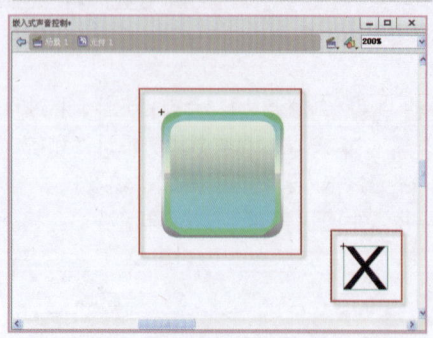

04 返回"场景1"，新建"bg"图层，使用"矩形工具"制作bg效果，在第389帧处插入帧。新建"control"图层，将元件2拖入舞台中。

05 新建"sound"图层，将音乐素材拖入舞台中。新建"as"图层，在第1帧处插入空白关键帧，输入脚本。

06 至此，"嵌入式声音控制"制作完成，保存并按Ctrl+Enter组合键进行影片测试即可。

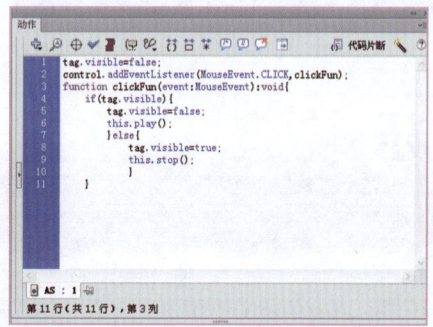

实例235 电流

本实例介绍电流动画的制作方法。

文件路径：源文件\第14章\例235

视频文件：视频文件\第14章\例235.MP4

01 新建空白文档，新建所有元件，新建sprite 41影片剪辑元件，将shape 3图形元件拖入舞台中，在第71帧处插入普通帧。

02 新建图层，将sprite 8影片剪辑元件拖入舞台中。在第13帧处插入空白关键帧，将sprite 10拖入舞台，设置Alpha值为88%。

03 在第14帧至第24帧处插入关键帧，并在帧与帧之间创建传统补间，左右调整其位置，实现椭圆左右摆动的效果。使用同样的方法制作其他层需要的动画效果。

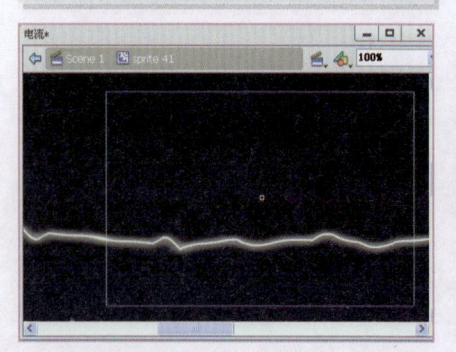

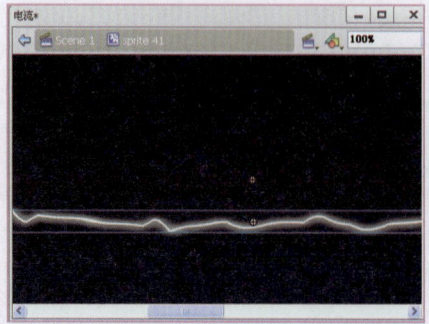

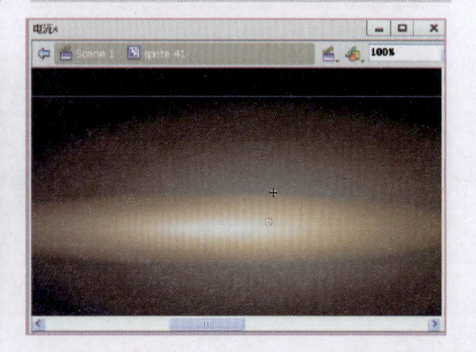

266 | Flash CS6

第14章　声音与视频

04 返回"Scene 1"场景，使用"矩形工具"绘制矩形。在"颜色"面板中设置参数，使用"渐变变形工具"调整渐变效果。

05 新建图层，将sprite 41影片剪辑拖入舞台中。新建"图层3"，将元件1影片剪辑元件拖入舞台中，在"属性"面板中添加发光滤镜。

06 至此，"电流"制作完成，保存并按Ctrl+Enter组合键进行影片测试即可。

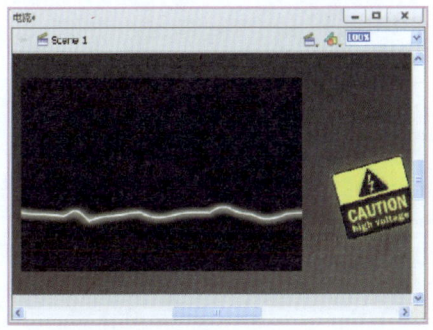

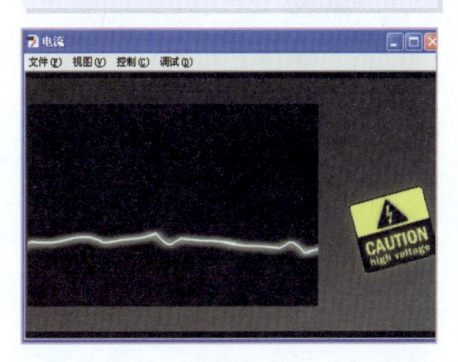

实例236　声音开关按钮

本实例介绍声音开关按钮动画的制作方法。

文件路径：源文件\第14章\例236

视频文件：视频文件\第14章\例236.MP4

01 新建空白文档，将素材图片导入到"库"面板中。新建bt按钮元件，设置动画效果。新建btm影片剪辑元件，将bt按钮元件拖入舞台中，制作停止和播放的切换效果。

02 新建元件4图形元件，使用"椭圆工具"绘制椭圆。新建元件3影片剪辑元件，将图像元件4拖入舞台中，制作需要的动画效果。

03 新建元件2影片剪辑，在各新建图层的第1帧处插入关键帧，将相应的素材元素拖入舞台中。新建"as"图层，并输入脚本。

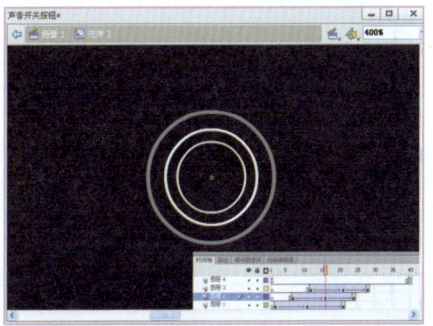

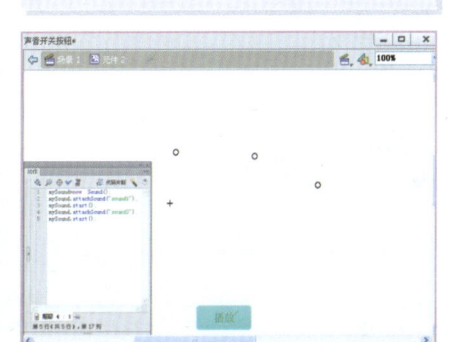

04 新建元件5影片剪辑元件，在第2帧处插入空白关键帧，将音乐素材拖入舞台中。在第335帧处插入帧。新建"图层2"，在第1帧处打开"动作"面板，并输入脚本。

05 返回"场景1"，新建"背景"和"按钮"图层，将bg素材图片和元件2影片剪辑元件拖入舞台中。

06 至此，"声音开关按钮"制作完成，保存并按Ctrl+Enter组合键进行影片测试即可。

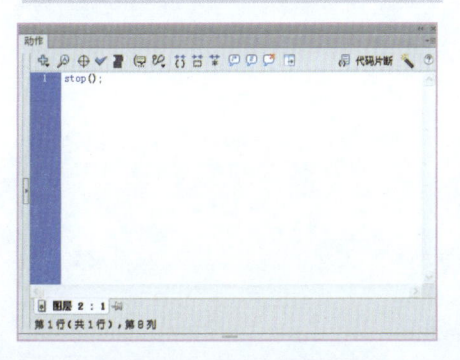

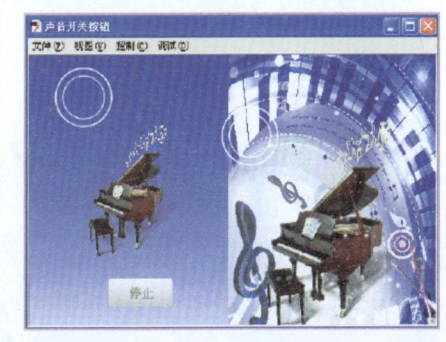

Flash CS6 | 267

实例237　蜀山仙境

本实例介绍蜀山仙境动画的制作方法。

文件路径：源文件\第14章\例237　　　视频文件：视频文件\第14章\例237.MP4

01 新建空白文档，将素材图片导入到"库"面板中，将其转换为元件。返回主场景，将image8拖入舞台中，在第11帧处插入普通帧。

02 新建"光效"图层，在第11帧处插入关键帧，将sprite 18元件拖入舞台中，放置光源处，在第11帧处插入普通帧。

03 新建"游动粒子"图层，在第11帧处插入关键帧，将sprite 45拖入舞台左边。设置实例名称为lighting，设置Alpha值为15%。

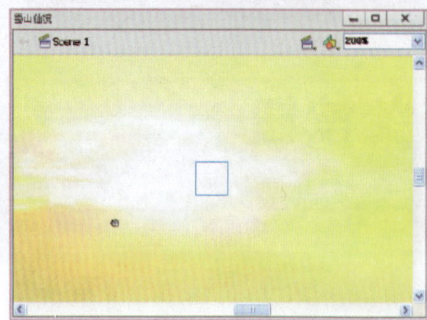

04 新建"声音"图层，在第1帧处打开"属性"面板，设置声音。

05 新建"as"图层，在第1、2、10、11帧处插入空白关键帧，并分别输入脚本。

06 至此，"蜀山仙境"影片制作完成，保存并按Ctrl+Enter组合键进行影片测试即可。

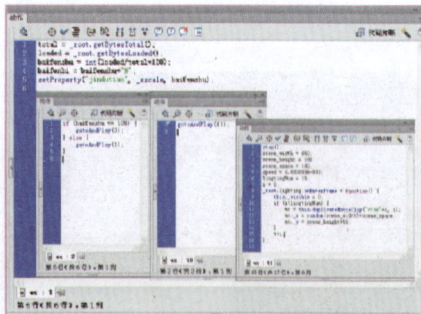

实例238　音乐随我动

本实例介绍音乐随我动动画的制作方法。

文件路径：源文件\第14章\例238　　　视频文件：视频文件\第14章\例238.MP4

第14章 声音与视频

01 新建空白文档，将素材导入到"库"面板中，新建元件。分别在第40、92、182、287、407、459、463、522帧处插入空白关键帧，在第545帧处插入普通帧。将"库"面板中的素材拖入舞台中。

02 新建图层，将sprite11元件拖入舞台中，在第2帧和第15帧处插入关键帧。在第1帧处选择元件，打开"动作"面板，输入脚本。

03 新建图层，在第15帧处插入空白关键帧，将sprite22拖入舞台中。在第28帧和第40帧处插入关键帧，将第15帧和第40帧的Alpha值设为0%，并在各帧之间创建传统补间。

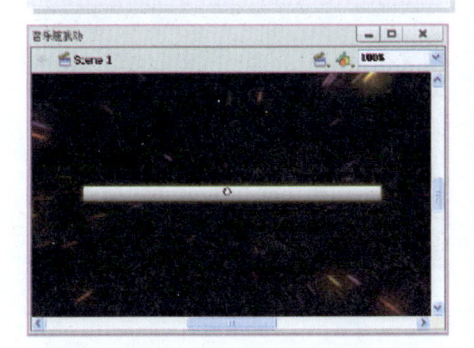

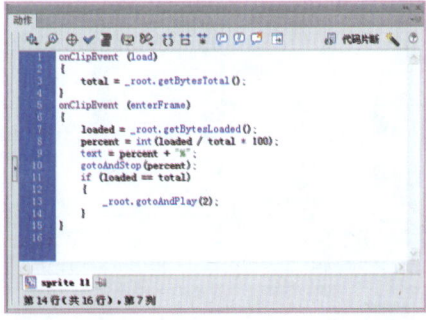

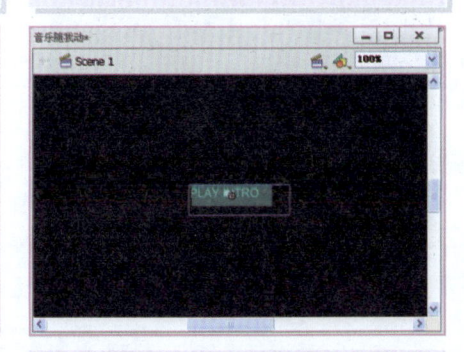

04 新建图层，制作需要的动画效果。新建图层，将音乐素材拖入舞台中。

05 新建"Action Layer"图层，在第1帧、第2帧、第371帧处分别插入关键帧，并输入相应脚本。

06 至此，"音乐随我动"制作完成，保存并按Ctrl+Enter组合键进行影片测试即可。

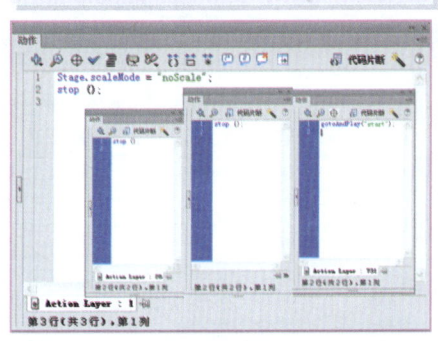

实例239　律动

本实例介绍律动动画的制作方法。

文件路径：源文件\第14章\例239　　　视频文件：视频文件\第14章\例239.MP4

01 新建空白文档，新建元件，将sprite 10影片剪辑元件拖入舞台中，按F9键打开"动作"面板，在其中输入脚本。在第2帧处插入空白关键帧。

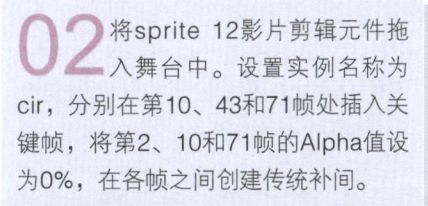

02 将sprite 12影片剪辑元件拖入舞台中。设置实例名称为cir，分别在第10、43和71帧处插入关键帧，将第2、10和71帧的Alpha值设为0%，在各帧之间创建传统补间。

03 在第72帧处插入空白关键帧。在第88帧处插入关键帧，将streamvideo 47嵌入式视频拖入舞台中，在第192帧处插入普通帧。新建"图层2"，在第93帧和第172帧处添加sprite 28元件。

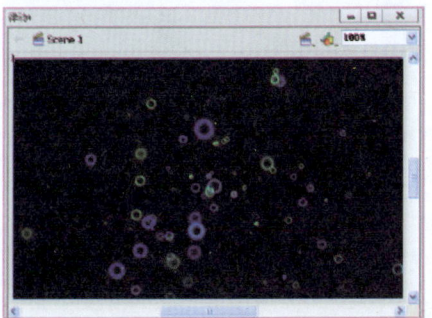

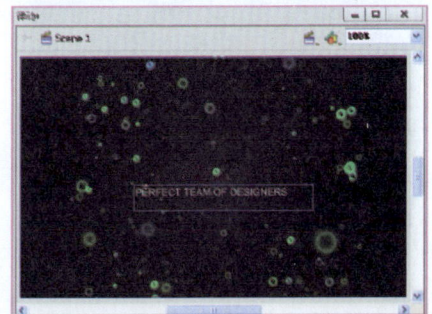

Flash CS6 | 269

04 在第192帧处插入关键帧，将streamvideo 66嵌入式视频拖入舞台中，在第510帧处插入普通帧。新建其他图层，制作需要的动画效果。

05 新建"图层18"，在第1、20、42、760、806帧处插入空白关键帧，并输入相应脚本。

06 至此，"律动"制作完成，保存并按Ctrl+Enter组合键进行影片测试即可。

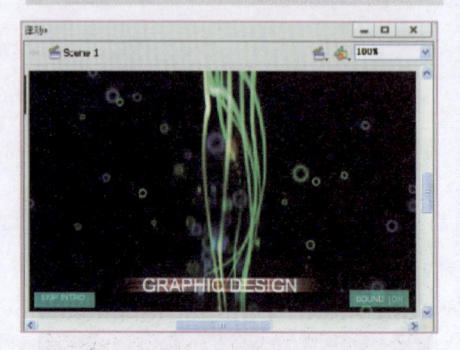

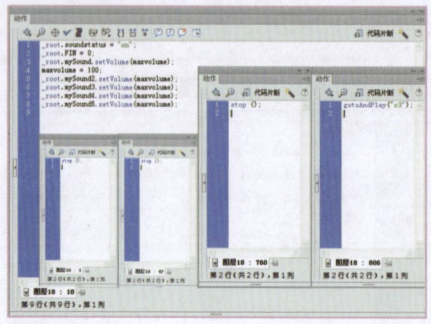

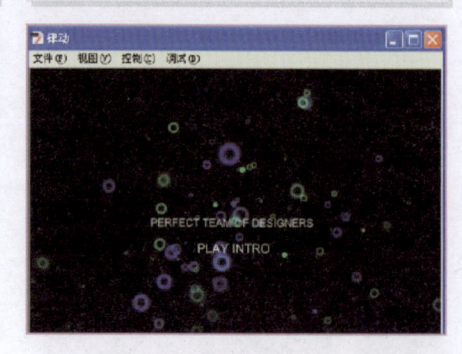

实例240　敲打乐器

本实例介绍敲打乐器动画的制作方法。

文件路径：源文件\第14章\例240

视频文件：视频文件\第14章\例240.MP4

01 新建空白文档，新建元件。返回"场景1"，新建图层，将bg_mc影片剪辑元件拖入舞台中。

02 新建3个图层，分别将相应的素材拖入舞台中。

03 新建5个被遮罩层，分别将相应的素材拖入舞台中。

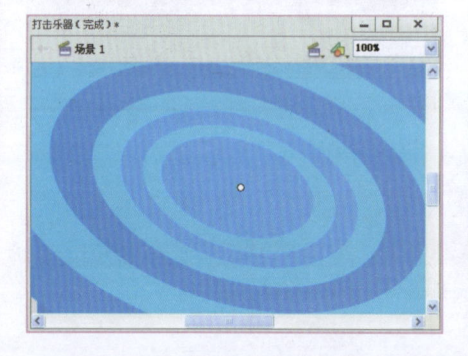

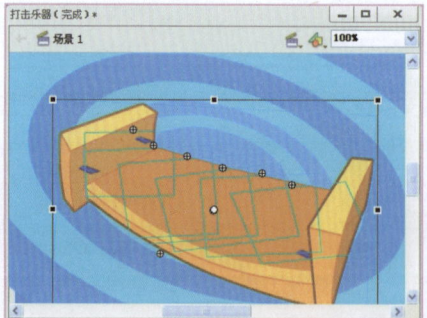

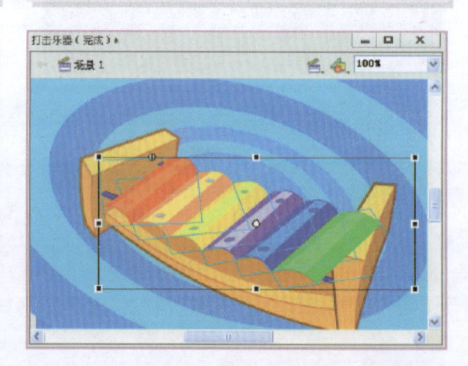

04 新建"mask"图层，在第1帧处插入关键帧，使用"钢笔工具"绘制图形并填充为红色。

05 新建图层，将knopf拖入舞台中，输入脚本。新建图层，在第1帧处输入脚本。

06 至此，"敲打乐器"制作完成，保存并按Ctrl+Enter组合键进行影片测试即可。

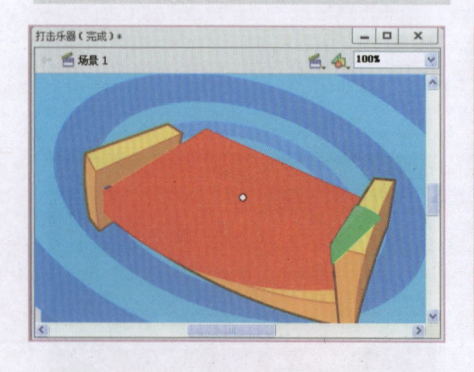

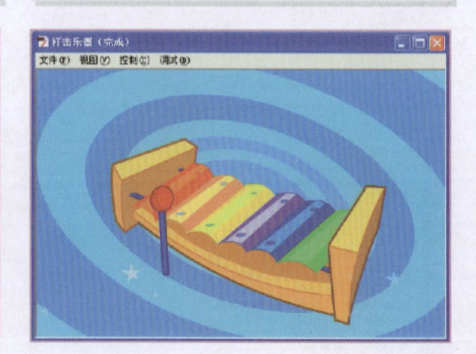

270　Flash CS6

实例241　音乐和文字同步

本实例介绍音乐和文字同步动画的制作方法。

文件路径：源文件\第14章\例241　　　　**视频文件**：视频文件\第14章\例241.MP4

01 新建空白文档，将素材导入到"库"面板中。新建两个图层，将bg素材图片和蜻蜓拖入舞台，在第6帧处插入关键帧。

02 新建"歌词"图层，使用"文本工具"输入歌曲歌词的第一句，删除后面的帧，依次插入后面的空白关键帧并输入文本。

03 在"库"面板中右击"jht.wav"声音文件，在弹出的快捷菜单中执行"属性"命令。打开"属性"对话框，选中ActionScript，设置属性为ActionScript导出和在第1帧导出，在标识符输入"jht"。

04 新建图层，新建一个名为blank的空白影片剪辑元件，将它拖入舞台中并输入脚本。

05 在第1帧和第6帧处插入空白关键帧并输入脚本。

06 至此，"音乐和文字同步"制作完成，保存并按Ctrl+Enter组合键进行影片测试即可。

第15章
多媒体课件制作

Flash不仅能用于个人创作和商业产品制作，也可以用于教学开发。开发出的教学课件作品生动形象，有趣味，更能提高学生的学习热情。本章介绍课堂中常用的演示课件。

第15章　多媒体课件制作

实例242　小学课件

本实例介绍小学课件动画的制作方法。

文件路径：源文件\第15章\例242　　　视频文件：视频文件\第15章\例242.MP4

01 将素材图片导入到"库"面板中。在"库"面板中将背景素材拖入舞台中。在第9帧处插入帧。

02 新建"图层2"，使用"钢笔工具"绘制图形，使用"颜料桶工具"为图形填充颜色。

03 新建"图层3"，使用"矩形工具"绘制矩形框。使用"线条工具"，设置笔触的样式为虚线，并绘制线条。

04 新建"图层4"，使用"文本工具"输入文本。

05 新建拼音按钮元件，将素材图片拖入舞台中，使用"文本工具"输入文本。在第2、3帧处插入关键帧，将第2帧处的图形放大。

06 新建部首按钮元件并制作动画效果。使用同样的方法新建其他按钮元件。

07 新建星影片剪辑元件，使用"文本工具"输入文本"星"。按Ctrl+B组合键将文本分离。使用"墨水瓶工具"为文本描边。双击描边，将其剪切。新建图层，将描边粘贴到里面。

08 使用"橡皮擦工具"擦除最后一笔笔画的末端，并依次在后面插入关键帧，分别擦除每一帧中图形笔画的末端。然后选择所有帧，单击鼠标右键，在弹出的快捷菜单中执行"翻转帧"命令。

09 返回"场景1"，新建图层5，将拼音按钮元件拖入舞台中。选择元件，打开"动作"面板，在其中输入脚本。

Flash CS6 | 273

10 将其他按钮元件拖入舞台中，分别设置实例名称。新建"图层6"，在第2帧处插入空白关键帧，使用"文本工具"，在舞台中输入文本。

11 在第3帧至第5帧处输入不同的文本。在第6帧处插入空白关键帧，将星影片剪辑元件拖入舞台中。

12 在第7帧和第8帧处输入不同的文本。依次在第1帧至第8帧处输入脚本"stop();"。至此，"小学课件"制作完成，保存并测试影片即可。

> 提示：根据文字的笔画顺序进行相反方向的擦除。

实例243　幼儿课件

本实例介绍幼儿课件动画的制作方法。

文件路径：源文件\第15章\例243

视频文件：视频文件\第15章\例243.MP4

01 将素材图片导入到"库"面板中。在"库"面板中将背景素材拖入舞台中，并调整大小。

02 新建"图层2"，绘制一个填充颜色Alpha值为50%的矩形。

03 执行"插入"|"新建元件"命令，新建樱桃按钮元件，将素材图片拖入舞台中。

04 使用同样的方法新建其他按钮元件。返回"场景1"，新建"图层3"，将各按钮元件拖入舞台中。

05 分别选择各按钮元件，依次打开"动作"面板，在其中输入不同的脚本。

06 新建"图层4"，在舞台中绘制矩形。并将素材图片拖入舞台，并输入文本。

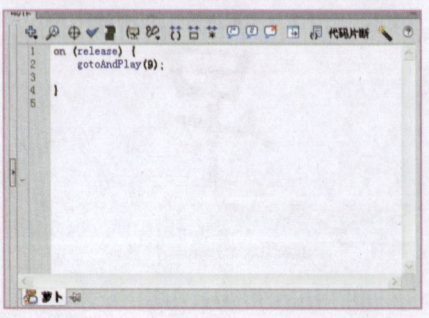

274　Flash CS6

第15章 多媒体课件制作

07 在第2帧至第11帧处插入空白关键帧。使用同样的方法设置每帧舞台的动画效果。

08 新建返回按钮元件，将素材图片拖入舞台中。返回"场景1"，新建"图层5"，将返回按钮元件拖入舞台中。打开"动作"面板，在其中输入脚本。

09 新建兔子影片剪辑元件，在每一帧添加不同的素材图片。返回"场景1"，新建"图层6"，将兔子影片剪辑元件拖入舞台中。至此，动画制作完成，保存并测试影片即可。

实例244 语文诗词

本实例介绍语文诗词动画的制作方法。

文件路径：源文件\第15章\例244

视频文件：视频文件\第15章\例244.MP4

01 执行"文件"|"打开"命令，打开"语文课件.fla"文件。

02 新建"图层2"，绘制白色到透明渐变的矩形。

03 执行"插入"|"新建元件"命令，新建彩虹影片剪辑元件，使用"文本工具"输入文本。

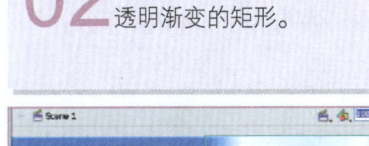

04 新建"图层2"，使用"文本工具"输入文本。

05 新建"图层3"，使用"线条工具"将拼音的音调标出来。

06 新建"图层3"，将彩虹影片剪辑元件拖入舞台中。复制"图层3"，将其重命名为"图层4"，在"属性"面板中设置色彩样式为色调，颜色为红色。

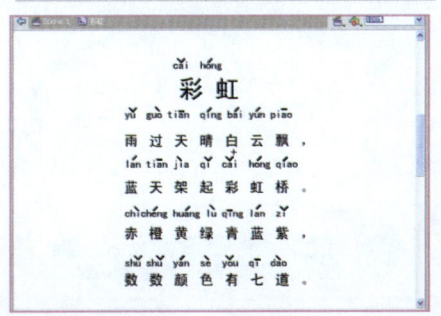

中文版 Flash CS6 动画设计与制作案例教程

07 新建"图层5",使用"矩形工具"绘制矩形。设置该图层为"遮罩层"。制作动画效果。

08 新建重播按钮元件,使用"文本工具"输入文本。在第2帧处将文本打散。填充其他颜色。返回"场景1",新建"图层6",在第190帧处插入关键帧,将按钮元件拖入舞台中并输入脚本。

09 新建"图层7",在最后一帧处插入关键帧,输入脚本"stop()"。新建"图层8",将声音素材拖入舞台中。至此,"语文诗词"制作完成,保存并测试影片即可。

实例245 语文填空题

本实例介绍语文填空题动画的制作方法。

文件路径:源文件\第15章\例245

视频文件:视频文件\第15章\例245.MP4

01 将素材图片导入到"库"面板中。在"库"面板中将背景素材拖入舞台中并调整大小。

02 新建"图层2",在第1帧处将素材图片拖入舞台中,并使用"文本工具"输入文本。在第2帧处插入空白关键帧。

03 新建"图层3",在第2帧处插入空白关键帧,使用"文本工具"输入文本。

04 在第3帧处插入空白关键帧,使用"文本工具"输入文本。

05 在第4帧处插入空白关键帧,使用"文本工具"输入文本及绘制文本框。在"属性"面板中分别设置实例名称为ti_txt、fen_txt、guli_txt。

06 新建"横线"图层,在第2帧和第3帧处分别绘制线条。在第4帧处插入空白关键帧。

276 | Flash CS6

第15章　多媒体课件制作

07 新建"输入层"图层,在第2帧处插入空白关键帧,使用"文本工具"绘制文本框,分别设置实例名称为sr1_txt、sr2_txt、sr3_txt、sr4_txt。

08 在第3帧处插入空白关键帧,使用"文本工具"绘制文本框,分别设置实例名称为sr1_txt至sr4_txt。在第4帧处插入空白关键帧。

09 新建"按钮"图层,在第1帧处使用"文本工具"输入文本。新建名称为按钮的按钮元件,将素材拖入舞台中。返回"场景1",将按钮元件拖入舞台中,并在"动作"面板中输入脚本。

10 在第2帧处插入空白关键帧,使用"文本工具"输入文本。将按钮元件拖入舞台中,打开"动作"面板,在其中输入脚本。

11 使用同样的方法制作第3帧和第4帧的动画。新建"代码"图层,在第1帧和第4帧处输入脚本。

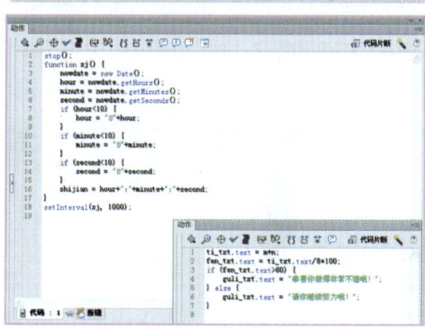

12 在第2帧和第3帧处输入脚本"stop();"。至此,"语文填空题"制作完成,保存并测试影片即可。

实例246　纸艺

本实例介绍纸艺动画的制作方法。

文件路径:源文件\第15章\例246
视频文件:视频文件\第15章\例246.MP4

01 使用"矩形工具"和"基本矩形工具"绘制多个矩形作为背景。

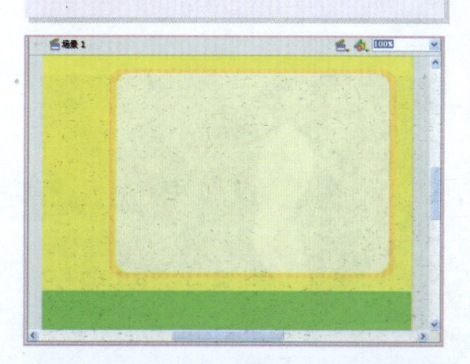

02 新建折叠影片剪辑元件,在舞台中绘制图形。

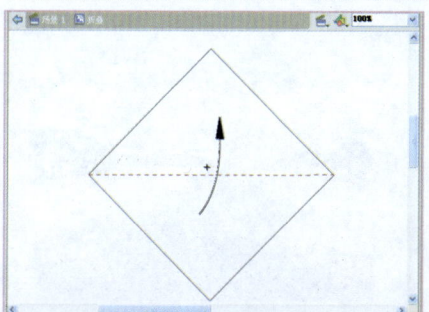

03 使用同样的方法,在每隔15帧处插入一个空白关键帧,打开绘图纸外观并绘制图形。

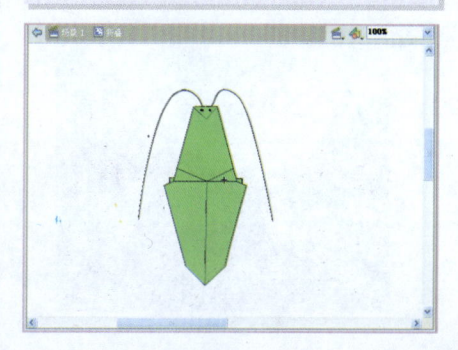

Flash CS6 | 277

04 新建名称为图形的图形元件，将折叠影片剪辑元件中的最后一帧图形复制粘贴在图形元件的舞台中。

05 返回"场景1"。新建"图层2"，将折叠影片剪辑元件拖入舞台中，设置实例名称为zl，并在第1帧处输入脚本。

06 新建提示影片剪辑元件，使用"文本工具"在舞台中绘制文本。返回"场景1"，新建"图层3"，将提示元件拖入舞台中，设置实例名称为zi。在第1帧处输入脚本。

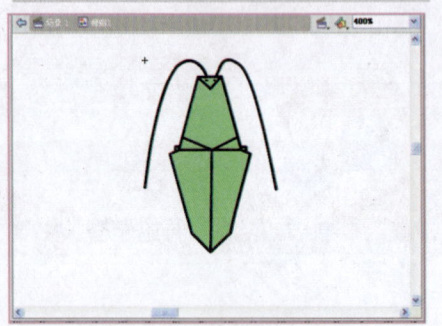

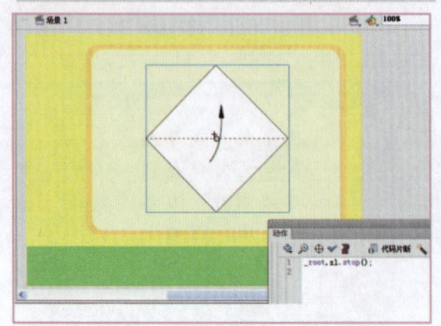

07 新建播放、暂停和返回按钮元件，分别在不同的元件中输入文本。返回"场景1"，新建"图层4"，将各按钮元件拖入舞台中。

08 分别选中按钮元件，打开"动作"面板，依次输入脚本。

09 新建"图层5"，绘制矩形，将图形元件拖入舞台中并输入文本。至此，"纸艺"制作完成，保存并测试影片即可。

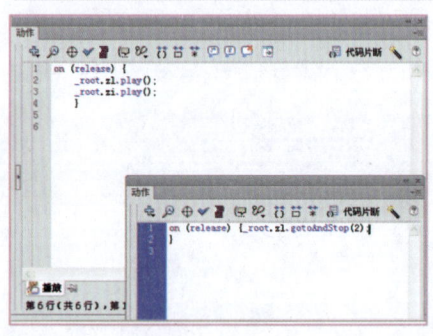

实例247　雪的形成

本实例介绍雪形成动画的制作方法。

文件路径：源文件\第15章\例247　　　视频文件：视频文件\第15章\例247.MP4

01 将背景素材拖入舞台中，在第70帧、第92帧处插入关键帧，将图片向上移动，并创建补间动画。

02 新建"图层2"，在第155帧处插入关键帧，将素材拖入舞台中。在第165帧处将图片向上移动。

03 新建水汽影片剪辑元件，在第1帧至第9帧处分别插入空白关键帧，打开绘图纸外观功能，绘制图形。

第15章　多媒体课件制作

04 新建蒸发影片剪辑元件，将水汽影片剪辑元件拖入舞台中。在第25帧处插入关键帧，将元件向上移动。在帧与帧之间创建传统补间动画。

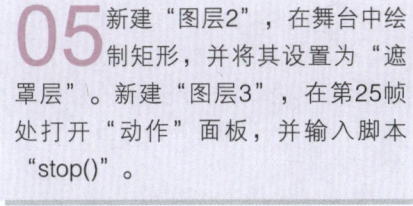

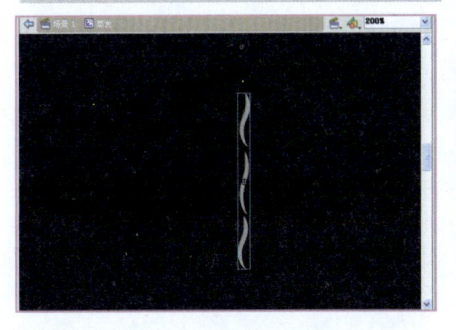

05 新建"图层2"，在舞台中绘制矩形，并将其设置为"遮罩层"。新建"图层3"，在第25帧处打开"动作"面板，并输入脚本"stop()"。

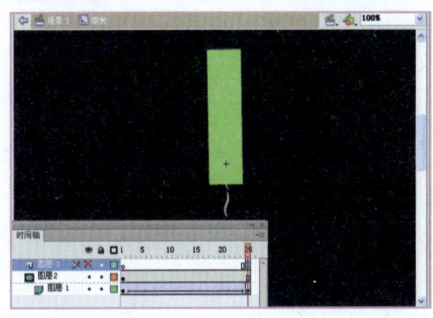

06 返回"场景1"，新建"图层3"和"图层4"，将蒸发影片剪辑元件拖入舞台中。

07 新建上升影片剪辑元件，将水汽影片剪辑元件拖入舞台中。返回"场景1"，新建"图层5"至"图层17"，将上升影片剪辑元件拖入各图层的舞台中，并制作水汽聚拢动画。

08 用同样的方法，新建"图层18"至"图层23"，制作水汽上升的动画。新建"图层24"和"图层25"，将素材图片拖入舞台中，制作白云动画。

09 新建"图层25"，在第82帧至第86帧处将元件拖入舞台，制作云层变大的动画效果。

10 新建"图层27"至"图层33"，制作水滴凝结滴落的动画。

11 新建下雪影片剪辑元件，制作雪花降落的动画。返回"场景1"，新建"图层34"，将下雪影片剪辑元件拖入舞台中。

12 新建"图层35"至"图层42"，制作字幕滚动效果。至此，"雪的形成"制作完成，保存并测试影片即可。

实例248　数学问卷

本实例介绍数学问卷动画的制作方法。

文件路径：源文件\第15章\例248　　　视频文件：视频文件\第15章\例248.MP4

中文版 Flash CS6 动画设计与制作案例教程

01 将素材图片导入到舞台中，并调整至合适位置。

02 新建勾叉影片剪辑元件，在第1帧处输入脚本"stop();"。在第2帧和第3帧处分别插入空白关键帧，使用"线条工具"分别绘制勾与叉。

03 新建答案影片剪辑元件，在第1帧处输入脚本"stop();"。在第2帧和第3帧处分别插入空白关键帧，使用"文本工具"分别输入"A""B""C""D"。

04 新建提交按钮元件。设置笔触颜色为红色、填充颜色为白色，绘制矩形。新建选择按钮元件，使用"基本矩形工具"绘制圆角矩形。返回"场景1"，新建"图层2"，使用"文本工具"输入文本，并将按钮圆角拖入舞台中。

05 选择提交按钮元件，打开"动作"面板，在其中输入脚本。在第2帧处输入脚本。打开"动作"面板，在其中输入脚本。

06 分别设置答案与勾叉影片剪辑元件的实例名称为mc1。至此，"数学问卷"制作完成，保存并测试影片即可。

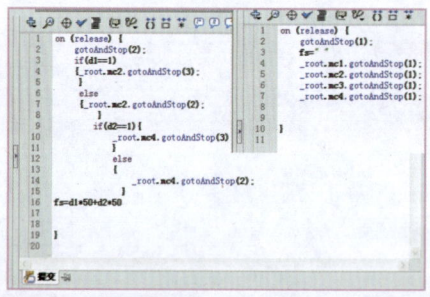

实例249　化学演示课件

本实例介绍化学演示课件动画的制作方法。

文件路径：源文件\第15章\例249　　　视频文件：视频文件\第15章\例249.MP4

01 新建云图形元件，绘制图形。新建云雾影片剪辑元件，将云拖入舞台中，制作其由变大到消失的效果。

02 使用同样的方法新建其他图形元件，并绘制图形。新建运作影片剪辑元件，将各图形元件拖入舞台中。

03 新建"进入"图层，在舞台中绘制图形。

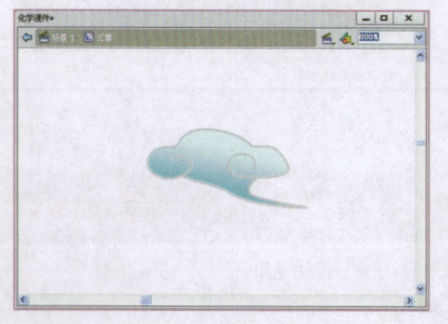

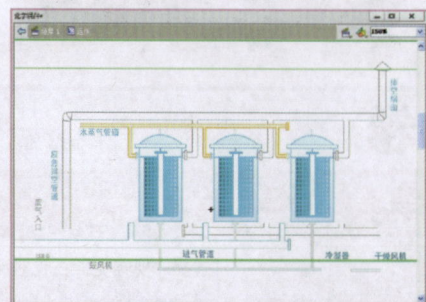

280 | Flash CS6

04 新建"遮罩1"图层，在舞台中绘制矩形，并在第20帧处拉大图形，创建补间形状动画。设置该图层为"遮罩层"。

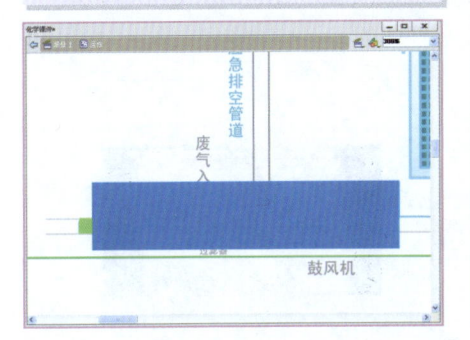

05 新建"图层4"，绘制图形，并设置填充颜色的透明度为79%的白色到50%的绿色。

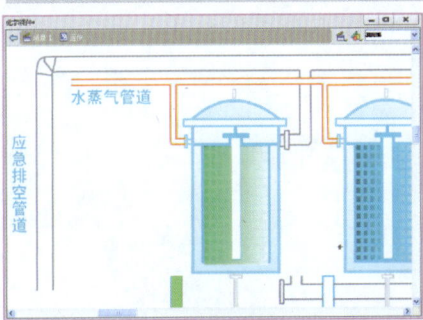

06 新建"遮罩2"图层，为图形添加遮罩。复制"图层4"并为其添加遮罩。

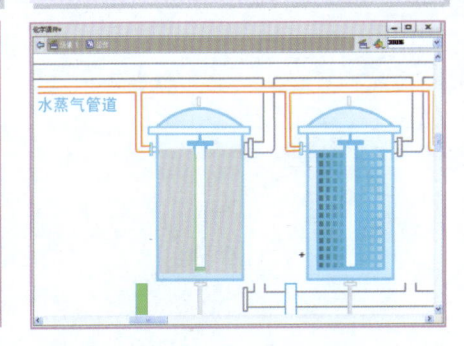

07 新建"图层6"，并绘制图形。新建"遮罩4"图层，将其设置为"遮罩层"。

08 使用同样的方法新建其他图层。新建三个按钮元件，将其拖入舞台中，并分别添加脚本。

09 返回"场景1"，新建"图层2"，将背景素材拖入舞台中。至此，"化学演示课件"制作完成，保存并测试影片即可。

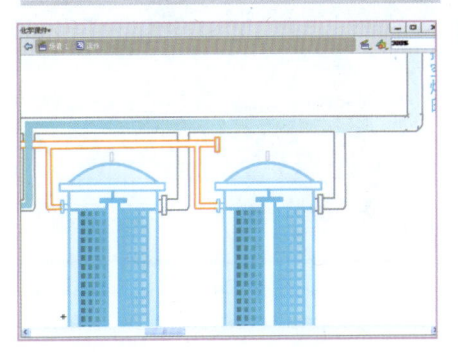

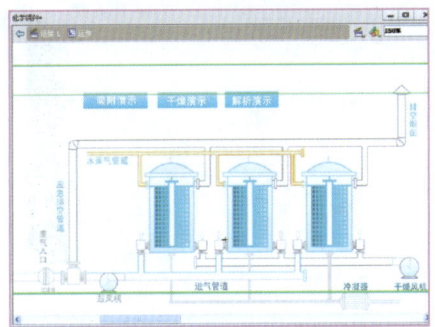

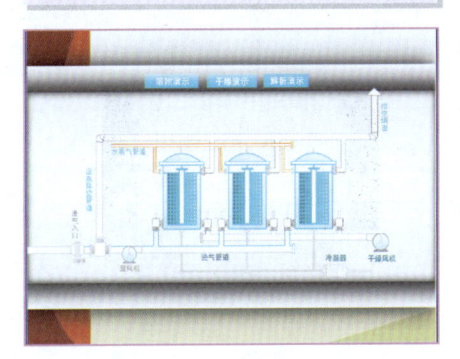

实例250　历史课件

本实例介绍历史课件动画的制作方法。

文件路径：源文件\第15章\例250　　　视频文件：视频文件\第15章\例250.MP4

01 将素材图片拖入舞台中，并调整到合适大小。

02 新建地图影片剪辑元件，将素材图片拖入舞台中并绘制图形，然后将图片删除。

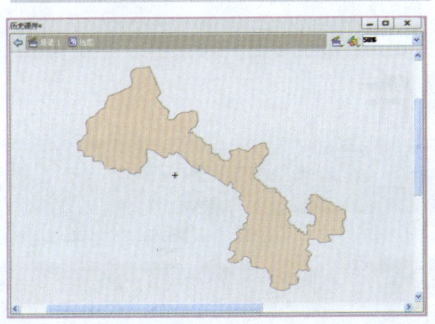

03 新建"线路"图层，并绘制图形。

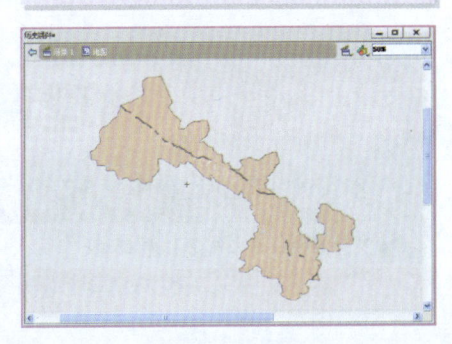

04 新建路影片剪辑元件，并绘制图形。将路影片剪辑元件拖入地图影片剪辑元件的舞台中。

05 新建"地名"图层，在舞台中多处输入文本。

06 返回"场景1"，将地图影片剪辑元件拖入舞台中。在"属性"面板中设置实例名称为map_mc。在"库"面板中设置as链接为linkID。

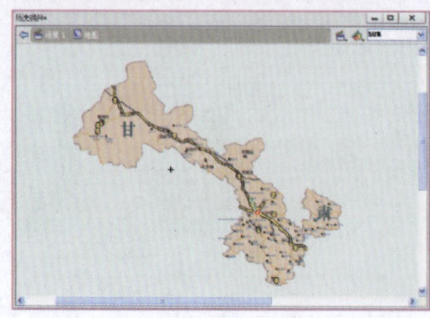

07 新建图层，绘制图形并设置该图层为"遮罩层"。

08 新建按钮元件，并将其添加到"场景1"的舞台中。

09 新建简介影片剪辑元件并制作动画效果。

10 使用同样的方法新建其他影片简介元件。返回"场景1"，将简介影片简介元件拖入舞台中，并设置实例名称为zy_mov。

11 新建图层，在第1帧处按F9键打开"动作"面板，在其中输入脚本。

12 至此，"历史课件"制作完成，保存并测试影片即可。

实例251　物理课件

本实例介绍物理课件动画的制作方法。

文件路径：源文件\第15章\例251

视频文件：视频文件\第15章\例251.MP4

282 | Flash CS6

第15章　多媒体课件制作

01 将背景素材拖入舞台中并调整大小，在第80帧处插入帧。

02 新建"图层2"，使用"文本工具"输入文本。

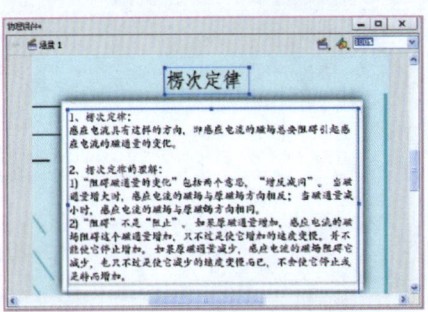

03 在第2帧处插入空白关键帧，并输入文本。

04 新建磁体图形元件，绘制图形。返回"场景1"，新建"图层3"，将磁铁图形元件拖入舞台中。

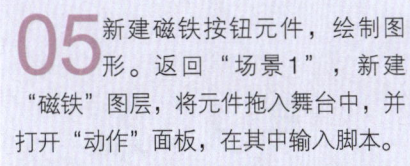

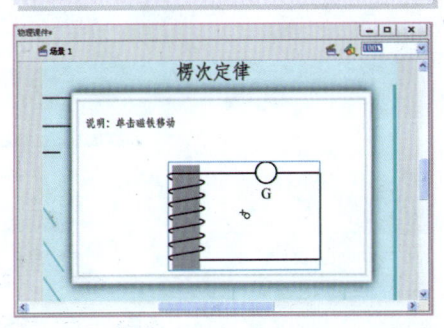

05 新建磁铁按钮元件，绘制图形。返回"场景1"，新建"磁铁"图层，将元件拖入舞台中，并打开"动作"面板，在其中输入脚本。

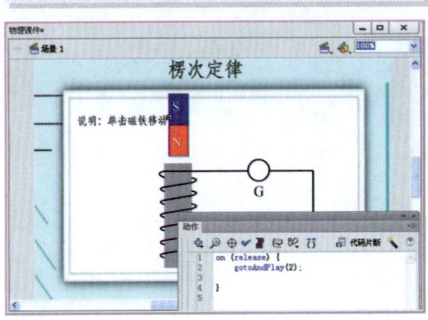

06 新建指示图图形元件，绘制图形。返回"场景1"，将元件拖入舞台中，制作淡入动画的效果。

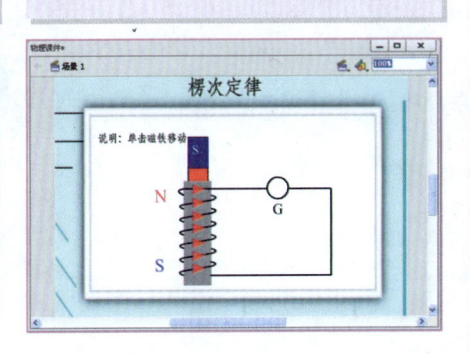

07 新建"滚动条"图层，将组件中的UIScrollBar组件拖入舞台中，在"库"面板中设置as的链接为UIScrollBar。

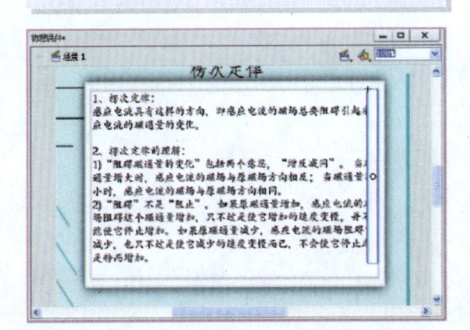

08 新建指针图形元件，绘制箭头。返回"场景1"，新建"指针"图层，将元件拖入舞台中，制作元件旋转的效果。

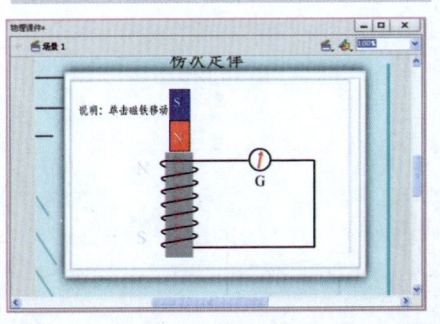

09 新建两个按钮元件。返回"场景1"，新建"按钮"图层，分别在第1帧和第2帧处将按钮元件拖入舞台中。至此，"物理课件"制作完成，保存并测试影片即可。

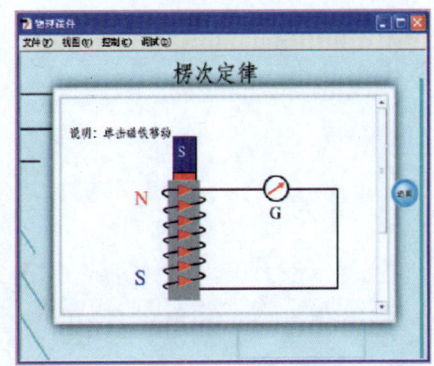

第16章
游戏动画

随着Flash技术不断发展，网页上出现的越来越多的小游戏都是采用Flash软件开发的，其特点是开发简单、趣味性强、运用方便。本章将介绍各种游戏的设计与制作方法。

第16章 游戏动画

实例252 找茬游戏

本实例介绍找茬游戏动画的制作方法。

文件路径：源文件\第16章\例252
视频文件：视频文件\第16章\例252.MP4

01 将背景素材拖入舞台中。在第3帧处插入关键帧，并输入文本。

02 新建"图层2"，在第2帧处使用"文本工具"输入文本。新建元件1按钮元件，将元件1拖入舞台，打开"动作"面板，在其中输入脚本。

03 在第2帧处打开"动作"面板，并输入脚本。

04 在第3帧至第20帧处插入空白关键帧，分别将素材拖入舞台中。新建元件2按钮元件，绘制椭圆。新建元件3影片剪辑元件，并将元件2拖入舞台中。返回"场景1"，将元件2拖入舞台中，并设置实例名称为bt1至bt5。

05 新建"图层3"，在第4帧处插入空白关键帧。新建元件4按钮元件，输入文本。返回"场景1"，将元件4按钮元件拖入舞台中，设置实例名称为next_bt。打开"动作"面板，在其中输入脚本。

06 新建元件5影片剪辑元件，绘制放大镜。返回"场景1"，将放大镜拖入舞台中，并设置实例名称为mouse_mc。

07 新建"图层6"，使用"文本工具"输入文本。按两次Ctrl+B组合键将文本分离。使用"墨水瓶工具"为文本描边。

08 新建"图层7"，在第1帧和第2帧处分别插入空白关键帧。打开"动作"面板，依次输入脚本。

09 至此，"找茬游戏"制作完成，保存并测试影片即可。

> 提示　找茬游戏中的素材图片是经过Photoshop处理后的。用户要更改素材，可先在Photoshop软件中将素材的不同处画出来。

实例253　填色游戏

本实例介绍填色游戏动画的制作方法。

文件路径：源文件\第16章\例253　　　视频文件：视频文件\第16章\例253．MP4

01 将素材导入到"库"面板中。将背景素材拖入舞台中，使用"文本工具"输入文本。

02 新建"图层2"，使用"矩形工具"绘制矩形。新建播放按钮元件，使用"文本工具"输入文本。返回"场景1"，新建"图层3"，将播放按钮元件拖入舞台中。打开"动作"面板，输入脚本。

03 在第2帧处插入空白关键帧。新建上一张和下一张按钮元件，将素材拖入舞台中。返回"场景1"，将两个按钮元件拖入舞台中，打开"动作"面板，并分别输入脚本。

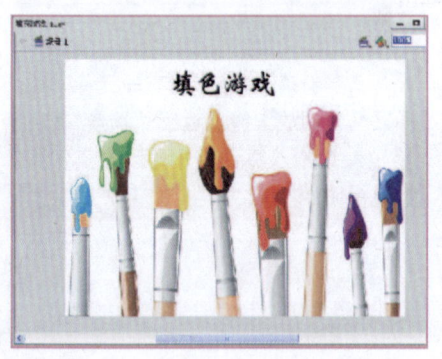

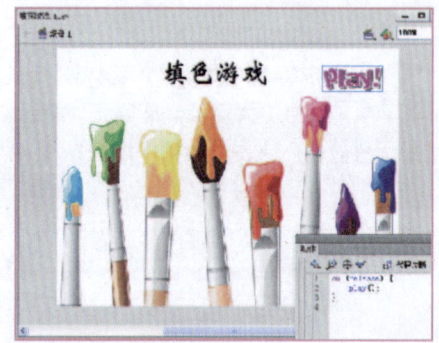

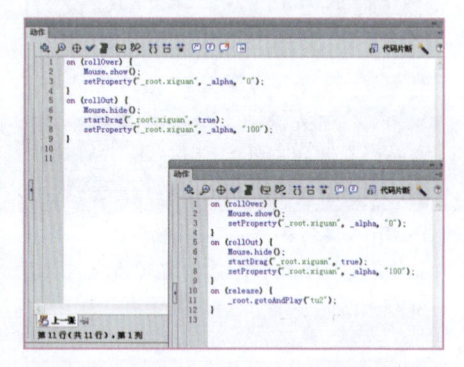

04 新建清除按钮元件，将其拖入"场景1"的舞台中，打开"动作"面板，在其中输入脚本。

05 新建元件1至元件11按钮元件，将其拖入"场景1"的舞台中，并分别设置脚本。

06 新建"图层4"，在第3帧、第5帧和第7帧处分别插入空白关键帧。将"库"面板中的人物1至人物3影片剪辑元件分别拖入相应关键帧的舞台中。

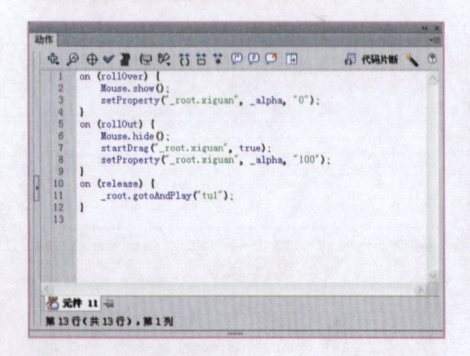

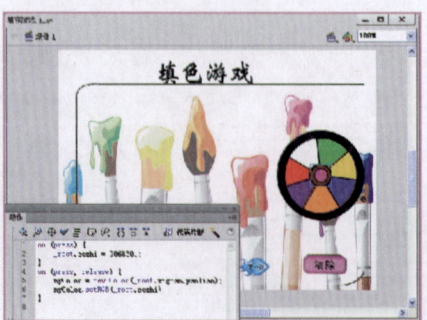

第16章 游戏动画

07 新建"图层5",将吸管影片剪辑元件拖入舞台中。设置实例名称为xiguan。新建"图层6",在第1帧和第2帧处插入空白关键帧,并输入脚本。

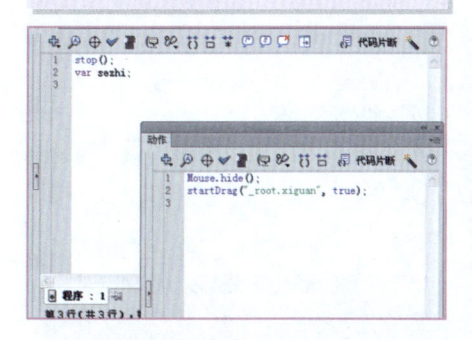

08 在第3帧、第5帧、第7帧处插入空白关键帧,输入脚本"stop();"。复制第2帧,并在第4帧和第6帧处粘贴。新建"图层6",在第2、4、7帧处设置标签。

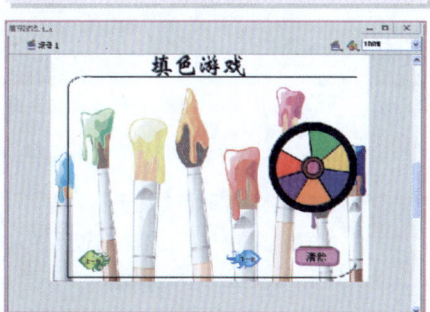

09 至此,"填色游戏"制作完成,保存并测试影片即可。

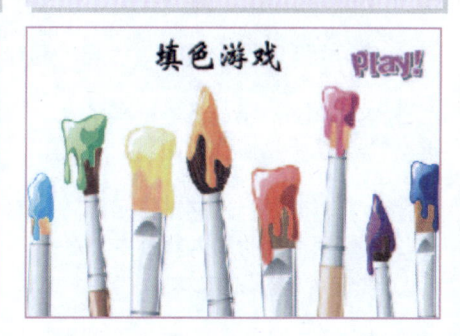

实例254 拼图游戏

本实例介绍拼图游戏动画的制作方法。

文件路径:源文件\第16章\例254   视频文件:视频文件\第16章\例254.MP4

01 新建元件图形元件,将素材图片拖入舞台中。新建元件1影片剪辑元件,将素材图片拖入舞台中,按Ctrl+B组合键打散图片。将线条影片剪辑元件拖入舞台中,打散图形。

02 新建元件2至元件18影片剪辑元件,分别将元件1中的图形块拖入舞台中。新建元件19影片剪辑元件,在第1帧和第2帧处分别输入脚本。

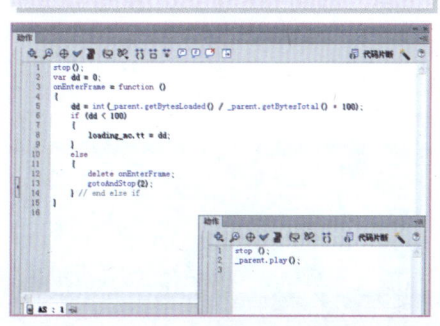

03 返回"场景1",在第2帧和第3帧处分别插入空白关键帧,分别将背景图片拖入舞台中。新建"图层3",将线条影片剪辑元件拖入舞台中并打散。

04 新建"图层4",将元件2至元件18影片剪辑元件拖入舞台中。设置实例名称为m1至m12。新建"图层5",将元件图形元件拖入舞台中。新建"图层6",使用"文本工具"输入文本。

05 新建"图层7",使用"基本矩形工具"绘制矩形框。新建"图层8",在第3帧处输入文本"成功,祝贺你"。新建"图层9",在第1帧处输入脚本"stop();"。在第2帧处插入空白关键帧,并输入脚本。

06 至此,"拼图游戏"制作完成,保存并测试影片即可。

中文版 Flash CS6 动画设计与制作案例教程

> 拼图的图像块可以任意处理，只要最终能完整地拼出整幅图画即可。

实例255　蜗牛赛跑

本实例介绍蜗牛赛跑动画的制作方法。

文件路径：源文件\第16章\例255　　　视频文件：视频文件\第16章\例255.MP4

01 新建1至元件4按钮元件，将蜗牛素材拖入舞台中，在每个元件中输入不同的文本。

02 新建蜗牛1影片剪辑元件，制作蜗牛左右晃动的动画。新建元件5影片剪辑元件，将蜗牛1拖入舞台中，在第150帧处插入关键帧，移动蜗牛。新建"图层2"，在第150帧处输入文本。

03 使用同样的方法制作元件6至元件8的动画效果。新建元件9影片剪辑元件。在第2帧至第5帧处分别将元件1至元件4拖入舞台中。新建"图层2"，在第2帧处插入关键帧，并输入文本。

04 新建重来按钮元件，在舞台中绘制矩形，并使用"文本工具"输入文本。返回"场景1"，在舞台中绘制图形。新建"图层2"，在第6帧处将重来按钮元件拖入舞台中。

05 新建"图层3"，在第1帧处将元件5至元件8影片剪辑元件拖入舞台中。依次选中每个元件，在"动作"面板中输入脚本。

06 在第2帧处插入空白关键帧，再次将元件5至元件8拖入舞台中。依次选中每个元件，在"属性"面板中设置实例名称为crab1至crab4。新建"图层4"，在舞台中绘制跑道，输入文本。

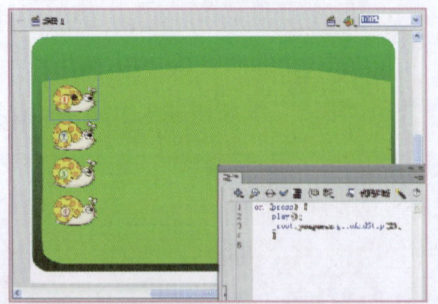

07 在第6帧处插入空白关键帧，在舞台中输入文本。新建"图层5"，将元件9影片剪辑元件拖入舞台中。

08 新建"图层6"，在第1帧、第6帧、第7帧处输入脚本"stop();"。在第2帧和第3帧处输入脚本。

09 在第4帧和第5帧处插入空白关键帧。打开"动作"面板，输入脚本。至此，"蜗牛赛跑"制作完成，保存并测试影片即可。

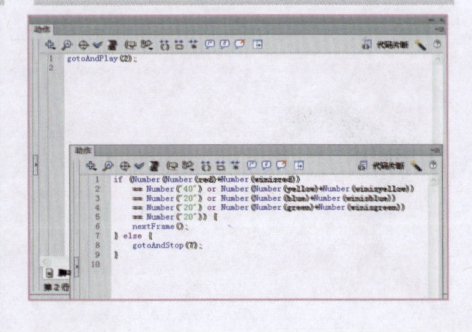

实例256　打地鼠

本实例介绍打地鼠动画的制作方法。

文件路径：源文件\第16章\例256　　　　视频文件：视频文件\第16章\例256.MP4

01 将背景素材拖入舞台中并调整到合适大小。

02 新建地鼠图形元件，绘制图形。

03 新建地鼠2图形元件，绘制图形。新建"图层2"，新建晕影片剪辑元件并拖入地鼠2图形元件中。

04 新建锤子影片剪辑元件，绘制图形。在第2帧处插入关键帧，旋转图形。

05 新建地鼠总影片剪辑元件，绘制椭圆。新建"图层2"，将地鼠拖入舞台中。

06 在第4帧处插入关键帧，将元件向上移动，并创建传统补间动画。

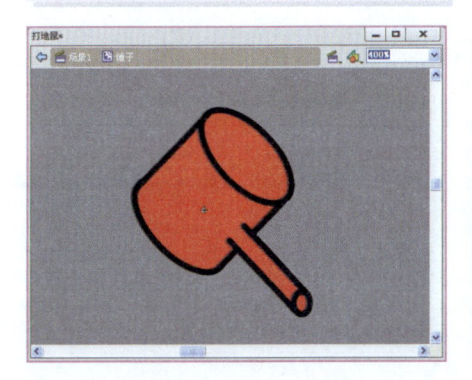

07 新建"遮罩层"，绘制图形作为遮罩。

08 新建点击按钮元件，将其拖入到地鼠总影片剪辑元件中，并输入脚本。

09 新建时间影片剪辑元件，输入文本。新建"图层2"，在第1帧、第2帧和第18帧处分别输入脚本。

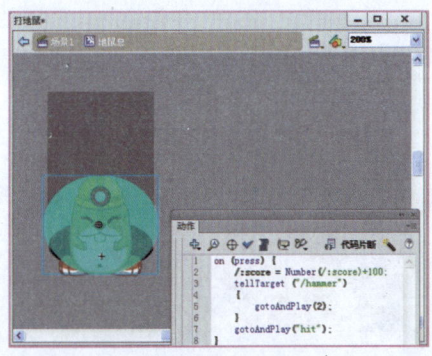

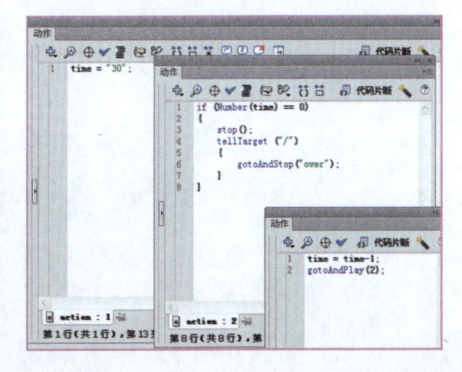

第16章　游戏动画

Flash CS6 | 289

10 返回"场景1",新建"图层2",将地鼠总影片剪辑元件拖入舞台中多处,分别设置实例名称为m1至m12。

11 新建图层,将锤子影片剪辑元件拖入舞台中,设置实例名称为hammer。将开始按钮元件拖入舞台中,并添加脚本。

12 至此,"打地鼠"游戏制作完成,保存并测试影片即可。

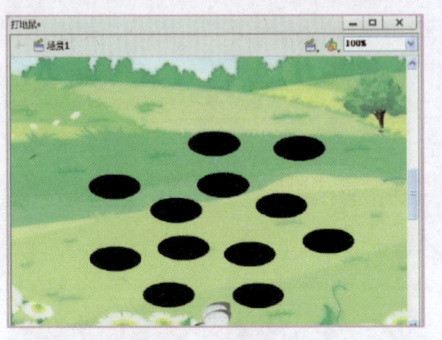

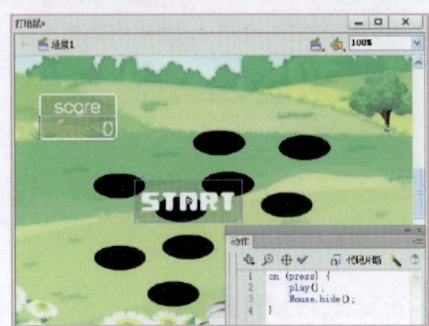

实例257 石头剪刀布

本实例介绍石头剪刀布动画的制作方法。

文件路径:源文件\第16章\例257

视频文件:视频文件\第16章\例257.MP4

01 将背景素材拖入舞台中并调整到合适大小。

02 新建"图层2",输入文本并绘制矩形框。

03 新建剪刀按钮元件,在舞台中绘制剪刀。在第2帧和第3帧处分别插入关键帧,修改第2帧的图形为红色。

04 使用同样的方法,分别新建石头影片剪辑元件、布影片剪辑元件,并绘制图形。

05 分别新建石头、剪刀、布的影片剪辑元件,分别设置as的链接为Mc_1至Mc_3。返回"场景1",新建"图层3",将按钮元件拖入舞台中。

06 新建图层,使用"文本工具"输入文本。至此,"石头剪刀布"制作完成,保存并测试影片即可。

第16章 游戏动画

实例258 躲避方块游戏

本实例介绍躲避方块游戏的制作方法。

文件路径：源文件\第16章\例258　　　视频文件：视频文件\第16章\例258.MP4

01 将背景素材拖入舞台中并调整到合适大小。

02 新建"图层2"，在第1帧处输入脚本。

03 在第2帧和第3帧处分别插入空白关键帧，打开"动作"面板并在其中输入脚本。至此，"躲避方块游戏"制作完成，保存并测试影片即可。

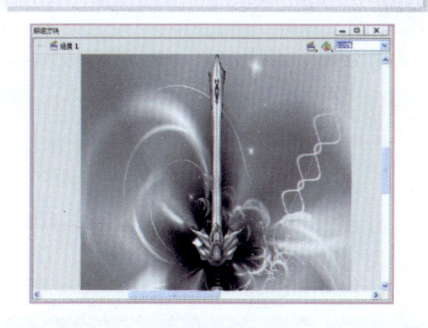

实例259 汉诺塔游戏

本实例介绍汉诺塔游戏动画的制作方法。

文件路径：源文件\第16章\例259　　　视频文件：视频文件\第16章\例259.MP4

01 将背景素材导入到舞台中并调整到合适大小。

02 新建柱子影片剪辑元件，使用"矩形工具"绘制图形，设置as的链接为Pillar。

03 新建盘子影片剪辑元件，使用"矩形工具"绘制图形，设置as的链接为Disk。

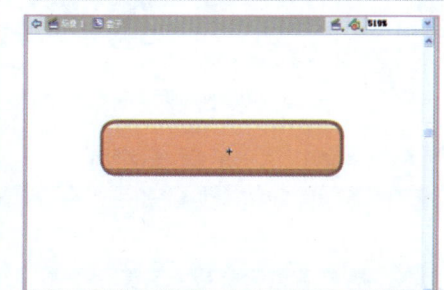

04 新建菜单影片剪辑元件，将矩形影片剪辑拖入舞台中，添加投影滤镜，并为其添加补间动画。

05 新建图层，绘制图形并制作投影效果。

06 新建图层，在第15帧和第45帧处插入空白关键帧，并输入文本。

Flash CS6 | 291

中文版 Flash CS6 动画设计与制作案例教程

07 新建图层，在第1帧处按F9键打开"动作"面板，并输入脚本。

08 在第15帧和第45帧处插入空白关键帧，输入脚本。

09 新建ActionScript文件，保存为Disk。在"动作"面板中输入脚本。

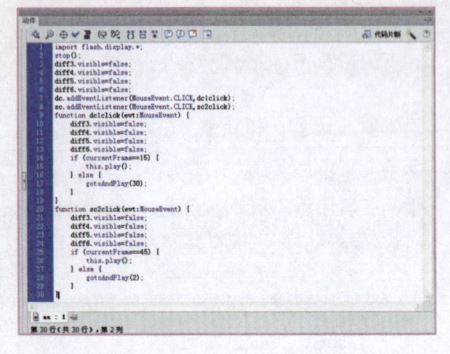

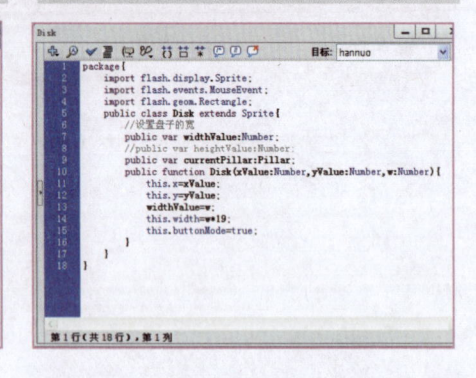

10 新建ActionScript文件，存储名为Pillar。在面板中输入脚本。

11 新建ActionScript文件，存储名为Start。在面板中输入脚本。

12 返回"场景1"，新建"图层2"，并输入文本。至此，"汉诺塔游戏"制作完成，保存并测试影片即可。

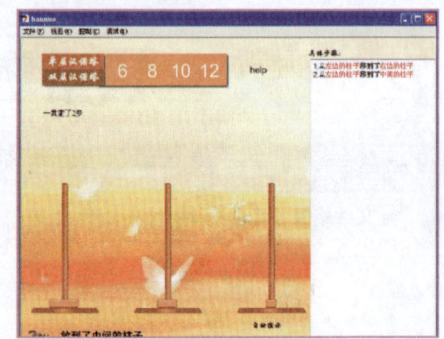

实例260　猜牌游戏

本实例介绍猜牌游戏动画的制作方法。

文件路径：源文件\第16章\例260
视频文件：视频文件\第16章\例260.MP4

01 将背景素材导入到舞台中并调整到合适大小。

02 新建"图层2"，使用"文本工具"输入文本。

03 新建纸牌图形元件，绘制矩形，将素材图片拖入舞台中。

292 | Flash CS6

第16章　游戏动画

04 新建纸牌组影片剪辑元件，将纸牌元件拖入舞台中3次。

05 新建梅花牌图形元件，使用"矩形工具"和"钢笔工具"绘制图形。

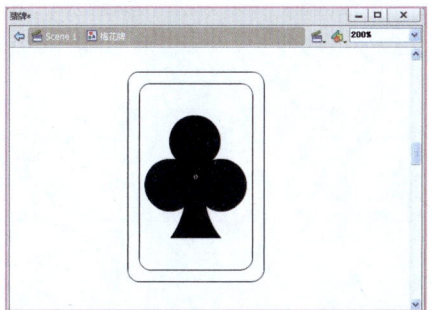

06 新建3个影片剪辑元件，分别调整3张牌的位置。返回"场景1"，新建"图层3"，将元件拖入舞台中。

07 新建点击按钮元件，绘制矩形。在"场景1"中新建"图层4"，将按钮元件拖入舞台中并打开"动作"面板，在其中输入脚本。

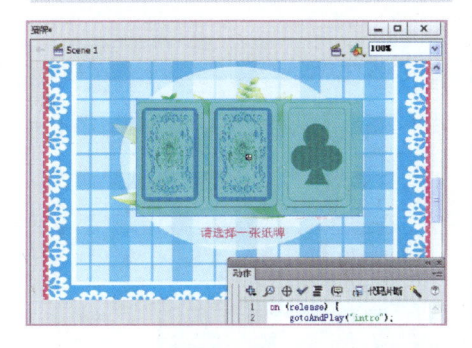

08 新建"图层5"，在第7帧和第12帧处插入空白关键帧，输入脚本。

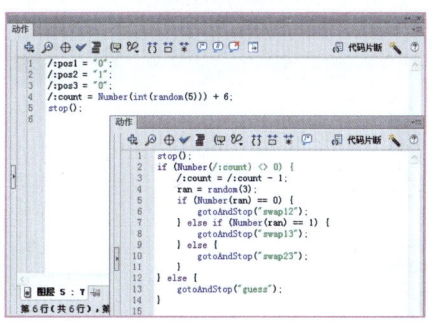

09 用同样的方法，在第25帧和第32帧处输入脚本。至此，"猜牌游戏"制作完成，保存并测试影片即可。

实例261　黄金毛毛虫

本实例介绍黄金毛毛虫动画的制作方法。

文件路径：源文件\第16章\例261　　视频文件：视频文件\第16章\例261.MP4

01 使用"矩形工具"绘制一个矩形。新建"图层2"，复制粘贴矩形到"图层2"中，使用"线条工具"绘制多条线段，形成小方格。

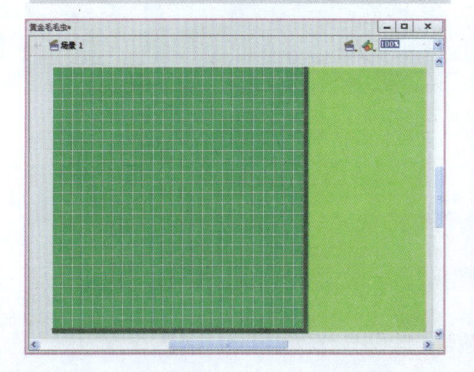

02 新建"图层3"，使用"矩形工具"绘制矩形，并使用"文本工具"输入文本。

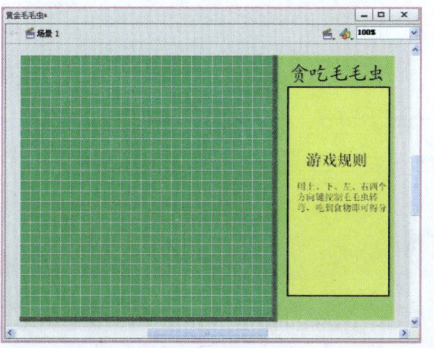

03 新建开始游戏按钮元件，在舞台中绘制圆角矩形，并输入文本。返回"场景1"，将开始游戏按钮元件拖入舞台中。打开"动作"面板，在其中输入脚本。

Flash CS6 | 293

04 新建"图层4",使用"文本工具"输入文本。

05 新建头影片剪辑元件,使用"椭圆工具"和"线条工具"绘制图形。使用同样的方法新建尾影片剪辑元件,并绘制图形。

05 新建头影片剪辑元件,使用"椭圆工具"和"线条工具"绘制图形。使用同样的方法新建尾影片剪辑元件,并绘制图形。

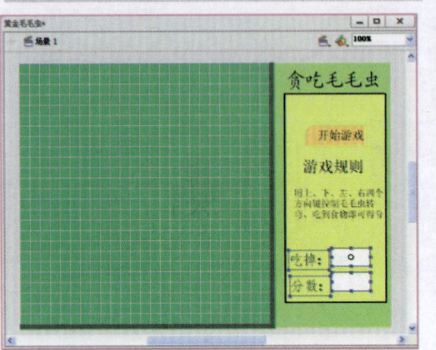

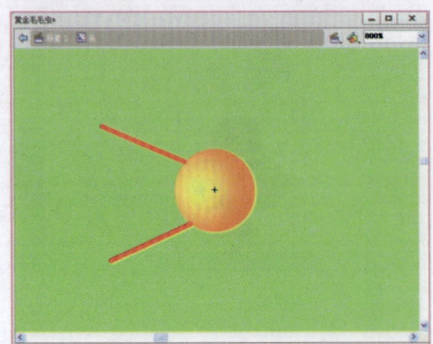

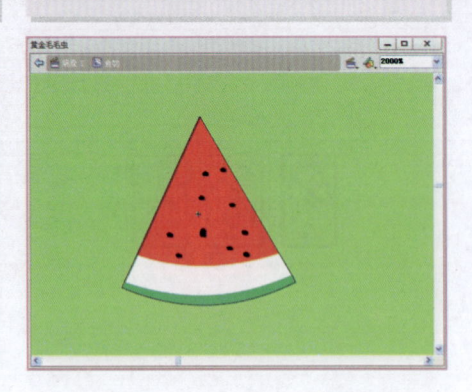

07 返回"场景1",新建"图层5",在第3帧处插入空白关键帧。将头和尾影片剪辑元件拖入舞台中。

08 设置头影片剪辑元件的实例名称为worm。尾影片剪辑的实例名称分别为tail1和tail2。选择头影片剪辑元件,并输入脚本。

09 在第6帧处插入空白关键帧,绘制矩形并输入文本。

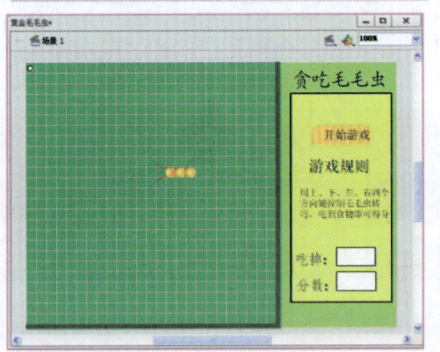

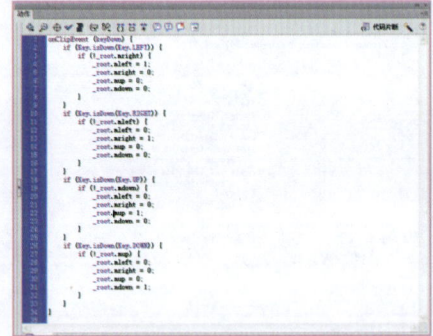

10 新建"图层6",在第1帧和第7帧处输入脚本"stop();"。在第3帧处插入空白关键帧,并输入脚本。

11 在第2帧、第4帧和第6帧处分别插入空白关键帧,打开"动作"面板,在其中输入脚本。

12 至此,"黄金毛毛虫"制作完成,保存并测试影片即可。

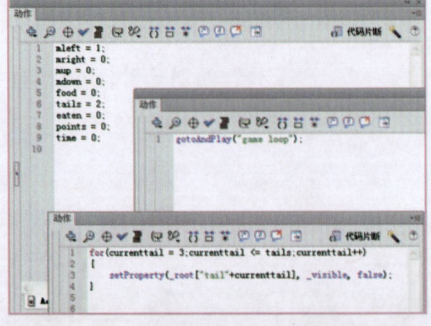

实例262　掷骰子

本实例介绍掷骰子动画的制作方法。

文件路径:源文件\第16章\例262　　　视频文件:视频文件\第16章\例262.MP4

第16章 游戏动画

01 新建点图形元件，使用"椭圆工具"绘制椭圆。

02 新建大小影片剪辑元件，在舞台中绘制图形。

03 新建"图层2"，将点图形元件拖入舞台中，并设置色彩效果。

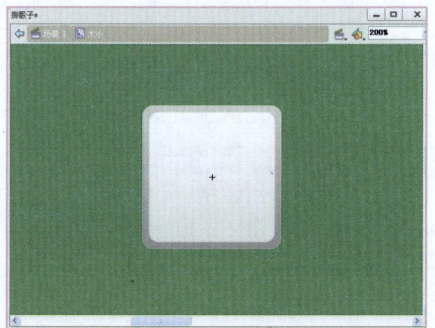

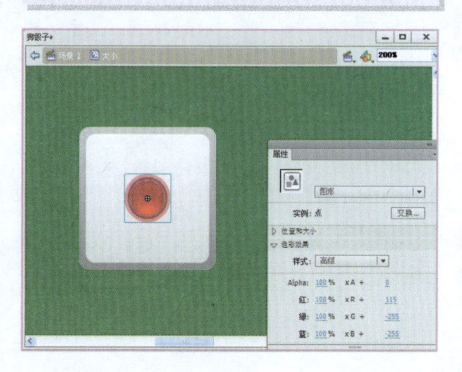

04 在第2帧处插入空白关键帧，将点图形元件拖入舞台中2次。

05 使用同样的方法在第3帧至第6帧处插入空白关键帧，并分别将点图形元件拖入舞台中3至6次。

06 新建掷影片剪辑元件，将外部库中的按钮元件拖入舞台，输入文本。在"库"面板中新建停影片剪辑元件，将外部库中的按钮元件拖入舞台中，然后输入文本。

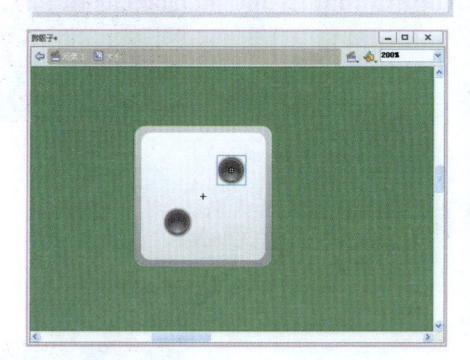

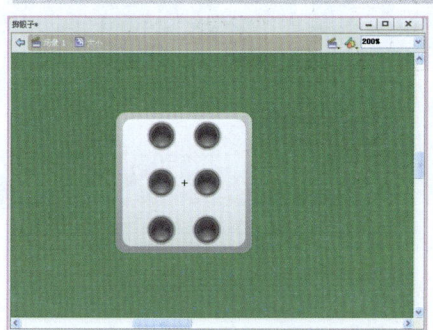

07 返回"场景1"，将背景素材拖入舞台中。将大小影片剪辑元件拖入舞台中3次，分别设置实例名称为sai1至sai3。

08 新建"图层2"，将按钮元件拖入舞台中并分别输入脚本。

09 新建"图层3"，绘制两个文本框，分别设置实例名称为dianshu和daxiao。至此，"掷骰子"制作完成，保存并测试影片即可。

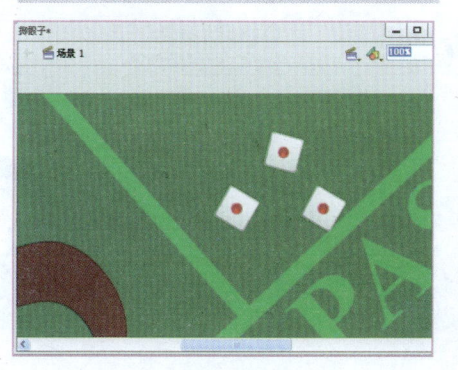

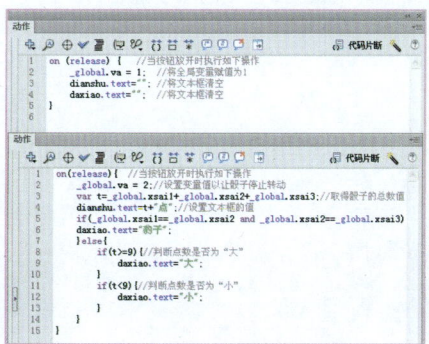

第17章
MV短片制作

随着Flash技术不断的成熟，使用Flash制作MV短片的人越来越多，将故事和歌词内容很好地结合在一起，给人以视觉和听觉的双重感受，更增添了音乐的趣味性和创意性。Flash MV就是利用Flash软件将一些矢量图、位图、文字、歌词和音乐组合在一起，并制作成具有交互性的动画作品。

第17章　MV短片制作

实例263　为爱你而活

本实例主要介绍MV歌词的添加方法。

文件路径：源文件\第17章\例263

视频文件：视频文件\第17章\例263.MP4

01 新建空白文档，将素材导入到"库"面板中，将素材图片转换为图形元件。新建图层，将素材拖入舞台中，制作MV动画效果。新建"sound"图层，将音乐素材拖入舞台中。

02 新建"标签"图层，在时间轴上按Enter键，播放音乐，当听到第1句歌词时，再次按Enter键，停止播放。此时确定第1句开始的位置，在第669帧处插入空白关键帧，设置名称为1。

03 将第794帧确定为第1句歌词结束的位置、第2句歌词开始的位置，在"属性"面板中设置名称2，做好标记。使用同样的方法，在标签中确定每一句歌词的开始和结束位置。若两句词相差不远，则不必设置歌词的结束位置。

04 新建"歌词"图层，在第669帧处插入关键帧，将歌词元件拖入舞台中，使用同样的方法制作其歌词。

05 新建"AS"图层，在第1帧处插入空白帧，并输入脚本。

06 至此，"为爱你而活"MV制作完成，按Ctrl+Enter组合键进行影片测试即可。

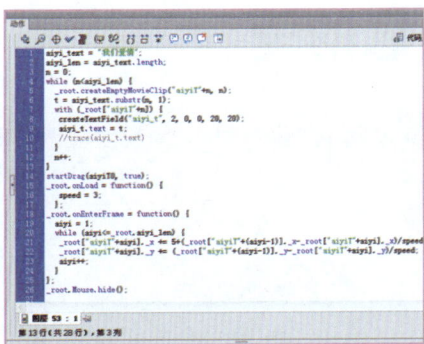

实例264　童年

本实例介绍童年MV的制作方法。该动画是由多张素材图片转换为图形元件组成的，能够给浏览者带来童年的记忆。

文件路径：源文件\第17章\例264

视频文件：视频文件\第17章\例264.MP4

Flash CS6 | 297

中文版 Flash CS6 动画设计与制作案例教程

01 新建空白文档，将素材导入到"库"面板中，将所有素材图片转换为图形元件，制作所有MV所需要的动画效果。

02 新建"sound"图层，打开"属性"面板，设置音乐属性，将音乐素材拖入第34帧。

03 在时间轴上按Enter键，播放音乐，当听到第一句歌词时，再次按Enter键，停止播放，此时确定第一句歌词开始和结束的位置。新建图层，制作第一句歌词的动画效果。

04 使用上述操作方法制作剩余歌词在画面的动画效果，若两句歌词相差不远，则不必设置歌词结束的位置。

05 新建"AS"图层，在第2604帧处插入空白关键帧，并输入脚本。

06 至此，"童年"MV制作完成，按Ctrl+Enter组合键进行影片测试即可。

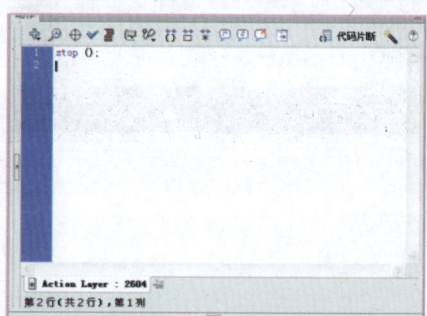

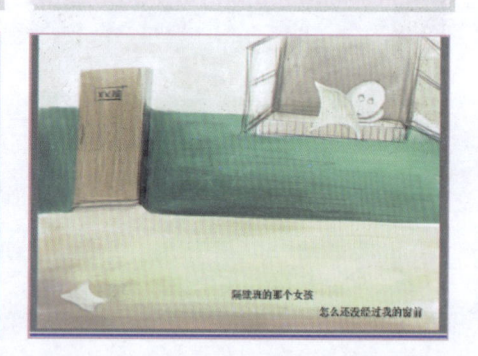

实例265　令人窒息的爱

本实例介绍令人窒息的爱MV的制作方法。

文件路径：源文件\第17章\例265

视频文件：视频文件\第17章\例265.MP4

01 新建空白文档，将素材导入到"库"面板中，新建元件。返回"场景1"中，新建场景文件夹。新建图层，制作需要的效果。

02 新建动画文件夹，从"库"中拖入相应的素材，制作需要的动画效果。

03 新建歌词文件夹，将相应歌曲的歌词拖入舞台中。新建图层，使用"矩形工具"绘制矩形作为遮罩层。

第17章　MV短片制作

04 新建"声音"图层，将音乐素材拖入舞台中，在第1565帧处插入帧。

05 在动画文件夹里，为按钮元件重播输入脚本。

06 至此，"令人窒息的爱"MV制作完成，按Ctrl+Enter组合键进行影片测试即可。

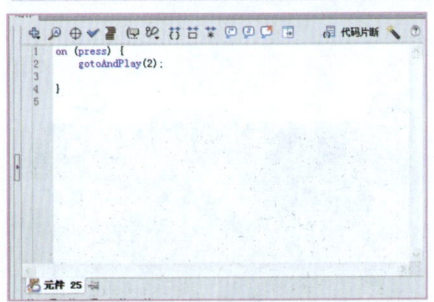

实例266　北京快板

本实例将以快板的形式来介绍北京，加以北京各种画面来展示北京的魅力。

文件路径：源文件\第17章\例266　　视频文件：视频文件\第17章\例266.MP4

01 新建空白文档，将素材导入到"库"面板中，新建元件。返回"Scene 1"，新建两个图层，分别将text 27图新元件和sprite 15影片剪辑元件拖入舞台中。

02 在第3帧处插入帧，在图层第3帧后继续插入关键帧，制作需要的动画效果。新建剩余图层，插入关键帧，创建传统补间动画，制作需要的动画效果。

03 至此，"北京快板"MV制作完成，按Ctrl+Enter组合键进行影片测试即可。

实例267　深秋的爱

本实例介绍深秋的爱MV的制作方法。用中英文的歌词加上的音乐旋律，更能体现这首歌的意义。

文件路径：源文件\第17章\例267　　视频文件：视频文件\第17章\例267.MP4

中文版 Flash CS6 动画设计与制作案例教程

01 新建空白文档，将素材导入到"库"面板中，新建元件。返回"场景1"，新建图层，并添加"库"中元件，编辑时间轴动画。

02 新建图层，将音乐素材拖入舞台中，在第5000帧处插入帧，并添加字幕效果。

03 新建"图层 101"，在第4991帧处插入关键帧，将按钮元件61拖入舞台中，为按钮元件输入脚本。

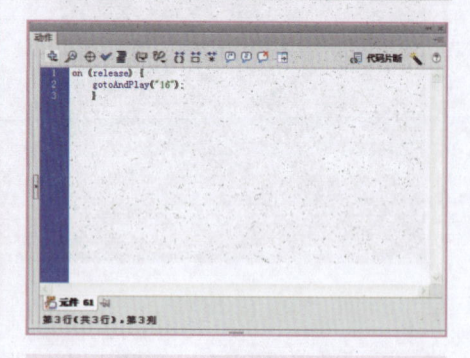

04 新建"loading"图层，在第1帧处插入空白关键帧，并输入脚本。

05 在第15帧和第5000帧处插入空白关键帧，并输入脚本。

06 至此，"深秋的爱"MV制作完成，按Ctrl+Enter组合键进行影片测试即可。

实例268　喜欢被你所爱

本实例介绍运用一两个人物角色来诠释歌词意境的方法。

文件路径：源文件\第17章\例268
视频文件：视频文件\第17章\例268.MP4

01 新建空白文档，将素材导入到"库"面板中。新建元件，将sprite 50影片剪辑元件拖入舞台中，在第85、105帧处分别插入关键帧，设置关键帧的色彩效果属性，在两个关键帧之间创建传统补间动画。

02 新建图层，在第85、105帧处分别插入关键帧，将sprite 111影片剪辑元件拖入舞台中，设置关键帧的色彩效果属性，在两个关键帧之间创建传统补间动画。使用同样的方法制作第210帧至第225帧。

03 使用上述操作方法制作其他背景层。复制所有背景图层，粘贴到时间轴上，向后移动所帧的位置，制作需要的动画效果。新建歌词影片剪辑元件，将音乐素材拖入舞台中，在第3350帧处插入帧。

第17章　MV短片制作

04 新建歌词影片剪辑元件，将音乐拖入舞台中，新建"图层2"，使用"文本工具"输入歌词。

05 返回"场景1"，将歌词影片剪辑元件拖入舞台中。

06 至此，"喜欢被你所爱"MV制作完成，按Ctrl+Enter组合键进行影片测试即可。

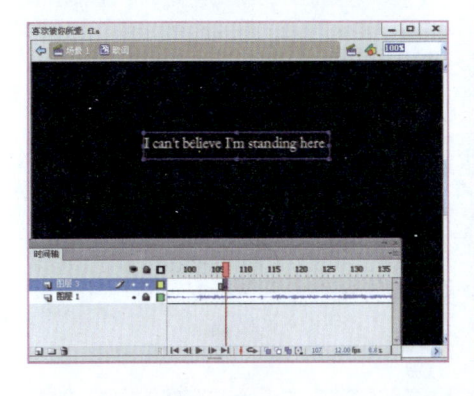

实例269　爱情在燃烧

本实例用唯美的素材图片，在元件中制作动画效果，充分表现歌曲的意境。

文件路径：源文件\第17章\例269

视频文件：视频文件\第17章\例269.MP4

01 新建空白文档，将前面绘制好的人物角色和场景素材图片导入到"库"面板中，将素材图片转换为元件。新建"背景"图层，将背景图形元件拖入舞台中，在第65帧处插入帧。

02 在第96、134、142帧处分别插入关键帧，将bg2素材图片拖入舞台中，在两关键帧之间创建传统补间动画。新建图层，将bubble按钮元件拖入舞台中，并输入脚本。

03 新建"天空"图层，在第65、143帧处分别插入关键帧，将天空1和下雨图形元件拖入舞台中，在第206帧处插入帧。新建"开始"图层，在第207帧处插入关键帧，在第538帧处插入帧。

04 新建"开始"图层，在第207帧处插入关键帧，将开始图形元件拖入舞台中，在第538帧处插入帧。

05 新建"开始"图层，在第359帧处插入关键帧，将出现图形元件拖入舞台中，在第1258帧处插入帧。

06 新建"开始"图层，在第1259帧处插入关键帧，将出现结束了图形元件拖入舞台中，在第1481帧处插入帧。

07 新建"后"图层,在图层上插入关键帧和帧,将相应的素材拖入舞台中,制作需要的动画效果。使用同样的方法制作其他新建图层。

08 新建"按钮"图层,在第1帧处插入空白关键帧,将3个按钮元件拖入舞台中,选中按钮输入脚本,在第1帧关键帧处输入脚本。

09 至此,"爱情在燃烧"MV制作完成,按Ctrl+Enter组合键进行影片测试即可。

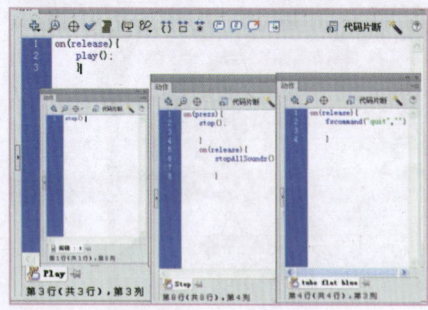

实例270 附近的地方

本实例用细腻的画面和歌名相符的蝴蝶飞舞很好地表达了歌词的意境。

文件路径:源文件\第17章\例270

视频文件:视频文件\第17章\例270.MP4

01 新建空白文档,将素材导入到"库"面板中,转换为元件。新建"Level 1"图层,将Symbol 25影片剪辑元件拖入舞台中,在第285帧处插入帧。

02 在后面的关键帧插入关键帧,制作需要的动画效果。新建Leve2到Level2的11个图层,制作场景画面从开始到蝴蝶飞舞和人物角色出场淡入画面效果。

03 新建"Level 14"图层,在第248到第285帧之间的每帧处插入空白关键帧,将Symbol 32图形元件拖入舞台中,使用"任意选择工具"调整关键帧的大小,设置Alpha值。使用同样的方法新建Level3至Level8,并设置Level3为遮罩层。

04 新建其他图层,制作需要的动画效果。将所需要的音乐拖入舞台中,添加字幕效果。

05 在第1帧和第3127帧处插入空白关键帧,并输入脚本。

06 至此,"附近的地方"MV制作完成,按Ctrl+Enter组合键进行影片测试即可。

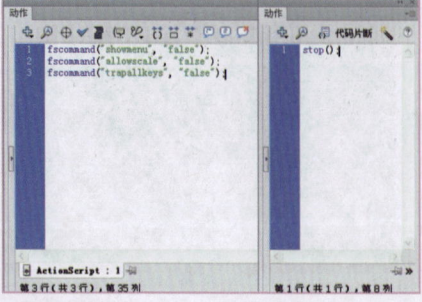

第17章　MV短片制作

实例271　我的爱人

本实例利用嵌入外来视频作为歌曲的动画部分，开始时以心形的转动配以开场音乐。

文件路径：源文件\第17章\例271　　　　视频文件：视频文件\第17章\例271.MP4

01 新建空白文档，新建图形元件，返回"Scene 1"。新建图层，将streamvideo 1视频文件拖入舞台中。

02 导入所需要的音乐文件。新建图层，添加"库"中元件，编辑时间轴动画，添加字幕，并输入脚本。

03 至此，"我的爱人"MV制作完成，按Ctrl+Enter组合键进行影片测试即可。

实例272　锁定的天堂

本实例用明亮的颜色和夸张的表情，给人以视觉享受。

文件路径：源文件\第17章\例272　　　　视频文件：视频文件\第17章\例272.MP4

01 新建新建空白文档，将素材图片导入到"库"面板中，将素材图片转换为元件。返回"Scene 1"，新建Layer 1，在第6、18、19、26、30帧处插入关键帧，将text 13图形元件拖入舞台中。

02 制作文字从无到有，从有到无的动画效果。在第833帧和第1267帧之间插入关键帧，在关键帧之间创建传统补间动画，在第1343帧处插入帧。

03 第1645帧和第2096帧之间插入关键帧，在关键帧之间创建传统补间动画，在第2295帧处插入关键帧，在2385帧处插入帧。使用同样的方法制作其他图层需要的动画效果。

Flash CS6 | 303

04 新建Stream Sound Layer，将音乐素材拖至第30帧，在第2384帧处插入帧。新建Label Layer，确定每句歌词的开始和结束的位置，设置标签。添加字幕。

05 新建Action Layer，在第2385帧处插入空白关键帧，并输入脚本。

06 至此，"锁定的天堂"MV制作完成，按Ctrl+Enter组合键进行影片测试即可。

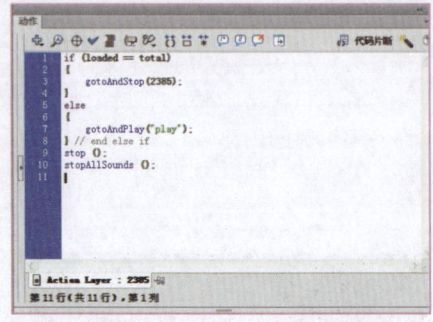

实例273　钻石

本实例运用了天使和梦幻的场景作为动画的主要素材，表现出歌词的意思，结合实例操作让读者熟悉MV的制作方法，并掌握遮罩层的制作方法。

文件路径：源文件\第17章\例273

视频文件：视频文件\第17章\例273.MP4

01 新建空白文档，将素材图片导入到"库"面板中，将素材图片转换为元件。新建影片剪辑元件1，将相应的素材拖入舞台中，并输入脚本。

02 返回"场景1"，在第67帧和第82帧之间插入关键帧和帧，将元件1影片剪辑元件拖入舞台中。

03 新建"背景"图层，将背景1影片剪辑元件拖入舞台中，在第81帧处插入空白关键帧，并输入脚本。

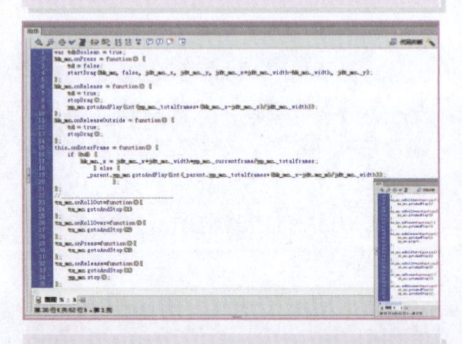

04 新建"mask"图层，将补间9图形元件拖入舞台中，在第67帧和第80帧插入关键帧，在两个关键帧之间创建传统补间动画，并设置该层为"遮罩层"。

05 新建"歌曲名"图层，使用"文本工具"输入文本。新建"鼠标"图层，将flashmo heart影片剪辑元件拖入舞台中，并输入脚本。

06 新建"歌名"图层，在第81帧处插入关键帧，将元件3影片剪辑元件拖入舞台中。至此，"钻石"MV制作完成，按Ctrl+Enter组合键进行影片测试即可。

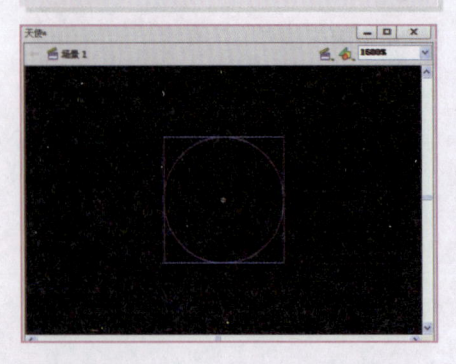

第18章
动画短片制作

随着互联网技术的飞速发展，Flash动画短片在互联网中也随处可见，以其内容简短、画面丰富，故事富含寓意等特点深受广大动画爱好者的喜欢。本章将结合前面各章所学内容，介绍动画短片的制作方法。

实例274　贪心的蜘蛛

本实例介绍贪心的蜘蛛的制作方法。

文件路径：源文件\第18章\例274

视频文件：视频\第18章\例274.mp4

01 新建蜘蛛网图形元件，使用"铅笔工具"绘制蜘蛛网。

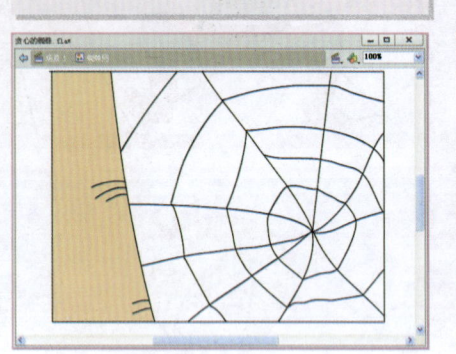

02 新建蜘蛛侠图形元件，在舞台中绘制蜘蛛侠。

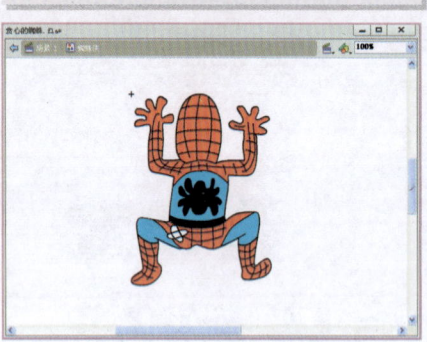

03 新建播放按钮元件，在舞台中输入文本。返回"场景1"，将元件拖入舞台中。

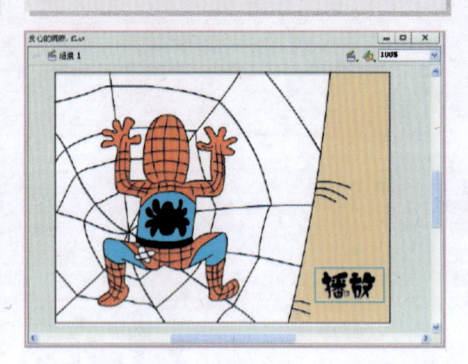

04 在第20帧处插入关键帧，并输入脚本"stop();"。选择按钮元件，打开"动作"面板，在其中输入脚本。

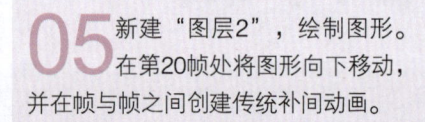

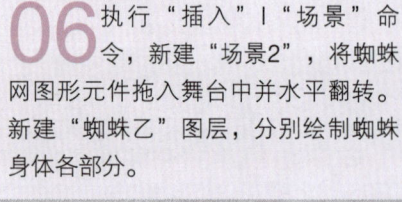

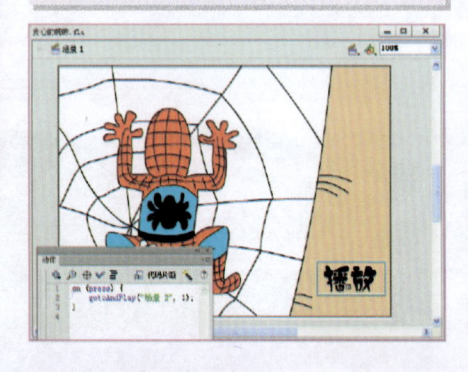

05 新建"图层2"，绘制图形。在第20帧处将图形向下移动，并在帧与帧之间创建传统补间动画。

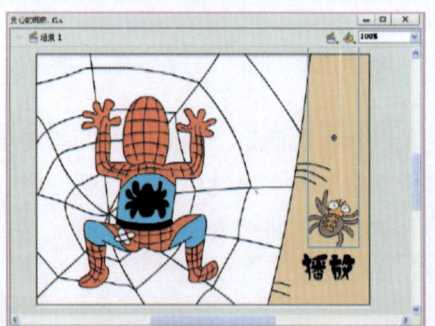

06 执行"插入"|"场景"命令，新建"场景2"，将蜘蛛网图形元件拖入舞台中并水平翻转。新建"蜘蛛乙"图层，分别绘制蜘蛛身体各部分。

07 新建"蜘蛛甲"图层，绘制蜘蛛身体各部分，并将各图形转换为图形元件。

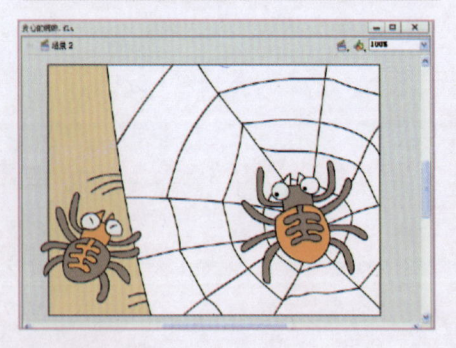

08 新建图层，制作文字动画。在"蜘蛛甲"和"蜘蛛乙"图层中分别插入关键帧，并调整身体的动画。

09 使用同样的方法制作蜘蛛对话的动画效果。

第18章　动画短片制作

10 新建场景2图形元件，在舞台中绘制图形，将蜘蛛图形拖入舞台中并调整大小。

11 返回"场景2"，在"场景1"图层的第134帧和第139帧处插入关键帧，制作淡出动画效果。新建"场景2"图层，在第139帧处插入关键帧，将"场景2"图形元件拖入舞台中，制作淡入动画效果。

12 新建"蜘蛛侠"图层，在第139帧处插入关键帧，将蜘蛛侠图形元件拖入舞台中，制作淡入动画效果。

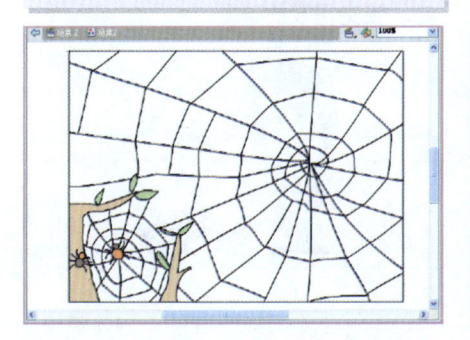

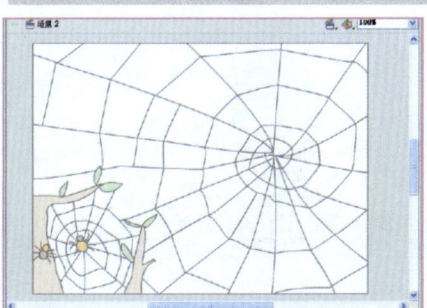

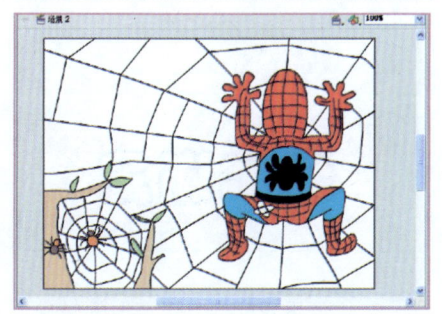

13 在"对话"图层的第146帧至第164帧处插入关键帧，并输入文本。

14 在"蜘蛛侠"图层的第170帧至第185帧处插入关键帧，绘制图形。

15 选择最后一帧，打开"动作"面板，并输入脚本"stop();"。将背景音乐拖入舞台中。至此，"贪心的蜘蛛"制作完成，保存并测试影片即可。

实例275　永不满足

本实例介绍永不满足动画的制作方法。

文件路径：源文件\第18章\例275　　视频文件：视频\第18章\例275.mp4

01 使用"矩形工具"在舞台中绘制图形作为背景。在第20帧处插入延长帧。在第21帧处插入空白关键帧。在第25帧处插入帧。

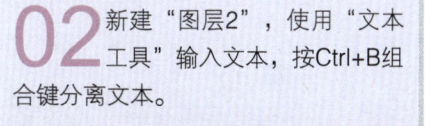

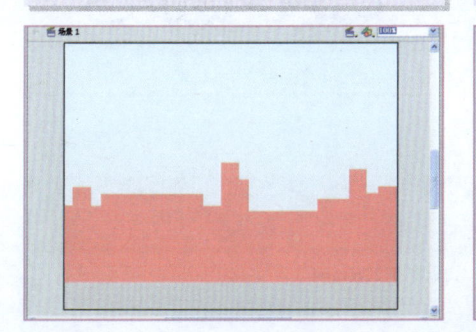

02 新建"图层2"，使用"文本工具"输入文本，按Ctrl+B组合键分离文本。

03 在第12帧至第14帧处插入关键帧，将字符"不"调整位置，制作弹跳的动画效果。

Flash CS6 | 307

04 新建"图层3",在其中绘制图形,制作人物进入场景的动画效果。

05 新建"场景2",将背景素材复制到舞台中。新建图层,分别绘制两个人物,并将人物的身体部分分别转换为图形元件。

06 新建"对话"图层和"对话框"图层,分别绘制图形及输入文本。

07 使用同样的方法在时间轴中添加空白关键帧并绘制图形和文本。

08 新建"转场"图层,在舞台中绘制白色矩形,制作淡出动画的效果。使用"文本工具"输入文本。

09 使用同样的方法,制作后面的动画效果。

10 新建重播影片剪辑元件,使用"文本工具"在舞台中输入文本。按Ctrl+B组合键分离文本。将其分散到图层,并制作文字动画。

11 新建元件1按钮元件,将重播影片剪辑元件拖入舞台中,在第4帧处插入帧。返回"场景2",新建图层,将按钮元件拖入舞台中并输入脚本,在最后一帧处输入脚本"stop();"。

12 将背景音乐拖入舞台中。至此,"永不满足"动画制作完成,保存并测试影片即可。

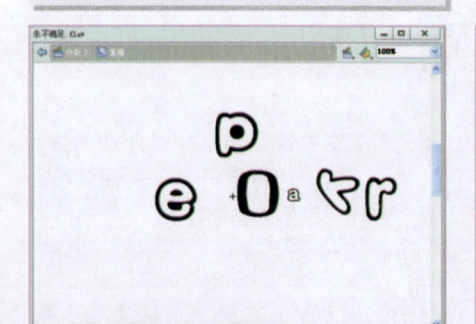

实例276 三只乌龟

本实例介绍三只乌龟动画的制作方法。

文件路径:源文件\第18章\例276

视频文件:视频\第18章\例276.mp4

第18章　动画短片制作

01 在"库"面板中新建"场景"文件夹。新建"场景1"图形元件，绘制草地并填充颜色。

02 使用"钢笔工具"绘制处蜿蜒的小路，并填充颜色。

03 使用"椭圆工具"绘制出小树，并填充颜色。

04 新建图层，并将该图层放置在最底层。绘制房屋。

05 新建图层，将图层放置在最底层。绘制蓝天白云。

06 新建"场景2"图形元件，使用"矩形工具"和"线条工具"绘制室内景。使用半透明的颜色填充窗户。

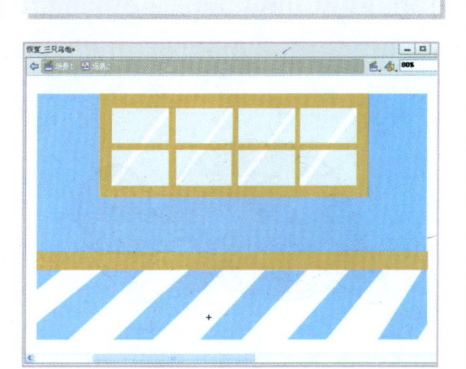

07 新建"图层2"，使用"椭圆工具"绘制圆桌并填充蓝色。复制椭圆，为其填充白色到蓝色的径向渐变。

08 新建"场景3"图形元件，在舞台中绘制草地、道路和天空。为天空填充白色到蓝色的线性渐变色。

09 新建"图层2"，使用"椭圆工具"和"线条工具"绘制花朵。选择花朵，将其组合，按Ctrl+D组合键直接复制多个花朵，并调整大小、位置和颜色。

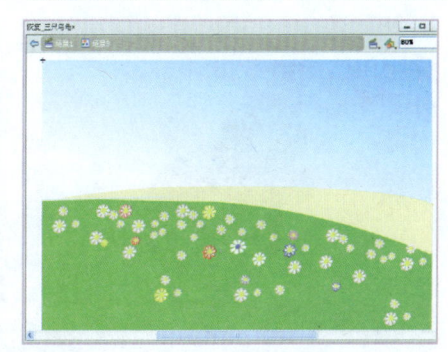

10 新建"图层3",使用"椭圆工具"绘制多个椭圆,将其填充多种颜色,然后组合图形。按Ctrl+D组合键直接复制多个图形。

11 新建"图层4",使用"椭圆工具"绘制多个重叠相交的椭圆,将其作为云层。

12 在"库"面板中新建"角色1"文件夹。新建乌龟1图形元件,在舞台中绘制乌龟。

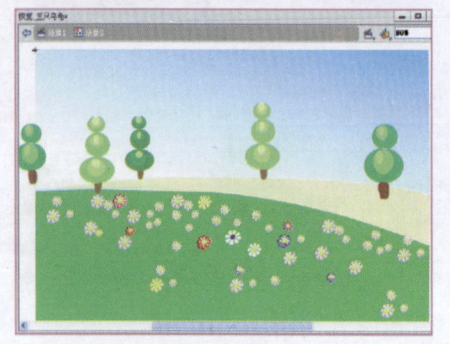

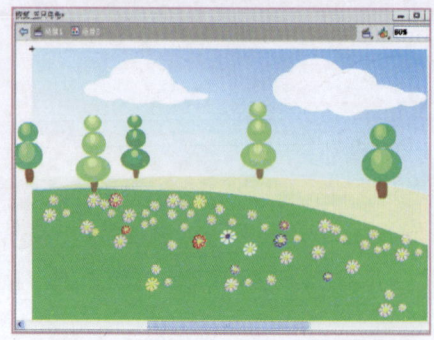

13 新建说话图形元件,将乌龟1图形元件的乌龟图形复制到说话图形元件的舞台中,在第3帧处插入关键帧,对图形进行修改。

14 新建爬行图形元件,在舞台中粘贴乌龟图形。新建"图层2"和"图层3",分别对乌龟的肢体进行修改。

15 在"库"面板中新建"角色2"文件夹。新建乌龟2图形元件,在舞台中绘制图形。

16 新建说话图形元件,将乌龟2复制到说话图形元件的舞台中。在第3帧处插入关键帧,修改图形。

17 在"库"面板中新建"角色3"文件夹。新建乌龟3图形元件,在舞台中绘制乌龟。

18 新建说话图形元件,将乌龟3复制到说话图形元件的舞台中。在第3帧处插入关键帧,并修改图形。

第18章 动画短片制作

19 在"库"面板中新建"道具"文件夹。新建蜘蛛网图形元件,使用"线条工具"在舞台中绘制图形,将其组合。使用"任意变形工具"调整中心点的位置。

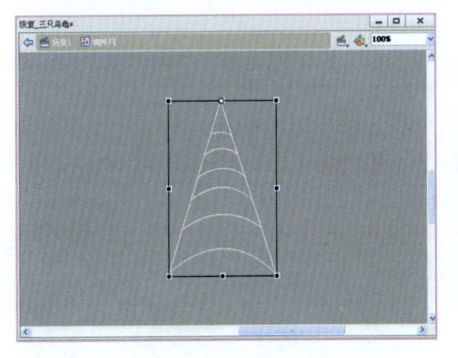

20 打开"变形"面板,单击"约束"按钮。设置旋转参数为36。然后单击重置选取和变形按钮。

21 新建食物1图形元件,在舞台中绘制图形并填充颜色。

22 新建食物2图形元件,在舞台中绘制图形并填充颜色。

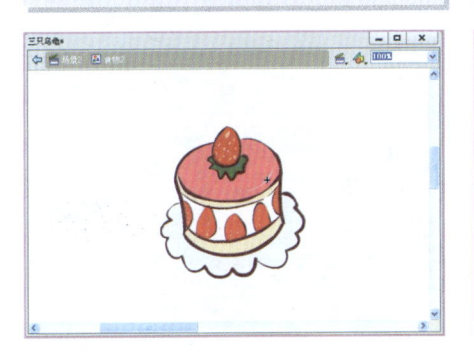

23 新建食物3图形元件,在舞台中绘制图形并填充颜色。

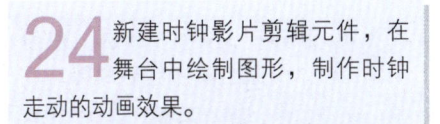

24 新建时钟影片剪辑元件,在舞台中绘制图形,制作时钟走动的动画效果。

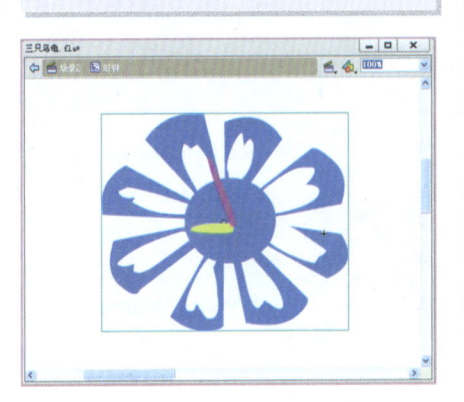

25 返回"场景1",新建室外文件夹,将场景1图形元件拖入舞台中,并在第37帧处插入延长帧。新建"乌龟1"图层,在"库"面板中将角色1中的说话图形元件拖入舞台中,在第4帧处插入关键帧,将元件向上移动。

26 新建"文字1"图层,在第4帧处插入关键帧,使用"椭圆工具"绘制半透明的椭圆。在第5帧处绘制两个椭圆。在第6帧处绘制三个椭圆,并使用"文本工具"输入文本。

27 在第7帧处插入关键帧,继续绘制文本。在第16帧处插入关键帧,并绘制文本。

28 新建室内文件夹，新建"场景2"图层，将"场景2"图形元件拖入舞台中。新建"场景3"图层，将该图层拖入"场景2"图层的下方，将"场景2"图形元件拖入舞台中，并调整大小及位置。

29 新建"食物"图层，将"库"面板道具素材库中的食物1至食物3拖入舞台中，并调整大小及位置。

30 新建"乌龟1"至"乌龟3"图层，分别将"库"面板中的乌龟图形元件拖入相应图层的舞台中。

31 新建"文字1"图层，使用"椭圆工具"绘制椭圆，使用"文本工具"输入文本。

32 新建"文字2"图层和"文字3"图层，并输入文本及图形。

33 使用同样的方法，在相应的位置插入空白关键帧并输入文本。

34 在"乌龟2"图层的第216帧处插入关键帧，在第223帧处插入关键帧，设置Alpha值为0，创建传统补间动画。

35 在"食物"图层的第249帧处插入关键帧，并删除元件。

36 新建"时间"图层，将时钟影片剪辑元件拖入舞台中，并制作动画效果。

第18章 动画短片制作

37 在第371帧处插入关键帧，将蜘蛛网图形元件拖入舞台中3次，并调整大小及位置。

38 在"文字"图层的第395帧处插入空白关键帧，并输入文本。

39 新建图层，将其拖动到"场景2"图层的下方，将乌龟2拖入舞台中，并制作动画效果。

40 在"文字3"图层的第435帧至第437帧处插入空白关键帧，并输入文本。

41 新建"遮罩"图层，制作遮罩动画效果。

42 新建图层，输入文本并添加按钮元件。打开"动作"面板，输入脚本。

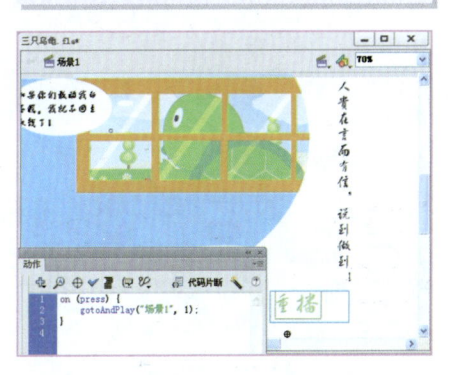

43 新建"时间"图层，依次在时间轴中插入空白关键帧，并输入文本。

44 新建"过渡"图层，在第26帧处插入空白关键帧，使用"矩形工具"绘制Alpha值为0的矩形。在第37帧处插入关键帧，设置Alpha值为100。选择第26帧，单击鼠标右键，从弹出的快捷菜单中执行"复制帧"命令。选择第49帧，单击鼠标右键，从弹出的快捷菜单中执行"粘贴帧"命令。在第26帧与第37帧之间，第37帧与第49帧之间创建补间形状动画。

45 执行"插入"｜"场景"命令，打开"场景"面板，将"场景2"放置在"场景1"的上方。将"场景3"拖入舞台中，设置Alpha值为50。

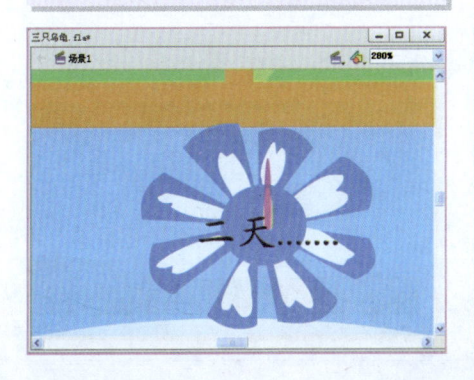

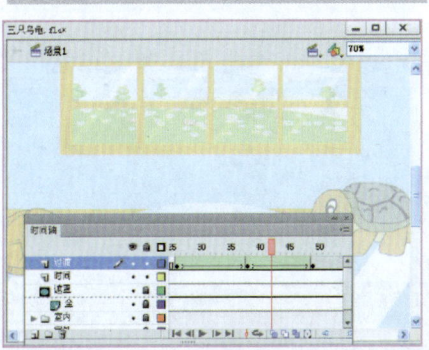

46 新建图层，使用"基本矩形工具"绘制矩形，并制作动画效果。

47 新建只图形元件，使用"矩形工具"绘制矩形，将食物1图形元件拖入舞台中。

48 返回"场景2"，新建图层，将只图形元件拖入舞台中，制作旋转动画效果。

49 新建"乌龟"图层，将爬行图形元件拖入舞台中，并制作动画效果。

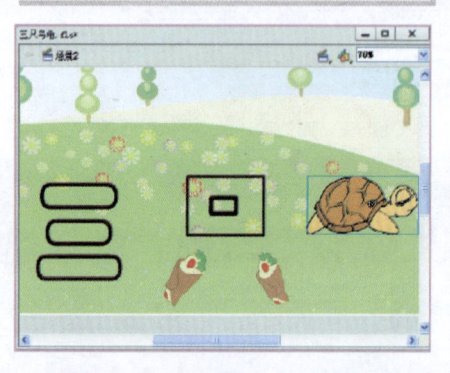

50 新建"按钮"图层，将按钮元件拖入舞台中并输入脚本。在该关键帧上输入脚本"stop();"。

51 将背景音乐拖入舞台中。至此，"三只乌龟"动画制作完成，保存并测试影片即可。

实例277 风与太阳

本实例介绍风与太阳动画的制作方法。

文件路径：源文件\第18章\例277

视频文件：视频\第18章\例277.mp4

01 新建"场景1"图形元件，在舞台中绘制蓝色的渐变矩形作为天空。使用"渐变变形工具"调整渐变效果。

02 使用"铅笔工具"绘制出草地和道路并填充颜色，将线头选中并删除。

03 使用"绘图工具"绘制出草地的层次及道路的阴影。

314 | Flash CS6

第18章　动画短片制作

04 使用"铅笔工具"绘制出树木并为其填充颜色。

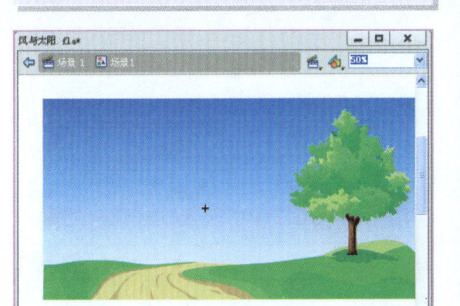

05 使用"绘图工具"绘制出花朵,并复制多个花朵图形。

06 新建白云图形元件,绘制白云。新建白云飘影片剪辑元件,制作白云飘动的动画效果。

07 返回"场景1"图形元件,将白云飘影片剪辑元件拖入舞台中。

08 新建风图形元件,在舞台中绘制图形并使用"颜料桶工具"填充颜色。

09 新建太阳图形元件,在舞台中绘制太阳并填充颜色。

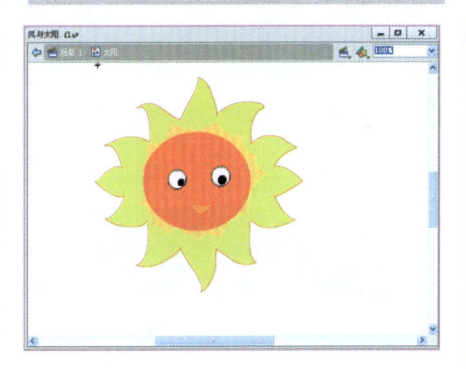

10 返回"场景1",将"场景1"图形元件拖入舞台中。在"属性"面板中设置实例行为为影片剪辑。

11 新建"图层2",使用"文本工具"在舞台中输入文本。在"属性"面板中为文本添加投影滤镜。

12 新建播放按钮元件,将太阳图形元件拖入舞台中,并使用"文本工具"输入文本。

中文版 Flash CS6 动画设计与制作案例教程

13 返回"场景1",将播放按钮元件拖入舞台中,并调整大小及位置。

14 展开"场景"面板,单击添加场景按钮。新建"场景2",将"场景1"图形元件拖入舞台中。在第40帧处插入关键帧,将元件向下移动。在帧与帧之间创建传统补间动画。

15 新建"图层2",将风图形元件和太阳图形元件拖入舞台上方,并制作向下移动的动画效果。

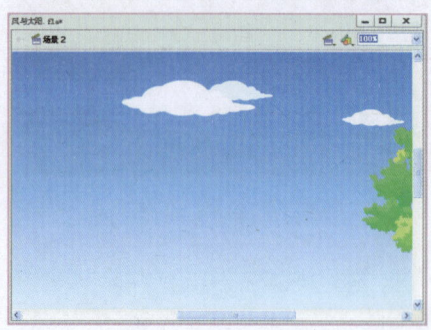

16 新建底纹图形元件,在舞台中绘制图形。

17 返回"场景2",新建"图层3",将底纹图形元件拖入舞台中。使用"文本工具"输入文本。

18 使用同样的方法在相应的位置创建关键帧,并输入文本。

19 在"图层1"的第152帧处插入关键帧,将元件向右下方移动。在帧与帧之间创建传统补间动画。

20 新建图层,使用"铅笔工具"绘制出图形。

21 在"文字"图层中的时间轴上插入相应的关键帧,并输入文本。

第18章 动画短片制作

22 新建男子图形元件，在舞台中绘制人物，并制作人物行走动画。

23 新建男子冷图形元件，在舞台中绘制人物发抖的动画。

24 返回"场景2"，新建图层，在第129帧处插入关键帧，将男子图形元件拖入舞台中。

25 在第152帧处插入空白关键帧，将男子冷图形元件拖入舞台中，并在文字图形中输入文本。

26 在时间轴中插入空白关键帧，制作相应的动画效果。

27 新建阳光影片剪辑元件，在舞台中绘制图形。返回"场景2"，新建"阳光"图层，将阳光图形元件拖入舞台中。在"属性"面板中添加模糊滤镜。

28 根据前面的操作制作相应的动画效果。

29 新建图层，使用"文本工具"在舞台中输入文本。选择文本，按Ctrl+B组合键分离文本，并制作打字动画效果。

30 将背景音乐拖入舞台中。至此，"风与太阳"制作完成，保存并测试影片即可。